面向 21 世纪课程教材

普通高等院校土木工程"十二五"规划教材

建筑工程计量与计价

主　编　王春燕

副主编　王凤琳　　陈　瑞

西南交通大学出版社

·成　都·

图书在版编目（ＣＩＰ）数据

建筑工程计量与计价／王春燕主编. —成都：西南交通大学出版社，2015.1（2018.6 重印）

面向 21 世纪课程教材　普通高等院校土木工程"十二五"规划教材

ISBN 978-7-5643-3729-2

Ⅰ.①建… Ⅱ.①王… Ⅲ.①建筑工程 – 计量 – 高等学校 – 教材②建筑造价 – 高等学校 – 教材 Ⅳ.①TU723.3

中国版本图书馆 CIP 数据核字（2015）第 027107 号

面向 21 世纪课程教材
普通高等院校土木工程"十二五"规划教材

建筑工程计量与计价

主编　王春燕

责 任 编 辑	罗在伟	
封 面 设 计	墨创文化	
出 版 发 行	西南交通大学出版社 （四川省成都市二环路北一段 111 号 西南交通大学创新大厦 21 楼）	
发 行 部 电 话	028-87600564　028-87600533	
邮 政 编 码	610031	
网　　　址	http://www.xnjdcbs.com	
印　　　刷	四川森林印务有限责任公司	
成 品 尺 寸	185 mm × 260 mm	
印　　　张	21.5	
字　　　数	564 千	
版　　　次	2015 年 1 月第 1 版	
印　　　次	2018 年 6 月第 5 次	
书　　　号	ISBN 978-7-5643-3729-2	
定　　　价	45.00 元	

课件咨询电话：028-87600533
图书如有印装质量问题　本社负责退换
版权所有　盗版必究　举报电话：028-87600562

前　言

　　本书以中华人民共和国住房和城乡建设部《建设工程工程量清单计价规范》（GB50500—2013）、《房屋建筑与装饰工程工程量计算规范》（GB50854—2013）和《建筑安装工程费用项目组成》（建标〔2013〕44号）为依据，结合地方最新的消耗量定额及取费标准编写而成。

　　随着我国工程造价管理体制改革的不断深入，对《建筑工程计量与计价》或《工程估价》等相关课程教材的应用性和实用性要求越来越高，本书的出版，是满足现有形势下高校对培养应用技术型、复合型工程管理专业人才的教学的实际需要，全书理论与实例相结合，融入了编者多年的教学及实践经验。

　　本书理论部分系统介绍了工程造价的基本概念、工程定额、工程造价构成与计算。实务部分以《建设工程工程量清单计价规范》和地方定额为依据，系统介绍了定额计价的算量规则和计价方法、建筑面积计算的规则及方法，工程量清单编制原则和清单计价方法，并对工程造价软件作了简单介绍。最后本书推出建筑工程计价案例实训，达到学以致用的目的。

　　本书内容新颖、图表详实、全面系统、通俗易懂、方便自学，可作为高等院校工程管理、工程造价、土木工程等专业建筑工程计量与计价或工程估价等相关课程的教材，也可作为相关部门工程造价人员的培训教材或参考书。

　　本书由三峡大学科技学院王春燕担任主编，武汉科技大学城市学院王凤琳、三峡大学科技学院陈瑞担任副主编。具体编写分工如下：三峡大学科技学院王春燕（第4、5、7、8、10章），武汉科技大学城市学院王凤琳（第6、9章），三峡大学科技学院陈瑞（第1、2、3章）。全书由王春燕负责统稿。

　　本书在编写过程中，参考了许多专家学者的相关著作和教材，在此表示衷心的感谢。

　　由于时间仓促，编者知识水平有限，书中难免存在不足之处，恳请广大读者、专家、同仁批评指正。

编　者

2014年11月

目　录

第1章　建筑工程造价概述 ………………………………………………………………… 1

　1.1　基本建设程序 …………………………………………………………………………… 1

　1.2　建设项目的划分 ………………………………………………………………………… 2

　1.3　建筑工程计价方式简介 ………………………………………………………………… 4

第2章　工程建设定额 ……………………………………………………………………… 8

　2.1　概　述 …………………………………………………………………………………… 8

　2.2　施工定额 ……………………………………………………………………………… 10

　2.3　预算定额 ……………………………………………………………………………… 17

　2.4　概算定额 ……………………………………………………………………………… 30

　2.5　概算指标 ……………………………………………………………………………… 32

　2.6　企业定额 ……………………………………………………………………………… 33

第3章　工程造价的构成 ………………………………………………………………… 36

　3.1　建设工程投资构成 …………………………………………………………………… 36

　3.2　设备及工、器具购置费 ……………………………………………………………… 36

　3.3　建筑安装工程费用 …………………………………………………………………… 37

　3.4　工程建设其他费用 …………………………………………………………………… 46

　3.5　预备费 ………………………………………………………………………………… 49

　3.6　建设期贷款利息 ……………………………………………………………………… 50

　3.7　投资方向调节税 ……………………………………………………………………… 51

第4章　定额工程量的计算规则 ………………………………………………………… 52

　4.1　工程量计算原理 ……………………………………………………………………… 52

　4.2　建筑面积及其计算规则 ……………………………………………………………… 53

　4.3　土石方工程量计算规则 ……………………………………………………………… 60

　4.4　地基处理与边坡支护工程 …………………………………………………………… 69

　4.5　桩基工程 ……………………………………………………………………………… 71

　4.6　砌筑工程 ……………………………………………………………………………… 74

　4.7　混凝土及钢筋混凝土工程 …………………………………………………………… 83

　4.8　钢筋工程 ……………………………………………………………………………… 96

　4.9　厂库房大门、特种门、木结构工程 ………………………………………………… 102

　4.10　金属结构工程 ……………………………………………………………………… 105

　4.11　屋面及防水工程 …………………………………………………………………… 107

　4.12　防腐、隔热、保温工程 …………………………………………………………… 111

　4.13　混凝土、钢筋混凝土模板及支撑工程 …………………………………………… 112

　4.14　脚手架工程 ………………………………………………………………………… 114

　4.15　垂直运输 …………………………………………………………………………… 116

　4.16　装饰装修工程 ……………………………………………………………………… 116

第5章　建筑工程定额计价 ··· 127

5.1　建筑工程定额计价概述 ··· 127

5.2　建筑工程定额计价的编制 ··· 128

第6章　工程量清单编制 ·· 136

6.1　《建设工程工程量清单计价规范》简介 ································· 136

6.2　《房屋建筑与装饰工程工程量计算规范》的内容 ····················· 136

6.3　工程量清单的定义 ··· 137

6.4　工程量清单编制 ··· 138

第7章　清单工程量计算规则 ·· 143

7.1　土、（石）方工程工程量计算 ·· 143

7.2　地基处理与边坡支护工程 ··· 151

7.3　桩基工程 ··· 155

7.4　砌筑工程 ··· 158

7.5　混凝土及钢筋混凝土工程 ··· 166

7.6　金属结构工程 ·· 184

7.7　木结构工程 ··· 190

7.8　门窗工程 ··· 192

7.9　屋面及防水工程 ··· 200

7.10　保温、隔热、防腐工程 ·· 204

7.11　楼地面装饰工程 ··· 208

7.12　墙、柱面装饰与隔断、幕墙工程 ······································· 214

7.13　天棚工程 ·· 219

7.14　油漆、涂料、裱糊工程 ·· 221

7.15　其他装饰工程 ·· 225

7.16　拆除工程 ·· 229

7.17　措施项目 ·· 234

第8章　工程量清单计价 ·· 246

8.1　工程量清单计价的概念 ··· 246

8.2　工程量清单计价的程序 ··· 247

8.3　招标控制价的编制 ··· 250

8.4　投标报价的编制 ··· 251

8.5　案例分析 ··· 252

第9章　工程造价软件及应用 ·· 266

9.1　概　述 ··· 266

9.2　图形算量软件 ·· 268

9.3　工程计价软件应用 ··· 276

第10章　工程量清单计价实训案例 ·· 278

参考文献 ··· 338

第1章　建筑工程造价概述

本章要点

本章介绍了基本建设程序，建设项目的划分，建筑工程计价模式的基本内容。通过本章的学习，掌握基本建设的概念、程序，建设项目的概念、分类，建设项目工程造价的分类，建设工程计价的概念，理解建设项目的划分、了解建设工程的计价模式。

1.1　基本建设程序

1.1.1　基本建设的概念

基本建设是指国民经济各部门用投资方式来实现以扩大生产能力、工程效益和获得固定资产等为目的新建、改建、扩建工程的经济活动及其相关管理活动。它是通过把大量资金、建筑材料、机械设备投入到固定资产的购置、建造等施工活动中，形成新的生产能力或使用效益的过程。与此相关的其他工作，如征用土地、拆迁和生产职工培训等也属于基本建设的组成部分。基本建设是一种特殊的综合性经济活动。基本建设的结果是形成建设项目。

固定资产是指使用期限较长（一般在一年以上），单位价值在规定标准以上，在生产过程中为多个生产周期服务，在使用过程中保持原有实物形态的资产。如房屋及建筑物、机器设备、运输设备及工具等。

1.1.2　基本建设程序

基本建设程序是指建设项目从构思、选择、评估、决策、设计、施工到竣工验收、交付生产或使用的整个建设活动的各个工作过程及其先后次序。这些阶段和环节有其不同的工作步骤和内容，它们按照自身固有的规律，有机地联系在一起，并按客观要求的先后顺序进行。按照建设项目发展的内在联系和发展过程，建设程序分成若干阶段，这些发展阶段有严格的先后次序，可以合理交叉，但不能任意颠倒。

一般大中型及限额以上工程项目的建设程序可以分为项目建议书、可行性研究、设计、建设准备、施工、生产准备、竣工验收、后评价8个阶段。

1. 项目建议书阶段

项目建议书是业主向国家有关部门提出建设某一项目的建设建议性文件。其主要作用是对拟建项目做初步说明，论述项目建设的必要性、经济性、可行性，并对拟建项目的投资估算和资金筹措以及偿还能力进行大体测算。

2. 可行性研究阶段

项目建议书批准后，对拟建项目在技术、经济和外部协作条件等方面的可行性和合理性，进行全面分析、论证和评价，为项目决策提供依据。可行性研究报告经批准，建设项目才算正式"立项"。

3. 设计阶段

设计决定建设工程的轮廓和功能，是安排建设项目和组织施工的依据。设计是根据报批的可行性研究报告进行的，对于大中型项目一般分为初步设计和施工图设计两个阶段。大型及技术复杂项目根据需要，在初步设计阶段后，可增加技术设计或扩大初步设计阶段，进行三阶段的设计。

4. 建设准备阶段

项目在开工建设之前，根据年度建设计划进行设备订货和施工准备工作。其主要内容包括征地搬迁；五通一平，即通路、通水、通电、通讯、通气和场地平整；工程水文地质勘察；工程建设项目报建；委托建设监理；组织施工招标投标，择优确定施工单位，签订承包合同；办理施工许可证等。

5. 施工阶段

建设实施是按照合同要求全面开展施工组织活动，该阶段是项目决策的实施、建成投产、发挥投资效益的关键环节。施工过程中，施工方必须严格遵守施工图纸、施工验收规范的规定，科学地组织施工，并加强施工中的经济核算，同时要做好施工纪录，建立技术档案。

6. 生产准备阶段

生产准备项目投产前由建设单位进行的一项重要工作，是建设阶段转入生产经营的必要条件。建设单位要根据建设项目或主要单项工程的生产技术特点，及时组织并落实做好生产准备工作，保证项目建成后能及时投产或投入使用。

7. 竣工验收阶段

项目竣工后，业主应及时组织验收，编制工程项目竣工决算。竣工验收是工程建设的最后工作，是全面考核建设成果、检验设计和施工质量的重要步骤，也是建设项目转入生产运行的标志。验收合格后，施工单位应向建设单位办埋竣工移交和竣工结算手续。

8. 后评价阶段

项目竣工投产运行一段时间后，对项目的全过程进行系统综合分析和对项目产生的财务、经济、社会和环境等方面的效益与影响及其持续性进行客观全面的再评价。达到肯定成绩、总结经验、研究问题、改进工作、不断提高项目决策水平和投资效果的目的。

1.2　建设项目的划分

在工程项目实施过程中，为了准确地确定整个建设项目的建设费用，必须对项目进行科学的分析、研究，并进行合理地划分，把建设项目划分为简单的、便于计算的基本构成项目，最后汇总求出工程项目造价。

　　一个建设项目是一个完整配套的综合性产品，根据我国在工程建设领域内的有关规定和习惯做法，按照它的组成内容不同，可划分为建设项目、单项工程、单位工程、分部工程、分项工程5个项目层次，如图1.1所示。

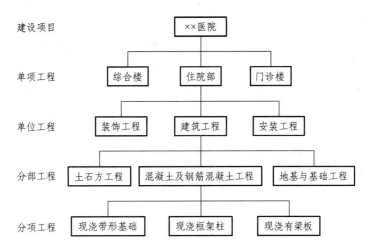

图1.1　建设工程的项目划分示意图

1. 建设项目

　　建设项目一般是指具有设计任务书按照一个总体设计进行施工的各个工程项目的总体。它在经济上实行统一核算、行政上有独立机构或组织形式来实行统一管理，并具有独立法人资格的建设单位。如：××医院、××商厦、××住宅小区等。

2. 单项工程

　　具有独立的设计文件，可以独立施工，建成后能独立发挥生产能力或效益的工程。它是建设项目的组成部分，一个建设项目可由一个或几个单项工程组成。单项工程造价组成建设项目总造价，其工程产品价格是由编制单项工程综合造价确定的。如××医院的住院部、门诊楼等。同时，单项工程具有独立存在意义的一个完整的过程，也是一个复杂的综合体，它是由许多单位工程组成。

3. 单位工程

　　单位工程是指具有独立设计文件，可以独立组织施工，但竣工后一般不能独立发挥生产能力和使用效益的工程。它是单项工程的组成部分，如一个生产车间是由厂房建筑、电气照明、给水排水、工业管道安装、机械设备安装、电气设备安装等单位工程组成，民用建筑中住宅楼由土建工程、装饰装修工程、电气照明工程、给水排水工程、采暖工程等单位工程组成。单位工程是编制设计总概算、单项工程综合概预算造价的基本依据。

4. 分部工程

　　分部工程是单位工程的组成部分，按单位工程的结构形式、工程部位、构件性质、使用材料、设备种类及型号等的不同来划分。如一般土建工程，可分为土石方工程、基础工程、砌筑工程、混凝土及钢筋混凝土工程、木结构工程、金属结构工程、屋面及防水工程、防腐工程、脚手架工程等分部工程。分部工程费用组成单位工程价格，也是按分部工程发包时确定承发包合同价格的基本依据。

5. 分项工程

分项工程是分部工程的组成部分，按照不同的施工方法、所使用的材料、不同的构造及规格将一个分部工程更细致地分解为若干个分项工程。如：在砖石分部工程的砌砖中，又可划分为砌砖基础、砌内墙、砌外墙、砌空斗砖墙、砌空心墙、砌砌块墙、砌砖柱等几个分项工程。分项工程是建筑工程预算中最小的计算单元。

在计价性定额，分项工程中也是组成定额的基本单位，又称定额子目。正确分解工程造价编制对象的分项，是一项十分重要的工作。只有正确地把建设项目划分为几个单项工程，再按单项工程到单位工程、单位工程到分部工程、分部工程到分项工程逐步细化，然后从最小的基本要素分项工程开始进行计量与计价，逐步形成分部工程、单位工程、单项工程的工程造价，最后汇总可得到建设项目的工程造价。

1.3　建筑工程计价方式简介

1.3.1　工程造价的概念

工程造价的概念通常有两种含义。

第一种含义：从投资者角度来定义，工程造价是指工程项目全部建成所预计开支或实际开支的全部固定资产投资费用。

第二种含义：从市场角度来定义，是指工程项目全部建成，预计或实际在工程项目承包市场交易活动中形成的建筑安装工程的价格。

其中，第二种定义所包含的费用内容是第一种定义所含费用的组成部分。第一种含义主要应用于前期决策和建设准备阶段，第二种定义主要用于施工图设计阶段、招投标阶段和施工阶段。

1.3.2　建设项目工程造价的分类

在基本建设程序的每个阶段都有相应的工程造价形式，如图1.2所示。

1. 投资估算

投资估算是指在项目建议书和可行性研究阶段，由建设单位或其委托的咨询机构根据项目建议、估算指标和类似工程的有关资料对拟建工程所需投资预先测算和确定的过程。投资估算是决策、筹资和控制造价的主要依据。在项目建议书阶段，按照有关规定，应编制初步投资估算。

2. 设计概算

设计概算是在初步设计或扩大初步设计阶段编制的计价文件，是设计文件的重要组成部分，是筹建至竣工交付使用所需全部费用的文件。采用两阶段设计的建设项目，初步设计阶段必须编制设计概算。概算应按建设项目的建设规模、隶属关系和审批程序报请批准。经批准后的总概算作为国家控制建设项目总投资的依据，不能任意更改。如果更改，要重新立项申请。

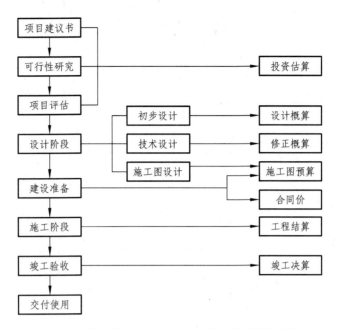

图 1.2　基本建设程序与工程造价分类对照示意图

3. 修正概算

修正概算是当采用三阶段设计时，在技术设计阶段，随着对初步设计内容的深化，对建设规模、结构性质、设备类型等方面可能进行必要的修改和变动，由设计单位对初步设计总概算作出相应的调整和变动，即形成修正设计概算。一般修正设计概算不能超过原已批准的概算投资额。

4. 施工图预算

施工图预算是由设计单位在施工图设计完成后，根据施工图纸、现行预算定额或估价表、费用定额以及地区人工、材料、机械、设备等预算价格编制和确定的建筑安装工程造价的技术经济文件。施工图预算受概算价格的控制，便于业主了解设计的施工图所对应的费用，施工图预算是实行定额计价的依据。

5. 合同价

合同价是指在工程招投标阶段通过签订总承包合同、建筑安装工程承包合同、设备材料采购合同，以及技术和咨询服务合同确定的价格。合同价是由承发包双方根据市场行情共同议定和认可的成交价格，它属于市场价格范畴，但它并不等于实际工程造价。它是由发承包双方根据有关部门规定或协议条款约定的取费标准计算的，用以支付给承包方按照合同要求完成工程内容的价款总额。

6. 工程结算

工程结算是指承包商按照合同约定和规定的程序，向业主收取已完工程价款清算的经济文件。在工程实施阶段要按照承包方实际完成的工程量，以合同价为基础，同时考虑因物价上涨所引起的造价提高，考虑到设计中难以预计的而在实施阶段实际发生的工程和费用，合理确定结算价，是确定工程实际造价的依据。结算可采取竣工后一次结算，也可以在工期中采取中间结算，通过不同方式采用分期付款的方式。

7. 竣工决算

竣工决算指业主在工程建设项目竣工验收后，由业主组织有关部门，以竣工结算等资料为依据编制的反映建设项目实际造价文件和投资效果的文件。竣工决算真实地反映了业主从筹建到竣工交付使用为止的全部建设费用，是整个建设工程的最终价格，是核定新增固定资产价值、办理其交付使用的依据，是业主进行投资效益分析的依据。

1.3.3 建筑工程计价的特征

1. 计价的单件性

建设的每个项目都有特定的用途和目的，不同的结构形式、造型及装饰，特定地点的气候、地质、水文、地形等自然条件，以及当地的政治、经济、风俗等因素不同，再加不同地区构成投资费用的各种生产要素的价格差异，建设施工时可采用不同的工艺设备、建筑材料和施工方案，因此每个建设项目一般只能单独设计、单独建造，根据各自所需的物化劳动和活劳动消耗量逐项计价，即单件计价。

2. 计价的多次性

项目建设要经过 8 个阶段，是一个周期长、规模大、造价高、物耗多的投资生产活动过程。工程造价则是一个随工程不断展开，逐渐地从估算到概算、预算、合同价、结算价的深化、细化和接近实际造价的动态过程。因此，必须对各个阶段进行多次计价，并对其进行监督和控制，以防工程费用超支。

3. 计价的组合性

工程造价的计算是由分部组合而成的。一个建设项目可以分解为许多有内在联系的独立和不能独立的工程。计价时，需对建设项目进行分解并按其构成进行分步计算，逐层汇总。计价顺序是分部分项工程费用—单位工程造价—单项工程造价—建设项目总造价。

4. 计价方法的多样性

多次性计价有各不相同的依据，对造价的计算也有不同的精确度要求，这就决定了计价方法有多样性特征。如计算概算、预算造价的方法有预算单价法、实物单价法和全费用综合单价法，计算投资估算的方法有设备系数法、生产能力指数法等。不同的方法利弊不同，适应条件也不同，计价时要根据具体情况加以选择。

5. 依据的复杂性

由于影响造价的因素多，所以计价的依据种类也多，主要有计算设备和工程量的依据，计算人工、材料、机械等实物消耗量的依据，计算工程单价的依据，计算设备单价的依据，计算措施费、间接费和工程建设其他费用的依据，政府规定的税金，物价指数和工程造价指数等。依据的复杂性不仅使计算过程复杂，而且要求计价人员熟悉各类依据，并加以正确的应用。

1.3.4 建筑工程的计价模式

现阶段，我国存在两种工程造价计价模式：一种是传统的定额计价模式，另一种是工程量清单计价模式。不论哪一种计价模式都是先计算工程量，再计算工程价格。

1. 定额计价

定额计价模式是我国传统的计价模式，采用国家、部门或地区统一规定的预算定额和取费标准进行工程造价计价。在招投标时，不论作为招标标底，还是投标报价，其招标人和投标人都需要按国家规定的统一工程量计算规则计算工程量，然后按建设行政主管部门颁发的预算定额计算人工费、材料费、机械费，再按有关费用标准计取其他费用，然后汇总得到工程造价。其整个计价过程中的计价依据是固定的，即法定的"定额"。

定额是计划经济时代的产物，在特定的历史条件下，起到了确定和衡量工程造价标准的作用，规范了建筑市场，使专业人士在确定工程计价时有所依据、有所凭借。但定额计价模式的工、料、机消耗量是根据"社会平均水平"综合测定的，企业自主报价的空间很小，企业不能根据其自身的技术装备、施工手段、管理水平等因素报价，不利于竞争机制的发挥。同时由于工程量计算由投标各方单独计算，计价基础不统一，不利于招标工作的规范性，结算时容易发生争议。

2. 工程量清单计价

工程量清单计价模式是指由招标人按照国家统一规定的工程量计算规则计算工程数量，由投标人按照企业自身的实力，根据招标人提供的工程数量，自主报价的一种模式。这种模式将"量"和"价"分开进行控制，体现"量价分离，企业自主报价"，区别于定额计价模式的"量价合一，固定取费"。由于"工程数量"由招标人提供，增大了招标市场的透明度，为投标企业提供了一个公平合理的基础和环境，真正体现了建设工程交易市场的公平、公正。"工程价格由投标人自主报价"，即定额不再作为计价的唯一依据，政府不再作任何参与，而由企业根据自身技术专长、材料采购渠道和管理水平等，制定企业自己的报价定额，自主报价。

思考与练习题

1. 什么是基本建设？基本建设程序有哪些？
2. 我国建设项目工程造价根据不同建设阶段分为哪几类？请分别叙述。
3. 建设工程造价的概念是什么？并简述其特征。
4. 我国现行的计价模式有哪些？并简述其含义。

第2章 工程建设定额

本章要点

本章主要介绍建设工程定额、施工定额、预算定额、企业定额等相关内容。通过本章学习，掌握建设工程定额的概念、分类，施工定额的概念、作用和编制原则，预算定额的概念。掌握劳动定额、材料消耗定额、机械台班使用，定额的概念及计算公式。掌握预算定额消耗指标的确定。了解建筑工程定额的作用、发展和特性，企业定额的作用、编制原则、编制方法及与施工定额、预算定额的区别。

2.1 概　述

2.1.1　工程定额的概念

工程定额是指在正常的施工生产条件下，为完成某项按照法定规则划分的质量合格的分项或分部分项工程（或建筑构件）所需资源消耗量的数量标准。该标准是在一定的社会生产力发展水平条件下，完成某项工程建设合格产品与各种生产消耗之间特定的数量关系，它反映的是一种社会平均消耗水平。正常施工条件，是指生产过程按生产工艺和施工验收规范操作，施工条件完善，劳动组织合理，机械运转正常，材料储备合理的条件。

2.1.2　建设工程定额的作用

建设工程定额是企业进行科学管理的必备条件，它具有以下几个方面的作用：

（1）建设工程定额是提高劳动生产率的重要手段。施工企业要节约成本，提高收入和利润，就必须从劳动生产率入手。而定额作为企业提高劳动生产率的主要依据，促使员工改善操作方式方法，进行合理的组织，努力提高劳动生产效率。它是企业搞好生产经营管理的前提，也是企业组织生产、引进竞争机制的手段，是衡量劳动生产率的尺度，是总结分析和改进施工方法的重要手段。

（2）建设工程定额有利于市场行为的规范化，促使市场公平竞争。对于投资者来说，在决策阶段可以根据定额权衡财务状况、方案优劣、支付能力等，还可以利用定额信息辅助决策，优化投资行为。对于施工企业来说，可以在投标报价时提出科学的、充分的数据和信息，从而正确地进行价格决策，才能占有市场竞争优势。定额所提供的准确信息为市场不同主体间的公平竞争，提供了有利条件。

（3）建设工程定额有利于完善市场的信息。定额是以市场信息和大量的施工实践经验作为依据，能很好反馈目前的市场状况。信息的可靠性、灵敏度是市场成熟和市场效率的标志。

当信息越可靠、完备性越好、灵敏度越高时，定额中的数据就越准确，这对于通过建设工程定额所反映的工程造价就较为真实。反之，就必须主动地完善市场的信息。

2.1.3　定额的特性

1. 科学性

定额是采用科学的态度，运用科学管理的成就，在研究施工生产客观规律的基础上，通过长期观察、测定及广泛收集资料制定的，形成一套系统的、完整的、在实践中行之有效的方法。定额的制定应能符合生产力的发展要求，要能准确地反映工程建设中生产消费的客观规律。工程建设定额管理在理论、方法和手段上要能适应现代科学技术和信息社会的发展。

2. 指导性

定额的指导性要以科学性为基础，只有科学的定额才能对交易行为提出正确的指导。定额作为一个统一的核算尺度，一经制定颁发，不得随意变更定额内容与水平，并在其范围内应遵守执行，从而给比较、考核经济效果和有效的监督管理提供统一的依据。在建筑市场交易中，定额为建筑产品的定价提供一定的参考，作为造价控制的依据。虽然在工程量清单计价方式下，承包商报价的主要依据是企业定额，但企业定额的编制和完善仍离不开统一定额的指导。

3. 稳定性和时效性

定额水平只能反映某一定时期内生产技术水平和管理水平，而这一水平随着生产技术等的发展是在逐渐变化的，因此定额在某一时期内具有相对的稳定性，并在该时期内具有相应的时效性。当定额与生产力水平不相适应了，其原有的作用就会逐渐减弱，需要重新编制或修订。

4. 统一性

定额的统一性，主要是由国家对经济发展有计划宏观调控职能决定的。为了使国民经济按既定的目标发展，需要借助某些标准、定额等对工程建设进行规划、组织、协调和控制。因此，定额在全国或编制建设工程定额的一定的区域范围内是统一的。工程建设定额的统一性按照其影响力和执行范围来看，有全国统一定额、地区统一定额和行业统一定额等。

2.1.4　建设工程定额的分类

建设工程定额是工程建设中各类定额的总称，可以从不同的角度对其进行分类。

按生产要素不同，可分为劳动消耗定额、材料消耗定额、机械消耗定额。

按专业不同，可分为建筑工程定额、建筑装饰装修工程定额、安装工程定额（包括电气工程、暖卫工程、通信工程、工艺管道、热力工程、筑护工程、制冷、仪表、电信等安装工程定额）、市政工程定额、矿山工程定额、公路工程定额、铁路工程定额、井巷工程定额等。

按编制单位和执行范围不同，可分为全国统一定额、行业统一定额、地方统一定额、企业定额等。

按定额编制程序和用途不同，可分为工期定额、施工定额、预算定额、概算定额、概算指标与投资估算指标等。

2.2 施工定额

2.2.1 施工定额概述

2.2.1.1 施工定额的概念及性质

施工定额是指以同一性质的施工过程或工序为测算对象，确定建筑安装工人在正常的施工条件下，为完成某种单位合格产品所需合理的人工、材料和机械台班的消耗量标准。正常施工条件是指施工过程符合生产工艺、施工规范和操作规程的要求，并且满足施工条件完善、劳动组织合理、机械运转正常、材料供应及时等条件要求。施工定额由人工消耗定额（劳动定额）、材料消耗定额和机械台班使用定额组成，是最基本的定额。

施工定额是直接用于施工管理中的一种定额，是建筑安装企业的生产定额，它是由地区主管部门或企业根据全国统一劳动定额、材料消耗定额和机械台班使用定额结合地区特点而制定的一种定额。有些地区就直接使用全国统一劳动定额和机械台班使用定额。

2.2.1.2 施工定额的作用

施工定额是建筑安装企业进行科学管理工作的基础，它的主要作用表现在以下几个方面：

（1）施工定额是企业编制施工预算，进行工料分析和"两算"对比的基础。

（2）施工定额是编制施工组织设计、施工作业计划的依据。

（3）施工定额是加强企业成本管理的基础。

（4）施工定额是建筑安装企业投标报价的基础。

（5）施工定额是组织和指挥施工生产的有效工具。

（6）施工定额是计算工人劳动报酬的依据，也为提高工人劳动积极性创造了条件。

2.2.1.3 施工定额的编制依据

（1）经济政策和劳动制度。施工定额虽是技术定额，但它具有很强的法令性，编制施工定额必须依据党和国家的相关方针、政策及劳动制度。

（2）技术依据。主要是指各类技术规范、规程、标准和技术测定数据、统计资料等。

（3）经济依据。主要是指各类定额，尤其是现行的各类施工定额及各省、市、自治区乃至企业的有关现行的、历史的定额资料数据，另外还有日常积累的有关材料、机械、能源等消耗的资料、数据。

2.2.1.4 施工定额的编制原则

（1）平均先进水平原则。所谓平均先进水平，是指在正常条件下，多数生产者经过努力可以达到，少数生产者可以接近，个别生产者可以超过的水平。一般情况下，它低于先进水平而略高于平均水平。

（2）简明适用原则。指的是在适用基础上的简明。它主要针对施工定额的内容和形式而言，它要求施工定额的内容较丰富，项目较齐全，适用性强，能满足施工组织与管理和计算劳动报酬等多方面的要求。同时要求定额简明扼要，容易为工人和业务人员所理解、掌握，便于查阅和计算等。

（3）以专为主、专群结合的原则。施工定额的编制工作必须由施工企业中经验丰富、技术与管理知识全面、懂国家技术经济政策的专门队伍完成。同时定额的编制和贯彻都离不开群众，因此编制定额必须走群众路线。

2.2.2　劳动定额

2.2.2.1　劳动定额的概念

人工消耗定额又称劳动定额，它是在正常的施工技术组织条件下，完成单位合格产品所必需的劳动消耗量的标准。这个标准是国家和企业对工人在单位时间内完成产品的数量和质量的综合要求。

劳动定额的表现形式有时间定额和产量定额两种。

1. 时间定额

时间定额是指在一定的生产技术和生产组织条件下，某工种、某种技术等级的工人班组或个人完成符合质量要求的单位产品或完成一定的工作任务所必需的工作时间。定额时间包括工人的有效工作时间（准备与结束时间、基本工作时间、辅助工作时间）、不可避免的中断时间和工人必需的休息时间。

时间定额以工日为单位，每个工日工作时间按现行制度规定为 8 h，其计算方法如下：

$$单位产品时间定额(工日) = \frac{1}{每工日产量} \tag{2.1}$$

或

$$单位产品时间定额（工日） = \frac{小组成员工日数总和}{小组台班产量} \tag{2.2}$$

2. 产量定额

产量定额是指在合理的劳动组织和合理地使用材料的条件下，某工种、某种技术等级的工人班组或个人在单位工日中所应完成的合格产品的数量或完成工作任务量的数量标准。产量定额的常用计量单位有米（m）、平方米（m^2）、立方米（m^3）、吨（t）、块、根、件、扇等，其计算方法如下：

$$产量定额 = \frac{产品数量}{劳动时间} \tag{2.3}$$

3. 时间定额与产量定额的关系

从时间定额与产量定额的概念和公式，我们可以得出，时间定额与产量定额互为倒数，即：

$$时间定额 = \frac{1}{产量定额} \tag{2.4}$$

时间定额和产量定额虽同是劳动定额的不同表现形式，但其用途却不相同。前者以单位产品的工日数表示，便于计算完成某一分部（项）工程所需的总工日数，便于核算工资，便于编制施工进度计划和计算分项工期。后者以单位时间内完成的产品数量表示，便于小组分配施工任务，考核工人的劳动效率和签发施工任务单。

2.2.2.2　工作时间

完成任何施工过程，都必须消耗一定的工作时间。要研究施工过程中的工时消耗量，就必须对工作时间进行分析。建筑安装企业工作班的延续时间为 8 h。

工作时间的研究是将劳动者整个生产过程中所消耗的工作时间，根据其性质、范围和具体情况进行科学划分、归类，明确规定哪些属于定额时间，哪些属于非定额时间，找出非定额时间损失的原因，以便拟订技术组织措施，消除产生非定额时间的因素，充分利用工作时间，提高劳动生产率。

对工作时间的研究和分析，可以分工人工作时间和机械工作时间两个系统进行。

1. 工人工作时间

（1）定额时间

指工人在正常施工条件下，为完成一定数量的产品或任务所必须消耗的工作时间。具体内容包括以下 5 点：

① 准备与结束工作时间，即工人在执行任务前的准备工作（包括工作地点、劳动工具、劳动对象的准备）和完成任务后整理工作时间。

② 基本工作时间，即工人完成与产品生产直接有关的准备工作，如砌砖施工过程的挂线、铺灰浆、砌砖等工作时间。基本工作时间一般与工程量的大小成正比。

③ 辅助工作时间，辅助工作时间即为了保证基本工作顺利完成而同技术操作无直接关系的辅助性工作时间，如修磨校验工具、移动工作梯、工人转移工作地点等所必需的时间。

④ 休息时间，即工人恢复体力所必需的时间。

⑤ 不可避免的中断时间，即由于施工工艺特点所引起的工作中断时间，如汽车司机等候装货的时间、安装工人等候构件起吊的时间等。

（2）非定额时间

具体内容包括以下 3 点：

① 多余和偶然工作时间，即在正常施工条件下不应发生的时间消耗，如拆除超过规定高度的多余墙体的时间。

② 施工本身造成的停工时间，即由于气候变化和水、电源中断而引起的停工时间。

③ 违反劳动纪律的损失时间，即在工作班内工人迟到、早退、闲谈、办私事等原因造成的工时损失。

2. 机械工作时间

机械工作时间的分类与工人工作时间的分类相比，有一些不同点，如在必须消耗的时间中所包含的有效工作时间的内容不同。通过分析可以看到，两种时间的不同点是由机械本身的特点所决定的。

（1）定额时间

① 有效工作时间，即包括正常负荷下的工作时间、有根据的降低负荷下的工作时间。

② 不可避免的无负荷工作时间，即由施工过程的特点所造成的无负荷工作时间，如推土机到达工作段终端后倒车时间、起重机吊完构件后返回构件堆放地点的时间等。

③ 不可避免的中断时间，即与工艺过程的特点、机械使用中的保养、工人休息等有关的中断时间，如汽车装卸货物的停车时间、给机械加油的时间、工人休息时的停机时间等。

其计算公式如下：

$$定额时间 = 基本工作时间 + 辅助工作时间 + 准备与结束工作时间 +$$
$$不可避免的中断时间 + 休息时间 \qquad (2.5)$$

（2）非定额时间

① 机械多余的工作时间，即机械完成任务时无须包括的工作占用时间，如灰浆搅拌机搅拌时多运转的时间工人没有及时供料而使机械空运转的延续时间。

② 机械停工时间，即由于施工组织不好或气候条件影响所引起的停工时间，如未及时给机械加水、加油而引起的停工时间等。

③ 违反劳动纪律的停工时间，即由于工人迟到、早退等原因引起的机械停工时间。

2.2.2.3　劳动定额的编制方法

1. 技术测定法

技术测定法是一种科学的调查研究方法，是指根据现场测定资料编制时间消耗定额的一种方法。用技术测定法制定的定额具有较充分的科学依据，因而准确性较高，但工作中运用的技术往往较为复杂，工作量偏大。

2. 统计计算法

统计计算法是运用测定、统计的方法统计完成某项单位产品时间消耗的数据的一种方法。统计计算法方法简便，只需对统计的资料、数据加以分析和整理，但是统计资料中不可避免地包含着各种不合理的因素。

3. 经验估计法

经验估计法是根据施工技术人员、生产管理人员和现场工人的实际工作经验，对生产某一产品或完成某项工作所需的人工进行分析，从而确定时间定额耗用量的一种方法。经验估计法编制过程较简单，但是定额精度差，容易受人为因素的影响。

4. 比较类推法

比较类推法指首先选择有代表性的典型项目，用技术测定法编制出时间消耗定额，然后根据测定的时间消耗定额用比较类推的方法编制出其他相同类型或相似类型项目时间消耗定额的一种方法。比较类推法简单可行，有一定的准确性，但只能用正比例关系来编制相关定额，故有一定的局限性。

【例 2.1】　人工挖二类土，由测时资料可知：挖 1 m³ 需消耗基本工作时间 70 min，辅助工作时间占工作班延续时间的 2%，准备与结束工作占 1%，不可避免的中断时间占 1%，休息时间占 20%。试确定时间定额和产量定额。

解：定额时间：

$$定额时间 = \frac{70 \text{ min}}{1 - (2\% + 1\% + 1\% + 20\%)} = 92 \text{ (min)}$$

时间定额：

$$时间定额 = \frac{92 \text{ min}}{8 \times 60 \text{ min/} 工日} = 0.192 \quad 工日$$

根据时间定额可计算出产量定额为：

$$\frac{1}{0.192} \text{ m}^3 = 5.2 \text{（m}^3\text{）}$$

2.2.3 材料消耗定额

2.2.3.1 材料消耗定额的概念

材料消耗定额是指在正常的施工条件和合理使用材料的情况下，完成合格的单位产品所必须消耗的建筑安装材料（原材料、半成品、制品、预制品、燃料等）的数量标准。在一般的工业与民用建筑中，材料费用占整个工程造价的 60% ~ 70%。因此，能否降低成本在很大程度上取决于建筑材料的使用是否合理。材料消耗定额是编制材料需要量计划、运输计划、供应计划，计算仓库面积，签发限额领料单和经济核算的依据。

工程施工中的材料消耗，按其消耗方式可分为两类：一类是在施工中一次性消耗的、构成工程实体的材料，如砌筑砖砌体用的标准砖，浇筑混凝土构件用的混凝土等，一般把这种材料称为实体性材料或非周转性材料；另一类是在施工中周转使用，其价值是分批分次转移而一般不构成工程实体的耗用材料，它是为了有助于工程实体形成如模板及支撑材料）或辅助作业（如脚手架材料）而使用并发生消耗的材料，一般称为周转性材料。

2.2.3.2 材料消耗定额的构成

实体材料消耗定额包括直接用于建筑和安装工程上的材料、不可避免施工废料和材料施工操作损耗。其中直接用于建筑和安装工程上的材料消耗称为材料消耗净用量，不可避免的施工废料和材料施工操作损耗称为材料损耗量。

实体材料消耗定额与材料损耗定额之间具有下列关系：

$$材料消耗定额（材料消耗量）= 材料消耗净用量 + 材料损耗量 \tag{2.6}$$

$$材料损耗率 = \frac{材料损耗量}{材料净用量} \tag{2.7}$$

在材料损耗率确定之后，编制材料消耗定额时，通常采用下列公式：

$$材料消耗量 = 材料净用量 \times （1 + 材料损耗率） \tag{2.8}$$

周转性材料在工程中常用的有模板、脚手架等。这些材料在施工中随着使用次数的增加而逐渐被耗用完，故称为周转性材料。周转性材料在定额中是按照多次使用、分次摊销的方法计算。

周转性材料消耗定额计算：

（1）完成定额规定的计量单位产品一次使用的基本量，第一次制造时的材料消耗（一次使用量）；一次使用量可依据施工图算出。计算公式如下：

$$一次使用量 = 材料净用量 \times （1 + 损耗率）= 混凝土模板的接触面积$$

$$\times 每平方米接触面积需模量 \times （1 + 制作损耗率） \tag{2.9}$$

（2）投入使用量。由于周转材料的易耗性，每周转使用一次材料会发生损耗，这就需要在每次周转时补损，补损的量为损耗掉的量。补损的次数与周转次数有关，应等于周转次数减 1。周转次数是指周转材料从第一次使用起可重复使用的次数。计算公式如下：

$$投入使用量 = 一次使用量 + （一次使用量）×（周转次数 - 1）× 损耗率 \qquad （2.10）$$

（3）周转使用量。不考虑其余因素，按投入使用总量计算的每一次周转使用量。计算公式如下：

$$周转使用量 = \frac{投入使用量}{周转次数} = 一次使用量 × k_1 \qquad （2.11）$$

$$周转使用系数 \; k_1 = \frac{1 +（周转次数 - 1）× 损耗率}{周转次数} \qquad （2.12）$$

（4）周转回收量。周转使用量是在周转周期内全部投入材料的平均值，但在第一批材料的价值消耗殆尽的时候，后面补充的材料价值还有，计算消耗量时需要将其减去，这部分材料称为周转回收量。

周转回收量是指周转性材料在周转使用后还可以回收的材料数量，即除去损耗部分的剩余数量。计算公式如下：

$$周转回收量 = \frac{一次使用量}{周转次数} \qquad （2.13）$$

（5）摊销量。指的是周转材料在重复使用的条件下，一次消耗的材料数量。计算公式如下：

$$摊销量 = 周转使用量 - 周转回收量 × 回收折价率 \qquad （2.14）$$

2.2.3.3　编制材料消耗定额的基本方法

1. 观测法

观测法又称现场测定法，是指在合理和节约使用材料的前提下，在现场对施工过程进行观察，记录出数据，测定应该记入和不应该记入定额之中的损耗材料，通过现场观测，确定出合理的材料消耗量，进而制定出正确的材料消耗定额。

2. 试验法

试验法又称实验室试验法，由专门从事材料试验的专业技术人员，使用实验仪器来测定材料消耗定额的一种方法。这种方法可以较详细地研究各种因素对材料消耗的影响，且数据准确，但仅适用于在实验室内测定砂浆、混凝土、沥青等建筑材料的消耗定额。

3. 统计法

所谓统计法，是指对分部（分项）工程拨付一定的材料数量、竣工后剩余的材料数量以及完成合格建筑产品的数量，进行统计计算而编制材料消耗定额的方法。这种方法不能区分施工中的合理材料损耗和不合理材料损耗，因此，得出的材料消耗定额准确性偏低。

4. 理论计算法

理论计算法又称计算法，它是根据施工图纸，运用一定的数学公式计算材料的耗用量。理论计算法只能计算出单位产品的材料净用量,材料的损耗量还要在现场通过实测取得。例如,1 m³标准砖墙中,砖、砂浆的净用量计算公式如下:

$$砖净用量 = \frac{1}{(砖宽+灰缝)\times(砖厚+灰缝)} \times \frac{1}{砖长} \qquad (2.15)$$

$$砂浆净用量 = 1\ m^3\ 砌体 - 砖体积 \qquad (2.16)$$

【例 2.2】 用标准砖(240 mm×115 mm×53 mm)砌 1 砖厚墙,求 1 m³ 的砖墙中标准砖、砂浆的净用量。

解: 1 m³ 的标准 1 砖墙中标准砖的净用量为:

$$砖净用量 = \frac{1}{(砖宽+灰缝)\times(砖厚+灰缝)} \times \frac{1}{砖长}$$

$$= \frac{1}{(0.115+0.01)\times(0.053+0.01)} \times \frac{1}{0.24} = 529\ (块)$$

1 m³ 的 1 砖墙中砂浆的净用量为:

$$砂浆净用量 = 1\ m^3\ 砌体 - 砖体积$$

其中   每块标准砖的体积 = 0.24×0.115×0.053 m3 = 0.001 462 8(m³)

所以   砂浆净用量 = 1 m³ − 529×0.001 462 8 = 0.226(m³)

2.2.4 机械台班使用定额

机械台班消耗定额又称机械使用定额,是指在正常的施工生产条件及合理的劳动组合和合理使用施工机械的条件下,生产单位合格产品所必须消耗的一定品种、规格施工机械的作业时间标准。其中包括准备与结束时间、基本作业时间、辅助作业时间,以及工人必需的休息时间。其表达形式有时间定额和产量定额两种。

1. 机械时间定额

机械时间定额是指在正常的施工生产条件下某种机械生产单位合格产品所必须消耗的台班数量。可按下式计算:

$$机械时间定额 = \frac{1}{机械台班产量定额} \qquad (2.17)$$

工人使用一台机械,工作一个班(8 h),称为一个台班,它既包括机械本身的工作时间,又包括使用该机械工人的工作时间。

2. 机械台班产量定额

机械台班产量定额是指某种机械在合理的施工组织和正常的施工条件下,单位时间内完成合格产品的数量。可按下式计算:

$$机械台班产量定额 = \frac{1}{机械时间定额} \qquad (2.18)$$

机械时间定额与机械台班产量定额成反比,互为倒数关系。

2.3 预算定额

2.3.1 预算定额的概述

2.3.1.1 预算定额的概念

预算定额是指在正常的施工条件、施工技术和组织条件下，完成一定计量单位的分项工程或结构构件所需人工、材料、机械台班消耗和价值货币表现的数量标准。预算定额是国家或各省、直辖市、自治区主管部门或授权单位组织编制并颁发执行的，是基本建设预算制度中的一项重要技术经济法规。预算定额是确定单位分项工程或结构构件单价的基础，它体现了国家、建设单位和施工企业之间的一种经济关系。预算定额是工程建设中一项重要的技术经济文件，它的各项指标反映了完成单位分项工程消耗的活劳动和物化劳动的数量限额，这种限额最终决定着单位工程的成本和造价。预算定额是施工图设计阶段用于编制工程预算的依据，简称预算定额。

预算定额又称消耗量定额，是建筑工程预算基础定额和安装工程预算定额的总称。

2.3.1.2 预算定额的作用

预算定额主要有以下几个方面的作用：

（1）预算定额是编制施工图预算的依据，确定和控制建筑安装工程造价的基础。施工图预算是施工图设计文件之一，是确定和控制建筑安装工程造价的必要手段。

（2）预算定额是推行限额设计和进行设计方案技术经济比较、技术经济分析的重要依据。

（3）预算定额是施工企业进行经济活动分析的依据。

（4）预算定额是编制招标控制价的依据。

（5）预算定额是编制概算定额和概算指标的基础。

（6）预算定额是投标报价的重要参考资料。

2.3.1.3 预算定额的组成

预算定额一般按照工程种类不同，以分部工程分章编制，如土方工程、砖石工程等。每一章又按产品技术规格不同、施工方案不同等分为很多定额项目。整个预算定额手册一般由目录、总说明、分章说明、分项工程定额表和有关附录等组成。而建筑面积计算规则及工程量计算规则可单列成册。分项工程定额表一般由人工消耗定额、材料消耗定额、机械台班消耗定额和单位产品基价组成。

2.3.1.4 预算定额的编制原则

为了保证预算定额的编制质量，充分发挥预算定额在使用过程中的作用，在编制过程中必须贯彻以下原则：

（1）按社会平均水平的原则。在正常施工条件下，以平均的劳动强度、平均的技术熟练程度，在平均的技术装备条件下，完成单位合格产品所需的劳动消耗量就是预算定额的消耗量水平。这种以社会必要劳动时间来确定的定额水平，就是通常所说的平均水平。

（2）简明适用的原则。定额的内容和形式既要满足各方面使用的需要，具有多方面的适用性，同时又要简明扼要、层次清楚、结构严谨。

（3）技术先进、经济合理的原则。技术先进是指定额项目的确定、施工方法和材料的选择等，能够正确反映建筑技术水平，及时采用已成熟并得到普遍推广的新技术、新材料、新工艺，以促进生产的提高和建筑技术的发展。

2.3.2　预算定额的编制依据

（1）现行的劳动定额、材料消耗定额、机械台班使用定额和施工定额。

（2）现行的设计规范、施工验收规范、质量评定标准和安全操作规程。

（3）常用的标准图和已选定的典型工程施工图纸。

（4）成熟推广的新技术、新结构、新材料、新工艺。

（5）施工现场的测定资料、实验资料和统计资料。

（6）过去颁布的预算定额及有关预算定额编制的基础资料。

（7）现行预算定额及预算资料和地区材料预算价格、工资标准及机械台班预算价格。

2.3.3　预算定额消耗量指标的确定

2.3.3.1　人工消耗量的确定

（1）以劳动定额为基础计算人工工日数的方法。预算定额中的人工消耗指标是指在正常施工条件下，生产单位合格产品所必需消耗的人工工日数量，是由分项工程所综合的各个工序劳动定额（包括基本用工和其他用工）组成的。

① 基本用工。

基本用工既是指完成单位合格产品所必须消耗的技术工种用工，也是指完成该分项工程的主要用工，如砌筑各种砖墙中的砌砖、运输以及调制砂浆的用工量。

$$基本用工 = \sum（综合取定的工程量 \times 施工劳动定额）\tag{2.19}$$

② 其他用工。

a. 超运距用工，是指预算定额中的材料、半成品的平均水平运距超过劳动定额基本用工中规定的距离所需增加的用工量。超运距指预算定额取定运距与劳动定额规定的运距之差。

$$超运距用工 = \sum（超运距材料数量 \times 超运距劳动定额）\tag{2.20}$$

b. 辅助用工，是指技术工种劳动定额内不包括而在预算定额内又必须考虑的用工，如机械土方工程配用工，筛石子、淋石灰膏的用工。

$$辅助用工 = \sum（材料加工数量 \times 相应的加工劳动定额）\tag{2.21}$$

c. 人工幅度差，是指预算定额和劳动定额由于定额水平不同而引起的水平差。在劳动定额作业时间之外，在预算定额中应考虑的在正常施工条件下所发生的难以准确计量的各种工时损失。内容包括：各工种间的工序搭接及交叉作业互相配合发生的停歇用工，施工机械的单位工程之间转移及临时水电线路移动所造成的停滞，质量检查和隐蔽工程验收工作的影响，班组操作地点转移用工，工序交接时对前一工序不可避免的修理用工，施工中不可避免的其他零星用工。

人工幅度差用工＝（基本用工＋超运距用工＋辅助用工）×人工幅度差系数　　（2.22）

其中人工幅度差系数，一般土建工程为 10%，设备安装工程为 12%。

人工消耗量指标确定以后，将人工消耗量指标乘以相应的人工单价就可以得出相应的人工费。

（2）以现场测定资料为基础计算人工工日数的方法。遇劳动定额缺项的需要进行测定项目，可采用现场工作日写实等测试方法测定和计算定额的人工消耗量。

（3）人工工日消耗量指标的计算。根据选定的若干份典型工程图纸，经工程量计算后，再计算各项人工消耗量。

2.3.3.2　材料消耗量的确定

预算定额中的材料消耗量指标是由材料的净用量和损耗量所组成。

材料损耗量指在正常施工条件下不可避免、合理的材料损耗，主要由施工操作损耗、场内运输（从现场内材料堆放点或加工点到施工操作点）损耗、加工制作损耗和现场管理损耗（操作地点的堆放及材料堆放地点的管理）所组成。

（1）材料消耗量是完成单位合格产品所必须消耗的材料数，按用途划分为以下 4 种：

① 主要材料，是指直接构成工程实体的材料，包括原材料、成品、半成品。

② 辅助材料，是指构成工程实体除主材以外的材料，如垫木、钉子、铅丝、垫块等。

③ 周转性材料，是指脚手架、模板等多次周转使用的材料。这些材料是按多次使用、分次摊销的方式计入预算定额的。

④ 其他材料，是指用量较少、并难以计量，且不构成工程实体，但需配合工程的零星用料，如棉纱、编号用的油漆等。

（2）材料消耗量的计算方法。

① 按规范要求计算：凡有规定标准的材料，按规范要求计算定额计量单位消耗量，如砖、防水卷材、块料面层等。

② 按设计图纸计算：凡设计图纸有标注尺寸及下料要求的按设计图纸尺寸计算材料净用量，如门窗制作用材料等。

③ 用换算法计算：各种胶结、涂料等材料的配合比用料，可以根据要求换算，得出材料用量。

④ 用测定法计算：包括试验室试验法和现场观测法。各种强度等级的混凝土及砌筑砂浆按配合比要求耗用原材料的数量，须按规范要求试配，经过试压合格后，并经必要的调整得出水泥、砂子、石子、水的用量。

各地区、各部门都在合理测定和积累资料的基础上编制了材料的损耗率表。材料的消耗量、净用量、损耗率之间关系式如下：

$$材料消耗量＝材料净用量＋材料损耗量$$
$$＝材料净用量×（1＋材料损耗率）\qquad（2.23）$$

工程中的各种材料消耗量确定以后。将其消耗量分别乘以相应的材料价格后汇总，就可以得出预算定额中相应的材料费。材料费在工程中所占比重较大，材料数量和其价格的取定，必须慎重并合理确定。

现计算每 1 m³ 标准砖砌体，1 砖半厚砖墙的材料净用量。

$$砖净用量＝砖净用量＝\frac{2×砌体厚度的砖数}{砌体厚度×（标准砖长＋灰缝厚度）×（标准砖厚度＋灰缝厚度）}$$

式中，标准砖尺寸与体积为：

$$长×宽×厚 = 0.24 \text{ m}×0.115 \text{ m}×0.053 \text{ m} = 0.001\ 462\ 8（\text{m}^3）$$

砌体厚度：半砖墙为 0.115 m，一砖墙为 0.24 m，砖半墙为 0.365 m。

砌体厚度的砖数：半砖墙为 0.5 块，一砖墙为 1 块，一砖半墙为 1.5 块。

灰缝厚度：0.01 m。

$$材料的用量 = \frac{材料净用量}{1-损耗率}$$

【例2.3】 计算 1 m^3 砖厚内墙所需砖和砂浆的消耗量。砖与砂浆的损耗率均为 1%。已知每块砖的标准体积 = 0.24×0.115×0.053 = 0.001 462 8 m^3。

解： 首先计算砖与砂浆的净用量：

$$砖的净用量 = \frac{1}{0.24×(0.24+0.01)×(0.053+0.01)}×2×1 = 529.1（块）$$

$$砂将净用量 = 1-529.1×0.000\ 14\ 628 = 0.226（\text{m}^3）$$

$$标准砖用量 = \frac{529.1}{1-1\%} = 534.4（块）$$

$$砂浆耗用量 = \frac{0.226}{1-1\%} = 0.228（\text{m}^3）$$

2.3.3.3 机械台班消耗量的确定

预算定额的机械台班消耗量又称机械台班使用量，计量单位是台班。它是指在合理使用机械和正常施工组织条件下，完成单位合格产品所必须消耗的某种型号施工机械的机械台班数量标准。预算定额的机械台班消耗量指标，一般是按全国统一劳动定额中的机械台班产量，并考虑一定的机械台班幅度差进行计算的。每个工作台班按机械工作 8 h 计算。

机械台班幅度差是指在基本机械台班中未包括而在正常施工情况下不可避免但又很难精确计算的台班用量。

机械幅度差系数为：土方机械 25%，打桩机械 33%，吊装机械 30%。砂浆、混凝土搅拌机由于按小组配用，以小组产量计算机械台班产量，不另增加机械幅度差。其他分部工程中如钢筋、木材、水磨石加工等各项专用机械的幅度差为 10%。

$$预算定额机械台班消耗量 = 劳动定额机械台班消耗量×（1+机械幅度差） \qquad （2.24）$$

预算定额中施工机械消耗量台班确定以后，将其乘以相应的机械台班价格，就可以得出相应的机械费。

【例2.4】 用水磨石机械施工配备 2 人，查劳动定额可知产量定额为 4.76 m^2/工日，考虑机械幅度差为 10%，计算每 100 m^2 水磨石机械台班消耗量。

解：

$$机械台班消耗量 = \frac{100}{4.76×2}×(1+10\%) = 11.55（台班/100）$$

上述各分项工程人工消耗量、材料消耗量和机械台班消耗量构成了预算定额的主体内容；人工费、材料费、施工机械费之和构成了预算定额中某分部、分项工程的基价。由于人工、材料、机械台班单价随市场变化，在有的预算定额中，对一时未确定或不便统一规定的材料、机械的单价的内容，只列出消耗数量，未列出全部费用。

2.3.4 预算定额人工、材料、机械台班单价的确定

基础单价，包括人工工日单价、材料价格和施工机械台班单价三项内容组成。基础单价可分为：某地区统一基础单价、某企业基础单价、某工程专用基础单价。

2.3.4.1 人工工日单价的确定

人工工日单价指一个建筑安装生产工人完成一个工作日的工作后应当获得的全部人工费，它基本上反应的是建筑安装生产工人的工资水平。合理确定人工单价，是正确计算人工费和工程造价的前提和基础。我国人工单价采用综合人工单价的计价方式，即根据综合取定的不同工种、技工等级工资单价及相应的工时比例进行加权平均，得出能够反映工程建设中生产工人一般综合价格水平的人工综合单价。按照我国规定，生产工人的人工工人单价计算公式如下：

$$日工资单价 = [生产工人平均月工资（计时、计件）+$$

$$平均月（奖金+津贴补贴+特殊情况下支付的工资）] \div 年平均每月法定工作日$$

$$（2.25）$$

其中

$$每月法定工作日 = （年日历天数-法定节假日-非生产工日） \div 12 个月$$

$$= （365-104-11-非生产工日） \div 12 个月 \approx 20.8（日）$$

日工资单价是指施工企业平均技术熟练程度的生产工人在每工作日（国家法定工作时间内）按规定从事施工作业应得的日工资总额。工程造价管理机构确定日工资单价，最低不得低于工程所在地人力资源和社会保障部门所发布的最低工资标准的：普工 1.3 倍，一般技工 2 倍，高级技工 3 倍。人工工日消耗量不分工种，按普工、技工、高级技工分为 3 个技术等级。人工工日单价取定：普工 60.00 元/工日，技工 92.00 元/工日，高级技工 138.00 元/工日。

影响人工单价的因素包括：

（1）社会平均工资水平。

（2）生活消费指数。

（3）劳动力市场供需变化。

（4）政府推行的社会保障和福利政策也会影响人工单价的变动。

2.3.4.2 材料单价的确定

在建筑安装工程造价中，材料费约占 60%～70%，材料费是建筑安装工程造价的重要组成部分。材料单价指材料由其来源地或交货地运达仓库或施工现场堆放地点直至出库过程平均发生的全部费用。定额列出的材料价格是从材料来源地（或交货地）至工地仓库（或存放地）后的出库价格，包括材料原价（或供应价）、运杂费、运输损耗费、采购及保管费。

定额中不便计量、用量少、价值小的材料合并为其他材料费。

1. 材料价格的组成

材料单价一般由材料原价、运杂费、运输损耗费、采购及保管费组成。

材料基价 = 材料原价+运杂费+运输损耗费+采购保管费　　　　（2.26）

① 材料原价：材料原价是指材料的出厂价、交货地价格、市场采购价或批发价；进口材料应以国际市场价格加上关税、手续费及保险费构成材料原价，也可以按国际通用的材料到岸价或者口岸价作为原价。

确定原价时，当同一种材料因产地或供应单位的不同而有几种原价时，应根据不同来源地的供应数量及不同的单价，计算出加权平均原价。

② 材料运杂费：材料运杂费是指材料由来源地（或交货地）运到工地仓库（或存放地点）的过程中所发生的一切费用。

③ 运输损耗费：指材料在装卸和运输过程中发生的全部的合理损耗。

运输损耗 = （材料原价+材料运杂费）×相应的材料损耗率）　　　　（2.27）

④ 采购及保管费：指为组织材料的采购、供应和保管所发生的各项费用，包括：采购费、仓储费、工地保管费、仓储损耗。目前，由国家经贸委规定的综合采购保管费率为 2.5%（其中采购费率为 1%，保管费率为 1.5%）。由建设单位供应材料到现场仓库时，施工单位只收保管费。

采购及保管费 = （材料原价+材料运杂费+运输损耗费）×采购保管费率　　　（2.28）

材料预算价格一般可按下式计算：

材料预算价格 = （材料原价+运杂费）×（1+运输损耗率）×（1+采购保管率）　　（2.29）

【例 2.5】　某工程需用白水泥，选定甲、乙两个供货地点，甲地出厂价 650 元/t，可供需要量的 80%；乙地出厂价 690 元/t，可供需要量的 20%。汽车运输，甲地离工地 60 km，乙地离工地 90 km。求白水泥预算价格。运输费按 0.40 元/（t·km）计算，装卸费为 16 元/t，装卸各一次，材料采购保管费率为 2.5%，运输损耗率 1%。

解：

① 加权平均计算综合原价：

综合原价 = 650×80%+690×20% = 658（元/t）

② 运杂费：60×0.40×80%+90×0.40×20%+16 = 42.4（元/t）

③ 运输损耗费：（658+42.4）×1% = 7.004（元/t）

④ 采购保管费：（658+42.4+7.004）×2.5% = 17.69（元/t）

则白水泥的预算价格：658+42.4+7.004+17.69 = 725.09（元/t）

2. 影响材料预算价格的因素

（1）市场供求变化会影响材料的预算价格。

（2）材料生产成本的变动直接影响材料预算价格。

（3）流通环节和材料供应体制也会影响材料预算价格。

（4）运输距离和运输方法的改变会影响材料运输费用，从而影响材料预算价格。

（5）国际市场行情会对进口材料价格产生直接的影响。

2.3.4.3　施工机械台班单价的确定

施工机械台班单价是指一台施工机械，在正常运转条件下一个工作班中所发生的全部费用，每台班按 8 h 工作制计算。某一台机械在一个台班中为使机械正常运转所必须支出分摊的各种费用之和，就是施工机械台班预算价格，或称台班使用费。

1. 施工机械台班单价的组成

我国现行体制下施工机械台班单价由 7 项费用组成，包括折旧费、大修理费、经常修理费、安拆费及场外运费、燃料动力费、人工费、税费等，如图 2.1 所示。其中折旧费、大修理费、经常修理费、安拆费及场外运输费四项费用是比较固定的费用，称为第一类费用或不变费用是属于分摊性质的费用，燃料动力费、人工费、税费三项费用因施工地点和条件不同有较大变化，称为第二类费用或可变费用。属于支出性质的费用，以实际发生费用计算。

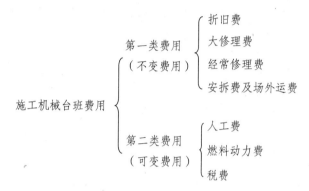

图 2.1　施工机械台班费用组成内容

（1）折旧费

折旧费是指施工机械在规定的使用年限内，陆续收回其原值的费用。

$$台班折旧费 = 购置机械的全部费用 \times (1 - 残值率) / 耐用总台班 \qquad (2.30)$$

其中，购置机械全部费用是指机械从购买运到施工单位所在地发生的全部费用，包括原价、购置税、保险费及牌照费、运费等。残值率指施工机械报废时回收其残余价值占机械原值的百分比。残值率应根据机械类型按下列数值确定：运输机械：2%；掘进机械：5%；其他机械：中小型机械 4%，特大型机械 3%。耐用总台班指施工机械从开始投入使用至报废前使用的总台班数。耐用总台班应按施工机械的技术指标及寿命期等相关参数确定。确定折旧年限和耐用总台班时应综合考虑下列关系：

$$耐用总台班 = 预计使用年限 \times 年工作台班 \qquad (2.31)$$

（2）大修理费

大修理费是指施工机械按规定的大修理间隔台班进行必要的大修理，以恢复其正常功能所需的费用。

台班大修理费应按下列公式计算：

$$台班大修理费 = \frac{一次大修理费 \times 寿命期大修理次数}{耐用总台班} \qquad (2.32)$$

一次大修理费指施工机械一次大修理发生的工时费、配件费、辅料费、油燃料费及送修运杂费等。

寿命期大修理次数，是指为恢复原机功能按规定在寿命期（耐用总台班）内需要进行的大修理次数。

（3）经常修理费

经常修理费指施工机械除大修理以外的各级保养和临时故障排除所需的费用。包括为保障机械正常运转所需替换设备与随机配备工具附具的摊销和维护费用，机械运转中日常保养所需润滑与擦拭的材料费用及机械停滞期间的维护和保养费用等。

台班经常修理费应按下列公式计算：

$$台班经常修理费 = \frac{\sum(各级保养一次费用 \times 寿命期各级保养次数) + 临时故障排除费}{耐用总台班}$$

$$+ 替换设备和工具附具台班摊销费 + 例保辅料费 \qquad (2.33)$$

当台班经常修理费计算公式中各项数值难以确定时，台班经常修理费也可按下列公式计算：

$$台班经常修理费 = 台班大修理费 \times K \qquad (2.34)$$

式中：K——台班经常修理费系数，可按《全国统一施工机械台班费用定额》取值。

（4）安拆费及场外运费

安拆费指施工机械（大型机械除外）在现场进行安装与拆卸所需的人工、材料、机械和试运转费用，以及机械辅助设施的折旧、搭设、拆除等费用。

$$安拆费 = \frac{一次安拆费 \times 年平均安拆次数}{年工作台班} + \frac{辅助设施一次使用费 \times (1-残值率)}{辅助设施耐用台班} \qquad (2.35)$$

场外运费指施工机械整体或分体自停放地点运至施工现场或由一施工地点运至另一施工地点、运距在 25 km 以内的机械进出场的运输、装卸、辅助材料及架线等费用。

$$台班场外运费 = \frac{(一次运输及装卸费 + 辅助材料一次摊销费 + 一次架线费) \times 年平均场外运输次数}{年工作台班}$$

$$\qquad (2.36)$$

安拆费及场外运费根据施工机械不同分为计入台班单价、单独计算和不计算三种类型。工地间移动较为频繁的小型机械及部分中型机械，其安拆费及场外运费应计入台班单价。单独计算的安拆费及场外运输费，适用于移动有一定难度的特、大型（包括少数中型）机械。不计算安拆费及场外运输费的机械是指不需要安装拆卸且自身又能开行的机械和固定在车间不需安拆运输的机械。

（5）人工费

人工费是指机上司机（司炉）和其他操作人员的人工费。人工费应按下列公式计算：

$$台班人工费 = 人工消耗量 \times 人工单价 \qquad (2.37)$$

人工消耗量指机上司机（司炉）和其他操作人员工日消耗量。

（6）燃料动力费

燃料动力费是指施工机械在运转作业中所消耗的各种燃料及水、电等。燃料动力费应按下列公式计算：

$$台班燃料动力费 = \sum(燃料动力消耗量 \times 燃料动力单价) \qquad (2.38)$$

燃料动力消耗量应根据施工机械技术指标及实测资料综合确定。燃料动力单价应执行编制期工程造价管理部门的有关规定。

（7）税　费

税费是指施工机械按照国家规定应缴纳的车船使用税、保险费及年检费等。税费应按下列公式计算：

$$税费 = \frac{年车船使用税+年保险费+年检费用}{年工作台班} \qquad (2.39)$$

年车船使用税、年检费用应执行编制期有关部门的规定。年保险费应执行编制期有关部门强制性保险的规定，非强制性保险不应计算在内。

2. 施工机械停滞费及租赁费的计算

（1）施工机械停滞费指施工机械非本身原因停滞期间所发生的费用，也称"施工机械窝工损失费"，根据2013台班定额机械停滞费，其计算公式如下：

$$机械停滞费 = 台班折旧费 + 台班人工费 + 台班税费 \qquad (2.40)$$

（2）湖北省定额中的机械是按施工企业自有方式考虑的，根据湖北省工程的实际情况，对采用租赁的施工机械台班单价按以下方法计算：实际工程中，若大型施工机械采用租赁方式的（需承发包双方约定），租赁的大型机械费用按价差处理。租赁的机械费价差可按下列公式计算：

$$机械费价差 = （甲乙双方商定的租赁价格或租赁机械市场信息价 - 定额中施工机械台班价）$$
$$\times 租赁的大型机械总台班数 \times 租赁机械调整系数 \qquad (2.41)$$

式中，租赁机械调整系数综合取定为0.43。

3. 影响机械台班价格的因素

（1）施工机械的价格。
（2）机械使用年限。
（3）机械的使用效率和管理水平。
（4）政府征收税费的规定等。

2.3.5　预算定额的应用

预算定额手册的项目是根据建筑构成、工程内容、施工顺序、使用材料等，按章（分部）、节（分项）、项（子项）排列的。为使预算项目和定额项目一致，定额应有固定的编号，称为定额编号。为了提高施工图预算编制质量，便于查阅和审查定额正确与否，在编制施工图预算是必须注明选套的定额编号。

分项工程定额项目表的形式见表2.1，表2.1为《2013湖北省建筑工程消耗量定额及统一基价表》中"混凝土及钢筋混凝土工程"的摘录。

表2.1　矩形柱和圆柱　　　　　　　　　　（单位：10 m³）

定额编号		A2-17	A2-18
定额项目		矩形柱 C20 现浇混凝土	圆柱 C20 现浇混凝土
基价（元）		4 055.21	4 028.38
其中	人工费（元）	1 263.88	1 240.2
	材料费（元）	2 688.55	2 685.4
	机械费（元）	102.78	102.78

续表 2.1

名 称		单 位	单价（元）	数 量	
人 工	普工	工 日	60.00	9.35	9.17
	技工	工 日	92.00	7.64	7.5
材 料	草袋	m²	2.15	0.75	0.75
	水	m³	3.15	14	13
	电	度	0.97	5	5
	C20 碎石混凝土坍落度 30～50，石子最大粒径 40 mm	m³	259.9	10.15	10.15
机 械	滚筒式混凝土搅拌机电动	台 班	163.14	0.63	0.63

【例 2.6】 计算表中定额编号为 A2-17 子目的基价、定额人工费、定额材料费、定额机械费。

解： 人工费 = 普工工日×表中单价+技工工日×表中单价

$= 9.35$ 工日$/10 \text{ m}^3 \times 60$ 元/工日$+7.64$ 工日$/10 \text{ m}^3 \times 92$ 元/工日

$= 1\ 263.88$（元$/10 \text{ m}^3$）

材料费 = 草袋用量×草袋预算价格+水用量×水预算价格+电用量×

电预算价格+C20 混凝土用量×C20 混凝土预算价格

$= 0.75 \text{ m}^2/10 \text{ m}^3 \times 2.15$ 元$/\text{m}^2 + 14 \text{ m}^3/10 \text{ m}^3 \times 3.15$ 元$/\text{m}^3 +$

5 度$/10 \text{ m}^3 \times 0.97$ 元/度$+10.15 \text{ m}^3/10 \text{ m}^3 \times 259.9$ 元$/\text{m}^3$

$= 2\ 688.55$（元$/10 \text{ m}^3$）

机械费 = 灰浆搅拌机机械台班的用量×灰浆搅拌机预算单价

$= 0.63$ 台班$/10 \text{ m}^3 \times 163.14$ 元/台班

$= 102.78$（元$/10 \text{ m}^3$）

基价 = 人工费+材料费+机械费

$= 1\ 263.88$ 元$/10 \text{ m}^3 + 2\ 688.55$ 元$/10 \text{ m}^3 + 102.78$ 元$/10 \text{ m}^3$

$= 4\ 055.21$（元$/10 \text{ m}^3$）

2.3.5.1 预算定额的直接套用

当施工图的设计要求与预算定额的项目内容一致时，可直接套用预算定额。

在编制单位工程施工图预算的过程中，大多数项目可以直接套用预算定额。直接套用方法如下：

（1）根据施工图设计的分项工程项目内容，选择定额项目。

（2）当施工图中的分项工程项目内容与定额规定内容完全一致或虽然不相一致，定额不允许换算时，即可直接套用。但在套用时，应注意分项工程或结构构件的工程名称和单位应与定额表中的一致。

（3）套用定额项目，用工程量乘定额基价计算该分项工程费，并进行第一次工料机分析（即用工程量分别乘定额消耗量，得到人工、材料和机械台班消耗量）；但对砂浆（或混凝土等）需进行第二次工料分析，最后汇总得各种材料消耗量。

单位工程施工图预算的工料分析，首先是从所适用的定额当中，查出各分项工程各工料的单位定额消耗工料的数量；然后分别乘以相应分项工程的工程量，得分项工程的人工、材料消耗量；最后将各分部分项工程的人工、材料消耗量分别进行计算汇总，得出单位工程人工、材料消耗量。工料分析所得全部人工和各种材料消耗量，是编制单位工程劳动力计划和材料供应计划、开展班组经济核算的基础，也是预算造价计算当中工程费调整的计算依据之一。工料分析应注意的问题有：

（1）凡是由预制厂制作现场安装的构件，应按制作和安装分别计算工料。

（2）对主要材料，应按品种、规格及预算价格不同分别进行用量计算，并分类统计。

（3）按系数法补价差的地方材料可以不分析，但经济核算有要求时应全部分析。

（4）对换算的定额子目在工料分析时要注意含量的变化，以求分析量准确完整。

（5）机械费用需单项调整的，应同时按规格、型号进行机械使用台班用量的分析。

【例 2.7】　采用 C20 碎石混凝土浇筑矩形柱 1 000 m³，试计算完成该分项工程的分项工程费及主要材料消耗量。查《2013 湖北省建筑工程消耗量定额及统一基价表》C20 混凝土配合比表，定额编号 1-55：每 1 m³C20 混凝土含 32.5 级水泥：303 kg，中（粗）砂：0.51 m³，水：0.18 m³，碎石 40：0.9 m³。

解：① 确定定额编号。查表 2.1，A2-17：每 10 m 3C20 混凝土矩形柱基价为 4 055.21 元。

② 计算该分项工程费。

直接费 = 预算基价×工程量 = 4055.2 元/10 m³ ×1 000 m³ = 405 521（元）

③ 计算主要材料消耗量。

由砌筑砂浆配合比：

每立方米 C20 混凝土含 32.5 级水泥：303 kg，中（粗）砂：0.51 m³，水：0.18 m³，碎石 40：0.9 m³。

C20 混凝土：10.15 m³/10 m³×1 000 m3 = 1 015（m³）

其中：水泥（32.5）：303 kg/ m³×1 015 m³ = 307 545（kg）

中（粗）砂：0.51 m³/ m³×1 015 m³ = 517.65（m³）

水：0.18 m³/ m³×1 015 m³ = 182.7（m³）

碎石：0.9m³/m³×1 015 m³=913.5（m³）

水：14 m³/10 m³×1 000 m³ = 1 400（m³）

电：5 度/10 m³×1 000 m³ = 500（度）

草袋：0.75 m²/10 m³×1 000 m³ = 75（m²）

2.3.5.2　预算定额的换算

确定某一分项工程或结构构件预算价值时，如果施工图纸设计内容与套用相应定额项目内容不完全一致，就不能直接套用定额，则应按定额规定的范围、内容和方法对相应定额项目的基价和人材机消耗量进行调整换算。换算后的定额项目应在定额编号的右下角标注一个"换"字，以示区别。

预算定额的换算类型有以下 4 种：

（1）砂浆换算：即砌筑砂浆换强度等级、抹灰砂浆换配合比及砂浆用量。

（2）混凝土换算：即构件混凝土、楼地面混凝土的强度等级、混凝土类型的换算。

（3）系数换算：按规定对定额中的人工费、材料费、机械费乘以各种系数的换算。

（4）其他换算：除上述 3 种情况以外的定额换算。

由预算定额的换算类型可知，定额的换算绝大多数均属于材料换算。一般情况下，材料换算时，人工费和机械费保持不变，仅换算材料费。而且在材料费的换算过程中，定额上的材料用量保持不变，仅换算材料的预算单价。

材料换算的公式为：

$$换算后的基价 = 换算前原定额基价 + 应换算材料的定额用量 \times$$
$$（换入材料的单价 - 换出材料的单价） \tag{2.42}$$

1. 混凝土的换算

由于混凝土强度等级不同而引起定额基价变动，必须对定额基价进行换算。其换算时混凝土消耗量不变，调整混凝土单价。其换算公式为：

$$换算价格 = 原定额基价 \pm 定额混凝土用量 \times 两种不同混凝土的基价差 \tag{2.43}$$

【例 2.8】 某工程混凝土矩形柱，设计要求采用 C25 钢筋混凝土现浇，试确定该构造柱的基价。

解： ① 查表 2.1，C20 混凝土基价为 4 055.2 元/10 m³；混凝土用量为 10.15 m³/10 m³。单价为 259.9 元/ m³。

② 定额换算，查碎石混凝土配合比表：1-56，C25 混凝土，单价 = 277.66 元/ m³。

每立方米 C25 混凝土含：32.5 级水泥：350.000 kg，中（粗）砂：0.460 m³，40 碎石：0.910 m³，水 0.180 m³。

由式（2.43）得：

（A2-17）换 = 4055.21 元/ m³+10.15 m³/10 m³×（277.66-259.9）元/ m³ = 4 235.474（元/10 m³）

换算后材料用量分析：

$$32.5 级水泥：350 kg/ m³×10.15 m³/10 m³ = 3 552.50（kg/10 m³）$$

$$中（粗）砂：0.460 m³/ m³×10.15 m³/10 m³ = 4.67（m³/10 m³）$$

$$40 碎石：0.910 m³/ m³×10.15 m³/10 m³ = 9.24（m³/10 m³）$$

$$水：0.180 m³/ m³×10.15 m³/10 m³ = 1.83（m³/10 m³）$$

2. 砌筑砂浆换算

当设计图纸要求的砌筑砂浆强度等级与预算定额有差异或缺项时，就需要调整砂浆强度等级，求出新的定额基价。砂浆的换算实质上是砂浆强度等级的换算。在换算过程中，单位产品材料消耗量一般不变，仅换算不同强度等级的砂浆单价和材料用量。换算的步骤如下：

（1）从砂浆配合比表中，找出设计的分项工程项目与其相应定额规定不相符，并需要进行换算的不同品种、强度等级的两种砂浆每立方米的单价。

（2）计算两种不同强度等级砂浆单价的价差；从定额项目表中查出完成定额计量该分项工程需要换算的砂浆定额消耗量，以及该分项工程的定额基价。

（3）计算该分项工程换算的定额基价并注明换算后的定额编号。用工程量乘以相应换算后的定额基价得到分项工程换算后的预算价值。

【例 2.9】　某工程圆弧形砖基础，设计要求用 M10 水泥砂浆砌筑，试计算 30 m³ 该分项工程费及主要材料耗用量。

解：① 查《2013 湖北省房屋建筑与装饰工程消耗量定额及基价表》知，A1-2，M5 水泥砂浆圆弧形砖基础基价为 2807.27 元/10 m³，砂浆用量为 2.36 m³/10 m³，M5 水泥砂浆单价为 212.01 元/m³，混凝土实心砖用量为 5.236 千块/10 m³，水用量为 1.05 m³/10 m³。

② 查混凝土配合比表知，M10 水泥砂浆单价为 235.08 元/m³，M10 水泥砂浆的配合比为：水泥（32.5 级）270kg/m³，水 0.29 m³/m³，中（粗）砂 1.18 m³/m³。

由式（2.42）得：

$$基价 = 2\,807.27\ 元/10\ m^3 + 2.36\ m^3/10\ m^3 \times (235.08\ 元/m^3 - 212.01\ 元/m^3) =$$
$$2\,861.72\ （元/10\ m^3）$$

$$分项工程费 = 基价 \times 工程量 = 2\,861.72\ 元/10\ m^3 \times 30\ m^3 = 8\,585.16\ （元）$$

换算后主要材料分析：

M10 水泥砂浆：$2.36\ m^3/10\ m^3 \times 30\ m^3 = 7.08\ （m^3）$

其中：

水泥（32.5）：$270\ kg/m^3 \times 7.08\ m^3 = 1\,911.60\ （kg）$

中（粗）砂：$1.18\ m^3/m^3 \times 7.08\ m^3 = 8.35\ （m^3）$

水：$0.29\ m^3/m^3 \times 7.08\ m^3 = 2.05\ （m^3）$

混凝土实心砖：$5.236\ 千块/10\ m^3 \times 30\ m^3 = 15.71\ （千块）$

水：$1.05\ m^3/10\ m^3 \times 30\ m^3 = 3.15\ （m^3）$

3. 抹灰砂浆的换算

当设计图纸要求的抹灰砂浆配合比或抹灰厚度与预算定额的抹灰砂浆配合比或抹灰厚度不同时，就要进行抹灰砂浆换算。但厚度不同时，除定额有注明厚度的项目可以换算外，其他一律不作调整。

4. 系数的换算

凡定额说明、计算规则和附注中规定按定额工、料、机乘以系数的分项工程，应将其系数乘在定额基价或乘在人工费、材料费和机械费某一项上。工程量也应另列项目，与不乘系数的分项工程分别计算。乘系数换算要注意以下问题：

（1）要区分定额系数与工程量系数。定额系数一般在定额说明或附注中，工程量系数一般在工程量计算规则中；定额系数用以调整定额基价，工程量系数用以调整工程量。

（2）要区分定额系数的具体调整对象。有的系数用以调整定额基价，有的系数用以调整其中的人工、材料或机械费。

（3）按说明、计算规则和附注中的有关规定进行换算。

【例 2.10】　采用 M5 水泥砂浆砌筑圆弧形空花砖墙 150 m³，试计算完成该分项工程的分项工程费。

解：根据砌筑工程定额说明：砖砌圆弧形空花、空心砖墙及圆弧形砌块砌体墙按直形墙相应定额项目人工乘以系数 1.1。

① 确定换算定额编号及单价。

M5 水泥砂浆砌筑空花砖墙定额编号 A1—21，基价 = 2 816.04（元/10 m³）

其中：人工费 = 1 455.84 元/10 m³，材料费 = 1 338.12 元/10 m³，机械费 = 22.08 元/10 m³。

② 计算换算后基价。

$$换算后基价 = 1\ 455.84\ 元/10\ m^3 \times 1.1 + 1\ 338.12\ 元/10\ m^3 +$$

$$22.08\ 元/10\ m^3 = 2\ 961.62（元/10\ m^3）$$

③ 计算完成该分项工程的直接工程费。

$$2\ 961.62\ 元/10\ m^3 \times 150\ m^3 = 44\ 424.3（元）$$

2.3.5.3 定额的补充

当设计图纸中的分项工程或结构构件项目在定额中缺项，而又不属于定额调整换算范围之内，无定额项目可套时，应编制补充定额。经批准备案，一次性使用。

1. 定额代换法

即利用性质相似、材料大致相同，施工方法又很接近的定额项目，将类似项目分解套用或考虑（估算）一定系数调整使用。此种方法一定要在实践中注意观察和测定，合理确定系数，保证定额的精确性，也为以后新编定额项目做准备。

2. 定额编制法

材料用量按图纸的构造作法及相应的计算公式计算，并加入规定的损耗率。人工及机械台班使用量，可按劳动定额、机械台班使用定额计算，材料用量按实际确定或经有关技术和定额人员讨论确定。然后乘以人工日工资单价、材料预算价格和机械台班单价，即得到补充定额基价。

2.4 概算定额

2.4.1 概算定额的基本概念

建筑工程概算定额是在预算定额的基础上确定完成合格的单位扩大分项工程或单位扩大结构构件所需消耗的人工、材料和机械台班的数量标准。概算定额也是综合预算定额，是在预算定额的基础上，根据有代表性的建筑工程通用图和标准图等资料，进行综合、扩大和合并而成的。因此，建筑工程概算定额亦称为"扩大结构定额"。

概算定额是预算定额的合并与扩大。它将预算定额中有联系的若干个分项工程项目综合为一个概算定额项目。如砖基础概算定额项目，就是以砖基础为主，综合了平整场地、挖地槽、铺设垫层、砌砖基础、铺设防潮层、回填土及运土等预算定额的分项工程项目。又如砖墙定额，就是以砖墙为主，综合了砌砖，钢筋混凝土过梁制作、运输、安装，勒脚、内外墙面抹灰、内墙面刷白等预算定额的分项工程项目。概算定额主要用于设计概算的编制。由于概算定额综合了若干分项工程的预算定额，因此概算工程量计算和概算表的编制，都比编制施工图预算简化一些。

2.4.2　概算定额的作用

建筑工程概算定额的正确性和合理性，对提高概算准确性，合理使用建设资金，加强建设管理，控制工程造价及充分发挥投资效益起着积极的作用。

概算定额的作用主要表现在以下几个方面：

（1）概算定额是编制设计总概算、修正概算的主要依据。

（2）概算定额是编制主要材料、设备订购（加工）计划的依据。

（3）概算定额是对设计方案进行经济分析比较的依据。

（4）概算定额是编制概算指标的依据。

（5）使用概算定额编制招标控制价、投标报价，既有一定的准确性，又能快速报价，并为我国推行工程量清单计价和工程总承包制度奠定良好基础。

（6）概算定额也可在实行工程总承包时作为已完工程价款结算的依据。

2.4.3　概算定额的编制原则

（1）工程实体性消耗与施工措施性消耗相分离。

（2）项目齐全、步距合理。

（3）工程量计算规则简明适用，具有可计算性。

（4）定额水平反映社会平均水平，并应考虑概算定额与预算定额之间的幅度差。

（5）表现形式体现量价分离原则，并应体现各类工程的特点。

2.4.4　概算定额的编制依据

（1）现行的通用设计规范、强制性条文、施工技术和验收规范等。

（2）通用的标准图集，有代表性工程的设计图纸及基础资料。

（3）现行的预算定额、概算定额及编制的相关资料。

（4）过去曾经颁布的概算定额和编制基础资料。

（5）市场的人工工资水平、材料价格和施工机械台班价格。

2.4.5　概算定额的编制方法和步骤

（1）准备阶段。首先，要确定编制机构和编制人员；其次调查了解现行概算定额的执行情况和存在问题，在明确编制目标的基础上，确定编制方案和定额项目。

（2）编制初稿。根据已确定的编制方案和概算定额项目，收集整理需要的资料和信息，进行深入的分析和测算，确定概算定额项目的人工、材料、机械台班消耗量指标，编制出概算定额初稿。

（3）测算新编概算定额初稿与预算定额之间的幅度差，使其控制在合理的范围内（一般在5%以内）；并通过分项测算和综合测算确定新编概算定额初稿与原概算定额之间的水平之差。在初稿的基础上，合理确定概算定额的扩大分项项目和内容组成。

（4）审批定稿。组织有关部门和人员讨论修改，定稿后报上级主管部门或国家授权机关审批。审批后即可执行。

2.4.6　概算定额的内容和形式

概算定额的表现形式由于专业特点和地区特点有所不同，其内容基本由文字说明和定额项目表格和附录组成。

概算定额的文字说明中有总说明、分章说明，有的还有分册说明。在总说明中，要说明编制的目的和依据，所包括的内容和用途，使用范围和应遵守的规定，建筑面积的计算规则，分章说明，规定分部分项工程的工程量计算规则等。

2.5　概算指标

概算指标比概算定额综合性更强，它以整个建筑物和构筑物为对象，以建筑面积、体积或成套设备装置的台或组为计量单位而规定的人工、材料和机械台班的消耗量标准和造价指标。

2.5.1　概算指标的作用

（1）概算指标是编制设计概算的依据。

尤其是当工程只有概算设计，或其设计深度不够，按要求要有工程概算造价文件，但又无法套用概算定额相关子目进行确定时，就可以使用概算指标确定和编制工程概算造价文件。

（2）概算指标是确定工程投资估算的依据。

在工程项目的可行性研究阶段，建设单位可利用概算指标编制项目的工程估算文件，计算主要资源的需求量，确定投资贷款的申请额度和方式。

（3）概算指标是设计单位对设计方案进行技术经济分析，评价设计水准的依据，也是建设单位考核投资效果的重要标准之一。

2.5.2　概算指标的编制依据

（1）通用的标准图集，有代表性工程的设计图纸、图集及相关资料。
（2）现行的通用设计规范、强制性条文、施工和验收规范等。
（3）现行的预算定额、概算定额及相关资料。
（4）积累的各类工程造价资料。
（5）现行的工资标准，市场的材料价格、施工机械台班价格及其他相关的价格信息。
（6）其他资料，如现行的基本建设法规等。

2.5.3　概算指标的编制方法和步骤

（1）确定编制机构和编制人员组成，拟定编制方案。
（2）准备资料。搜集整理各类工程设计文件和造价资料，填写设计资料名称、设计单位、设计日期、建筑面积及结构构造情况，并对设计资料进行审查，提出审查和修改意见。

（3）计算工程量。根据审定的图纸和预算定额等，计算出建筑面积及各部分工程量，然后按编制方案规定的项目进行合并，再按照规定的计量单位换算出所包含的工程量指标。

（4）编制预算书，形成概算指标。根据计算出的工程量和预算定额等资料编制预算书，求出规定计量单位的预算造价及人工、材料、施工机械费用和主要材料消耗量指标，据以形成概算指标，编制概算指标初稿。

（5）对概算指标初稿进行审核、分析，最后审查定稿。

2.6 企业定额

2.6.1 企业定额的概念

企业定额是企业内部根据本企业的施工技术、机械装备和管理水平而编制的人工、材料和施工机械台班等的消耗标准。它既是一个企业自身的劳动生产率、成本降低率、机械利用率、管理费用节约率与主要材料进价水平的集中体现，也是企业采用先进工艺改变常规施工程序从而大大节约企业成本开支的方法。企业定额水平一般应高于国家现行定额水平，才能满足生产技术发展、企业管理和市场竞争的需要。随着我国工程量清单计价模式的推广，统一定额的应用份额将会进一步缩小，而企业定额的作用将会逐渐提高。

对于建筑安装企业来说，企业定额是指建筑安装企业根据本企业的技术水平和管理水平，编制完成单位合格产品所需的人工、材料和机械台班的消耗量，以及其他生产经营要素的消耗量标准。企业定额反映企业的施工生产与生产消耗之间的数量关系，是施工企业生产力水平的体现。企业的技术和管理水平不同，企业定额的水平也不同。企业定额是企业自行编制，只限于本企业内部使用的定额，是施工企业进行施工管理和投标报价的基础和依据，从一定意义上讲，企业定额是企业的商业机密，是企业参与市场竞争的核心竞争能力的具体表现。

2.6.2 企业定额的作用

（1）企业定额是企业计划管理的依据。

（2）企业定额是编制项目管理实施规划和施工组织设计的依据。

（3）企业定额是计算工人劳动报酬的依据。

（4）企业定额是企业激励工人的条件。

（5）企业定额是施工队和施工班组下达施工任务书和限额领料、计算施工工时和工人劳动报酬的依据。

（6）企业定额是编制施工预算和加强企业成本管理的基础，有利于提高企业管理水平。

（7）企业定额是施工企业进行工程投标、编制工程投标报价的基础和主要依据。

2.6.3 企业定额的编制原则

作为企业定额，其编制即要结合历年定额水平，也要考虑本企业实际情况，还要兼顾本企业的发展趋势，符合市场经济规律，必须体现平均先进性原则、简单适用性原则、以专家为主编制定额原则、独立自主原则、时效性原则和保密原则。

2.6.4　企业定额的编制方法

编制企业定额最关键的工作是确定人工、材料和机械台班的消耗量，计算分项工程单价或综合单价。

人工消耗量的确定，首先是根据企业环境，拟订正常的施工作业条件，分别计算测定基本用工和其他用工的工日数，进而拟订施工作业的定额时间。

材料消耗量的确定是通过企业历史数据的统计分析、理论计算、实验室试验、实地考察等方法计算确定包括周转材料在内的净用量和损耗量，从而拟订材料消耗的定额指标。

机械台班消耗量的确定，同样需要按照企业环境，拟订机械工作的正常施工作业条件，确定机械工作效率和利用系数，据此拟订施工机械作业的定额台班与机械作业相关的工人小组的定额时间。

2.6.5　企业定额的内容

企业定额一般由文字说明、定额项目表及附录三部分组成。

1. 文字说明

它包括总说明，分册说明和分章、节说明等。

总说明主要说明定额的编制依据、适用范围、用途、工程质量要求，有关规定及说明、工程量计算规则等。

2. 定额项目表

定额项目表是分节定额中的核心部分和主要内容。主要包括工程内容、分项工程名称、定额单位、定额表及附注。

工程内容是说明完成该分项工程所包括的操作内容。单位为该分项工程单位，定额表是有定额编号、定额子目名称、工料机械消耗指标组成。

附注一般列在定额表的下面，主要是根据施工内容及条件变动，规定人工、材料、机械定额用量的调整。一般采用乘系数和增减工料的方法来计算。附注是对定额表的补充。

3. 附　录

附录一般放在定额分册后面，包括有关名词解释、图示、做法及有关参考资料。如材料消耗计算表，砂浆、混凝土配合比表及计算公式等。

思考与练习题

1. 什么是建设工程定额？工程建设定额如何分类？

2. 什么是预算定额？其作用有哪些？

3. 什么是施工定额？施工定额的作用是什么？

4. 什么是劳动定额？其表现形式和作用有哪些？

5. 预算定额中人工消耗指标包括哪几部分？材料消耗指标包括哪几种？

6. 人工单价、材料单价、机械台班单价是如何确定的？

7. 试述预算定额与施工定额的区别。

8. 某工程采用现浇 M7.5 水泥砂浆砌筑直形砖基础 20 m³，试计算完成该分项工程的分项工程费及主要材料消耗量。

9. 5 t 载重汽车的成交价为 78 000 元，购置附加税税率 10%，运杂费 2 500 元，残值率为 2%，耐用总台班 2 000 个，不计时间价值系数，试计算台班折旧费。若一次大修费为 8 700 元，大修理周期为 3 个，试计算台班大修理费。经测算 5 t 载重汽车的台班经常修理费系数为 5.41，试按计算出的 5 t 载重汽车大修理费和计算方式，计算台班经常修理费。

10. 某工地水泥从两个地方采购，其采购量及有关费用如表 2.2 所示，则该工地水泥的基价为多少？

表 2.2

采购处	采购量	供应价格	运杂费	运输损耗率	采购及保管费费率
来源一	300 t	240 元/t	20 元/t	0.5%	3%
来源二	200 t	250 元/t	15 元/t	0.4%	

11. 某工程需用白水泥，选定甲、乙两个供货地点，甲地出厂价 670 元/t，可供需要量的 70%。乙地出厂价 690 元/t，可供需要量的 30%。汽车运输，甲地离工地 80 km，乙地离工地 60 km。运输费按 0.4 元/（t·km）计算，装卸费为 16 元/t。包装费已包括在材料原价内，不另计算。损耗为 2%。求白水泥预算价格。

12. 某工业架空热力管道工程，由型钢支架工程和管道工程两项工程内容组成。对于其型钢支架工程，由于现行预算定额中没有适用的定额子目，需要根据现场实测数据，结合工程所在地的人工、材料、机械台班价格，试编制每 10 t 型钢支架的工程单价。

（1）若测得每焊接 1 t 型钢支架需要基本工作时间 54 h，辅助工作时间、准备与结束工作时间、不可避免的中断时间、休息时间分别占工作延续时间的 3%、2%、2%、18%。试计算每焊接 1 t 型钢支架的人工时间定额和产量定额。

（2）若除焊接外，每吨型钢支架的安装、防腐、油漆等作业测算出的人工时间定额为 12 工日。各项作业人工幅度差取 10%，试计算每吨型钢支架工程的预算定额人工消耗量。

（3）若工程所在地综合人工日工资标准为 22.50 元，每吨型钢支架工程消耗的各种型钢 1.06 t，每吨型钢综合单价 3 600 元，消耗其他材料费 380 元，消耗各种机械台班费 490 元，试计算每 10 t 型钢支架工程的单价。计算结果保留两位小数。

第3章 工程造价的构成

本章要点

本章以建标〔2013〕44 号文和《建设工程工程量清单计价规范》（GB 50500—2013）为依据，介绍了建设工程投资构成、建筑安装工程费用和工程量清单计价费用组成的有关内容。通过学习，掌握建筑安装工程各项费用的构成及计算方法，工程量清单计价费用组成及二者的区别。理解建设工程投资构成。

3.1 建设工程投资构成

投资构成含固定资产投资和流动资产投资两部分，具体构成内容如图 3.1 所示。

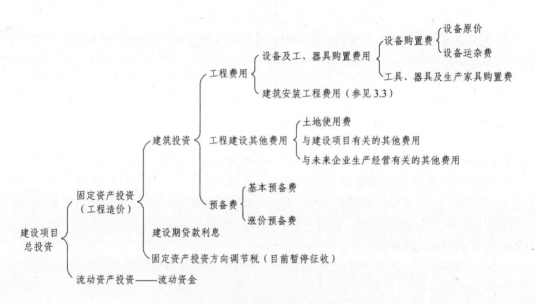

图 3.1 我国现行建设工程总投资构成

3.2 设备及工、器具购置费

设备及工、器具购置费用是由设备购置费和工具、器具及生产家具购置费组成的。在生产性工程建设工程中，设备及工、器具费用占投资费用比重的增大，意味着生产技术的进步和资本有机构成的提高。

3.2.1 设备购置费的构成和计算

设备购置费是指为建设工程项目购置或自制的达到固定资产标准的设备、工具、器具的费用。所谓固定资产标准，是指使用年限在一年以上，单位价值在国家或各主管部门规定的限额以上。设备购置费包括设备原价和设备运杂费，即：

$$设备购置费 = 设备原价（或进口设备抵岸价）+ 设备运杂费 \qquad (3.1)$$

式3.1中，设备原价是指国产或进口设备的原价。国产设备原价一般指的是设备制造厂的交货价，即出厂价或订货合同价。一般通过询价、报价、合同价确定。国产设备原价分为国产标准设备原价和国产非标准设备原价。进口设备原价指进口设备的抵岸价，即抵达买方边境港口或边境车站，且缴纳完各种手续费、税费后形成的价格。

设备运杂费是指设备原价中未包括的包装和包装材料费、运输费、装卸费、采购费及仓库保管费、供销部门手续费等。通常的费用构成：

（1）运费和装卸费。国产设备由设备制造厂交货地点起至工地仓库（或施工组织设计指定的需要安装设备的堆放地点）止所发生的运费和装卸费；进口设备则由我国到岸港口或边境车站起至工地仓库（或施工组织设计指定的需安装设备的堆放地点）止所发生的运费和装卸费。

（2）包装费：在设备原价中没有包含的，为运输需进行包装支出的各种费用。

（3）设备供销部门的手续费。按有关部门规定的统一费率计算。

（4）采购与仓库保管费。指采购、验收、保管和收发设备所发生的各种费用，包括设备采购人员、保管人员和管理人员的工资、工资附加费、办公费、差旅交通费，以及设备供应部门办公和仓库所占固定资产使用费、工具（用具）使用费、劳动保护费、检验试验费等。这些费用可按主管部门规定的采购与保管费费率计算。

设备运杂费按设备原价乘以设备运杂费率计算，其计算为：

$$设备运杂费 = 设备原价 \times 设备运杂费率 \qquad (3.2)$$

3.2.2 工具、器具及生产家具购置费的构成及计算

工具器具及生产家具购置费是指新建项目或扩建项目初步设计规定所必须购置的没有达到固定资产标准的设备、仪器、工卡模具、器具、生产家具和备品备件的费用。其一般计算式为：

$$工具器具及生产家具购置费 = 设备购置费 \times 定额费率 \qquad (3.3)$$

3.3 建筑安装工程费用

根据建标〔2013〕44号文《建筑安装工程费用项目组成》，将我国建筑安装工程费用按费用构成要素组成划分为人工费、材料费、施工机具使用费、企业管理费、利润、规费和税金。按工程造价形成顺序划分为分部分项工程费、措施费、其他项目费、规费和税金。《建筑安装工程费用组成》自2013年7月1日起施行，原建设部、财政部《关于印发<建筑安装工程费用项目组成>的通知》（建标〔2003〕206号）同时废止。

3.3.1　建筑安装工程费用组成—按费用构成要素划分

我国建筑安装工程费用按费用构成要素组成划分，由人工费、材料费、施工机具使用费、企业管理费、利润、规费和税金组成。其中，人工费、材料费、施工机具使用费、企业管理费和利润包含在分部分项工程费、措施项目费、其他项目费中，如图 3.2 所示。

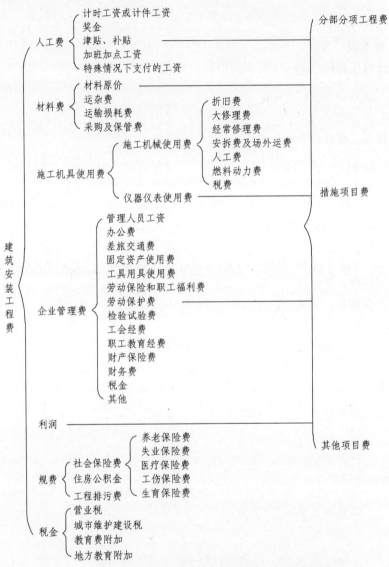

图 3.2　建筑安装工程费用项目组成（按费用构成要素划分）

3.3.1.1　人工费

人工费是指按工资总额构成规定，支付给从事建筑安装工程施工的生产工人和附属生产单位工人的各项费用。其内容包括：

（1）计时工资或计件工资：是指按计时工资标准和工作时间或对已做工作按计件单价支付给个人的劳动报酬。

（2）奖金：是指对超额劳动和增收节支支付给个人的劳动报酬。如节约奖、劳动竞赛奖等。

（3）津贴补贴：是指为了补偿职工特殊或额外的劳动消耗和因其他特殊原因支付给个人的津贴，以及为了保证职工工资水平不受物价影响支付给个人的物价补贴。如流动施工津贴、特殊地区施工津贴、高温（寒）作业临时津贴、高空津贴等。

（4）加班加点工资：是指按规定支付的在法定节假日工作的加班工资和在法定日工作时间外延时工作的加点工资。

（5）特殊情况下支付的工资：是指根据国家法律、法规和政策规定，因病、工伤、产假、计划生育假、婚丧假、事假、探亲假、定期休假、停工学习、执行国家或社会义务等原因按计时工资标准或计时工资标准的一定比例支付的工资。人工费按下式计算：

$$日工资单价人工费 = \sum（工日消耗量 \times 日工资单价） \tag{3.4}$$

式中，日工资单价是指一个建筑安装工人工作一个工作日应得的劳动报酬。工作日是指一个工人工作一个工作天。按我国劳动法的规定，一个工作日的工作时间为 8 h，简称"工日"。

3.3.1.2 材料费

材料费是指施工过程中耗费的原材料、辅助材料、构配件、零件、半成品或成品、工程设备的费用。内容包括：

（1）材料原价：是指材料、工程设备的出厂价格或商家供应价格。

（2）运杂费：是指材料、工程设备自来源地运至工地仓库或指定堆放地点所发生的全部费用。

（3）运输损耗费：是指材料在运输装卸过程中不可避免的损耗。

（4）采购及保管费：是指为组织采购、供应和保管材料、工程设备的过程中所需要的各项费用。包括采购费、仓储费、工地保管费、仓储损耗。

工程设备是指构成或计划构成永久工程一部分的机电设备、金属结构设备、仪器装置及其他类似的设备和装置。

材料费计取公式为：

$$材料费 = \sum（材料消耗量 \times 材料单价） \tag{3.5}$$

其中：

$$材料单价 = [（材料原价+运杂费） \times （1+运输损耗率\%）] \times$$
$$（1+采购保管费率\%） \tag{3.6}$$

$$工程设备费 = \sum（工程设备量 \times 工程设备单价） \tag{3.7}$$

其中：

$$工程设备单价 = （设备原价+运杂费） \times [1+采购保管费率（\%）] \tag{3.8}$$

3.3.1.3 施工机具使用费

施工机械使用费是指施工作业所发生的施工机械、仪器仪表使用费或其租赁费。

1. 施工机械使用费

以施工机械台班耗用量乘以施工机械台班单价表示，施工机械台班单价应由下列 7 项费用组成：

（1）折旧费：指施工机械在规定的使用年限内，陆续收回其原值的费用。

（2）大修理费：指施工机械按规定的大修理间隔台班进行必要的大修理，以恢复其正常功能所需的费用。

（3）经常修理费：指施工机械除大修理以外的各级保养和临时故障排除所需的费用。包括为保障机械正常运转所需替换设备与随机配备工具附具的摊销和维护费用，机械运转中日常保养所需润滑与擦拭的材料费用及机械停滞期间的维护和保养费用等。

（4）安拆费及场外运费：安拆费指施工机械（大型机械除外）在现场进行安装与拆卸所需的人工、材料、机械和试运转费用以及机械辅助设施的折旧、搭设、拆除等费用；场外运费指施工机械整体或分体自停放地点运至施工现场或由一施工地点运至另一施工地点的运输、装卸、辅助材料及架线等费用。

（5）人工费：指机上司机（司炉）和其他操作人员的人工费。

（6）燃料动力费：指施工机械在运转作业中所消耗的各种燃料及水、电等。

（7）税费：指施工机械按照国家规定应缴纳的车船使用税、保险费及年检费等。

施工机械使用费计取公式为：

$$施工机械使用费 = \sum（施工机械台班消耗量 \times 机械台班单价） \tag{3.9}$$

2. 仪器仪表使用费

仪器仪表使用费是指工程施工所需使用的仪器仪表的摊销及维修费用。

3.3.1.4　企业管理费

企业管理费是指建筑安装企业组织施工生产和经营管理所需的费用。内容包括：

（1）管理人员工资：是指按规定支付给管理人员的计时工资、奖金、津贴补贴、加班加点工资及特殊情况下支付的工资等。

（2）办公费：是指企业管理办公用的文具、纸张、账表、印刷、邮电、书报、办公软件、现场监控、会议、水电、烧水和集体取暖降温（包括现场临时宿舍取暖降温）等费用。

（3）差旅交通费：是指职工因公出差、调动工作的差旅费、住勤补助费，市内交通费和误餐补助费，职工探亲路费，劳动力招募费，职工退休、退职一次性路费，工伤人员就医路费，工地转移费以及管理部门使用的交通工具的油料、燃料等费用。

（4）固定资产使用费：是指管理和试验部门及附属生产单位使用的属于固定资产的房屋、设备、仪器等的折旧、大修、维修或租赁费。

（5）工具用具使用费：是指企业施工生产和管理使用的不属于固定资产的工具、器具、家具、交通工具和检验、试验、测绘、消防用具等的购置、维修和摊销费。

（6）劳动保险和职工福利费：是指由企业支付的职工退职金、按规定支付给离休干部的经费，集体福利费、夏季防暑降温、冬季取暖补贴、上下班交通补贴等。

（7）劳动保护费：是指企业按规定发放的劳动保护用品的支出。如工作服、手套、防暑降温饮料以及在有碍身体健康的环境中施工的保健费用等。

（8）检验试验费：是指施工企业按照有关标准规定，对建筑以及材料、构件和建筑安装物进行一般鉴定、检查所发生的费用，包括自设试验室进行试验所耗用的材料等费用。不包括新结构、新材料的试验费，对构件做破坏性试验及其他特殊要求检验试验的费用和建设单位委托检测机构进行检测的费用，对此类检测发生的费用，由建设单位在工程建设其他费用中列支。

但对施工企业提供的具有合格证明的材料进行检测不合格的，该检测费用由施工企业支付。

（9）工会经费：是指企业按《工会法》规定的全部职工工资总额比例计提的工会经费。

（10）职工教育经费：是指按职工工资总额的规定比例计提，企业为职工进行专业技术和职业技能培训，专业技术人员继续教育、职工职业技能鉴定、职业资格认定以及根据需要对职工进行各类文化教育所发生的费用。

（11）财产保险费：是指施工管理用财产、车辆等的保险费用。

（12）财务费：是指企业为施工生产筹集资金或提供预付款担保、履约担保、职工工资支付担保等所发生的各种费用。

（13）税金：是指企业按规定缴纳的房产税、车船使用税、土地使用税、印花税等。

（14）其他费：包括技术转让费、技术开发费、投标费、业务招待费、绿化费、广告费、公证费、法律顾问费、审计费、咨询费、保险费等。

企业管理费费率：

① 以分部分项工程费为计算基础。

$$企业管理费费率（\%）=\frac{生产工人年平均管理费}{年有效施工天数×人工单价}×人工费占分部分项工程费比例（\%）$$

（3.10）

② 以人工费和机械费合计为计算基础。

$$企业管理费费率（\%）=\frac{生产工人年平均管理费}{年有效施工天数×（人工单价+每一工日机械使用费）}×100\% \quad （3.11）$$

③ 以人工费为计算基础。

$$企业管理费费率（\%）=\frac{生产工人年平均管理费}{年有效施工天数×人工单价}×100\%$$

（3.12）

3.3.1.5　利　润

利润是指施工企业完成所承包工程获得的盈利。

利润计算时应以定额人工费或定额人工费加定额机械费作为计算基础，其费率由施工企业根据企业自身需求并结合建筑市场实际自主确定，列入报价中。利润应列入分部分项工程和措施项目中。

3.3.1.6　规　费

规费是指按国家法律、法规规定，由省级政府和省级有关权力部门规定必须缴纳或计取的费用。包括：

（1）社会保险费。

养老保险费：是指企业按照规定标准为职工缴纳的基本养老保险费。

失业保险费：是指企业按照规定标准为职工缴纳的失业保险费。

医疗保险费：是指企业按照规定标准为职工缴纳的基本医疗保险费。

生育保险费：是指企业按照规定标准为职工缴纳的生育保险费。

工伤保险费：是指企业按照规定标准为职工缴纳的工伤保险费。

（2）住房公积金：是指企业按规定标准为职工缴纳的住房公积金。

（3）工程排污费：是指按规定缴纳的施工现场工程排污费。其他应列而未列入的规费，按实际发生计取。

社会保险费和住房公积金应以定额人工费为计算基础，根据工程所在地省、自治区、直辖市或行业建设主管部门规定的费率计算。

$$社会保险费和住房公积金 = \sum（工程定额人工费 × 社会保险费和住房公积金费率）\qquad（3.13）$$

式中，社会保险费和住房公积金费率可以每万元发承包价的生产工人人工费和管理人员工资含量与工程所在地规定的缴纳标准综合分析取定。

工程排污费等其他应列而未列入的规费应按工程所在地环境保护等部门规定的标准缴纳，按实计取列入。

3.3.1.7　税　金

税金是指国家税法规定的应计入建筑安装工程造价内的营业税、城市维护建设税、教育费附加以及地方教育附加。

1. 营业税

营业税是按营业额乘以营业税税率确定。建筑安装企业营业税税率为 3%。

$$应纳营业税 = 计税营业额 × 3\%\qquad（3.14）$$

计税营业额是含税营业额，营业额的纳税地点为工程所在地。

2. 城市维护建设税

城市维护建设税是为筹集城市维护和建设资金，稳定和扩大城市、乡镇维护建设的资金来源，而对有经营收入的单位和个人征收的一种税。

城市维护建设税是按应纳营业税乘以适用税率确定，计算公式为：

$$应纳税额 = 应纳营业税额 × 适应税率（7\%、5\%或 1\%）\qquad（3.15）$$

纳税人所在地为市区的，按营业额的 7%征收；所在地为县、城镇的，按营业额的 5%征收；所在地不在市区、县、城镇的，按营业额的 1%征收。

3. 教育费附加

教育费附加是按营业税额的 3%确定，计算公式为：

$$应纳税额 = 应纳营业税额 × 3\%\qquad（3.16）$$

建筑安装企业的教育费附加要与其营业税同时缴纳。即使办有职工子弟学校的建筑安装企业，也应当先缴纳教育费附加，然后教育部门可根据企业的办学情况，酌情返还给办学单位，作为对办学经费的补助。

4. 地方教育附加

大部分地区地方教育附加按应纳营业税额的 2%确定，计算公式为：

$$应纳税额 = 应纳营业税额 × 2\%\qquad（3.17）$$

地方教育附加专项用于发展教育事业，不得从地方教育附加中提取或列支征收或代征手续费。

5. 税金的综合计算

在工程造价计算中，上述税金一般综合计算。由于营业税的计税依据是含税营业额，城市维护建设税和教育费附加的计税依据是应纳税营业税额，而在计算税金时，往往已知条件是税前造价，因此税金的计算往往需要税前造价先转化为含税营业额，再按相应的公式计算缴纳税金。含税营业额的计算公式为：

$$含税营业额 = 税前造价 + 营业税 + 城市维护建设税 + 教育费附加 + 地方教育附加 \qquad (3.18)$$

或

$$含税营业额 = 税前造价 \div [1 - 营业税率 \times 城市维护建设税率 - 营业税率 \times 教育费附加率 -$$
$$营业税率 \times 地方教育附加率] \qquad (3.19)$$

为了简化计算，可以直接将上述税种合并为一个综合税率，按下式计算应纳税额：

$$税金 = 税前造价 \times 综合税率（\%） \qquad (3.20)$$

综合税率的计算因纳税所在地的不同而不同，例如：

（1）纳税地点在市区的企业。

$$综合税率 = \frac{1}{1 - 3\% - (3\% \times 7\%) - (3\% \times 3\%) - (3\% \times 2\%)} - 1 = 3.48\%$$

（2）纳税地点在县、城镇的企业。

$$综合税率 = \frac{1}{1 - 3\% - (3\% \times 5\%) - (3\% \times 3\%) - (3\% \times 2\%)} - 1 = 3.41\%$$

（3）纳税地点不在市区、县城、镇的企业。

$$综合税率 = \frac{1}{1 - 3\% - (3\% \times 1\%) - (3\% \times 3\%) - (3\% \times 2\%)} - 1 = 3.28\%$$

（4）实行营业税改增值税的，按纳税地点现行税率计算。

3.3.2　建筑安装工程费用组成——按工程造价形成划分

随着建设工程市场的快速发展，项目法人责任制、招标投标制与合同管理制的逐步推行，以及加入 WTO 与国际建设工程市场接轨的要求，传统的工程造价计价办法已不能适应市场经济发展要求。经过多年的试点，工程量清单计价办法已得到各级造价管理部门、建设单位与施工单位的广泛赞同与认可。2013 年 1 月 1 日以国家标准发布的《建设工程工程量清单计价规范》（GB 50500—2013）（以下简称《计价规范》），自 2013 年 1 月 1 日起在全国范围内实施。

根据《计价规范》的规定，工程量清单计价的费用由分部分项工程费、措施项目费、其他项目费、规费与税金组成，分部分项工程费、措施项目费、其他项目费包含人工费、材料费、施工机具使用费、企业管理费和利润，如图 3.3 所示。

1. 分部分项工程费

分部分项工程费是指各专业工程的分部分项工程应予列支的各项费用。

（1）专业工程：是指按现行国家计量规范划分的房屋建筑与装饰工程、仿古建筑工程、通用安装工程、市政工程、园林绿化工程、矿山工程、构筑物工程、城市轨道交通工程、爆破工程等各类工程。

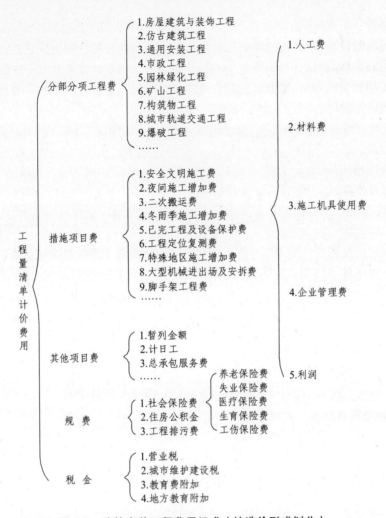

图 3.3　建筑安装工程费用组成（按造价形成划分）

（2）分部分项工程：指按现行国家计量规范对各专业工程划分的项目。如房屋建筑与装饰工程划分的土石方工程、地基处理与桩基工程、砌筑工程、钢筋及钢筋混凝土工程等。

各类专业工程的分部分项工程划分见现行国家或行业计量规范。

$$分部分项工程费 = \sum（分部分项工程量×综合单价） \tag{3.21}$$

式中，完成一个规定计量单位的分部分项工程和措施清单项目所需的人工费、材料和工程设备费、施工机具使用费和企业管理费、利润以及一定范围内的风险费用。

2. 措施项目费

措施项目费是指为完成建设工程施工，发生于该工程施工前和施工过程中的技术、生活、安全、环境保护等方面的费用。内容包括：

（1）安全文明施工费。

环境保护费：是指施工现场为达到环保部门要求所需要的各项费用。

文明施工费：是指施工现场文明施工所需要的各项费用。

安全施工费：是指施工现场安全施工所需要的各项费用。

临时设施费：是指施工企业为进行建设工程施工所必须搭设的生活和生产用的临时建筑物、构筑物和其他临时设施费用。包括临时设施的搭设、维修、拆除、清理费或摊销费等。

（2）夜间施工增加费。

夜间施工增加费是指因夜间施工所发生的夜班补助费、夜间施工降效、夜间施工照明设备摊销及照明用电等费用。

（3）二次搬运费：是指因施工场地条件限制而发生的材料、构配件、半成品等一次运输不能到达堆放地点，必须进行二次或多次搬运所发生的费用。

（4）冬雨季施工增加费：是指在冬季或雨季施工需增加的临时设施、防滑、排除雨雪，人工及施工机械效率降低等费用。

（5）已完工程及设备保护费：是指竣工验收前，对已完工程及设备采取的必要保护措施所发生的费用。

（6）工程定位复测费：是指工程施工过程中进行全部施工测量放线和复测工作的费用。

（7）特殊地区施工增加费：是指工程在沙漠或其边缘地区、高海拔、高寒、原始森林等特殊地区施工增加的费用。

（8）大型机械设备进出场及安拆费：是指机械整体或分体自停放场地运至施工现场或由一个施工地点运至另一个施工地点，所发生的机械进出场运输及转移费用及机械在施工现场进行安装、拆卸所需的人工费、材料费、机械费、试运转费和安装所需的辅助设施的费用。

（9）脚手架工程费：是指施工需要的各种脚手架搭、拆、运输费用以及脚手架购置费的摊销（或租赁）费用。措施项目及其包含的内容详见各类专业工程的现行国家或行业计量规范。

（10）措施项目费计算公式有以下两种情形。

① 国家计量规范规定应予计量的措施项目，其计算公式为：

$$措施项目费 = \sum（措施项目工程量 \times 综合单价） \tag{3.22}$$

② 国家计量规范规定不宜计量的措施项目计算方法如下：

a. 安全文明施工费：

$$安全文明施工费 = 计算基数 \times 安全文明施工费费率（\%） \tag{3.23}$$

计算基数应为定额基价（定额分部分项工程费+定额中可以计量的措施项目费）、定额人工费或（定额人工费+定额机械费），其费率由工程造价管理机构根据各专业工程的特点综合确定。

b. 夜间施工增加费：

$$夜间施工增加费 = 计算基数 \times 夜间施工增加费费率（\%） \tag{3.24}$$

c. 二次搬运费：

$$二次搬运费 = 计算基数 \times 二次搬运费费率（\%） \tag{3.25}$$

d. 冬雨季施工增加费：

$$冬雨季施工增加费 = 计算基数 \times 冬雨季施工增加费费率（\%） \tag{3.26}$$

e. 已完工程及设备保护费：

$$已完工程及设备保护费 = 计算基数 \times 已完工程及设备保护费费率（\%） \tag{3.27}$$

上述（2）～（5）项措施项目的计费基数应为定额人工费（或定额人工费+定额机械费），其费率由工程造价管理机构根据各专业工程特点和调查资料综合分析后确定。

3. 其他项目费

其他项目清单应按照下列内容列项：暂列金额，暂估价（包括材料暂估单价、工程设备暂估单价、专业工程暂估价），计日工，总承包服务费。

（1）暂列金额

暂列金额是招标人在工程量清单中暂定并包括在合同价款中的一笔款项。用于施工合同签订时尚未确定或者不可预见的所需材料、设备、服务的采购，施工中可能发生的工程变更、合同约定调整因素出现时的工程价款调整以及发生的索赔、现场签证确认等的费用。暂列金额由建设单位根据工程特点，按有关计价规定估算，施工过程中由建设单位掌握使用、扣除合同价款调整后如有余额，归建设单位。

（2）暂估价

暂估价是招标人在工程量清单中提供的用于支付必然发生但暂时不能确定价格的材料、工程设备的单价以及专业工程的金额。暂估价中的材料、工程设备暂估价应根据工程造价信息或参照市场价格估算；专业工程暂估价应分不同专业，按有关计价规定估算。

（3）计日工

计日工是在施工过程中，承包人完成发包人提出的施工图纸以外的零星项目或工作，按合同中约定的综合单价计价的一种方式。计日工由建设单位和施工企业按施工过程中的签证计价。

（4）总承包服务费

总承包服务费是总承包人为配合协调发包人进行的专业工程分包，发包人自行采购的设备、材料等进行保管以及施工现场管理、竣工资料汇总整理等服务所需的费用。

总承包服务费由建设单位在招标控制价中根据总包服务范围和有关计价规定编制，施工企业投标时自主报价，施工过程中按签约合同价执行。

4. 规　费

定义同"费用构成要素划分"。

5. 税　金

定义同"费用构成要素划分"。

3.4　工程建设其他费用

工程建设其他费用是指建设单位从工程筹建起到工程竣工验收交付使用止的整个建设期间，除建筑安装工程费用和设备及工、器具购置费用以外的，为保证工程建设顺利完成和交付使用后能够正常发挥效用而发生的各项费用。

按其费用和用途，工程建设其他费用大体可分为土地使用费、与建设项目有关的其他费用、与未来企业生产经营有关的其他费用三类。

3.4.1　土地使用费

任何一个建设项目都固定于一定地点与地面相连接，必须占用一定量的土地，也就必然要发生为获得建设用地而支付的费用，这就是土地使用费。它是指通过划拨方式取得土地使用权而支付的土地征用及迁移补偿费，或者通过土地使用权出让方式取得土地使用权而支付的土地使用权出让金。

1. 土地征用及迁移补偿费

土地征用及迁移补偿费是指建设项目通过划拨方式取得无限期的土地使用权，依照《中华人民共和国土地管理法》等规定所支付的费用。其总和不得超过被征收土地年产值的 20 倍，土地年产值则按该地被征用 3 年的平均产量和国家的价格计算。其内容包括：

（1）土地补偿费。征用耕地（包括菜地）的补偿标准，为该耕地被征用前 3 年平均产值的 6~10 倍，具体补偿标准由省、自治区、直辖市人民政府在此范围内制定。征用园地、鱼塘、藕塘、苇塘、宅基地、林地、牧场、草原等的补偿标准，由省、自治区、直辖市人民政府制定。征收无收益的土地，不予补偿。

（2）青苗补偿费和被征用土地上的房屋、水井、树木等附着物补偿费。其标准由省、自治区、直辖市人民政府制定。征用城市郊区的菜地时，还应按照有关规定向国家缴纳新菜地开发建设基金。

（3）安置补助费。征用耕地、菜地的，每个农业人口的安置补助费为该地每亩年产值的 3~4 倍，每亩耕地的安置补助费最高不得超过年产值的 15 倍。

（4）缴纳的耕地占用税或城镇土地使用税、土地登记费及征地管理费等。县市土地管理机关从征地费中提取土地管理费的比率，要按征地工作量大小，视不同情况，在 1%~4% 幅度内提取。

（5）征地动迁费。包括征用土地上的房屋及附着构筑物、城市公共设施等拆除、迁建补偿费和搬迁运输费，企业单位因搬迁造成的减产、停工损失补贴费，拆迁管理费等。

（6）水利水电工程水库淹没处理补偿费。包括农村移民安置迁建费，城市迁建补偿费，库区工矿企业、交通、电力、通信、广播、管网、水利等的恢复、迁建补偿费，库底清理费，防护工程费，环境影响补偿费用等。

2. 土地使用权出让金

土地使用权出让金是指建设项目通过土地使用权出让方式取得有限期的土地使用权，依照《中华人民共和国城镇国有土地使用权出让和转让暂行条例》规定支付费用。

（1）明确国家是城市土地的唯一所有者，并分层次，有偿、有限期地出让、转让城市土地。第一层次是城市政府将国有土地使用权出让给用地者，该层次由城市政府垄断经营，出让对象可以是有法人资格的企事业单位，也可以是外商。第二层次及以下层次的转让则发生在使用者之间。

（2）城市土地的出让和转让可采用协议、招标、公开拍卖等方式。

3.4.2　与建设项目有关的其他费用

根据项目的不同，与建设项目有关的其他费用的构成也不尽相同，在进行工程估算及概算中可根据实际情况进行计算。一般包括以下各项：

1. 建设单位管理费

建设单位管理费是指建设项目从立项、筹建、建设、联合试运转、竣工验收、交付使用后评估等全过程管理所需的费用。其内容包括：

（1）建设单位开办费，是指新建项目为保证筹建和建设工作正常进行所需办公设备、生活家具、用具、交通工具等购置费用。

（2）建设单位经费，其内容包括工作人员的基本工资、工资性补贴、职工福利费、劳动保护费、劳动保险费、办公费、差旅交通费、工会经费、职工教育经费、固定资产使用费、工具用具使用费，技术图书资料费、生产人员招募费、工程招标费、合同契约公证费、工程质量监督检测费、工程咨询费、法律顾问费、审计费、业务招待费、排污费、竣工交付使用清理及竣工验收费、后评估等费用。不包括应计入设备、材料预算价格的建设单位采购及保管设备材料所需的费用。

建设单位管理费按照单项工程费用之和（包括设备及工、器具购置费和建筑安装工程费用）乘以建设单位管理费率计算。

建设单位管理费率按照建设项目的不同性质、不同规模确定。有的建设项目按照建设工期规定的金额计算建设单位管理费。

2. 勘察设计费

勘察设计费是指为本建设项目提供项目建议书、可行性研究报告及设计文件等所需要的费用。其内容包括：

（1）编制项目建议书、可行性研究报告及投资估算、工程咨询、评价及编制上述文件所进行勘察、设计、研究试验等所需要的费用。

（2）委托勘察、设计单位进行初步设计、施工图设计及概预算编制等所需的费用。

（3）在规定范围内由建设单位自行完成勘察、设计工作所需的费用。

3. 研究试验费

研究试验费是指为建设项目提供和验证设计参数、数据、资料等所进行的必要的试验费用及设计规定在施工中必须进行试验、验证所需的费用。其内容包括自行或委托其他部门研究试验所需人工费、材料费、试验设备及仪器使用费等。这项费用按照设计单位根据本工程项目的需要提出的研究试验内容和要求计算。

4. 建设单位临时设施费

建设单位临时设施费是指建设期间建设单位所需临时设施的搭设、维修、摊销费用或租赁费用。临时设施包括临时宿舍、文化福利及公用事业房屋与构筑物、仓库、办公室、加工厂以及规定范围内的道路、水、电、管线等临时设施和小型临时设施。

5. 工程监理费

工程监理费是指建设单位委托工程监理单位对工程实施监理工作所需的费用。

6. 工程保险费

工程保险费是指建设项目在建设期间根据需要实施工程保险所需费用。其内容包括以各种建筑工程及其在施工过程中的物料、机器设备为保险标的的建筑工程一切险，以安装工程中的各种机器、机械设备为保险标的的安装工程一切险，以及机器损坏保险等。根据不同的工程类别，分别以其建筑、安装工程费乘以建筑、安装工程保险费率计算。

7. 引进技术和进口设备其他费用

引进技术和进口设备其他费用，其内容包括出国人员费用、国外工程技术人员来华费用、技术引进费、分期或延期付款利息、担保费以及进口设备检验鉴定费。

8. 工程承包费

工程承包费是指具有总承包条件的工程公司，对工程建设项目从开始建设至竣工投产全过程的总承包所需的费用。

3.4.3　与未来企业生产经营有关的其他费用

1. 联合运转费

联合运转费是指新建企业或新增加生产工艺过程的扩建企业在竣工验收前，按照设计规定的工程质量标准，进行整个车间的负荷或无负荷联合试运转发生的费用支出大于试运转收入的亏损部分。其内容包括试运转所需的原料、燃料、油料和动力费用，机械使用费，低值易耗品及其他物品的购置费用和施工单位参加联合式运转人员的工资等。试运转收入包括试运转产品销售和其他收入，不包括应由设备安装工程费项下开支的单台设备调试费及试车费用。联合试运转费一般根据不同性质的项目按需要试运转车间的工艺设备购置费的百分率计算。

2. 生产准备费

生产准备费是指新建企业或新增生产能力的企业，为保证竣工交付使用进行必要的生产准备所发生的费用。其内容包括：

（1）生产人员培训费，包括自行培训、委托其他单位培训的人员的工资、工资性补贴、职工福利费、差旅交通费、学习资料费、学习费、劳动保护费等。

（2）生产单位提前进厂参加施工、设备安装、调试等以及熟悉工艺流程及设备性能等人员的工资、工资性补贴、职工福利费、差旅交通费、劳动保护费等。

（3）办公和生活家具购置费，是指为保证新建、改建、扩建项目初期正常生产、使用和管理所必须购置的办公和生活家具、用具的费用。改、扩建项目所需的办公和生活用具购置费，应低于新建项目。其内容包括办公室、会议室、资料档案室、阅览室、文娱室、食堂、浴室、理发室、单生宿舍和设计规定必须建设的托儿所、卫生所、招待所、中小学校的家具用具购置费。这项费用按照设计定员人数乘以综合指标计算，一般为 600 ~ 800 元/人。

3.5　预备费

按照我国现行规定，预备费包括基本预备费和涨价预备费。

3.5.1　基本预备费

基本预备费是指在初步设计及概算内难以预料的工程费用。其内容包括：

（1）在批准的初步设计范围内，技术设计、施工图设计及施工过程中所增加的工程费用，设计变更、局部地基处理等增加的费用。

（2）一般自然灾害造成的损失和预防自然灾害所采取的措施费用。实行工程保险的工程项目费用应适当降低。

（3）竣工验收时为鉴定工程质量对隐蔽工程进行必要的挖掘和修复费用。

基本预备费是按设备及工、器具购置费，建筑安装工程费用和工程建设其他费用三者之和，乘以基本预备费率进行计算的，即：

$$基本预备费 = （设备及工、器具购置费+建筑安装工程费用+$$
$$工程建设其他费用）×基本预备费率 \qquad （3.28）$$

基本预备费率的取值应执行国家及有关部门的相关规定。

3.5.2　涨价预备费

涨价预备费是指建设项目在建设期间内由于利率、汇率或价格等变化引起工程造价变化的预测预留费用。其内容包括人工、设备、材料、施工机械的价差费，建筑安装工程费及工程建设其他费用调整，利率、汇率调整等增加的费用。

涨价预备费的测算方法，一般根据国家规定的投资综合价格指数，按估算年份价格水平的投资额为基数，采用复利方法计算，其计算公式为：

$$P_F = \sum_{t=1}^{n} P_t \times \left[(1+i)^t - 1 \right] \qquad （3.29）$$

式中：P_F——涨价预备费；

P_t——建设期第 t 年的投资计划额；

n——建设期年份数；

i——年均投资价格上涨率。

3.6　建设期贷款利息

建设期贷款利息包括向国内银行和其他非银行金融机构贷款、出口信贷、外国政府贷款、国际商业银行贷款以及在境内外发行的债券等在建设期间内应偿还的借款利息。建设期贷款利息实行复利计算。

建设期贷款利息一般是根据贷款额和建设期每年使用的贷款安排和贷款合同规定的年利率进行计算。其计算公式为：

$$q_j = \left(P_{j-1} + \frac{1}{2} A_j \right) \cdot i \qquad （3.30）$$

式中：q_j——建设期第 j 年应计利息；

P_{j-1}——建设期第（$j-1$）年末贷款累积金额与利息累计金额之和；

A_j——建设期第 j 年贷款金额；

i——年利率。

国外贷款利息的计算中，还应包括国外贷款协议向贷款方以年利率的方式收取的手续费、管理费、承诺费，以及国内代理机构经国家主管部门批准的以年利率的方式向贷款单位收取的转贷费、担保费、管理费等。

【例 3.1】　某新建项目，建设期为 3 年，分年均衡进行贷款，第一年贷款 300 万元，第二年贷款 600 万元，第三年贷款 400 万元，年利率为 12%，建设期内利息只计息不支付，试计算建设期贷款利息。

解： 在建设期内，各年利息计算如下：

$$q_1 = \frac{1}{2}A_1 \times i = \frac{1}{2} \times 300 \times 12\% = 18（万元）$$

$$q_1 = \left(P_1 + \frac{1}{2}A_2\right) \times i = \left(300 + 18 + \frac{1}{2} \times 600\right) \times 12\% = 74.16（万元）$$

$$q_1 = \left(P_2 + \frac{1}{2}A_3\right) \times i = \left(300 + 18 + 600 + 74.16 + \frac{1}{2} \times 400\right) \times 12\% = 143.06（万元）$$

则建设期贷款利息为：

$$q = q_1 + q_2 + q_3 = 18 + 74.16 + 143.06 = 235.22（万元）$$

3.7　投资方向调节税

为了贯彻国家产业政策，控制投资规模，引导投资方向，调整投资结构，加强重点建设，促进国民经济持续、稳定、协调发展，对在我国境内进行固定资产投资的单位和个人征收固定资产投资方向调节税（简称投资方向调节税）。

按国家有关规定，自 2000 年 1 月起，对新发生的投资额暂停征收固定资产投资方向调节税，但该税种并未取消。

思考与练习题

1. 我国现行的工程投资由哪几部分组成？
2. 建筑工程费用按构成要素和按造价形成两种方式划分的组成内容分别有哪些？
3. 工程建设的措施费由哪几项组成？
4. 预备费和建设期贷款利息的计算有何特点？
5. 规费指的是什么？包括什么内容？
6. 工程建设其他费用主要包括哪几方面？
7. 某企业拟新建一项目，建设期为 3 年，在建设期第一年贷款 500 万元，第二年 300 万元，贷款年利率为 10%，各年贷款均在年内均匀发放，试计算建设期利息。

第4章　定额工程量的计算规则

▰ 本章要点

本章主要介绍定额工程量的计算方法，主要包括工程量的概念及规则；建筑面积的计算方法；土石方工程，地基处理与边坡支护工程，桩基工程，砌筑工程，混凝土及钢筋混凝土工程，木结构工程，金属结构工程，屋面及防水工程，保温、隔热、防腐工程，混凝土、钢筋混凝土模板及支撑工程，脚手架工程，垂直运输工程，装饰装修工程等的定额计算方法。

本章主要以《湖北省2013定额工程量计算规则（建筑装饰、公共专业）》（2013版）的工程量计算规则为依据。

4.1　工程量计算原理

4.1.1　工程量的概念

工程量是指以物理计量或自然计量单位所表示的建筑工程各个分项工程或结构构件的实物数量。物理计量单位是指以度量表示的长度、面积、体积和重量等单位；自然计量单位是指以建筑成品在自然状态下的简单点数所表示的个、条、樘、块等单位。

4.1.2　工程量计算的基本要求

（1）计算口径要一致。计算工程量时，根据施工图纸列出的分项工程的口径（分项工程所包括的内容和范围）应与预算定额（或计价规范）相对应的分项工程的口径相一致。

（2）工程量计量单位必须同预算定额（或计价规范）规定计量单位一致。

（3）工程量计算规则要与预算定额（或计价规范）要求一致。

（4）工程量计算所用原始数据必须和设计图纸相一致。

（5）工程量的数字计算要准确。一般应精确到小数点后3位，钢材以t为单位，木材以m^3为计量单位，均保留3位小数，其余项目一般都保留2位小数，土方汇总时取整数。

（6）按图纸，结合建筑物的具体情况进行计算。一般应做到主体结构分层计算；内装修按分层分房间计算；外装修分立面计算，或按施工段的要求分段计算。由几种结构类型组成的建筑，要按不同结构类型分别计算；比较大的由几段组成的组合体建筑，应分段计算。

4.1.3　工程量计算的一般顺序

一个建筑物或构筑物是由多个分部分项工程组成的，少则几十项，多则上百项。计算工程量时，为避免出现重复计算或漏算，必须按照一定的顺序进行。工程量计算的一般方法是指按施工的先后顺序，并结合《计价规范》中项目编码、定额中定额项目排列的次序，依次进行各分项工程工程量的计算。

4.1.4 运用统筹法计算工程量

1. 运用统筹法计算工程量的基本原理

利用一般方法计算工程量，可以有效地避免重算、漏算，但难以充分利用各项目中数据间的内在联系，计算工作量较大。运用统筹法计算工程量，就是要分析各分项工程量在计算过程中，相互之间的固有规律及依赖关系。从全局出发，统筹安排计算顺序，以达到节约时间、提高功效的目的。

2. 基 数

基数是指计算分项工程时重复使用的数据。运用统筹法计算工程量，正是借助于基数的充分利用来实现的。它可以使有关数据重复使用而不重复计算，从而减少工作量，提高功效。

根据统筹法原理，经过对土建工程施工图预算中各分项工程量计算过程的分析，我们发现，尽管各分项工程量的计算各有特点，但都离不开"线"、"面"、"表"和"册"。归纳起来，包括"三线、两面、两表、一册"。

（1）三 线

外墙外边线（$L_外$），是指外墙的外侧与外侧之间的距离。

外墙中心线（$L_中$），是指外墙中线至中线之间的距离。

内墙净长线（$L_净$），是指内墙与外墙（内墙）交点之间的连线距离。

（2）两 面

两面是指建筑物的底层建筑面积和室内净面积。

（3）两 表

两表是指根据施工图预算所做的门窗工程量统计计算表和构件工程量统计计算表。

（4）一 册

有些不能用"线"和"面"计算而又经常用到的数据（如砖基础大放脚折加高度）和系数（如屋面常用坡度系数），需事先汇编成册。当计算有关分项工程量时，即可查阅手册快速计算。

在实际工作中，通常把这两种方法结合起来应用，即计算工程量时，首先计算基数，然后按照施工顺序利用基数计算各分项工程量。这样，既可以减少工作量、节约时间，又可以避免出现重算、漏算，为准确编制工程造价文件打下良好的基础。

4.2 建筑面积及其计算规则

4.2.1 建筑面积的概念和作用

4.2.1.1 建筑面积的概念

建筑面积（S）亦称建筑展开面积，是指建筑物各层面积之和。包括使用面积、辅助面积和结构面积。

（1）使用面积：是指建筑物各层平面布置中，可直接为生产或生活使用的净面积总和。

（2）辅助面积：是指建筑物各层平面布置中为辅助生产或生活所占净面积的总和。

（3）结构面积：是指建筑物各层平面布置中墙体、柱等结构所占面积的总和。

4.2.1.2 建筑面积的作用

建筑面积的计算在建筑工程计量和计价方面起着非常重要的作用，主要表现在以下几个方面：

（1）是确定建设规模的重要指标，是建筑房屋计算工程量的主要指标。

（2）是确定各项技术经济指标的基础。

（3）是计算单位工程每平方米预算造价的主要依据。其计算公式：

$$工程单位面积造价 = 工程造价/建筑面积$$

（4）是确定容积率的主要依据。对于开发商来说，而容积率决定地价成本在房屋中占的比例；而对于住户来说，容积率直接涉及居住的舒适度。其计算公式：

$$容积率 = 总建筑面积/用地面积$$

（5）是选择概算指标和编制概算的主要依据，也是统计部门汇总发布房屋建筑面积完成情况的基础。

4.2.2 建筑面积的计算

4.2.2.1 计算建筑面积的规定

（1）单层建筑物的建筑面积，应按其外墙勒脚以上结构外围水平面积计算，并应符合下列规定：

① 单层建筑物高度在 2.20 m 及以上者应计算全面积，高度不足 2.20 m 者应计算 1/2 面积，如图 4.1 所示。

② 利用坡屋顶内空间时净高超过 2.10 m 的部位应计算全面积，净高在 1.20 m～2.10 m 的部位应计算 1/2 面积，净高不足 1.20 m 的部位不应计算面积。

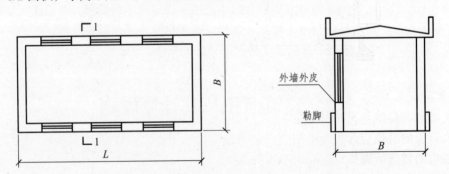

图 4.1 单层建筑物的建筑面积（$S = L×B$）

（2）单层建筑物内设有局部楼层者，局部楼层的二层及以上楼层，有围护结构的应按其围护结构外围水平面积计算，无围护结构的应按其结构底板水平面积计算。层高在 2.20 m 及以上者应计算全面积，层高不足 2.20 m 者应计算 1/2 面积，如图 4.2 所示。

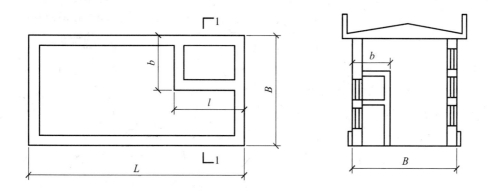

图 4.2　有局部楼层的单层建筑物建筑面积（$S = L \times B + l \times b$）

（3）多层建筑物首层应按其外墙勒脚以上结构外围水平面积计算；二层及以上楼层应按其外墙结构外围水平面积计算。层高在 2.20 m 及以上者应计算全面积；层高不足 2.20 m 者应计算 1/2 面积。

（4）多层建筑坡屋顶内和场馆看台下，当设计加以利用时净高超过 2.10 m 的部位应计算全面积，净高在 1.20 m~2.10 m 的部位应计算 1/2 面积，当设计不利用或室内净高不足 1.20 m 时不应计算面积。

（5）地下室、半地下室（车间、商店、车站、车库、仓库等），包括相应的有永久性顶盖的出入口，应按其外墙上口（不包括采光井、外墙防潮层及其保护墙）外边线所围水平面积计算，层高在 2.20 m 及以上者应计算全面积，层高不足 2.20 m 者应计算 1/2 面积，如图 4.3 所示。

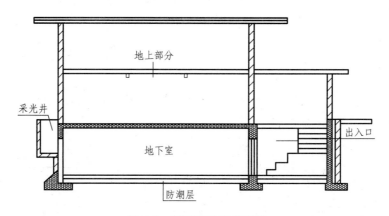

图 4.3　地下室的建筑面积

（6）坡地的建筑物吊脚架空层、深基础架空层，设计加以利用并有围护结构的，层高在 2.20 m 及以上的部位应计算全面积，层高不足 2.20 m 的部位应计算 1/2 面积。设计加以利用、无围护结构的建筑吊脚架空层，应按其利用部位水平面积的 1/2 计算，设计不利用的深基础架空层、坡地吊脚架空层、多层建筑坡屋顶内、场馆看台下的空间不应计算面积，如图 4.4、4.5 所示。

（7）建筑物的门厅、大厅按一层计算建筑面积。门厅、大厅内设有回廊时，应按其结构底板水平面积计算。层高在 2.20 m 及以上者应计算全面积，层高不足 2.20 m 者应计算 1/2 面积。

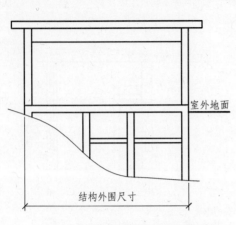

图 4.4　坡地的建筑物吊脚架空层　　　　图 4.5　深基础架空层

（8）建筑物间有围护结构的架空走廊，应按其围护结构外围水平面积计算。层高在 2.20 m 及以上者应计算全面积；层高不足 2.20 m 者应计算 1/2 面积。有永久性顶盖无围护结构的应按其结构底板水平面积的 1/2 计算，如图 4.6 所示。

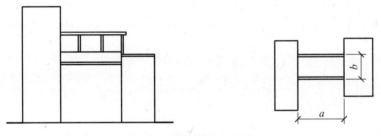

图 4.6　建筑物架空走廊

（9）立体书库、立体仓库、立体车库，无结构层的应按一层计算，有结构层的应按其结构层面积分别计算。层高在 2.20 m 及以上者应计算全面积；层高不足 2.20 m 者应计算 1/2 面积。

（10）有围护结构的舞台灯光控制室，应按其围护结构外围水平面积计算。层高在 2.20 m 及以上者应计算全面积；层高不足 2.20 m 者应计算 1/2 面积。

（11）建筑物外有围护结构的落地橱窗、门斗、挑廊、走廊、檐廊，应按其围护结构外围水平面积计算，如图 4.7 所示。层高在 2.20 m 及以上者应计算全面积，层高不足 2.20 m 者应计算 1/2 面积，有永久性顶盖无围护结构的应按其结构底板水平面积的 1/2 计算。

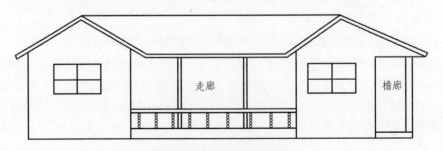

图 4.7　走廊、檐廊示意图

（12）有永久性顶盖无围护结构的场馆看台应按其顶盖水平投影面积的 1/2 计算。

（13）建筑物顶部有围护结构的楼梯间、水箱间、电梯机房等，层高在 2.20 m 及以上者应计算全面积，层高不足 2.20 m 者应计算 1/2 面积，如图 4.8、图 4.9 所示。

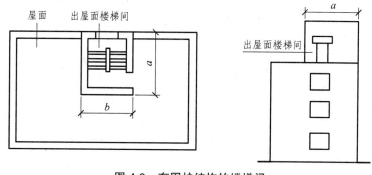

图 4.8　有围护结构的楼梯间

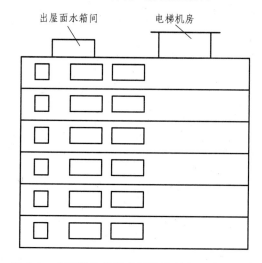

图 4.9　有围护结构的出屋面水箱间、电梯机房

（14）设有围护结构不垂直于水平面而超出底板外沿的建筑物，应按其底板面的外围水平面积计算。层高在 2.20 m 及以上者应计算全面积，层高不足 2.20 m 者应计算 1/2 面积。

（15）建筑物内的室内楼梯间、电梯井、观光电梯井、提物井、管道井、通风排气竖井、垃圾道、附墙烟囱应按建筑物的自然层计算，如图 4.10 所示。

（16）雨棚结构的外边线至外墙结构外边线的宽度超过 2.10 m 者，应按雨棚结构板的水平投影面积的 1/2 计算。

（17）有永久性顶盖的室外楼梯，应按建筑物自然层的水平投影面积的 1/2 计算。

（18）建筑物的阳台均应按其水平投影面积的 1/2 计算。如图 4.11 所示。

（19）有永久性顶盖无围护结构的车棚、货棚、站台、加油站、收费站等，应按其顶盖水平投影面积的 1/2 计算。

（20）高低联跨的建筑物，应以高跨结构外边线为界分别计算建筑面积。其高低跨内部连通时，其变形缝应计算在低跨面积内。

（21）以幕墙作为围护结构的建筑物，应按幕墙外边线计算建筑面积。

（22）建筑物外墙外侧有保温隔热层的，应按保温隔热层外边线计算建筑面积。

（23）建筑物内的变形缝，应按其自然层合并在建筑物面积内计算。

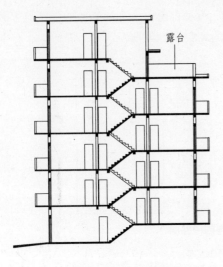

图 4.10　室内楼梯间

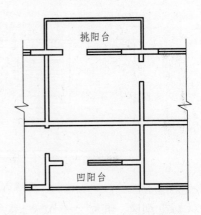

图 4.11　挑阳台、凹阳台示意图

4.2.2.2　不计算建筑面积的范围

下列项目不应计算面积：

（1）建筑物通道（骑楼、过街楼的底层）。

（2）建筑物内的设备管道夹层。

（3）建筑物内分隔的单层房间，舞台及后台悬挂幕布、布景的天桥、挑台等。

（4）屋顶水箱、花架、凉棚、露台、露天游泳池。

（5）建筑物内的操作平台、上料平台、安装箱和罐体的平台。

（6）勒脚、附墙柱、垛（见图 4.12）、台阶、墙面抹灰、装饰面、镶贴块料面层、装饰性幕墙、空调机外机搁板（箱）、飘窗、构件、配件、宽度在 2.1 m 及以内的雨棚（见图 4.13）以及与建筑物内不相连通的装饰性阳台、挑廊。

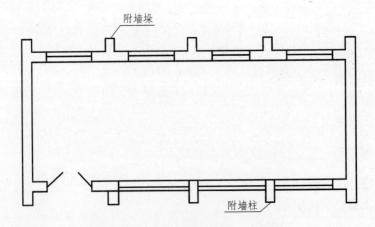

图 4.12　凸出外墙的附墙柱、附墙垛

（7）无永久性顶盖的架空走廊、室外楼梯和用于检修（见图 4.13）、消防等的室外钢楼梯、爬梯。

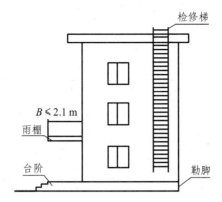

图 4.13　凸出外墙的雨棚、台阶及检修梯

（8）自动扶梯、自动人行道。

（9）独立烟囱、烟道、地沟、油（水）罐、气柜、水塔、储油（水）池、储仓、栈桥、地下人防通道、地铁隧道。

4.2.2.3　术　语

（1）层高：上下两层楼面或楼面与地面之间的垂直距离。

（2）自然层：按楼板、地板结构分层的楼层。

（3）架空层：建筑物深基础或坡地建筑吊脚架空部位不回填土石方形成的建筑空间。

（4）走廊：建筑物的水平交通空间。

（5）挑廊：挑出建筑物外墙的水平交通空间。

（6）檐廊：设置在建筑物底层出檐下的水平交通空间。

（7）回廊：在建筑物门厅、大厅内设置在二层或二层以上的回形走廊。

（8）门斗：在建筑物出入口设置的起分隔、挡风、御寒等作用的建筑过渡空间。

（9）建筑物通道：为道路穿过建筑物而设置的建筑空间。

（10）架空走廊：建筑物与建筑物之间，在二层或二层以上专门为水平交通设置的走廊。

（11）勒脚：建筑物的外墙与室外地面或散水接触部位墙体的加厚部分。

（12）围护结构：围合建筑空间四周的墙体、门、窗等。

（13）围护性幕墙：直接作为外墙起围护作用的幕墙。

（14）装饰性幕墙：设置在建筑物墙体外起装饰作用的幕墙。

（15）落地橱窗：突出外墙面根基落地的橱窗。

（16）阳台：供使用者进行活动和晾晒衣物的建筑空间。

（17）眺望间：设置在建筑物顶层或挑出房间的供人们远眺或观察周围情况的建筑空间。

（18）雨棚：设置在建筑物进出口上部的遮雨、遮阳棚。

（19）地下室：房间地平面低于室外地平面的高度超过该房间净高的 1/2 者为地下室。

（20）半地下室：房间地平面低于室外地平面的高度超过该房间净高的 1/3，且不超过 1/2 者为半地下室。

（21）变形缝：伸缩缝（温度缝）、沉降缝和抗震缝的总称。

（22）永久性顶盖：经规划批准设计的永久使用的顶盖。

（23）飘窗：为房间采光和美化造型而设置的突出外墙的窗。

（24）骑楼：楼层部分跨在人行道上的临街楼房。

（25）过街楼：有道路穿过建筑空间的楼房。

4.3 土石方工程量计算规则

4.3.1 定额说明

4.3.1.1 土方工程

（1）本章定额土壤分类，见土壤分类表4.1。

表4.1 土壤分类表

土壤分类	土壤名称	开挖方法
一、二类土	粉土、砂土（粉砂、细砂、中砂、粗砂、砾砂）、粉质黏土、弱中盐渍土、软土（淤泥质土、泥炭、泥炭质土）、软塑红黏土、冲填土	用锹、少用镐、条锄开挖。机械能全部直接铲满载者
三类土	黏土、碎石土（圆砾、角砾）混合土、可塑红黏土、硬塑红黏土、强盐渍土、素填土、压实填土	主要用镐、条锄、少许用锹开挖。机械需部分刨松方能挖满载者或可直接铲挖但不能满载者
四类土	碎石土（卵石、碎石、漂石、块石）、坚硬红黏土、超盐渍土、杂填土	全部用镐、条锄挖掘、少许用撬棍挖掘。机械普通刨松方能铲挖满载者

（2）干湿土的划分首先以地质勘察资料为准，含水率≥25%为湿土；或以地下常水位为准划分，地下常水位以上为干土，以下为湿土。定额是按干土编制的，如挖湿土时，人工和机械乘系数1.18，干、湿土工程量分别计算；如含水率>40%时，另行计算。采用井点降水的土方应按干土计算。

（3）本章定额未包括地下水位以下施工的排水费用，发生时另按相应项目计算。

（4）本章定额未包括工作面以外运输路面的维修和养护、城区环保清洁费、挖方和填方区的障碍清理、铲草皮、挖淤泥时堰塘排水等内容，发生时应另行计算。

（5）沟槽、基坑、一般土方的划分：底宽≤7 m且底长>3倍底宽为沟槽；底长≤3倍底宽且底面积≤150 m² 为基坑；超过上述范围则为一般土方。

（6）在支撑下挖土，按实挖体积人工乘以系数1.43，机械乘以系数1.2。先开挖后支撑的不属支撑下挖土。

（7）挖桩间土方时，按实挖体积（扣除桩体所占体积，包括空钻或空挖所形成的未经回填的桩孔所占体积），人工挖土方乘以系数1.25，机械挖土方乘以系数1.1。

（8）场地按竖向布置挖填土方时，不再计算平整场地的工程量。

（9）挖土中遇含碎、砾石体积为31%~50%的密实黏性土或黄土时，按挖四类土相应定额项目基价乘以1.43。碎、砾石含量超过50%时，另行处理。

（10）挖土中因非施工方责任发生塌方时，除一、二类土外，三、四类土壤按降低一级土类别执行，第九条所列土壤按四类土定额项目执行，工程量均以塌方数量为准。

（11）机械挖土方中需人工辅助开挖（包括切边、修整底边），人工挖土部分按批准的施工组织设计确定的厚度计算工程量，无施工组织设计的，人工挖土厚度按 30 cm 计算。人工挖土部分套用人工挖一般土方相应项目，且人工乘以系数1.5。

（12）推土机推土或铲运机铲土土层平均厚度小于 30 cm 时，推土机台班用量乘以系数1.25，铲运机台班用量乘以系数1.17。

（13）挖掘机在垫板上进行作业时，人工、机械乘以系数1.25，定额不包括垫板铺设所需的人工、材料及机械消耗。

（14）挖密实的钢碴，按相应挖四类土定额项目执行，人工乘以系数2.5，机械乘以系数1.5。

（15）本章定额项目中为满足环保要求而配备了洒水汽车在施工现场降尘，如实际施工中未采用洒水汽车降尘的，在结算时应扣除洒水汽车和水的费用；如实际施工中洒水汽车与定额取定不同时，洒水汽车和水的用量可以调整。（本章其他节仍适用）

4.3.1.2　石方工程

（1）本章定额岩石分类，见岩石分类表4.2。

表4.2　岩石分类表

岩石分类		定性鉴定	岩石单轴饱和抗压强度 Rc (MPa)	代表性岩石
软岩石	极软岩	锤击声哑，无回弹，有较深凹痕，手可捏碎；浸水后，可捏成团	<5	（1）全风化的各种岩石； （2）各种半程岩
	软岩	锤击声哑，无回弹，有凹痕，易击碎；浸水后，可掰开	15～5	（1）强风化的坚硬岩或较硬岩； （2）中等风化-强风化的较软岩； （3）未风化-微风化的页岩、泥岩、泥质岩等
	较软岩	锤击声不清脆，无回弹，较易击碎，易击碎；浸水后，指甲可刻出印痕	30～15	（1）中等风化-强风化的坚硬岩或较硬岩； （2）未风化-微风化的凝灰岩、千枚岩、泥灰岩、砂质岩等
硬岩石	较硬岩	锤击声较清脆，有轻微回弹，微震手，较难击碎；浸水后，有轻微吸水反应	60～30	（1）微风化的坚硬岩； （2）未风化-微风化的大理岩、板岩、石灰岩、白云岩、钙质砂岩等
	坚硬岩	锤击声清脆，有回弹，震手，难击碎；浸水后，大多无吸水反应	>60	未风化-微风化的花岗岩、闪长岩、辉绿岩、玄武岩、安山岩、片麻岩、石英岩、石英砂岩、硅质泥岩、硅质石灰岩等

（2）沟槽、基坑、一般石方的划分为：底宽≤7 m 且底长>3 倍底宽为沟槽；底长≤3 倍底宽且底面积≤150 m² 为基坑；超出上述范围则为一般石方。

（3）人工凿石、机械打眼爆破石方，如岩石类别为极软岩时，按软岩定额子目套用。

（4）石方爆破定额是按炮眼法松动爆破编制的，不分明炮和闷炮。

（5）定额中的爆破材料是按炮孔中无地下渗水、积水考虑，炮孔中如出现地下渗水、积水时，处理渗水或积水发生的费用另行计算。

（6）石方爆破定额是按电雷管导电起爆编制的，如采用火雷管爆破，雷管可以换算，数量不变，同时扣除定额中的胶质导线用量，增加导火索用量，导火索的长度按每个雷管 2.12 m 计算。（抛掷和定向爆破另行处理）

（7）打眼爆破若要达到石料粒径要求，则增加的费用另计。

（8）爆破工作面所需的架子，爆破覆盖用的安全网和草袋，爆破区所需的防护费用，定额均未考虑，如发生时另行按实计算。

4.3.1.3　土石方运输

（1）汽车（人力车）重车上坡降效因素，已综合在相应的运输定额项目中，不再另行计算。

（2）汽车运土时运输道路是按一、二、三类道路综合确定的，已考虑了运输过程中道路清理的人工。当需要铺筑材料时，另行计算。

（3）装载机装松散土定额项目是指装载机将已有的松散土方装上车，如装车前系原状土（天然 密实状态），则应由推土机破土，增加相应推土机推土费用。

（4）自卸汽车运土，如系拉铲挖掘机装车，自卸汽车运土台班数量乘以系数 1.2。

（5）自卸汽车运淤泥、流砂，按自卸汽车运土台班数量乘以系数 1.2。

（6）运泥船运砂石定额，未包括由于河道清理施工封航发生的其他费用和外租设备、船只的途中调遣费。

4.3.1.4　回填及其他

（1）平整场地是指建筑场地以设计室外地坪为准±30 cm 以内的挖、填土方及找平。挖、填土厚度超过±30 cm 时，按场地土方平衡竖向布置图另行计算。

（2）人工填土夯实定额项目中土方体积为天然密实体积，机械填土碾压定额项目中土方体积为夯实后体积。

4.3.2　工程量计算规则

4.3.2.1　土方工程

1. 土方工程量计算的一般规则

（1）土方体积均以天然密实体积为准计算。非天然密实土方（如虚方体积、夯实后体积和松填体积）应按表 4.3 折算。

（2）建筑物挖土以设计室外地坪标高为准计算。

（3）土方工程量按图示尺寸计算，修建机械上下坡的便道土方量并入土方工程量内。

（4）清理土堤基础按设计规定以水平投影面积计算，清理厚度为 30 cm 以内，废土运距按30 m 计算。

（5）人工挖土堤台阶工程量，按挖前的堤坡斜面积计算，运土应另行计算。

表 4.3 土方体积折算系数表

天然密实度体积	虚方体积	夯实后体积	松填体积
0.77	1.00	0.67	0.83
1.00	1.30	0.87	1.08
1.15	1.50	1.00	1.25
0.92	1.20	0.80	1.00

注：① 虚方指未经碾压，堆积时间≤1年的土壤。

② 设计密实度超过规定的，填方体积按工程设计要求执行；无设计密实度要求的，编制招标控制价时，填方体积按天然密实度体积计算，结算时应根据实际情况由发包人和承包人双方现场确认土方状态，再按此表系数执行。

（6）管道接口作业坑和沿线各种井室所需增加开挖的土方工程量：排水管道按 2.5%，排水箱涵不增加，给水管道按 1.5%。

2. 挖沟槽、基坑土方工程量的计算规则

（1）挖沟槽、基坑加宽工作面及放坡系数按施工组织设计或设计图示尺寸计算。设计无明确规定时，按表 4.4、4.5、4.6 的规定计算。

表 4.4 放坡系数表

土类别	放坡起点（m）	人工挖土	机械挖土		
			在坑内作业	在坑上作业	顺沟槽在坑上作业
一、二类土	1.20	1：0.50	1：0.33	1：0.75	1：0.50
三类土	1.50	1：0.33	1：0.25	1：0.67	1：0.33
四类土	2.00	1：0.25	1：0.10	1：0.33	1：0.25

注：沟槽，基坑中土类别不同时，分别按其放坡起点，放坡系数，依不同土类别厚度加权平均计算。

表 4.5 基础、构筑物施工所需工作面宽度计算表

基础、构筑物材料	每边各增加工作面宽度（mm）
砖基础	200
浆砌毛石、条石基础	150
混凝土基础垫层支模板	300
混凝土垫层支模板	300
基础垂直面做防水层	1 000（防水层面）
构筑物（无防潮层）	40
构筑物（有防潮层）	60

表 4.6 管沟施工每侧所需工作面宽度计算表

管道结构宽（mm）管沟材质	≤500	≤1 000	≤2 500	＞2 500
混凝土及钢筋混凝土管道（mm）	400	500	600	700
其他材质管道（mm）	300	400	500	600

注：管道结构宽：有管座的按基础外缘，无管座的按管道外径。

（2）挖沟槽、基坑需支挡土板时，其宽度包括图示沟槽、基坑底宽、加宽工作面和挡土板厚度（每边按 100 mm 计算）。除设计另有规定外，凡放坡部分不得再计算支挡土板，支挡土板后不得再计算放坡。挖沟槽土方如图 4.14 所示。

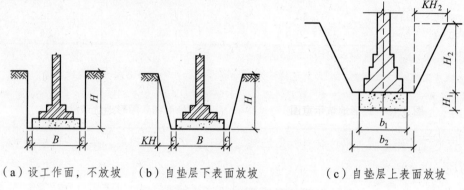

（a）设工作面，不放坡　（b）自垫层下表面放坡　（c）自垫层上表面放坡

图 4.14　挖沟槽工作示意图

① 挖沟槽土方工程量的计算公式如下：

设工作面不放坡：

$$V = (B + 2C) \times H \times L \tag{4.1}$$

自垫层下表面放坡：

$$V = (B + 2C + KH) \times H \times L \tag{4.2}$$

自垫层上表面放坡：

$$V = b_2 H_1 \times L_1 + (b_1 + 2C + KH_2) \times H_2 \times L_2 \tag{4.3}$$

式中：V —— 挖土体积（m^3）；

$\quad\quad L$ —— 沟槽长（m）；其中：外墙按图示中心线长度计算，内墙按图示沟槽（无垫层时按基础底面）之间的净长计算；内外墙突出部分（如墙垛、附墙烟囱等）体积并入沟槽工程量内；

$\quad\quad B$ —— 基础底垫层宽度；

$\quad\quad C$ —— 工作面宽度；

$\quad\quad H$ —— 挖土深度，从垫层底面到设计室外地坪的高度；

$\quad\quad K$ —— 放坡系数；

$\quad\quad b_1$ —— 垫层底宽；

$\quad\quad b_2$ —— 基槽底宽；

$\quad\quad H_2$ —— 挖土深度，从垫层上表面到设计室外地坪计算；

$\quad\quad H_1$ —— 垫层高度；

$\quad\quad L_1$、L_2 —— 挖垫层、挖沟槽的长度，外墙按中心线长度计算，内墙按净长线长度计算。

② 挖基坑土方工程量的计算。

挖基坑工程量按设计图示尺寸以基础垫层底面积乘以挖土深度计算，同时应考虑施工工作面和放坡工程量，具体计算如图 4.15、图 4.16 所示。

地坑底面积有矩形、圆形等，计算公式如下：

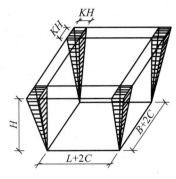

图 4.15　矩形地坑示意图

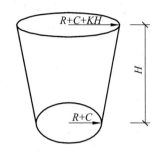

图 4.16　圆形地坑示意图

$$V_{矩形} = (B+2C+KH) \times (L+2C+KH) \times H + \frac{1}{3}K^2H^3 \quad\quad (4.4)$$

$$V_{圆形} = \pi H/3[(R+C)^2 + (R+C)(R+C+KH) + (R+C+KH)^2] \quad\quad (4.5)$$

式中：R—— 坑底半径（m）；

　　　B、L—— 矩形地坑底的边长；

（3）基础、构筑物、管沟施工所需工作面，按表 4.5、表 4.6 规定计算。

（4）挖沟槽、基坑计算放坡时，在挖土交接处产生的重复工程量不扣除。

（5）建筑物沟槽、基坑工作面及放坡自垫层下表面开始计算。原槽、坑作基础垫层时，放坡自垫层上表面开始计算。

（6）管道沟槽、给排水构筑物沟槽基坑工作面及放坡自垫层下表面开始计算。

（7）挖建筑物沟槽长度：外墙按图示中心线长度计算；内墙按图示基础底面之间净长度计算；内外突出部分（垛、附墙烟囱等）体积并入沟槽土方工程量内计算。

（8）挖管道沟槽长度按管道中心线长度计算。

4.3.2.2　石方工程

（1）石方体积应按挖掘前的天然密实体积计算，非天然密实石方应按表 4.7 折算。

表 4.7　石方体积折算系数表

石方类别	天然密实度体积	虚方体积	松填体积	码方
石方	1.0	1.54	1.31	
块方	1.0	1.75	1.43	1.67
沙夹石	1.0	1.07	0.94	

（2）人工凿岩石按图示尺寸以体积计算。

（3）爆破岩石工程量按图示尺寸加允许超挖量以体积计算。其沟槽和基坑的深度、宽度每边允许超挖量：较软岩、较硬岩为 200 mm；坚硬岩为 150 mm。

4.3.2.3　土石方运输

土石方运距应以挖土重心至填土重心或弃土重心最近距离计算，挖土重心、填土重心、弃土重心按施工组织设计确定。如遇下列情况应增加运距：

（1）人力及人力车运土、石方上坡坡度在 15% 以上，推土机推土和推石碴、铲运机铲运土重车上坡时，如果坡度大于 5%，其运距按坡度区段斜长乘以下列系数计算，如表 4.8 所示。

（2）拖式铲运机 3 m³ 加 27 m 转向距离，其余型号铲运机加 45 m 转向距离。

表 4.8

项目	推土机、铲运机				人力及人力车
坡度	5%~10%	15% 以内	20% 以内	25% 以内	15% 以上
系数	1.75	2.0	2.25	2.50	5

余土或取土工程量的计算，公式如下：

余土外运体积 = 挖土总体积 − 回填土总体积（或按施工组织设计计算）

式中，计算结果为正值时为余土外运体积，为负值时为取土体积。

4.3.2.4　回填及其他

1. 平整场地及碾压工程量的计算规则

（1）平整场地工程量按建筑物外墙外边线每边各加 2 m，以 m² 计算。

在土方开挖前，为便于施工，对施工场地进行的厚度在 ±30 cm 以内的就地挖填、运土及场地找平等工作称为平整场地，如图 4.17 所示。施工的方法有人工平整和机械平整。

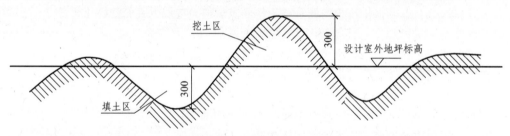

图 4.17　平整场地示意图

平整场地工程量：建筑物外墙外边线每边各加 2 m，以 m² 计算。

对矩形或可划分为几个矩形的多边形场地，可按下式计算：

$$S_{平整场地} = S_{底} + 2L_{外} + 16 \tag{4.6}$$

式中：$S_{底}$——底层建筑面积（m²）；

$L_{外}$——外墙外边线的周长（m）。

（2）原土碾压按图示碾压面积计算，填土碾压按图示碾压后的体积（夯实后体积）计算。

（3）围墙、挡土墙、窨井、化粪池等都不计算平整场地。

2. 回填土工程量的计算规则

（1）建筑物沟槽、基坑回填土体积以挖方体积减去设计室外地坪以下埋设的砌筑物（包括基础垫层、基础等）体积计算。

回填土包括场地回填、室内回填、基础回填、管道沟槽回填，工程量按设计图示尺寸以体积计算，如图 4.18 所示。具体计算如下：

① 场地回填土：

$$V_{场地回填}=场地面积×平均回填厚度 \tag{4.7}$$

② 室内回填土：

$$V_{室内回填土}=主墙间净面积×回填厚度 \tag{4.8}$$

式中，回填土厚度为室外与室内设计地坪高差减去地面面层或垫层的厚度。

③ 基础回填土：

$$V_{基础回填土}=V_{挖}-设计室外地坪以下埋设的基础体积 \tag{4.9}$$

式中，设计室外地坪以下埋设的基础体积包括混凝土垫层、墙基、柱基等。

④ 余方弃置：

$$余方弃置工程量=V_{挖}-回填方体积 \tag{4.10}$$

⑤ 土方运输：

土方运输包括余土和取土运输，土方运输工程量应按施工组织设计要求的运输距离和运输方式进行计算，其中运输距离按单位工程重心点至弃土场重心点计算。

$$V_{余土运输}=V_{挖}-V_{回填}（余土外运） \tag{4.11}$$

$$V_{取土运输}=V_{回填}-V_{挖}（取土回运） \tag{4.12}$$

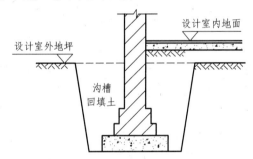

图 4.18　沟槽及室内回填示意图

（2）管道沟槽回填应扣除管径在 200 mm 以上的管道、基础、垫层和各种构筑物所占的体积。

3. 其 他

（1）基底钎探按图示基底面积计算。

（2）支挡土板面积按槽、坑单面垂直支撑面积计算。双面支撑亦按单面垂直面积计算，套用双面支挡土板定额，无论连续或断续均按定额执行。

（3）机械拆除混凝土障碍物，按被拆除构件的体积计算。

【例 4.1】　某建筑物基础平面图和剖面图如图 4.19 所示，土壤类别为Ⅱ类土，求该工程平整场地的工程量。

解：根据定额计算规则，平整场地工程量应按设计图示尺寸以建筑物底层面积的外边线每边各增加 2 m 计算。

$$S_{底}=（3.30+5.0+0.12×2+4）×（3.30×2+0.12×2+4）-（3.3×5.0）$$

$$=119.43（\text{m}^2）$$

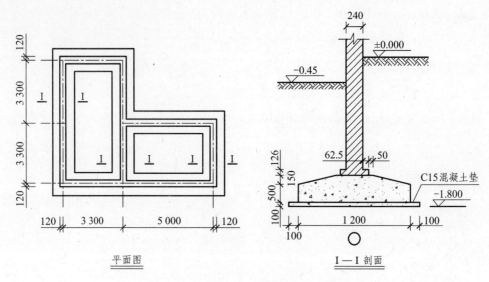

平面图   I—I 剖面

图 4.19　某建筑物基础平面图和剖面图

【**例 4.2**】　图 4.19 所示为某建筑物基础平面图和剖面图（土壤为 II 类，外运 3 km），根据图示尺寸，试计算挖基础土方的工程量。

解：根据定额计算规则，从垫层底面开始放坡。按图示尺寸以及前面的注解计算得：

放坡深度：$H = 1.8 - 0.45 = 1.35$（m）

土壤类别为 II 类土，$H > 1.2$ m，故需放坡，放坡系数 $K = 0.5$。

基础为混凝土，故工作面宽度 $C = 0.3$ m。

基础开挖量：

$$L_1 = 外墙垫层中心线长 + 内墙垫层净长$$

$$= 3.3×2×2 + （3.3+5.0）×2 + （3.3 - 0.7×2）= 31.7（m）$$

$$V = （B+2C+KH）×HL$$

$$= （1.4+2×0.3+0.5×1.35）×1.35×31.7 = 114.48（m^3）$$

基础土方开挖量：$V = 114.48$ m²。

【**例 4.3**】　图 4.19 所示为某建筑物基础平面图和剖面图，混凝土基础以下的 C15 混凝土垫层体积为 4.438 m³，钢筋混凝土基础体积为 23.11 m³，砖基础体积为 5.30 m³，室内地面厚度为 100 mm，室内地面高程为±0.000，试计算土石方回填的工程量。

解：基础土方回填工程量 = 挖土方体积 - 设计室外地坪以下埋设的基础体积

$$= 114.48 - 4.44 - 23.11 - 5.30$$

$$= 81.67（m^3）$$

室内土方回填工程量 = 主墙间净面积 × 回填厚度

$$= [（6.6 - 0.24）×（3.3 - 0.24）+（5 - 0.24）×$$

$$（3.3 - 0.24）]×（0.45 - 0.1）$$

$$= （19.46+14.57）×0.35$$

$$= 11.91（m^3）$$

土方回填量＝基础土方回填量+室内土方回填量

$$= 81.67+11.91$$

$$= 93.58（m^3）$$

4.4 地基处理与边坡支护工程

4.4.1 定额说明

1. 地基处理

灌注桩中灌注的材料用量，均已包括表4.9规定的充盈系数和材料损耗，充盈系数与定额规定不同时，可以调整。

表4.9

项 目	充盈系数	损耗率%
打孔灌注砂桩	1.15	3.00
打孔灌注砂石桩	1.15	3.00

注：其中灌注砂石桩除上述充盈系数和损耗率外，还包括级配密实系数1.334。

2. 基坑与边坡支护

（1）地下连续墙土方的运输、回填，套用土石方工程相应定额子目；钢筋笼、钢筋网片及护壁、导墙的钢筋制作及安装，套用混凝土及钢筋混凝土工程相应定额子目。

（2）喷射混凝土护坡中的钢筋网片制作、安装，套用混凝土及钢筋混凝土工程中相应定额子目。

3. 单位工程打桩工程量

在表4.10规定以内时，其中人工、机械消耗量另按相应定额项目乘以系数1.25计算。

表4.10

桩 类	工程量
沉管灌注砂桩、砂石桩	150 m³
水泥搅拌桩、高压旋喷桩、微型桩	100 m³
钢板桩	50 t

4. 其 他

（1）单独打试桩、锚桩，按相应定额的打桩人工及机械乘以系数1.5。

（2）金属周转材料中包括桩帽、送桩器、桩帽盖、活瓣桩尖、钢管、料斗等属于周转性使用的材料。

（3）在施工前，地基处理包括场地平整、压实地表、地下障碍处理等，定额均未考虑，发生时另行计算。

（4）本章定额未包括施工场地和桩机行驶路面的平整夯实，发生时另行计算。

4.4.2 工程量计算规则

1. 沉管灌注砂（砂石）桩

（1）单桩体积（包括砂桩、砂石桩）不分沉管方法均按钢管外径截面积（不包括桩箍）乘以设计桩长（不包括预制桩尖）另加加灌长度计算。

加灌长度：设计有规定的，按设计要求计算；设计无规定的，按0.5 m计算。若按设计规定桩顶标高已达到自然地坪时，不计加灌长度（各类灌注桩均同）。

（2）沉管灌注桩空打部分工程量，按打桩前的自然地坪标高至设计桩顶标高的长度减加灌长度后乘以桩截面积计算。

2. 水泥搅拌桩

（1）单、双头深层水泥搅拌桩工程量，按桩长乘以桩径截面积以体积计算，桩长按设计桩顶标高至桩底长度另加0.5 m计算；若设计桩顶标高至打桩前的自然地坪标高小于0.5 m或已达打桩前的自然地坪标高时，另加长度应按实际长度计算或不计。

（2）SMW工法搅拌桩按桩长乘以设计截面积以体积计算。插、拔型钢工程量按设计图示型钢重量计算。

3. 高压旋喷桩

引（钻）孔按自然地坪标高至设计桩底的长度计算，喷浆按设计加固桩截面面积乘以设计桩长计算，不扣除桩与桩之间的搭接。

4. 压力注浆微型桩

按设计长度乘以桩截面面积，以体积计算。

5. 地下连续墙

（1）地下连续墙成槽土方量按连续墙设计长度、宽度和槽深（加超深0.5 m）计算。混凝土浇筑量同连续墙成槽土方量。

（2）锁口管及清底置换以段为单位（段指槽壁单元槽段）。

（3）锁口管吊拔按连续墙段数加1段计算，定额中已包括锁口管的摊销费用。

6. 打、拔圆木桩

按设计桩长（包括接桩）及梢径，按木材材积表计算，其预留长度的材积已考虑在定额内。送桩按大头直径的截面积乘以入土深度计算。

7. 打、拔槽型钢板桩

按设计图示槽型桩钢板桩的重量计算。凡打断、打弯的桩，均需拔除重打，但不重复计算工程量。

8. 打、拔拉深钢板桩（SP-IV型）

打、拔拉深钢板桩（SP-IV型）按设计桩长计算。

9. 锚杆（土钉）支护

（1）锚杆（土钉）钻孔、灌浆按设计图示以延长米计算。

（2）喷射混凝土护坡按设计图示尺寸以面积计算。

4.5　桩基工程

4.5.1　定额说明

1. 预制混凝土桩

（1）预制混凝土桩定额设置预制钢筋混凝土方桩和预应力混凝土管桩子目，其中预制钢筋混凝土方桩按实心桩考虑，预应力混凝土管桩按空心桩考虑。预制钢筋混凝土方桩、预应力混凝土管桩的定额取定价包括桩制作（含混凝土、钢筋、模板）及运输费用。

（2）打、压预制钢筋混凝土方桩，单节长度超过 20 m 时，按相应定额人工、机械乘以系数 1.2。

（3）打、压预应力混凝土管桩，定额已包括接桩费用，接桩不再计算。

（4）打、压预应力混凝土空心方桩，按打、压预应力混凝土管桩相应定额执行。

2. 灌注桩

（1）岩石按坚硬程度划分为软质岩、硬质岩两类，软质岩包括极软岩、软岩、较软岩，硬质岩包括较硬岩、坚硬岩。各类岩石的划分标准，详见土石方工程岩石分类表 4.2。

（2）转盘式钻孔桩机成孔、旋挖桩机成孔，如设计要求进入硬质岩层时，除按相应规则计算工程量外，另应计算入岩增加费。

（3）桩孔空钻部分的回填，可根据施工组织设计要求套用相应定额，填土按土方工程松填土方定额计算。

（4）灌注桩中灌注的材料用量，均已包括下表规定的充盈系数和材料损耗，充盈系数与定额规定不同时，可以调整，见表 4.11。

表 4.11

项　目	充盈系数	损耗率%
打孔灌注混凝土桩	1.15	1.50
钻孔灌注混凝土桩	1.15	1.50

（5）注浆管埋设定额按桩底注浆考虑，如设计采用侧向注浆，则人工和机械乘以系数 1.2。

（6）泥浆制作，定额按普通泥浆考虑。

（7）埋设钢护筒定额中，钢护筒按摊销量计入材料含量。

（8）各类成孔（钻孔、冲孔）定额按孔径、深度和土质划分项目，若超过定额规定范围，应另行计算。

（9）灌注桩定额中，未包括钻机场外运输、截除余桩、泥浆处理及外运，发生时按相应定额子目执行。

（10）定额中不包括在钻孔中遇到障碍必须清除的工作，发生时另行计算。

3. 单位工程打桩

在表 4.12 规定以内时,其中人工、机械消耗量另按相应定额项目乘以系数 1.25 计算。

表 4.12

桩 类	工程量
预制钢筋混凝土方桩	200 m³
预应力钢筋混凝土管桩、空心方桩	1 000 m
沉管灌注混凝土桩、钻孔(旋挖成孔)灌注桩	1 50 m³
冲孔灌注桩	1 00 m³

4. 其 他

(1)单独打试桩、锚桩,按相应定额的打桩人工及机械乘以系数 1.5。

(2)在桩间补桩或在地槽(坑)中强夯后的地基上打桩时,按相应定额的打桩人工及机械乘以系数 1.15,在室内打桩可另行补充。

(3)预制混凝土桩和灌注桩定额以打垂直桩为准,如打斜桩,斜度在 1∶6 以内时,按相应定额的人工及机械乘以系数 1.25;如斜度大于 1∶6,其相应定额的打桩人工及机械乘以系数 1.43。

(4)金属周转材料中包括桩帽、送桩器、桩帽盖、活瓣桩尖、钢管、料斗等属于周转性使用的材料。

(5)桩基施工前场地平整、压实地表、地下障碍处理等,定额均未考虑,发生时另行计算。

(6)本章定额未包括送桩后孔洞填孔和隆起土壤的处理费用,如发生另行计算。

(7)本章定额未包括施工场地和桩机行驶路面的平整夯实,发生时另行计算。

4.5.2 工程量计算规则

1. 预制钢筋混凝土方桩

(1)打、压预制钢筋混凝土方桩按设计桩长(包括桩尖)乘以桩截面面积以体积计算。

(2)送桩按送桩长度乘以桩截面面积以体积计算。送桩长度按设计桩顶标高至打桩前的自然地坪标高另加 0.50 m 计算。

(3)电焊接桩按设计图示以角钢或钢板的重量计算。

2. 预应力混凝土管桩

(1)打、压预应力混凝土管桩按设计桩长(不包括桩尖)以延长米计算。

(2)送桩按延长米计算。送桩长度按设计桩顶标高至打桩前的自然地坪标高另加 0.5 m 计算。

(3)管桩桩尖按设计图示重量计算。

(4)桩头灌芯按设计尺寸以灌注实体积计算。

3. 钢管桩

按成品桩考虑,以重量计算。

4. 桩头钢筋截断、凿桩头

(1)桩头钢筋截断按桩头根数计算。

（2）机械截断管桩桩头按管桩根数计算。

（3）凿桩顶混凝土按桩截面积乘以凿断的桩头长度以体积计算。

5. 钻孔灌注桩

（1）钻孔桩、旋挖桩机成孔工程量按成孔长度另加 0.25 m 乘以设计桩径截面积以体积计算。成孔长度为打桩前的自然地坪标高至设计桩底的长度。入岩增加费工程量按设计入岩部分的体积计算，竣工时按实调整。

（2）灌注水下混凝土工程量，按设计桩长（含桩尖）增加 1.0 m 乘以设计断面以体积计算。

（3）冲孔桩机冲击（抓）锤冲孔工程量，分别按设计入土深度计算，定额中的孔深指护筒至桩底的深度，成孔定额中同一孔内的不同土质，不论其所在深度如何，均执行总孔深定额。

（4）泥浆池建造和拆除、泥浆运输工程量，按成孔工程量以体积计算。

（5）桩孔回填土工程量，按加灌长度顶面至打桩前自然地坪标高的长度乘以桩孔截面积计算。

（6）注浆管、声测管工程量，按打桩前的自然地坪标高至设计桩底标高的长度另加 0.2 m 计算。

（7）桩底（侧）后注浆工程量，按设计注入水泥用量计算。

（8）钻（冲）孔灌注桩，设计要求扩底，扩底工程量按设计尺寸计算，并入相应的工程量内。

6. 沉管灌注混凝土桩

（1）单桩体积不分沉管方法均按钢管外径截面积（不包括桩箍）乘以设计桩长（不包括预制桩尖）另加加灌长度计算。

加灌长度：设计有规定的，按设计要求计算；设计无规定的，按 0.5 m 计算。若按设计规定桩顶标高已达到自然地坪时，不计加灌长度（各类灌注桩均同）。

（2）夯扩（单桩体积）桩工程量 = 桩管外径截面积×（夯扩或扩头部分高度+设计桩长+加灌长度），其中夯扩或扩头部分高度按设计规定计算。

扩大桩的体积按单桩体积乘以复打次数计算，复打部分乘以系数 0.85。

（3）沉管灌注桩空打部分工程量，按打桩前的自然地坪标高至设计桩顶标高的长度减加灌长度后乘以桩截面积计算。

【例 4.4】　已知方桩共 20 根，具体尺寸如图 4.20 所示，分两节沉桩，采用电焊接桩，每个接头角钢重 2 kg，桩顶标高-2 m，自然地坪标高为-0.3 m，用步履式柴油打桩机打桩，试计算沉桩、接桩及送桩工程量。

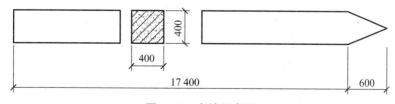

图 4.20　方桩示意图

解：　　　沉桩工程量 =（0.4×0.4）×（17.40+0.6）×20 = 57.6（m³）

接桩工程量 = 2×20/1000 = 0.04（t）

送桩工程量 = 0.4×0.4（2-0.3+0.5）×20 = 7.04（m³）

【例 4.5】　管桩共 20 根，如下图 4.21 所示，采用静力压桩机沉桩，C25 混凝土灌芯 1.5 m，芯内钢骨架均为二级钢，重 2 kg，钢托架重 1.0 kg，计算管桩直接工程费。桩顶标高-3 m，自然地坪标高为-0.5 m，桩尖费用不考虑。试计算沉桩、送桩和灌芯工程量。

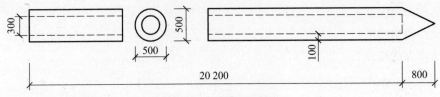

图 4.21　管桩示意图

解： 沉桩工程量 = 20.2 ×20 = 404（m）

送桩工程量 =（3-0.5+0.5）×20 = 60（m）

灌芯工程量 = 0.15×0.15×3.14×1.5×20 = 2.12（m³）

桩芯钢骨架重量 = 0.002×20 = 0.04（t）

预埋铁件重量 = 0.001×20 = 0.02（t）

【例 4.6】　已知灌注桩桩径 300 mm，长 20 m，共 50 根，桩顶标高-2 m，自然地坪标高为 -0.5 m，采用振动式沉拔桩机套管成孔，灌注 C20 商品混凝土，安放钢筋笼，计算沉管灌注桩的工程量。

解： 成孔的工程量 =（20+1.5）×0.15×0.15×3.14×50=75.95（m³）

沉管灌注桩混凝土灌注的工程量 =（20+0.5）×0.15×0.15×3.14×50=72.42（m³）

4.6　砌筑工程

4.6.1　定额说明

1. 砌砖、砌块

（1）定额中砖的规格按实心砖、多孔砖、空心砖三类编制，砌块的规格按小型空心砌块、加气混凝土砌块、蒸压砂加气混凝土精确砌块三类编制，各种砖、砌块规格如表 4.13 所示。多孔砖、空心砖、小型空心砌块、加气混凝土砌块、蒸压砂加气混凝土精确砌块砌筑是按常用规格设置的，如实际采用规格与定额取定不同时，含量可以调整。

表 4.13

砖及砌块名称	长（mm）×宽（mm）×高（mm）			
混凝土实心砖	240×115×53			
蒸压灰砂砖	240×115×53			
多孔砖	240×115×90			
空心砖	240×115×115			
小型空心砌块	390×190×190	190×190×190	190×190×90	
加气混凝土砌块	600×300×100	600×300×150	600×300×200	600×300×250
蒸压砂加气混凝土精确砌块	600×300×100	600×300×200	600×300×250	600×300×50

（2）砖墙定额中已包括先立门窗框的调直用工以及腰线、窗台线、挑檐等一般出线用工。

（3）砖砌体均包括了原浆勾缝用工，加浆勾缝时，另按相应定额计算。

（4）单面清水砖墙（含弧形砖墙）按相应的混水砖墙定额执行，人工乘以系数1.15。

（5）清水方砖柱按混水方砖柱定额执行，人工乘以系数1.06。

（6）围墙按实心砖砌体编制，如砌空花、空斗等其他砌体围墙，可分别按墙身、压顶、砖柱等套用相应定额。

（7）填充墙以填炉渣、炉渣混凝土为准，如实际使用材料与定额不同时允许换算，其他不变。

（8）砖砌挡土墙时，两砖以上执行砖基础定额，两砖以内执行砖墙定额。

（9）砖水箱内外壁，区分不同壁厚执行相应的砖墙定额。

（10）检查井、化粪池适用建设场地范围内上下水工程。定额已包括土方挖、运、填、垫层板、墙、顶盖、粉刷及刷热沥青等全部工料在内。但不包括池顶盖板上的井盖及盖座、井池内进排水套管、支架及钢筋铁件的工料。化粪池容积 50 m^3 以上的，分别列项套用相应定额计算。

（11）小型空心砌块、加气混凝土砌块墙是按水泥混合砂浆编制的，如设计使用水玻璃矿渣等粘结剂为胶合料时，应按设计要求另行换算。

（12）砖砌圆弧形空花、空心砖墙及圆弧形砌块砌体墙按直形墙相应定额项目执行，人工乘以系数1.10。

2. 砌　石

（1）定额中粗、细料石（砌体）墙按 400 mm×220 mm×200 mm，柱按 450 mm×220 mm×200 mm，踏步石按 400 mm×200 mm×100 mm 规格编制的。

（2）毛石墙镶砖墙身是按内背镶 1/2 砖编制的，墙体厚度为 600 mm。

（3）毛石护坡高度超过 4 m 时，定额人工乘以系数1.15。

（4）毛石护坡定额中已综合计列了勾缝用工料。

（5）砌筑圆弧形石砌体基础、墙（含砖石混合砌体）按定额项目人工乘以系数1.10。

3. 砌筑砂浆

定额项目中砂浆按常用规格、强度等级列出，实际与定额不同时，砂浆可以换算。如采用预拌砂浆时，按相应预拌砂浆定额子目套用。

4.6.2　工程量计算规则

4.6.2.1　砌砖、砌块

1. 砖砌筑工程量一般规则

（1）计算墙体时，按设计图示尺寸以体积计算。扣除门窗洞口、过人洞、空圈、嵌入墙身的钢筋混凝土柱、梁（包括过梁、圈梁、挑梁）、砖平拱、钢筋砖过梁和凹进墙内的壁龛、管槽、暖气槽、消火栓箱所占体积。不扣除梁头、板头、檩头、垫木、木楞头、沿椽木、木砖、门窗走头、砖墙内加固钢筋、木筋、铁件、钢管及单个面积在 0.3 m^2 以内的孔洞等所占体积。突出墙面的窗台虎头砖、压顶线、山墙泛水、烟囱根、门窗套及三匹砖以内的腰线和挑檐等。

（2）砖垛、三皮砖以上的腰线和挑檐等体积，并入墙身体积内计算。

（3）附墙烟囱（包括附墙通风道、垃圾道）按其外形体积计算，并入所依附的墙体积内，不扣除单个孔洞横截面 0.1 m² 以内的体积，但孔洞内的抹灰工程量亦不增加。

（4）女儿墙高度自外墙顶面至图示女儿墙顶面，区别不同墙厚并入外墙计算。

（5）砖拱、钢筋砖过梁按图示尺寸以体积计算。如设计无规定时，砖平拱按门窗洞口宽度两端共加 100 mm，乘以高度（门窗洞口宽小于 1 500 mm 时，高度为 240 mm，洞口宽大于 1 500 mm 时，高度为 365 mm）计算；钢筋砖过梁按门窗洞口宽度两端共加 500 mm，高度按 440 mm 计算。

2. 砖砌体厚度的计算规则

混凝土实心砖、蒸压灰砂砖以 240 mm×115 mm×53 mm 为标准，其砖砌体计算厚度按表 4.14 计算。

表 4.14　砖砌体计算厚度

砖　数	1/4	1/2	3/4	1	1.5	2	2.5	3
计算厚度（mm）	53	115	180	240	365	490	615	740

3. 基础与墙身（柱身）的划分

（1）基础与墙（柱）身使用同一种材料时，以设计室内地面为界（有地下室者，以地下室室内设计地面为界），以下为基础，以上为墙（柱）身。

（2）基础与墙身使用不同材料时，位于设计室内地面±300 mm 以内时，以不同材料为界线，超过±300 mm 时，以设计室内地面为界线。

（3）砖、石围墙以设计室外地坪为分界线，以下为基础，以上为墙身。

基础和墙身划分如图 4.22 所示。

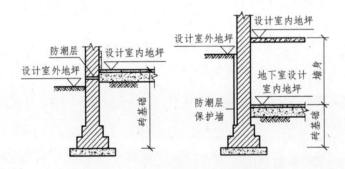

图 4.22　基础与墙身划分示意图

4. 基础长度

外墙墙基按外墙中心线长度计算，内墙墙基按内墙基净长计算。基础大放脚 T 形接头处（见图 4.23）的重叠部分以及嵌入基础的钢筋、铁件、管道、基础防潮层及单个面积在 0.3 m² 以内孔洞所占体积不予扣除，但靠墙暖气沟的挑砖亦不增加。附墙垛基础宽出部分体积应并入基础工程量内。

5. 墙的长度

外墙长度按外墙中心线长度计算，内墙长度按内墙净长线计算。

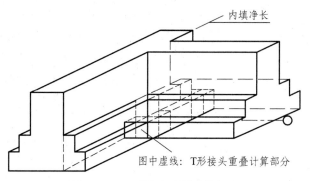

图中虚线：T形接头重叠计算部分

图 4.23　T 形接头处的重叠部分

6. 墙身高度的计算规定

（1）外墙墙身高度：斜（坡）屋面无檐口天棚者算至屋面板底；有屋架且室内外均有天棚者，算至屋架下弦底面另 200 mm；无天棚者算至屋架下弦加 300 mm，出檐宽度超过 600 mm 时，应按实砌高度计算；平屋面算至钢筋混凝土板面。

（2）内墙墙身高度：位于屋架下者，其高度算至屋架底；无屋架者算至天棚底另加 100 mm。有钢筋混凝土楼板隔层者算至板面；有框架梁时算至梁底面。

（3）内、外山墙墙身高度：按其平均高度计算。

（4）围墙定额中，已综合了柱、压顶、砖拱等因素，不另计算。围墙以设计长度乘以高度计算。高度以设计室外地坪至围墙顶面，围墙顶面按如下规定：有砖压顶算至压顶顶面，无压顶算至围墙顶面，其他材料压顶算至压顶底面。

7. 框架间砌体

以框架间的净空面积乘以墙厚计算，框架外表镶贴砖部分亦并入框架间砌体工程量内计算。

8. 空斗墙

按设计图示尺寸以空斗墙外形体积计算。墙角、内外墙交接处、门窗洞口立边、窗台砖及屋檐处的实砌部分已包括在定额内，不另行计算。但窗间墙、窗台下、楼板下、梁头下等实砌部分，应另行计算，套零星砌体定额项目。

9. 空花墙

按设计图示尺寸以空花部分外形体积计算，空花部分不予扣除。其中实砌体部分体积另行计算。

10. 填充墙

按设计图示尺寸以填充墙外形体积计算。其中实砌部分已包括在定额内，不另计算。

11. 砖　柱

按实砌体积计算，柱基套用相应基础项目。

12. 其他砖砌体

（1）砖砌台阶（不包括梯带）按水平投影面积以 m² 计算。

（2）地垄墙按实砌体积套用砖基础定额。

（3）厕所蹲台、水槽腿、煤箱、暗沟、台阶挡墙或梯带、花台、花池及支撑地楞的砖墩、房上烟囱及毛石墙的门窗立边、窗台虎头砖等按实砌体积计算，套用零星砌体定额项目。

（4）砌体内的钢筋加固应根据设计规定以质量计算，套砌体钢筋加固项目。

（5）检查井、化粪池不分形状及深浅，按垫层以上实有外形体积计算。

13. 多孔砖墙、空心砖墙、砌块砌体

（1）多孔砖墙、空心砖墙、小型空心砌块等按设计图示尺寸以体积计算，不扣除其本身孔、空心部分体积。

（2）混凝土砌块按设计图示尺寸以体积计算，按设计规定需要镶嵌的砖砌体部分已包括在定额内，不另计算。

（3）其他扣除及不扣除内容适用于砖砌筑工程量一般规则的第 1 条。

4.6.2.2 石砌体

（1）毛石墙、方整石墙、料石墙按设计图示尺寸以体积计算。如有砖砌门窗口立边、窗台虎头砖、腰线等，按图示尺寸以零星砌体计算。

（2）毛石砌地沟按设计图示尺寸以体积计算；料石砌地沟按设计图示以中心线长度计算。

（3）毛石墙勾缝、料石墙勾缝、水池墙面开槽勾缝以垂直投影面积计算。

4.6.2.3 砖地沟

（1）砖砌地沟按墙基、墙身合并以体积计算。

（2）沟铸铁盖板安装按实铺长度计算。

4.6.3 砖基础

砖基础工程量计算方法：

$$V = \sum L \times A + \sum V \text{跺基} - \sum \text{嵌入基础的混凝土构件体积} -$$

$$\sum \text{大于 0.3 m}^2 \text{洞孔面积} \times \text{基础墙厚} \qquad (4.13)$$

式中：V——基础体积；

L——基础长度，外墙按中心线长度，内墙按墙身净长线长度计算；

A——基础断面积，等于基础墙的面积与大放脚面积之和。

（1）大放脚的形式有等高式和不等高式两种，如图 4.24 所示。

（2）带大放脚的砖基础断面面积 A，可利用平面几何知识进行计算。

① 等高式砖基础断面面积：

$$A = bH + n(n+1) \times 0.062\,5 \times 0.126 \qquad (4.14)$$

② 不等高式砖基础断面面积：

$$A = bH + 0.062\,5n\left[\frac{n}{2}(0.126 + 0.062\,5) + 0.126\right] \qquad (4.15)$$

③ 根据大放脚的折加高度 Δh 或大放脚的增加面积 ΔS，如图 4.25 所示，计算式如下：

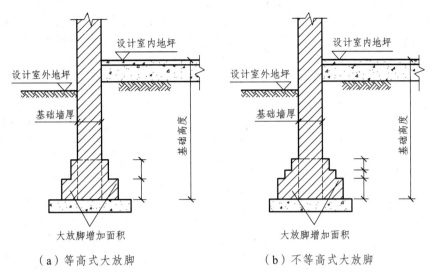

（a）等高式大放脚　　　　　（b）不等高式大放脚

图 4.24　砖基础大放脚示意图

$$基础断面面积\ A = b\,(h+\Delta h)$$

或　　　　　　$$基础断面面积\ A = bh+\Delta S \tag{4.16}$$

$$大放脚折加高度 = \frac{大放脚增加断面面积}{砖基础墙的厚度} \tag{4.17}$$

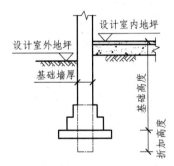

图 4.25　砖基础折加高度示意图

查表 4.15，可知大放脚的折加高度 h 或大放脚的增加断面面积。

表 4.15　大放脚折加高度和增加断面面积

放脚层数	折加高度/m								增加断面面积/m²	
	1/2 砖		1 砖		1.5 砖		2 砖			
	等高	不等高	等高	不等高	等高	不等高	等高	不等高	等高	不等高
1	0.137	0.137	0.066	0.066	0.043	0.043	0.032	0.032	0.01575	0.01575
2	0.411	0.342	0.197	1.164	1.129	0.108	0.096	0.080	0.04725	0.03938
3			0.394	0.328	0.259	0.216	0.193	0.161	0.0945	0.07875
4			0.656	0.525	0.432	0.345	0.321	0.253	0.1575	0.1260

续表 4.15

放脚层数	折加高度/m								增加断面面积/m²	
	1/2 砖		1 砖		1.5 砖		2 砖			
	等高	不等高	等高	不等高	等高	不等高	等高	不等高	等高	不等高
5			0.984	0.788	0.647	0.518	0.482	0.380	0.2363	0.1890
6			1.378	1.083	0.906	0.712	0.672	0.580	0.3308	0.2599
7			1.838	1.444	1.208	0.949	0.900	0.707	0.441	0.3465
8			2.363	1.838	1.553	1.208	1.157	0.900	0.567	0.4411

【例 4.7】 已知某工程砖基础的平面图及剖面图如图 4.26 所示，其中外墙厚度 365mm，内墙厚度 240mm，外墙轴线与中心线偏移尺寸如图所示。试计算其砖基础工程量。

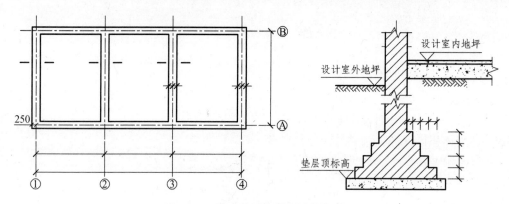

图 4.26　某砖基础平面图及剖面图

解：（1）外墙条形砖基础工程量。

$$外墙长度 =（13.5+0.13+6+0.13）×2 = 39.52（m）$$

墙体的计算厚度为 365 mm，基础高度：$h = 1.6$ m。

大放脚增加面积：本工程砖基础为等高式四阶大放脚做法，查表 4.15 可得等高式。四阶大放脚增加面积为 0.1575 m^3。

根据条形基础计算公式可得：

$$V_{外} =（0.365×1.6+0.1575）×39.52 = 29.30（m^3）$$

（2）内墙条形砖基础工程量。

$$内墙基长度 =（6-0.12×2）×2 = 11.52（m）$$

基础墙厚：240 mm，基础高度：1.6 m。

等高式四阶大放脚增加面积：0.1575（m^2）

根据条形基础计算公式可得：

$$V_{内} =（0.24×1.6+0.1575）×11.52 = 6.24（m^3）$$

（3）砖基础工程量。

$$V_{总} = V_{外}+V_{内} = 29.3+6.24 = 35.54（m^3）$$

4.6.4　砖　墙

砖、石、砌块墙工程量按设计图示尺寸以体积计算。应扣除门窗洞口、过人洞、嵌入墙身的钢筋混凝土柱、梁、圈梁、挑梁、过梁及凹进墙内的壁龛、管槽、暖气槽、消火栓箱所占体积。不扣除梁头、板头、檩头、垫木、木楞头、沿椽木、木砖、门窗走头、墙身内的加固钢筋、木筋、铁件、钢管及单个面积 0.3 m² 以下的孔洞所占体积。凸出墙面的腰线、挑檐、压顶、窗台线、虎头砖、门窗套的体积亦不增加。凸出墙面的砖垛并入墙体体积内计算。

（1）墙长度：外墙按中心线计算，内墙按净长线计算。

（2）墙高度：如图 4.27 ~ 4.32 所示。

外墙：斜（坡）屋面无檐口天棚者算至屋面板底；有屋架且室内外均有天棚者，算至屋架下弦底面另加 200 mm；无天棚者算至屋架下弦底加 300 mm，出檐宽度超过 600 mm 时，应按实砌高度计算；平屋面算至钢筋混凝土板面。

内墙：位于屋架下弦者，算至屋架下弦底；无屋架者算至天棚底另加 100 mm；有钢筋混凝土楼板隔层者算至楼板顶；有框架梁时算至梁底。

女儿墙：从屋面板上表面算至女儿墙顶面（如有混凝土压顶时算至压顶下表面）的高度。

内、外山墙：按其平均高度计算。

（3）围墙：高度算至压顶上表面（如有混凝土压顶时算至压顶下表面），围墙柱并入围墙体积内。

（4）砖墙体积计算。

$$V =（墙长×墙高-门窗洞口面积）×墙厚-$$

$$应扣除嵌入墙内构件体积+应并入的墙身的构件体积 \tag{4.18}$$

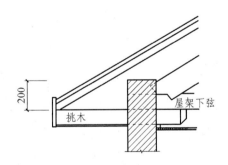

图 4.27　有屋架、有檐口天棚外墙墙身高度示意图

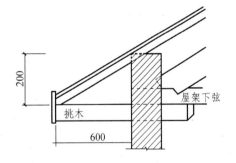

图 4.28　无檐口天棚外墙墙身高度示意图

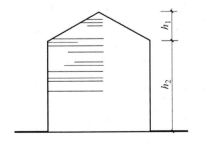

图 4.29　内外山墙墙身高度示意图

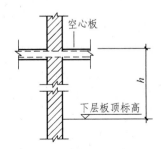

图 4.30　有钢筋混凝土楼板隔的内墙墙身高度示意图

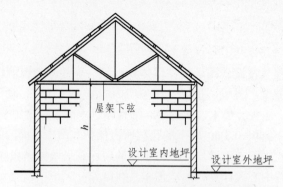

图 4.31　位于屋架下弦的内墙墙身高度示意图

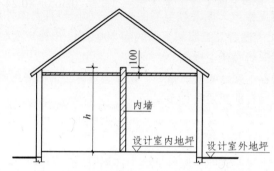

图 4.32　无屋架的内墙墙身高度示意图

【例 4.8】　图 4.33 所示为某单位值班室平面图。已知墙体计算高度为 3 m，外墙厚 365 mm，内墙厚 240 mm，用 Mu10 实心标准砖，M5 混合砂浆砌筑。内外墙均设 C20 混凝土圈梁，遇到门窗洞口加筋作为过梁，圈（过）梁高均为 240 mm，门窗洞口尺寸见表 4.16，试计算砌体工程量。

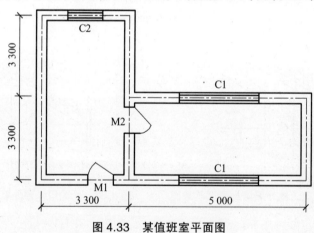

图 4.33　某值班室平面图

表 4.16　门窗洞口尺寸　　　　　　　　　　　　单位：mm

门窗名称	洞口尺寸（宽×高）
M₁	1 000×2 100
M₂	900×2 100
C₁	1 800×1 500
C₂	1 500×1 500

解：根据计算规则规定：砖砌体工程量应扣除门窗洞口及混凝土圈（过）梁所占的体积。

外门洞 M1 所占体积 = $1.00×2.1×0.365$ m³ = 0.77（m³）

内门洞 M2 所占体积 = $0.9×2.1×0.24$ m³ = 0.45（m³）

外窗洞 C1 所占体积 = $1.80×1.50×0.365×2$ m³ = 1.97（m³）

C2 所占体积 = $1.50×1.50×0.365$ m³ = 0.82（m³）

外墙混凝土圈（过）梁体积 = （$3.3×6+5×2$）$×0.365×0.24$ m³

$$= 10.88×0.24 \text{ m}^3 = 2.61（\text{m}^3）$$

内墙上混凝土圈（过）梁体积 = （$3.3 - 0.365$）$×0.24×0.24$ m³

$$= 0.70×0.24 \text{ m}^3 = 0.17（\text{m}^3）$$

外墙墙体砌砖工程量 = 墙长×墙厚×墙高 − 外门窗洞体积 −

外墙上混凝土圈（过）梁体积 = [（$3.3×6+5×2$）$×0.365×3 −$

（$0.77+1.97+0.82+2.61$）] m³ = （$32.63 - 6.18$）m³ = 26.45（m³）

内墙墙体砌砖工程量 = 内墙净长×墙厚×墙高 − 内门洞所占体积 −

内墙上圈（过）梁所占体积 = [（$3.3 - 0.365$）$×0.24×3 −$（$0.45+0.17$）] m³

$$= （2.11 - 0.62）\text{ m}^3 = 1.49（\text{m}^3）$$

4.7 混凝土及钢筋混凝土工程

4.7.1 定额说明

（1）本节定额适用于施工现场捣制、预制成品构件安装的混凝土及钢筋混凝土建筑物工程。

（2）本节编制了混凝土的 4 种施工方式：现场搅拌混凝土、商品混凝土、集中搅拌混凝土的浇捣和预制构件成品安装。

商品混凝土的单价为"入模价"，包括商品混凝土的制作、运输、泵送。

集中搅拌混凝土是按混凝土搅拌站、混凝土搅拌输送车及混凝土的泵送机械都是施工企业自备的情况下编制的，混凝土输送泵（固定泵）、混凝土输送泵车均未含管道费用，管道费用据实计算。本节不分构件名称和规格，集中搅拌的混凝土泵送分别套用混凝土输送泵车或混凝土输送泵子目。

预制混凝土构件定额采用成品形式，成品构件按外购列入混凝土构件安装子目，定额含量包含了构件安装的损耗。成品构件的定额取定价包括混凝土构件制作及运输、钢筋制作及运输、预制混凝土模板五项内容。

（3）混凝土定额按自然养护制定，如发生蒸气养护，可另增加蒸气养护费。

4.7.1.1 现浇混凝土

（1）除商品混凝土外，混凝土的工程内容包括筛砂子、筛洗石子、后台运输、搅拌、前台运输、清理、润湿模板、浇灌、捣固、养护。

（2）实际使用的混凝土的强度等级与定额子目设置的强度等级不同时，可以换算。

（3）毛石混凝土，定额按毛石占混凝土体积的20%计算，如设计要求不同时，可以调整。

（4）杯口基础顶面低于自然地面，填土时的围笼处理，按实结算。

（5）捣制基础圈梁，套用本章捣制圈梁的定额。箱式满堂基础拆开三个部分分别套用相应的满堂基础、墙、板定额。

（6）依附于梁、墙上的混凝土线条适用于展开宽度为 500 mm 以内的线条。

（7）构造柱只适用先砌墙后浇柱的情况，如构造柱为先浇柱后砌墙，则无论断面大小，均按周长 1.2 m 以内捣制矩形柱定额执行。墙心柱按构造柱定额及相应说明执行。

（8）捣制整体楼梯，如休息平台为预制构件，仍套用捣制整体楼梯，预制构件不另计算。阳台为预制空心板时，应计算空心板体积，套用空心板相应子目。

（9）凡以投影面积（平方米）或延长米计算的构件，如每平方米或每延长米混凝土用量（包括混凝土损耗率）大于或小于定额混凝土含量，在±10%以内时，不予调整；超过10%时，则每增减 1 m³ 混凝土（±10%以外部分），其人工、材料、机械按表 4.17 规定另行计算。

表 4.17

名称	人工	材料	机械	
现场搅拌混凝土	2.61 工日	混凝土 1 m³	搅拌机：0.1 台班	电：0.8 度
商品混凝土	1.7 工日	混凝土 1 m³		

（10）现浇混凝土构件中零星构件项目，系指每件体积在 0.05 m³ 以内的未列出定额项目的构件。小立柱是指周长在 48 cm 以内、高度在 1.5 m 以内的现浇独立柱。

（11）依附于柱上的悬挑梁为悬臂结构件，依附在柱上的牛腿可支承吊车梁或屋架等。

（12）阳台扶手带花台或花池，另行计算。捣制台板套零星构件，捣制花池套池槽定额。

（13）阳台栏板如采用砖砌、混凝土漏花（包括小刀片）、金属构件等，均按相应定额分别计算。现浇阳台的沿口梁已包括在定额内。

（14）定额中不包括施工缝处理，根据工程的各种施工条件，如需留施工缝者，技术上的处理按施工验收规范，经济上按实况结算。

4.7.1.2 预制混凝土构件成品安装

（1）本定额是按单机作业制定的。

（2）本定额是按机械起吊点中心回转半径 15 m 以内的距离计算的。如超出 15 m 时，应另按构件 1 km 场内运输定额项目执行。

（3）预制混凝土构件安装高度是按 20 m 考虑的，超过时另行计算。

（4）每一工作循环中，均包括机械的必要位移。

（5）本定额是按履带式起重机、轮胎式起重机、塔式起重机分别编制的。如使用汽车式起重机时，按轮胎式起重机相应定额子目计算，起重机台班乘以系数 1.05，两者台班的差价按价差处理。

（6）本定额不包括起重机械、运输机械行驶道路修整、铺垫工作的人工、材料和机械，发生时另行计算。

（7）柱接柱定额未包括钢筋焊接，发生时另行计算。

（8）小型构件安装，指单位体积小于 0.1 m³ 的构件安装。

（9）升板预制柱加固，指预制柱安装后，至楼板提升完成时间所需的加固搭设费。

（10）现场预制混凝土构件若采用砖模制作时，其安装定额中的人工、机械乘以系数 1.10。

（11）定额中的塔式起重机台班均已包括在垂直运输机械费中。

（12）预制混凝土构件必须在跨外安装时，按相应的构件安装定额的人工、机械台班乘以系数 1.18，用塔式起重机、卷扬机时，不乘此系数。

（13）区分长向空心板与空心板，按扣除空心板圆孔后每块体积以 0.3 m³ 为界，0.3 m³ 以上为长向空心板，0.3 m³ 以下为空心板。

（14）阳台板吊装，如整个构件在墙面以内的重量大于挑出墙外部分重量者，称作重心在内的构件；如挑出墙外部分重量大于墙面以内重量，称作重心在外构件。

（15）轻板框架的混凝土梅花柱按预制异形柱，叠合梁按预制异形梁，楼梯段和整间大楼板按相应预制构件定额，缓台套用预制平板项目。

4.7.1.3　捣制建筑物混凝土构件碎（砾）石的选用

捣制建筑物混凝土构件碎（砾）石的选用，如表 4.18 所示。

表 4.18　捣制混凝土构件碎（砾）石选用表

工程项目	工程单位	混凝土强度等级	混凝土用量/m³	石子最大粒径/mm
毛石混凝土带型基础、挡土墙及地下室墙	m³	C10	0.863	40
毛石混凝土独立基础、设备基础	m³	C10	0.812	40
混凝土台阶	m³	C10	1.015	40
混凝土垫层	m³	C10	1.015	40
带形基础，独立基础，杯形基础、满堂基础 桩承台、设备基础、挡土墙及地下室墙、大钢模板墙、圆弧形墙、建筑 滑模工程、电梯井壁、矩形柱、构造柱、基础梁、单梁、连续梁、悬挑梁、异形梁、圈梁、过梁、弧形梁、拱形梁、门框、压顶	m³	C20	1.015	40
有梁板、无梁板、平板、拱板、暖气电缆沟、挑檐天沟、池槽、小立柱	m³	C20	1.015	20
雨棚	m³	C20	1.015	20
遮阳板	m³	C20	1.015	20
阳台	m³	C20	1.015	20
扶手	m³	C20	0.0163	20
整体楼梯	m³	C20	0.243	20
栏板	m³	C20	1.015	20
零星构件	m³	C20	1.015	20

4.7.2 工程量计算规则

4.7.2.1 现浇混凝土

现浇混凝土工程按以下规定计算：

1. 混凝土

工程量除另有规定外，均按图示尺寸以体积计算。不扣除构件内钢筋、预埋铁件及墙、板中 $0.3 \ m^2$ 以内的孔洞所占体积。

2. 基 础

按图示尺寸以体积计算，不扣除伸入承台基础的桩头所占体积。

（1）混凝土基础与墙或柱的划分，均按基础扩大顶面为界。

（2）框架式设备基础应分别按基础、柱、梁、板相应定额计算。楼层上的设备基础按有梁板定额项目计算。

（3）设备基础定额中未包括地脚螺栓。地脚螺栓一般应包括在成套设备价值内，如成套设备价值中未包括地脚螺栓的价值，地脚螺栓应按实际重量计算。

（4）同一横截面有一阶使用了模板的条形基础，均按带形基础相应定额项目执行；未使用模板 而沿槽浇灌的带形基础按本章混凝土基础垫层执行；使用了模板的混凝土垫层按本章相应定额执行。带形基础体积按带形基础长度乘以横截面积计算。带形基础长度：外墙按中心线，内墙按净长线计算。

（5）杯形基础的颈高大于 1.2 m 时（基础扩大顶面至杯口底面），按柱的相应定额执行，其杯口部分和基础合并按杯形基础计算。

3. 柱

按图示断面尺寸乘以柱高以体积计算。柱高按下列规定确定：

（1）有梁板的柱高，应自柱基上表面（或楼板上表面）至楼板上表面计算。

（2）无梁板的柱高，应自柱基上表面（或楼板上表面）至柱帽下表面计算。

（3）框架柱的柱高应自柱基上表面（或楼板上表面）至柱顶高度计算。

（4）构造柱按全高计算，与砖墙嵌接部分的体积并入柱身体积内计算。

（5）突出墙面的构造柱全部体积以捣制矩形柱定额执行。

（6）依附柱上的牛腿的体积，并入柱身体积内计算；依附柱上的悬臂梁按单梁有关规定计算。

4. 梁

按图示断面尺寸乘以梁长以体积计算。梁长按下列规定确定：

（1）主、次梁与柱连接时，梁长算至柱侧面；次梁与柱或主梁连接时，次梁长度算至柱侧面或主梁侧面；伸入墙内的梁头应计算在梁长度内，梁头有捣制梁垫者，其体积并入梁内计算。

（2）圈梁与过梁连接时，分别套用圈梁、过梁定额，其过梁长度按门、窗洞口外围宽度两端共加 0.5 m 计算。

（3）悬臂梁与柱或圈梁连接时，按悬挑部分计算工程量，独立的悬臂梁按整个体积计算工程量。

5. 墙

按图示中心线长度乘以墙高及厚度以体积计算。应扣除门窗洞口及单个面积 0.3 m² 以外孔洞 所占的体积。

（1）剪力墙带明柱（一侧或两侧突出的柱）或暗柱一次浇捣成型时，当墙净长不大于 4 倍墙厚时，套柱子目。当墙净长大于 4 倍墙厚时，按其形状套用相应墙子目。

（2）后浇墙带、后浇板带（包括主、次梁）混凝土按设计图示尺寸以体积计算。

（3）依附于梁（包括阳台梁、圈梁、过梁）墙上的混凝土线条（包括弧形条）按延长米计算（梁宽算至线条内侧）。

6. 板

按图示面积乘以板厚以体积计算。应扣除单个面积 0.3 m² 以外孔洞所占的体积。其中：

（1）有梁板系指梁（包括主、次梁）与板构成一体，其工程量应按梁、板体积总和计算。与柱头重合部分体积应扣除。

（2）无梁板系指不带梁直接用柱头支承的板，其体积按板与柱帽体积之和计算。

（3）平板系指无柱、梁，直接用墙支承的板。

（4）有多种板连接时，以墙的中心线为界，伸入墙内的板头并入板内计算。

（5）挑檐天沟按图示尺寸以体积计算，捣制挑檐天沟与屋面板连接时，按外墙皮为分界线，与圈梁连接时，按圈梁外皮为分界线，分界线以外为挑檐天沟。挑檐板不能套用挑檐天沟的定额。挑檐板按挑出的水平投影面积计算，套用遮阳板子目。

（6）现浇框架梁和现浇板连接在一起时，按有梁板计算。

（7）石膏模盒现浇混凝土密肋复合楼板，按石膏模盒数量以块计算。在计算钢筋混凝土板工程量时，应扣除石膏模盒所占体积。

（8）阳台、雨棚、遮阳板均按伸出墙外的体积计算，伸出墙外的悬臂梁已包括在定额内，不另计算，但嵌入墙内梁按相应定额另行计算。雨棚翻边突出板面高度在 200 mm 以内时，并入雨棚内计算，翻边突出板面在 600 mm 以内时，翻边按天沟计算，翻边突出板面在 1 200 mm 以内时，翻边按栏板计算；翻边突出板面高度超过 1 200 mm 时，翻边按墙计算。

（9）栏板按图示尺寸以体积计算，扶手以延长米计算，均包括伸入墙内部分。楼梯的栏板和扶手长度，如图集无规定时，按水平长度乘以 1.15 系数计算。栏板（含扶手）及翻沿净高按 1200 mm 以内考虑，超过时套用墙相应定额。

（10）当预制混凝土板需补缝时，板缝宽度（指下口宽度）在 150 mm 以内者，不计算工程量；板缝宽度超过 150 mm 者，按平板相应定额执行。

7. 楼 梯

整体楼梯包括休息平台、平台梁、斜梁和楼梯的连接梁，按水平投影面积计算。楼梯踏步、踏步板，平台梁等侧面模板不另计算，伸入墙内部分也不增加。当楼梯与现浇楼板有梯梁连 接时，楼梯应算至梯口梁外侧。当无梯梁连接时，以楼梯最后一个踏步边缘 300 m 计算。整体楼梯不扣除宽度小于 500 mm 的梯井。

8. 其他构件

（1）现浇池、槽按实际体积计算。

（2）台阶按水平投影面积计算，如台阶与平台连接时，其分界线应以最上层踏步外沿加300 mm计算。架空式现浇室外台阶按整体楼梯计算。

4.7.2.2 预制混凝土构件成品安装

（1）混凝土工程量除另有规定者外，均按图示尺寸实体积计算，不扣除构件内钢筋、铁件及小于300 mm×300 mm以内孔洞的面积。定额已包含预制混凝土构件废品损耗率。

（2）预制钢筋混凝土工字形柱、矩形柱、空腹柱、双肢柱、空心柱、管道支架等安装，均按实体积以柱安装计算。预制柱上的钢牛腿按铁件计算。

（3）预制钢筋混凝土多层柱安装，首层柱以实体积按柱安装计算，二层及二层以上按每节柱实体积套用柱接柱子目。

（4）焊接形成的预制钢筋混凝土框架结构，其柱安装按框架柱体积计算，梁安装按框架梁体积计算。节点浇注成型的框架，按连体框架梁、柱体积之和计算。

（5）组合屋架安装，以混凝土部分实体体积计算，钢杆件部分不另计算。

（6）漏花空格安装，执行小型构件安装定额，其体积按洞口面积乘厚度以 m³ 计算，不扣除空花体积。

（7）窗台板、隔板、栏板的混凝土套用小型构件混凝土子目。

（8）空心板堵孔的人工、材料已包括在定额内。10 m³ 空心板体积包括 0.23 m³ 预制混凝土块、2.2个工日。

4.7.3 混凝土基础

4.7.3.1 带形基础

带形基础又分有梁式与无梁式两种，如图4.34、图4.35所示。分别按毛石混凝土、有梁式混凝土、无梁式混凝土基础计算。有梁式带形基础的梁高与梁宽之比在4∶1以内的按有梁式带形基础计算，超过4∶1时，梁套用墙定额，下部套用无梁式带形基础。计算时可根据内外墙基础并按不同基础断面形式分别计算。

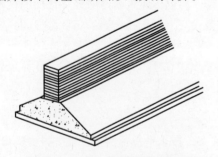

图4.34 混凝土带形基础断面图

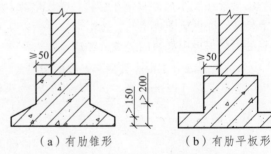

（a）有肋锥形　　　（b）有肋平板形

图4.35 有肋带形混凝土基础

工程量均须按图示基础长度乘以基础的断面面积，以立方米（m³）计算工程量。

$$V = L \times S \tag{4.19}$$

式中：V——带形基础体积（m³）；

L——带形基础的长度；外墙基础长度按外墙基础中心线长度计算；内墙基础长度按内墙

基础净长线长度计算。

S—— 带形基础的断面面积，断面面积须以图示尺寸按实计算，基础的高度应算至基础的扩大顶面。

4.7.3.2 独立基础

独立基础是指现浇钢筋混凝土柱下的单独基础。其工程量以设计图示尺寸的实体积计算，其高度从垫层上表面算至柱基上表面，如图 4.36 所示。

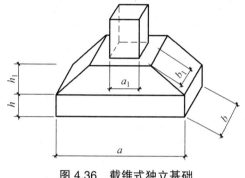

图 4.36 截锥式独立基础

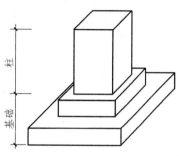

图 4.37 台阶形独立基础

（1）阶梯式独立基础：

$$V = \sum V_{基础各阶梯} \tag{4.20}$$

（2）截锥式独立基础：

$$V = V_{基底矩形} + V_{棱台} = V = a \times b \times h + \frac{h_1}{6}[a \times b + (a + a_1)(b + b_1) + a_1 \times b_1)] \tag{4.21}$$

4.7.3.3 满堂基础

1. 满堂基础类型

满堂基础分为有梁式和无梁式。有梁式满堂基础按设计图示尺寸以梁板体积之和计算。无梁式满堂基础按设计图示尺寸以体积计算。

满堂基础是指由整块的钢筋混凝土支撑整个建筑，一般可分为箱形基础（见图 4.38）和筏板基础。

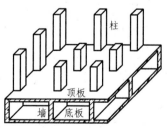

图 4.38 箱型基础

筏板基础按构造不同可分为平板式（见图 4.39）和梁板式（见图 4.40）两种，其混凝土工程量按图示尺寸以 m³ 计算。

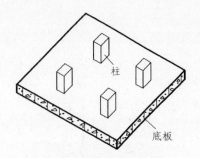

图 4.39　平板式筏板基础

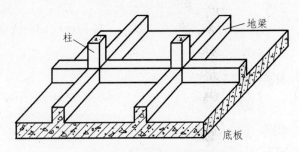

图 4.40　梁板式筏板基础

2. 工程量计算

均应按相应的计算规则和图示实体积，以立方米（m³）计算工程量。

（1）无梁式满堂基础的工程量应为基础底板体积与柱帽体积之和，即：

$$V = V_{基础底板} + V_{柱帽} \tag{4.22}$$

（2）有梁式满堂基础的工程量应为基础底板体积与基础梁体积之和，即：

$$V = V_{基础底板} + V_{基础梁} \tag{4.23}$$

（3）箱形满堂基础的工程量应为基础底板的体积，即：

$$V = V_{基础底板体积} \tag{4.24}$$

3. 设备基础（杯形基础）

为安装锅炉、机械或设备等所做的基础称为设备基础。工程量计算按图示尺寸，以立方米（m³）计算，不扣除螺栓套孔洞所占的体积。设备螺栓套预留孔洞以"个"为单位，按长度大小分别列项计算。

4. 桩承台

桩承台是在已打完的桩顶上，将桩顶部的混凝土剔凿掉，露出钢筋，浇灌混凝土使之与桩顶连成一体的钢筋混凝土基础。如图 4.41 所示，桩承台是将多个桩连接一个整体，承担上部荷载的结构。其计算公式为：

$$桩承台混凝土工程量 = 桩承台长度 \times 桩承台宽度 \times 桩承台高度 \tag{4.25}$$

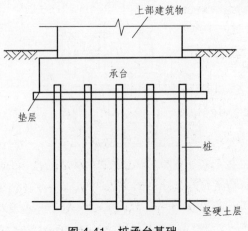

图 4.41　桩承台基础

4.7.4 现浇混凝土构件

1. 现浇柱

现浇柱工程量按设计图示尺寸以体积计算。计算公式为：

$$柱体积 = 柱截面积 \times 柱高 \qquad (4.26)$$

其中：（1）有梁板（见图 4.42）的柱高应自柱基上表面（或楼板上表面）至上一层楼板上表面的高度计算。

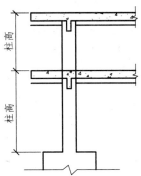

图 4.42 有梁板的柱高示意图

（2）无梁板（见图 4.43）的柱高应自柱基上表面（或楼板上表面）至柱帽下表面的高度计算。

（3）框架柱（见图 4.44）的柱高应自柱基上表面至柱顶高度计算。

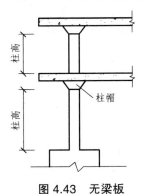

图 4.43 无梁板　　　　　图 4.44 框架柱的柱示意图

2. 构造柱

构造柱按全高计算，应包含马牙槎的体积，如图 4.45 所示，计算公式如下：

$$构造柱体积 = 构造柱截面积 \times 柱高$$
$$+ 马牙槎体积 \qquad (4.27)$$

其中柱高按全高计算，嵌入墙体部分（马牙搓）的体积并入柱身体积计算。构造柱横截面面积可按基本截面宽度两边各加 30 mm 计算。构造柱横截面面积 S 计算方法，如图 4.46 所示。

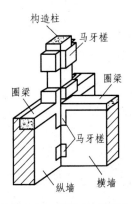

图 4.45 构造柱示意图

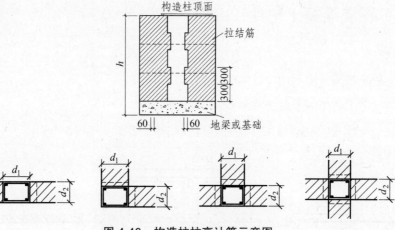

图 4.46　构造柱柱高计算示意图

其中：

一字形：$S = (d_1+0.06) \times d_2$

L 形：$S = (d_1 \times d_2) + 0.03 \times (d_1+d_2)$

T 形：$S = (d_1 \times d_2) + 0.03 \times d_1 + 0.03 \times d_2 \times 2$

十字形：$S = (d_1 \times d_2) + 0.03 \times (d_1+d_2) \times 2$

3. 梁

工程量按设计图示尺寸以体积计算。

（1）单梁、连续梁：

$$梁体积 = 梁长 \times 梁断面面积 \tag{4.28}$$

其中，梁长按下列规定计算：

梁与柱连接时，梁长算至梁侧面；主梁与次梁连接时，次梁长算至主梁侧面；梁与墙交接时，伸入墙内的梁头包括在梁的长度内计算，现浇梁垫体积并入梁内计算。

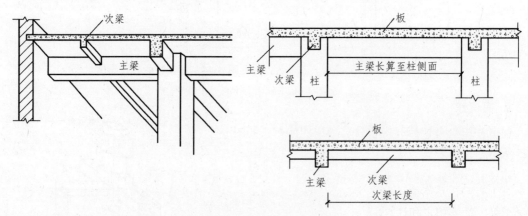

图 4.47　主梁、次梁与柱相交

（2）圈、过梁：

$$梁体积 = 梁长 \times 梁断面面积 \tag{4.29}$$

其中：梁长按下列规定计算：圈、过梁与主、次梁或柱（包括构造柱）连接时，梁长算至主、次梁或柱的侧面；圈梁与过梁连接时，过梁并入圈梁计算。

4. 墙

工程量按设计墙长乘以墙高及厚度以体积计算。应扣除门窗洞口及单个面积 0.3 m² 以上的孔洞所占体积，墙垛及突出墙面部分并入墙体体积内计算。

5. 板

如图 4.48、4.49 所示，工程量按设计图示尺寸以体积计算，伸入墙内的板头并入板体积内计算。各类板具体规定如下：

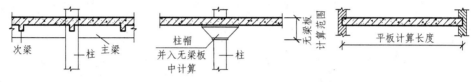

图 4.48

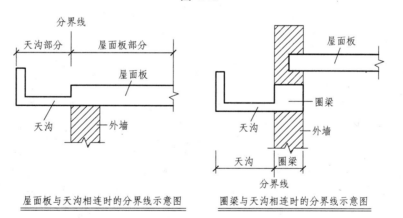

图 4.49

（1）有梁板系指梁（包括主、次梁）与板构成一体并至少有三边是以承重梁支承的板。有梁板按梁、板体积之和计算。

（2）无梁板系指不带梁而直接用柱头支承的板。无梁板按板和柱帽体积之和计算。

（3）平板系指无柱、梁直接由墙承重的板。现浇板在房间开间上设置梁，且现浇板两边或三边由墙承重者，应视为平板，其工程量应分别按梁、板计算。由剪力墙支撑的板按平板计算。平板与圈梁相接时，板算至圈梁的侧面。

（4）现浇挑檐、天沟板、雨棚、阳台板按设计图示尺寸以墙外部分体积计算，包括伸出墙外的牛腿的体积。

（5）栏板按设计图示尺寸以体积计算，包括伸入墙内部分。

6. 现浇楼梯

工程量按设计图示尺寸以水平投影面积计算。不扣除宽度小于 500 mm 的楼梯井，伸入墙内部分不计算。整体楼梯（包括直形楼梯、弧形、螺旋楼梯）水平投影面积包括休息平台、平台梁、斜梁和楼梯的连接梁。当整体楼梯与现浇楼板无梯梁连接时，以楼梯的最后一个踏步边缘加 300 mm 为界，如图 4.50 所示。

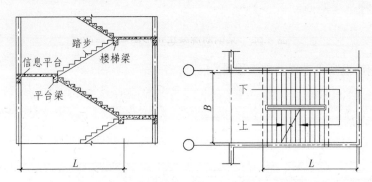

图 4.50　现浇钢筋混凝土整体楼梯示意图

台阶按设计图示尺寸以水平投影面积计算，如台阶与平台连接时，其分界线应以最上层踏步外沿加 300 mm 计算。台阶子目不包括垫层和面层。

【例 4.9】　计算如图 4.51 所示的现浇钢筋混凝土独立柱基工程量。

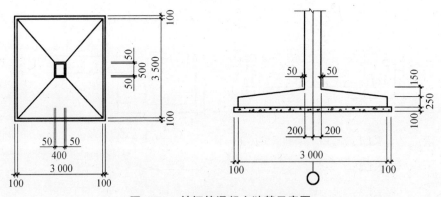

图 4.51　某钢筋混凝土独基示意图

解：
$$V = abh + \frac{1}{6}h_1\left[ab + (a + a_1)(b + b_1) + a_1 b_1\right]$$

$$= 3.0 \times 3.5 \times 0.25 + \frac{1}{6} \times 0.15 \times [3.0 \times 3.5 + (3.0 + 0.50) \times (3.5 + 0.50) + 0.50 \times 0.50]$$

$$= 3.24\,(\text{m}^3)$$

【例 4.10】　某现浇钢筋混凝土带形基础的尺寸如图 4.52 所示。计算现浇混凝土带形基础的工程量。

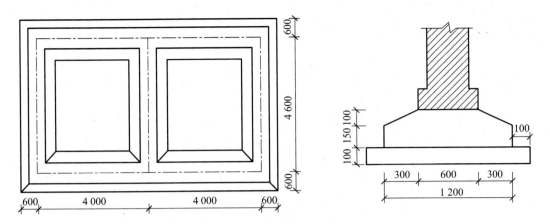

图 4.52　某钢筋混凝土带形基础示意图

解： 现浇钢筋混凝土带形基础工程量：

$$V = [(8.00+4.60)×2+4.60-1.2]×[1.2×0.15+(0.6+1.2)×0.1÷2] = 7.722（m^3）$$

【例 4.11】　某工程二层楼面结构结构如图 4.53 所示，已知楼层标高为 4.5 m，混凝土强度等级 C30，①～③轴楼板厚 120 mm，③～④轴楼板厚 90 mm。计算该楼面梁、板的工程量。

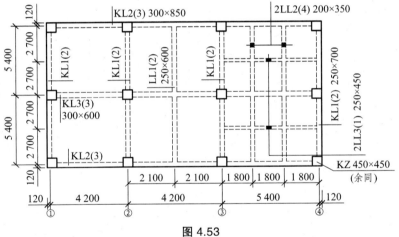

图 4.53

解： 梁：　KL1：（11.04 − 0.45×3）×0.7×0.25×4　= 6.78（m³）

　　　　　KL2：（14.04 − 0.45×4）×0.85×0.3×2 = 6.24（m³）

　　　　　KL3：（14.04 − 0.45×4）×0.6×0.3 = 2.20（m³）

　　　　　LL1：（11.04 − 0.3×3）×0.6×0.25 = 1.52（m³）

　　　　　LL2：（11.04 − 0.3×3 − 0.25×2）×0.35×0.2×2 = 1.35（m³）

　　　　　LL3：（5.4 − 0.125 − 0.13）×0.45×0.25×2 = 1.16（m³）

　　　板：　①～③轴：[（8.4 − 0.13 − 0.25×2 − 0.125）×

　　　　　　　　　　　（11.04 − 0.3×3）+0.3×0.25×2]×0.12 = 9.32（m³）

　　　　　③～④轴：[（5.4 − 0.125 − 0.2×2 − 0.13）×（11.04 − 0.3×3 − 0.25×2）+

　　　　　　　　　　　（0.3×0.2×2+0.25×0.2×4）]×0.09 = 4.15（m³）

【例 4.12】   计算如图 4.54 所示的现浇钢筋混凝土悬挑构件混凝土工程量，雨棚的总长度为 3.0 m。

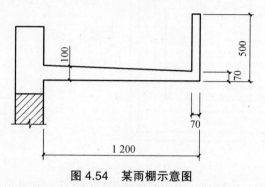

图 4.54   某雨棚示意图

解：其弯起沿高度是否超过 60 mm。全高：500 mm；雨棚板厚：外边沿 70 mm；弯起沿高度：500-70 = 430 mm，大于 60 mm。所以，雨棚和弯起沿的混凝土工程量应分别计算。

现浇雨棚板混凝土工程量：

$$V = 3.0 \times 1.2 \times (0.07+0.1)/2 = 0.306（m^3）$$

现浇栏板混凝土工程量（弯起沿全高混凝土量）：

$$V = (0.5-0.07) \times 0.07 \times 3.0 = 0.09（m^3）$$

4.8   钢筋工程

4.8.1   定额说明

（1）钢筋工程内容包括：制作、绑扎、安装以及浇灌钢筋混凝土时维护钢筋用工。

（2）现浇构件钢筋以手工绑扎取定，实际施工与定额不同时，不再换算。

（3）绑扎铁丝、成型点焊和接头焊接用的电焊条已综合在定额项目内。

（4）设计图纸（含标准图集）未注明的钢筋接头和施工损耗已综合在定额项目内。

（5）坡度大于等于 26°34′ 的斜板屋面，钢筋制作安装人工乘以系数 1.25。

（6）预应力构件中的非预应力钢筋按现浇钢筋相应项目计算。

（7）非预应力钢筋不包括冷加工，如设计要求冷加工时，另行计算。

（8）预应力钢筋如设计要求人工时效处理时，应另行计算。

（9）后张法钢筋的锚固是按钢筋绑条焊、U 形插垫编制的。如采用其他方法锚固时，应另行计算。

（10）铁件分一般铁件和精加工铁件两种，凡设计要求刨光（或车丝或钻眼）者，均按精加工铁件项目套用。

（11）本章定额钢筋机械连接是指直螺纹、锥螺纹和套筒冷压钢筋接头。

（12）植筋定额不包括钢筋主材费，钢筋另按设计长度计算，套用现浇构件钢筋定额。

（13）表 4.19 所列的构件，其钢筋可按表列系数调整人工、机械用量。

表 4.19

项　目	现浇钢筋		构筑物			
系数范围	小型构件	小型池槽	烟囱	水塔	水塔储仓	
					矩形	圆形
人工机械调整系数	2.00	2.52	1.70	1.70	1.25	1.50

4.8.2　钢筋工程量计算规则

（1）钢筋工程量应区分不同钢种和规格按设计长度（指钢筋中心线）乘以单位质量，以吨计算。

（2）计算钢筋工程量时，设计（含标准图集）已规定钢筋搭接长度的，按规定搭接长度计算；设计未规定搭接长度的，已包括在钢筋的损耗率之内，不另计算搭接长度。

（3）现浇构件其他钢筋。

① GBF 高强薄壁管敷设按延长米计算，计算钢筋混凝土板工程量时，应扣除 GBF 管所占体积。

② CL 建筑体系网架板及网片安装，按设计图示尺寸以面积计算。

（4）桩基础钢筋按以下规定计算。

① 灌注混凝土桩的钢筋笼制作及安装，按设计规定以吨计算。

② 钻（冲）孔桩钢筋笼吊焊、接头，按钢筋笼重量以吨计算。

③ 锚杆制作、安装，按吨计算：

④ 地下连续墙钢筋笼制作、吊运就位，按重量以吨计算。

⑤ 钢筋笼 H 形钢焊接，按 H 形钢的重量以吨计算。

（5）先张法预应力钢筋按构件外形尺寸计算长度。

（6）后张法预应力钢筋区别不同的锚具类型，以设计图规定的预应力钢筋预留孔道长度，分别按下列规定计算：

① 低合金钢筋两端采用螺杆锚具时，预应力钢筋按预留孔道长度减 0.35 m，螺杆另行计算。

② 低合金钢筋一端采用镦头插片，另一端采用帮条锚具时，预应力钢筋增加 0.15 m；两端采用帮条锚具时，预应力钢筋共增加 0.3 m 计算。

③ 低合金钢筋一端采用镦头插片，另一端螺杆锚具时，预应力钢筋长度按预留孔道长度计算，螺杆另行计算。

④ 低合金钢筋采用后张混凝土自锚时，预应力钢筋长度增加 0.35 m 计算。

⑤ 低合金钢筋或钢绞线采用 JM、XM、QM 型锚具，孔道长度在 20 m 以内时，预应力钢筋长度增加 1 m；孔道长度在 20 m 以上时，预应力钢筋长度增加 1.8 m 计算。

⑥ 碳素钢丝采用锥形锚具，孔道在 20 m 以内时，预应力钢筋长度增加 1.8 m 计算。

⑦ 碳素钢丝两端采用镦粗头时，预应力钢丝长度增加 0.35 m 计算。

⑧ 后张法预应力钢筋项目内已包括孔道灌浆，实际孔道长度和直径与定额不同时，不作调整，按定额执行。

（7）钢筋混凝土构件预埋铁件按以下规定计算：

① 铁件重量无论何种型钢，均按设计尺寸以吨计算，焊条重量不计算。

② 精加工铁件重量按毛件重量计算，不扣除刨光、车丝、钻眼部分的重量，焊条重量不计算。

③ 固定预埋螺栓及铁件的支架、固定双层钢筋的铁马凳及垫铁件，按审定的施工组织设计规计算，套用相应定额项目。

（8）钢筋机械连接、电渣压力焊接头，按个计算。

（9）植钢筋按根计算。

4.8.3 钢筋、铁件工程

1. 钢筋工程量的计算

钢筋工程量按设计图示钢筋长度乘以单位理论重量计算。相关规定如下：

$$钢筋的工程量（kg）=钢筋图示长度（m）\times钢筋单位理论质（重）量（kg/m）\qquad（4.30）$$

普通钢筋长度可按下式计算：

$$钢筋图示长度=构件长度-两端保护层+末端弯钩长度+中间弯起增加长度+$$
$$钢筋搭接长度\qquad（4.31）$$

平法标注钢筋的长度可按下式计算：

$$钢筋图示长度=净长+末端弯钩长度+中间弯起增加长度+钢筋搭接长度+$$
$$节点锚固长度\qquad（4.32）$$

2. 参数说明

（1）钢筋单位理论重（质）量可按表4.20查用。

表4.20 钢筋规格及理论重量表

直径（mm）	理论重量（kg/m）	直径（mm）	理论重量（kg/m）	直径（mm）	理论重量（kg/m）	直径（mm）	理论重量（kg/m）
6	0.222	12	0.888	18	2.00	25	3.85
8	0.395	14	1.21	20	2.47	28	4.83
10	0.617	16	1.58	22	2.98	32	6.31

（2）计算钢筋长度混凝土保护层的厚度应混凝土构件种类和所处环境类别不同而取不同数值，混凝土保护层的最小厚度如表4.21所示，混凝土结构的环境类别如表4.22所示。

表4.21 混凝土结构的环境类别

环境类别	板、墙	梁、柱
一	15	20
二 a	20	25
二 b	25	35
三 a	30	40
三 b	40	50

注：①表中混凝土保护层厚度指最外层钢筋外边缘至混凝土表面的距离，适用于设计使用年限为50年的混凝土结构。

②构件中受力钢筋的保护层厚度不应小于钢筋的公称直径。

③设计使用年限为100年的混凝土结构，一类环境中，最外层钢筋的保护层厚度不应小于表中数值的1.4倍；二、三类环境中，应采取专门的有效措施。

④混凝土强度等级不大于C25时，表中保护层厚度数值应增加5。

⑤基础底面钢筋的保护层厚度，有混凝土垫层时应从垫层顶面算起，且不应小于40 mm。

表 4.22　混凝土结构的环境类别

环境类别	条　件
一	室内干燥环境； 无侵蚀性静水浸没环境
二 a	室内潮湿环境； 非严寒和非寒冷地区的露天环境； 非严寒和非寒冷地区与无侵蚀性的水或土壤直接接触的环境； 严寒和寒冷地区的冰冻线以下与无侵蚀性的水或土壤直接接触的环境
二 b	干湿交替环境； 水位频繁变动环境； 严寒和寒冷地区的露天环境； 严寒和寒冷地区冰冻线以上与无侵蚀性的水或土壤直接接触的环境
三 a	严寒和寒冷地区冬季水位变动区环境； 受除冰盐影响环境； 海风环境
三 b	盐渍土环境； 受除冰盐作用环境； 海岸环境
四	海水环境
五	受人为或自然的侵蚀性物质影响的环境

注：① 室内潮湿环境是指构件表面经常处于结露或湿润状态的环境。

② 严寒和寒冷地区的划分应符合现行国家标准《民用建筑热工设计规范》GB50176 的有关规定。

③ 海岸环境和海风环境宜根据当地情况，考虑主导风向及结构所处迎风、背风部位等因素的影响，由调查研究和工程经验确定。

④ 受除冰盐影响环境是指受到除冰盐盐雾影响的环境；受除冰盐作用环境是指被除冰盐溶液溅射的环境以及使用除冰盐地区的洗车房、停车楼等建筑。

⑤ 暴露的环境是指混凝土结构表面所处的环境。

（3）受拉钢筋最小锚固长度按表4.23、表4.24、表4.25 取值

表 4.23　受拉钢筋基本锚固长度 l_{ab}、l_{abE}

钢筋各类	抗震等级	混凝土强度等级								
		C20	C25	C30	C35	C40	C45	C50	C55	≥C60
HPB300	一、二级（l_{abE}）	$45d$	$39d$	$35d$	$32d$	$29d$	$28d$	$26d$	$25d$	$24d$
	三级（l_{abE}）	$41d$	$36d$	$32d$	$29d$	$26d$	$25d$	$24d$	$23d$	$22d$
	四级（l_{abE}） 非抗震（l_{ab}）	$39d$	$34d$	$30d$	$28d$	$25d$	$24d$	$23d$	$22d$	$21d$
HRB335 HRBF335	一、二级（l_{abE}）	$44d$	$38d$	$33d$	$31d$	$29d$	$26d$	$25d$	$24d$	$24d$
	三级（l_{abE}）	$40d$	$35d$	$31d$	$28d$	$26d$	$24d$	$23d$	$22d$	$22d$
	四级（l_{abE}） 非抗震（l_{ab}）	$38d$	$33d$	$29d$	$27d$	$25d$	$23d$	$22d$	$21d$	$21d$

续表 4.23

钢筋各类	抗震等级	混凝土强度等级								
		C20	C25	C30	C35	C40	C45	C50	C55	≥C60
HRB400 HRBF400 RRB400	一、二级（l_{abE}）	—	46d	40d	37d	33d	32d	31d	30d	29d
	三级（l_{abE}）	—	42d	37d	34d	30d	29d	28d	27d	26d
	四级（l_{abE}） 非抗震（l_{ab}）	—	40d	35d	32d	29d	28d	27d	26d	25d
HRB500 HRBF500	一、二级（l_{abE}）	—	55d	49d	45d	41d	39d	37d	36d	35d
	三级（l_{abE}）	—	50d	45d	41d	38d	36d	34d	33d	32d
	四级（l_{abE}） 非抗震（l_{ab}）	—	48d	43d	39d	36d	34d	32d	31d	30d

表 4.24　受拉钢筋锚固长度 l_a、抗震锚固长度 l_{aE}

非抗震	抗震	注：（1）l_a 不应小于 200 mm。
$l_a = \xi_a l_{ab}$	$l_{aE} = \xi_{aE} l_a$	（2）锚固长度修正系数 ξ_a 按右表取用，当多于一项时，可按连乘计算，但不应小于 0.6。 （3）ξ_{aE} 为抗震锚固修正系数，一、二级抗震等级取 1.15，三级抗震等级取 1.05，四级抗震等级取 1.00。

表 4.25　受拉钢筋锚固长度修正系数 ξ_a

锚固条件		ξ_a	
带肋钢筋的公称直径大于25		1.10	
环境氧树脂涂层带肋钢筋		1.25	
施工过程中易受扰动的钢筋		1.10	
锚固区保护层厚度	3d	0.80	注：在中间时按内插值。
	5d	0.70	d 为锚固钢筋直径。

注：① HPB300 级钢筋末端应做 180°弯钩，弯后平直段长度不应小于 3d，但作受压钢筋时可不做弯钩。

　　② 当锚固钢筋的保护层厚度不大于 5d 时，锚固钢筋长度范围内应设置横向构造钢筋，其直径不应小于 $d/4$（d 为锚固钢筋的最大直径）；对梁、柱等构件间距不应大于 5d，对板、墙等构件间距不应大于 10d，且均不应大于 100（d 为锚固钢筋的最小直径）。

（4）钢筋弯钩增长值的计算。

半圆弯钩（180°）、直弯钩（90°）、斜弯钩（135°）增加量分别为 6.25d、3.5d、4.9d（按弯心直径 2.5d，平直部分 3d 计算），如图 4.55 所示。

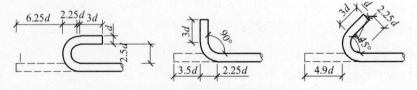

图 4.55　钢筋弯钩计算简图

弯起钢筋斜长如图 4.56 所示，弯起钢筋增加长度是指钢筋斜长与水平投影长度之间的差值

（$s-l$），弯起钢筋的增加长度，可按弯起角度、弯起钢筋净高 h_0（构件断面高-两端保护层厚度）计算，计算值如表 4.26 所示。

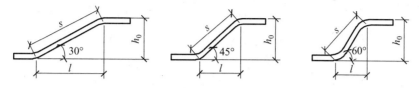

图 4.56 弯起钢筋长度计算示意图

表 4.26 弯起钢筋斜长系数表

弯起角度	$\alpha = 30°$	$\alpha = 45°$	$\alpha = 60°$
斜边长度 s	$2h_0$	$1.4h_0$	$1.15h_0$
底边长度 l	$1.73h_0$	h_0	$0.58h_0$
增加长度 $s-l$	$0.27h_0$	$0.41h_0$	$0.57h_0$

注：梁高 $h \geq 800$ mm 时，用 60°，梁高 $h < 800$ mm 时用 45°，板用 30°。

箍筋长度的计算是先计算单个箍筋的长度，再计算箍筋的个数。若该箍筋有抗震要求，末端做 135°弯钩，弯钩平直部分的长度为箍筋直径的 10 倍。则：

$$箍筋长度 L = （a-2c）×2+（b-2c）×2+2×11.9d \qquad (4.33)$$

式中：a、b 为构件截面宽和高的尺寸，c 为保护层厚度，d 为箍筋直径。

箍筋的布置通常分为加密区和非加密区，计算个数时可分加密区长度和非加密区长度分别计算，即：

$$箍筋个数 = 加密区长度/加密区间距+（非加密区长度/非加密区间距）+1 \qquad (4.34)$$

【例 4.13】 计算图 4.57 所示的现浇单跨矩形梁的工程量，已知混凝土强度为 C25，矩形梁共 10 根。

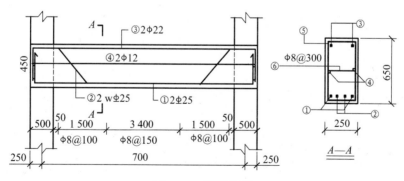

图 4.57 梁配筋图

解：该梁钢筋为现浇混凝土结构钢筋，按钢种划分为两个项目列项。

设计图中未明确的：保护层厚度 25 mm 计算，钢筋单根长度大于 8 m 时，按 35d 计算搭接长度，箍筋及弯起筋按梁断面尺寸计算；锚固长度按图示尺寸计算。

① 2ϕ25：

$$L = 7+0.25×2 - 0.025×2+0.45×2（锚固长度）+0.025×35（搭接长度）= 9.225（m）$$

$$W_1 = 9.225 \times 2 \text{ 根} \times 3.85 \times 10 = 710 \text{ (kg)}$$

② 2wΦ25:

$$L = 7+0.25 \times 2 - 0.025 \times 2+0.65 \times 0.4 \times 2+0.45 \times 2+0.025 \times 35 = 9.745 \text{ (m)}$$

$$W_2 = 9.745 \times 2 \text{ 根} \times 3.85 \times 10 = 750 \text{ (kg)}$$

③ 2Φ22:

$$L = 7+0.25 \times 2 - 0.025 \times 2+0.45 \times 2+0.022 \times 35 = 9.12 \text{ (m)}$$

$$W_3 = 9.12 \times 2 \times 2.986 \times 10 = 545 \text{ (kg)}$$

④ 2Φ12:

$$L = 7+0.25 \times 2 - 0.025 \times 2+0.012 \times 12.5 = 7.6 \text{ (m)}$$

$$W_4 = 7.6 \times 2 \times 0.888 \times 10 = 135 \text{ (kg)}$$

⑤ Φ8@150/100:

$$N = [(\text{加密区长度}-0.05)/\text{加密区间距}+1] \times 2+(\text{非加密区长度}/\text{非加密区间距}-1)$$

$$= 3.4 \div 0.15 - 1+(1.5 \div 0.1+1) \times 2 = 21.67+16 \times 2 = 53.67 \text{ (只)，可取为 54 只}$$

$$L = (\text{梁宽}-2 \times \text{保护层}+\text{梁高}-2 \times \text{保护层}) \times 2+2 \times 1.9d$$

$$= (0.25-0.025 \times 2+0.65-0.025 \times 2) \times 2+1.9 \times 0.01 \times 2 = 1.638 \text{ (m/只)}$$

$$W_5 = 1.638 \times 0.395 \times 54 \times 10 = 349 \text{ (kg)}$$

⑥ Φ8@300:

$$N = (7 - 0.25 \times 2) \div 0.3+1 = 23 \text{ (只)}$$

$$L = 0.25 - 0.025 \times 2+12.5 \times 0.008 = 0.3 \text{ (m/只)}$$

$$W_6 = 0.3 \times 0.395 \times 23 \times 10 = 27 \text{ (kg)}$$

工程量汇总：Ⅰ级圆钢：$\sum W = 135+349+27 = 511 \text{ (kg)}$

Ⅱ级螺纹钢：$\sum W = 710+750+545 = 2\ 005 \text{ (kg)}$

4.9 厂库房大门、特种门、木结构工程

本分部中所注明的木材断面均以毛料为准。如设计断面为净料时，应增加刨光损耗：板、方材一面刨光者增加 3 mm，两面刨光者增加 5 mm；圆木刨光者每立方米增加材积 0.05 m^3。

4.9.1 厂库房大门

厂房库大门按使用材料分为木板大门和钢木大门两类。

1. 木板大门

按照启闭方式，分为平开和推拉两项，每项又分为带采光窗和不带采光窗两个子目。

工程内容：制作安装门扇、装配玻璃及五金零件、固定铁脚、制作安装便门扇，不包括油漆。

木板大门工程量：按设计图示尺寸以框外围面积计算，无框者按扇外围面积计算。

定额子目中已包括安装用的小五金或小五金铁件，但不包括 L 形、T 形铁及门锁应另列项计算。厂库房大门墙边及柱边的角钢应另列项目计算。

2. 钢木大门

钢木大门是用角钢或槽钢做骨架，镶以木板而成的大门。按照启闭方式分为平开钢木大门和推拉钢木大门。根据制作构造分为单面板一般型、两面板防风型、两面板防严寒型三种。

一般镶铺一面板者，称为单面板一般型。两面镶铺木板，中间铺油毡一层，周边用平面橡胶密封条密封，以防风沙者，称为两面板防风沙型。两面镶铺木板，中间铺油毡一层和矿棉（平开门）或毛毡（推拉门），周边用平面橡胶密封条密封，以防严寒者，称为两面板防严寒型。

工程内容：制作安装门扇、装配玻璃及五金零件、固定铁脚、制作安装便门扇，铺油毡、毛毡、安装密封条，不包括油漆。

钢木大门工程量：按设计图示尺寸以框外围面积计算，无框者按扇外围面积计算。

钢木大门中钢骨架，如设计用量与定额子目中的含量不同时，用量可以调整，其他不变。

3. 全钢板大门

全钢板大门按启闭方式分平开式、折叠式、推拉式。

工程内容：放线、划线、截料、平直、钻孔、垫活、弯头、拼装、焊接、成品矫正、刷防锈漆等；构件加固、安装校正、螺栓及电焊固定、清扫等。

全钢板大门工程量：按设计图示尺寸以吨（t）计算。不扣除孔眼、切边、切肢的重量，焊条、铆钉、螺栓等亦不另增加，不规则或多边形钢板以其外接矩形面积乘以厚度以单位理论重量计算。

4.9.2　特种门

特种门常用的有冷藏门、变电室门、保温隔音门、钢射线防护门等。

1. 冷藏门

冷藏门是制冷过程中的专用门。由于对冷藏门的构造要求不同，冷藏门又分为库门和冻结间门两项，同时各类冷藏品使用的库温不同，对冷藏门又有一定的保温要求。因此，定额分别按 100 mm 和 150 mm 来划分定额子目。

工程内容：门扇制作及安装、铺钉镀锌钢板、安装保温材料、钉密封条、装配五金配件。

冷藏门工程量：按设计图示尺寸以框外围面积计算，无框者按扇外围面积计算。

2. 变电室门

变电室门是指工业厂房配电所专用木门。一般配电房、配电间木门无特殊要求者，不得执行变电室木门。

变电室木门主要由木骨架、角钢和铁扁担组成。上部门扇为平开大门，下部门扇由木骨架和固定铁皮百叶通风窗组成。

工程内容：制作安装净樘、毛樘框架及筒子板刷防腐油、门扇及纱扇制作安装、铁百叶及铁件安装。

变电室木门工程量：按设计图示尺寸以框外围面积计算，无框者按扇外围面积计算。

3. 成品门安装

成品门安装包括密闭钢门、射线防护门、人防门、带地轨或不带地轨无框围墙大门等四种，工程内容：浇灌混凝土、安装门及铁件、钉密封条。

成品门安装工程量：按设计图示尺寸以框外围面积计算，无框者按扇外围面积计算。

【例 4.14 】　有一工程有一个钢木大门、两个冷藏库门。钢木大门为推拉式，二面板，尺寸为 3 m×3.6 m，刷一遍底油，两遍调和漆；冷藏库门保温层厚 150 mm，尺寸为 2 m×1 m。

解：　　　　钢木门：3 m×3.6 m = 10.8（m²）

冷藏库：2 m×1.0 m×2 = 4（m²）

4.9.3　木结构

1. 木屋架

木屋架制作安装工程量：区分圆、方木按设计图示尺寸以竣工木料体积计算，其后备长度及配制损耗均不另外计算。附属于屋架的夹板、垫木等已并入相应的屋架制作项目中，不另计算。与屋架连接的挑檐木、支撑等，其工程量并入屋架竣工木料体积内计算。圆木屋架使用部分方木时，其方木体积乘以 1.5 系数，并入竣工木料体积中。单独挑檐木，按方檩条计算。

工程内容：屋架制作、拼装、安装、锚固、梁端刷防腐油及铁件刷防锈漆。

2. 钢木屋架

钢木屋架是指受压杆件采用方木或圆木，受拉杆件采用钢材的屋架。

钢木屋架工程量：区分圆、方木按设计图示尺寸以竣工木料体积计算。型钢、钢板按设计图示尺寸以重量计算，与定额不符时，允许调整。钢木屋架按跨度在 15 m 以内、20 m 以内、25 m 以内分别划分定额子目。

工程内容：木材部分：屋架制作、拼装、安装、装配铁件、锚定、梁端涂刷防腐油。钢材部分：钢材平直、放样、号料、切断、钻孔、焊接铁件、刷防锈漆一遍。

3. 木梁、木柱

木梁、木柱工程量：区分圆、方木，按设计图示尺寸以竣工木料体积计算。

工程内容：放样、选运料、制作刨光。

4. 木楼梯

木楼梯工程量：按设计图示尺寸以水平投影面积计算，不扣除宽度小于 300 mm 的楼梯井，其踢脚板、平台和伸入墙内部分，不另计算。楼梯及平台底面需钉天棚的，其工程量按楼梯水平投影面积乘以系数 1.1 计算，执行装饰装修分部相应子目。

工程内容：制作安装楼梯踏步、楼梯平台楞木及楼板、伸入墙身部分刷防腐油。

5. 檩　木

檩木工程量：区分方、圆木按设计图示尺寸以竣工木料体积计算。简支檩长度按设计要求计算，如设计无明确要求者，按屋架或山墙中距增加 200 mm 计算，如两端出山，檩条长度算至博风板。连续檩条的长度按设计长度计算，其接头长度按全部连续檩木总体积的5%计算。檩条托木已计入相应的檩木制作安装子目中，不另计算。

工程内容：制作安装檩木、檩垫木、伸入墙内部分刷防腐油。

6. 屋面木基层

屋面木基层是指在屋面檩木以上、屋面板以下的中间部分的椽条、屋面板、挂瓦条等木结构。木基层的组成主要由屋面构造和使用要求决定。根据木构造不同，划分为檩木上钉椽子、挂瓦条，檩木上钉椽板，檩木上钉屋面板、油毡、挂瓦条，檩木上钉屋面板5个子项。

工程内容：制作安装檩木、檩垫木、伸入墙内部分刷防腐油，檩木上钉屋面板、铺油毡、钉挂瓦条。

屋面木基层工程量：按屋面设计图示尺寸的斜面积计算，不扣除屋面烟囱及斜沟部分所占面积。

7. 封檐板、博风板

封檐板是指屋檐下沿木基层椽子头横向铺钉的挡板，其作用是封堵屋檐外露椽头，起装饰作用。博风板即山墙封檐板是在屋山外沿山墙外露檩木顺流水方向铺钉的挡板，其作用是封堵屋山外露檩头，起装饰作用。

封檐板工程量：按设计图示檐口外围长度计算。

博风板工程量：按设计图示斜长度计算，每个大刀头增加长度500 mm。

4.10 金属结构工程

金属结构系由许多钢杆件组装而成，故又称钢结构。这些钢杆件是采用各种型钢、钢板和钢管等金属材料，以不同的连接方法组成的构件。各种杆件的连接方法，一般有焊接、铆钉连接和螺栓连接3种。

建筑工程中金属结构工程主要包括：钢柱、钢梁、钢屋架、钢支撑、压型钢板楼板、墙板等，其施工工序包括构件制作、运输、安装、刷油4个项目。

金属结构构件制作、安装和运输工程量：除另有规定外，均按设计图示尺寸以重量计算。不扣除孔眼、切边、切肢的重量，焊条、铆钉、螺栓等不另增加质量，不规则或多边形钢板以其外接矩形面积乘以厚度以理论重量计算，并入该构件的工程量内。

4.10.1 金属结构构件制作、安装

1. 钢屋架

钢屋架直接承受屋面荷载，其构造形式一般由上弦、下弦和腹杆（竖杆和斜杆）用不同规格型号的型钢组成。钢屋架是应用较多的金属结构构件，分为钢屋架和轻型钢屋架。

钢屋架的形式多为梯形，一般多用于跨度在18 m以上的厂房中，一个屋架称为一榀，定额按单榀屋架的重量划分为3 t以内和3 t以上两个子目。

轻弄钢屋架一般多用于跨度不超过18 m，起重量不大于5 t的轻、中级工作制的桥式吊车的

工业厂房建筑及民用房屋中。每榀屋架自重一般多在 1.0 t 以内，跨度一般为 9～18 m。

2. 球节点钢网架

工程内容：（1）网架制作：放样、划线、下料、钢管刨边、清刺、除锈、电焊、清扫、刷防锈漆一遍、编号、堆放等。（2）拼装、安装、刷油：搭拆拼装台座架、运料、拼装、吊装、校正、固定、刷调和漆二遍、清理等。

球节点钢网架工程量计算相关规定：

（1）球节点钢网架设计钢球含量与定额子目不同时，用量和价格均可按设计要求调整。

（2）球节点网架制作和安装方式不同时，不允许换算。对于面积在 1000 m² 以上的网架，设计要求进行高空拼装者，可以按设计要求或建设单位认可的施工方案，另增加网架拼装、安装、刷油的费用。

3. 钢托架

钢托架是指直接承托屋架端部底的托架梁。在工业厂房建筑中，一般柱距为 6 m，若设计沿墙开门的宽度大于 6 m 时，就需将中间的一根柱取消，而在沿墙方向布置托架，由托架梁代替柱承托屋架的端部。

工程内容：（1）制作：放线、划线、截料、平直、钻孔、拼装、焊接、成品矫正、刷防锈漆、成品堆放。（2）安装：构件加固、翻身就位、按设计要求吊装、校正、焊接或螺栓固定。

4. 钢柱、钢梁

钢柱是指承受竖向荷载而受压的直立杆件，由不同规格的钢材组成。

钢梁分为制动梁、H 形钢梁、钢吊车梁 3 项。

工程内容：同钢托架。

钢柱按实腹柱、空腹柱、钢管柱分别套用相应定额子目。

钢梁按制动梁、H 形钢梁、钢吊车梁分别套用相应定额子目。

钢柱工程量计算相关规定：依附在实腹柱、空腹柱上的牛腿及悬臂梁等并入钢柱工程量内。钢管柱上的节点板、加强环、内衬管、牛腿等并入钢管柱工程量内。

5. 压型钢板墙板

压型钢板墙板工程量按设计图示尺寸以铺挂面积计算。不扣除单个 0.3 m² 以内的孔洞所占面积，包角、包边、窗台泛水等不另增加面积。

工程内容：选料、弹线、配板、切割，彩板安装、打胶等。

压型钢板墙板按安装在钢架上单面和双面分别套用相应定额子目。

6. 钢檩条

钢檩条按其构造形式分为组成式和型钢式。组成式檩条以角钢为主，并与圆钢焊接而成；型钢式檩条以槽钢为主，直接装在钢屋架上的檩条。

工程内容：同钢托架。

钢檩条按组成式和型钢式分别套用相应定额子目。

7. 钢　梯

钢梯分为直梯、斜梯、螺旋盘梯三类。钢梯工程量计算相关规定：钢梯定额子目中，已将栏杆、扶手的工料综合在内，计算工程量时可将踏步、栏杆、扶手重量合并计算。

4.10.2 金属结构构件运输

1. 金属结构构件运输分类

金属结构构件按构件的类型可分为三类，如表 4.27 所示。

表 4.27 金属结构构件类别

类 别	项 目
1	钢柱、屋架、托架梁、防风桁架
2	吊车梁、制动梁、钢支撑、上下挡、钢拉杆、栏杆、盖板、垃圾出灰门、倒灰门、箅子、爬梯、零星构件、平台、操作台、走道休息台、扶梯、钢吊车梯台、烟囱紧固箍
3	墙架、挡风架、天窗架、组合檩条、轻型屋架、滚动支架、悬挂支架、管道支架

2. 金属结构构件运输工程量

金属结构构件运输工程量按施工组织设计要求运输的构件制作工程量计算。

3. 金属结构构件运输定额套用

金属结构构件运输按构件类别设置了 5 km 以内和每增加 1 km 两个子目，实际套用时可按构件类别分别套用。

4.11 屋面及防水工程

屋面及防水工程是由不同材料做成各种外形的屋面、屋面防水层、屋面排水等组成。屋面覆盖在房屋的最上层，直接与外界接触，必须具有抗雨雪、防水等性能。

屋面按其坡度的不同分为坡屋面和平屋面两大类。根据屋面材料的不同分为瓦屋面和型材屋面两类。其中瓦屋面有水泥瓦屋面、石棉瓦屋面、玻璃钢瓦屋面、玻璃瓦屋面等。型材屋面有金属压型板屋面和轻质隔热彩钢夹芯板屋面。

屋面防水工程根据不同的防水材料可分为屋面卷材防水、屋面涂膜防水、屋面刚性防水。

4.11.1 瓦、型材屋面

1. 工程量计算规则

瓦、型材屋面（包括挑檐部分）工程量均按设计图示尺寸以斜面积计算。不扣除房上烟囱、风帽底座、风道、小气窗、斜沟等所占面积，小气窗的出檐部分亦不增加面积。但天窗出檐部分重叠的面积应并入相应屋面工程量内计算。

2. 屋面斜面积的计算方法

（1）坡屋面延尺系数和坡屋面隅延尺系数

坡屋面延尺系数又称屋面系数，其几何意义为：

$$C = \frac{EM}{A} = \frac{1}{\cos\alpha} = \sec\alpha$$

坡屋面隅延尺系数又称屋脊系数，其几何意义为：

$$D = \frac{EN}{A} = \frac{\sqrt{A^2 + S^2 + B^2}}{A} = \frac{\sqrt{A^2 + S^2 + A^2\tan^2\alpha}}{A}$$

当 $S = A$ 时，$D = \frac{\sqrt{2A^2 + A^2\tan^2\alpha}}{A} = \sqrt{2 + \tan^2\alpha}$。

式中具体参数意义如图 4.58 所示，常见的屋面坡度系数如表 4.28 所示。

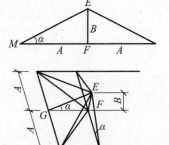

图 4.58　坡屋面示意图

表 4.28　屋面坡度系数表

坡度			延尺系数 C	隅延尺系数 D	坡度			延尺系数 C	隅延尺系数 D
坡度 B/A	高跨比 B/2A	角度			坡度 B/A	高跨比 B/2A	角度		
1.000	1/2	45°	1.414 1	1.732 1	0.400	1/5	21°48′	1.077 0	1.469 7
0.750		36°52′	1.250 0	1.600 8	0.350		19°17′	1.059 1	1.456 9
0.700		35°	1.220 7	1.577 9	0.300		16°42′	1.044 0	1.445 7
0.666	1/3	33°40′	1.201 5	1.562 0	0.250		14°02′	1.030 8	1.436 2
0.650		33°01′	1.192 6	1.556 4	0.200	1/10	11°19′	1.019 8	1.428 3
0.600		30°58′	1.166 2	1.536 2	0.150		8°32′	1.011 2	1.422 1
0.577		30°	1.154 7	1.527 0	0.125		7°8′	1.007 8	1.419 1
0.550		28°49′	1.141 3	1.517 0	0.100	1/20	5°42′	1.005 0	1.417 7
0.500	1/4	26°34′	1.118 0	1.500 0	0.083		4°45′	1.003 5	1.416 6
0.450		24°14′	1.096 6	1.483 9	0.066	1/30	3°49′	1.002 2	1.415 7

（2）屋面斜面积的计算

屋面斜面积按屋面水平投影面积乘以屋面延尺系数计算，具体计算公式如下：

$$斜面积 = F \times C \tag{4.35}$$

式中：F——坡屋面的水平投影面积（m²）；

C——延尺系数。

（3）斜脊长度

$$斜脊长度 = A \times D \tag{4.36}$$

【例 4.15】　有一带屋面小气窗的四坡瓦屋面，如图 4.59 所示，试计算瓦屋面工程量的屋脊长度（$S = A$）。

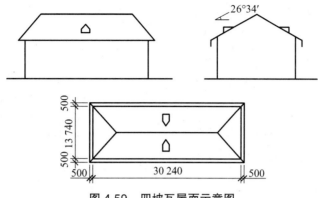

图 4.59　四坡瓦屋面示意图

解：（1）屋面工程量。

根据屋面计算规则和公式 4.35，由表 4.28 查得 $C = 1.118$，故：

屋面工程量 ＝（30.24+2×0.5）×（13.74+2×0.5）×1.118 = 514.81（m²）。

（2）屋脊长度（正屋脊长度 + 斜屋脊长度）。

正屋脊长度 = 30.24+2×0.5－（13.74+2×0.5）÷2×2 = 16.5（m）

由表 4.28 查得 $D = 1.50$，根据公式 4.36，故：

斜屋脊长度 =（13.74+2×0.5）÷2×1.5×4 = 44.22（m）

屋脊长度 = 正屋脊长度+斜屋脊长度 = 16.5+44.22 = 60.72（m）

4.11.2　屋面防水

1. 屋面卷材防水、屋面涂膜防水工程量计算规则

屋面卷材防水、屋面涂膜防水工程量均按设计图示尺寸以面积计算。相关规定如下：

（1）平屋顶按水平投影面积计算；斜屋顶（不包括平屋顶找坡）按斜面积计算。

（2）不扣除房上烟囱、风帽底座、风道、屋面小气窗和斜沟所占的面积。

（3）屋面的女儿墙、伸缩缝和天窗等处的弯起部分，按图示尺寸计算并入屋面工程量内。如图纸无规定时，伸缩缝、女儿墙的弯起部分可按 250 mm 计算。天窗弯起部分可按 500 mm 计算。

（4）卷材屋面的附加层、接缝、收头、找平层的嵌缝、冷底子油已计入定额内，不另计算。

（5）涂膜屋面的油膏嵌缝、玻璃布盖缝、屋面分格缝，按设计图示尺寸另以长度计算。

2. 屋面卷材防水

（1）屋面卷材防水的种类

屋面卷材防水根据防水材料的不同可分为石油沥青卷材（油毡）、高聚物改性沥青卷材、氯化聚乙烯、聚氯乙烯卷材、三元乙丙卷材、防水柔毡等。

（2）石油沥青卷材防水

工程内容：清扫底层、刷冷底子油一遍；熬制沥青玛蹄脂、铺贴卷材、撒砂。石油沥青卷材防水根据设计要求可分别套用"一毡二油"、"二毡三油"、"二毡三油一砂"、"增减一毡一油"

定额子目。

（3）高聚物改性沥青卷材

工程内容：清理基层、刷基层处理剂、防水薄弱处贴 2 mm 改性沥青附加层、层面贴改性沥青卷材、做收头。

高聚物改性沥青卷材具体铺法有满铺、条铺、点铺、空铺四种。定额中只列出了冷贴子目，若采用热熔施工时，相应冷贴子目扣除改性沥青粘结剂，改性沥青处理剂用量调整为 40 kg，石油液化气用量调整为 48 kg，其他不变。

（4）屋面涂膜防水

涂膜防水的种类有聚氨酯涂料、氯丁橡胶沥青涂料、SBS 改性沥青涂料、塑料油膏等。

4.11.3　屋面刚性防水

屋面刚性防水分为砂浆防水和细石混凝土防水两种，其中屋面防水砂浆厚度一般为 20 mm 内加防水粉，屋面细石防水混凝土厚度一般为 40 mm，混凝土下一般应有一层钢筋网片。

工程内容：砂浆防水：清理基层、调配砂浆、铺抹砂浆、养护。细石混凝土防水：清理基层、混凝土捣固、提浆压光、养护。

屋面防水砂浆防水工程量按设计图示尺寸以面积计算，屋面细石防水混凝土按设计图示尺寸以体积计算，不扣除房上烟囱、风帽底座、风道等所占体积。

4.11.4　屋面排水管

1. 屋面排水管的种类

屋面排水管根据管材不同分为镀锌铁皮管、铸铁管、PVC 和 UPVC 管。

2. 屋面排水管工程量计算规则

屋面排水管分别按不同材质、不同直径按图示尺寸以长度计算，雨水口、水斗、弯头、短管以个计算。

【例 4.16】　某厂房屋面如图 4.60 所示，设计要求：水泥珍珠岩块保温层 80 mm 厚，1:3 水泥砂浆找平层 20 mm 厚，三元乙丙橡胶卷材防水层（满铺且不考虑卷边），试计算屋面防水的工程量。

解：三元乙丙橡胶卷材防水工程量：（20+0.2×2）×（10+0.2×2）= 212.16（m²）

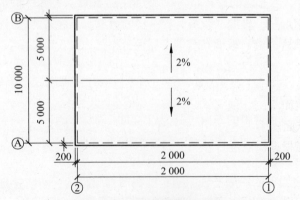

图 4.60　某厂房屋面示意图

4.12 防腐、隔热、保温工程

4.12.1 防腐、隔热、保温工程量计算规则

1. 防腐项目

防腐项目应区分不同防腐材料种类及其厚度，分别按设计图示尺寸以面积计算，相关规定如下：

（1）平面防腐：扣除凸出地面的构筑物、设备基础等所占面积。

（2）立面防腐：砖垛等突出墙面部分按展开面积并入墙面积内。

（3）踢脚板防腐：扣除门洞所占面积并相应增加门洞侧壁面积。

（4）平面砌筑双层耐酸块料时的工程量，按单层面积乘以系数2计算。

（5）防腐卷材接缝、附加层、收头等人工材料，已计入在定额子目中，不再另行计算。

（6）烟囱、烟道内表面隔热层，按筒身内壁扣除各种孔洞后的面积计算。

2. 保温隔热屋面

保温隔热屋面应区别不同保温材料，分别按设计图示尺寸以体积或面积计算，不扣除柱、垛所占的体积或面积。其中按体积计算工程量的有：水泥加气混凝土碎渣、石灰炉渣、水泥珍珠岩、泡沫混凝土块、加气混凝土块等。按面积计算工程量的有：聚苯乙烯泡沫塑料板、CCP保温隔热复合板。

3. 保温隔热天棚、墙柱、楼地面

保温隔热天棚、墙柱、楼地面工程量按设计图示尺寸以面积计算，相关规定如下：

（1）保温隔热天棚、楼地面工程量不扣除柱、垛所占面积。

（2）保温隔热墙：外墙按隔热层中心线、内墙按隔热层净长乘以图示尺寸的高度以面积计算，扣除门窗洞口所占面积，门窗洞口侧壁需保温时，并入保温墙体工程量内。

（3）保温柱按设计图示尺寸以保温层中心线展开长度乘以保温层高度以面积计算。

（4）楼地面隔热层按围护结构墙体间净面积乘以设计厚度以体积计算，不扣除柱、垛所占的体积。

4.12.2 聚苯板外墙面保温

聚苯板外墙面保温以其施工方法简单、保温效果好而成为外墙外保温常用的一种保温方法。其施工工艺为：基层表面清理、调制粘结砂浆、聚苯板背面抹粘结砂浆、粘贴聚苯板、贴网格布或钢丝网、抹抗裂抹面砂浆等。

聚苯板外墙面保温根据保温层外装饰材料的不同等分为涂料饰面下、块料饰面下、混凝土整体浇注3个子项。

4.13 混凝土、钢筋混凝土模板及支撑工程

4.13.1 定额说明

（1）现浇混凝土模板按不同构件，分别以组合钢模板、胶合板模板、木模板和滑升模板配制。使用其他模板时，可编制补充定额。

（2）模板工程内容包括：清理、场内运输、安装、刷隔离剂、浇灌混凝土时模板维护、拆模、集中堆放、场外运输。木模板包括制作（现浇不刨光），组合钢模板、胶合板模板还包括装箱。

（3）胶合板模板取定规格为 1 830 mm×915 mm×12 mm，周转次数按 5 次考虑。实际施工选用的模板厚度不同时，模板厚度和周转次数不得调整，均按本章定额执行。模板材料价差，无论实际采用何种厚度，均按定额取定的模板厚度计取。

（4）外购预制混凝土成品价中已包含模板费用，不另计算。如施工中混凝土构件采用现场预制时，参照外购预制混凝土构件以成品价计算。

（5）现浇混凝土梁、板、柱、墙、支架、栈桥的支模高度以 3.6 m 编制。超过 3.6 m 时，以超过部分工程量另按超高的项目计算。

（6）整板基础、带形基础的反梁、基础梁或地下室墙侧面的模板用砖侧模时，可按砖基础计算，同时不计算相应面积的模板费用。砖侧模需要粉刷时，可另行计算。

（7）捣制基础圈梁模板，套用捣制圈梁的定额。箱式满堂基础模板，拆开三个部分分别套用相应的满堂基础、墙、板定额。

（8）梁中间距≤1 m 或井字（梁中）面积≤5 m² 时，套用密肋板、井字板定额。

（9）钢筋混凝土墙及高度大于 700 mm 的深梁模板的固定，根据施工组织设计使用胶合板模板并采用对拉螺栓，如对拉螺栓取出周转使用时，套用胶合板模板对拉螺栓加固子目；如对拉螺栓同混凝土一起现浇不取出时，套用刨光车丝钻眼铁件子目，模板的穿孔费用和损耗 不另增加，定额中的钢支撑含量也不扣减。

（10）弧形板并入板内计算，另按弧长计算弧形板增加费。梁板结构的弧形板按有梁板计算外，另按接触面积计算弧形有梁板增加费。

（11）薄壳屋盖模板不分筒式、球形、双曲形等，均套用同一定额。

（12）若后浇带两侧面模板用钢板网时，可按每平方米（单侧面）用钢板网 1.05 m²、人工 0.08 工日计算，同时不计算相应面积的模板费用。

（13）外形体积在 2 m³ 以内的池槽为小型池槽。

（14）本章定额捣制构件均按支承在坚实的地基上考虑。如属于软弱地基、湿陷性黄土地基、冻胀性土等所发生的地基处理费用，按实结算。

4.13.2 工程量计算规则

4.13.2.1 一般规则

1. 基 础

（1）基础与墙、柱的划分，均以基础扩大顶面为界。

（2）有肋式带形基础，肋高与肋宽之比在 4：1 以内的，按有肋式带形基础计算；肋高与肋宽之比超过 4：1 的，其底板按板式带形基础计算，以上部分按墙计算。

（3）箱式满堂基础应分别按满堂基础、柱、墙、梁、板有关规定计算。

（4）设备基础除块体外，其他类型设备基础分别按基础、梁、柱、板、墙等有关规定计算。

2. 柱

（1）有梁板的柱高，按基础上表面或楼板上表面至楼板上表面计算。

（2）无梁板的柱高，按基础上表面或楼板上表面至柱帽下表面计算。

（3）构造柱的柱高，有梁时按梁间的高度（不含梁高），无梁时按全高计算。

（4）依附柱上的牛腿，并入柱内计算。

（5）单面附墙柱并入墙内计算，双面附墙柱按柱计算。

3. 梁

（1）梁与柱连接时，梁长算至柱的侧面。

（2）主梁与次梁连接时，次梁长算至主梁的侧面。

（3）圈梁与过梁连接时，过梁长度按门窗洞口宽度共加 500 mm 计算。

（4）现浇挑梁的悬挑部分按单梁计算，嵌入墙身部分分别按圈梁、过梁计算。

4. 板

（1）有梁板包括主梁、次梁与板，梁板合并计算。

（2）无梁板的柱帽并入板内计算。

（3）平板与圈梁、过梁连接时，板算至梁的侧面。

（4）预制板缝宽度在 60 mm 以上时，按现浇平板计算；宽度在 60 mm 以下的板缝已在接头灌缝的子目内考虑，不再列项计算。

5. 墙

（1）墙与梁重叠，当墙厚等于梁宽时，墙与梁合并按墙计算；当墙厚小小梁宽时，墙梁分别计算。

（2）墙与板相交，墙高算至板的底面。

（3）墙净长小于或等于 4 倍墙厚时，按柱计算；墙净长大于 4 倍墙厚，而小于或等于 7 倍墙厚时，按短肢剪力墙计算。

6. 其　他

（1）带反梁的雨棚按有梁板定额子目计算。

（2）零星混凝土构件，系指每件体积在 0.05 m³ 以内的未列出定额项目的构件。

（3）现浇挑檐天沟与板（包括屋面板、楼板）连接时，以外墙为分界线。

4.13.2.2　工程量计算规则

（1）现浇混凝土及钢筋混凝土模板工程量，除另有规定外，均应区别模板的不同材质，按混凝土与模板接触面的面积计算。

（2）设备基础螺栓套留孔，区别不同深度以"个"计算。

（3）现浇钢筋混凝土柱、梁（不包括圈梁、过梁）、板（含现浇阳台、雨棚、遮阳板等）、墙、支架、栈桥的支模高度（即室外设计地坪或板面至上一层板底之间的高度）以在 3.6 m 以内为准。高度超过 3.6 m 以上部分，另按超高部分的总接触面积乘以超高米数（含不足 1 m，小数进位取整）计算支撑超高增加费工程量，套用相应构件每增加 1 m 子目。

（4）现浇钢筋混凝土墙、板上单个面积在 0.3 m² 以内的孔洞，不予扣除，洞侧壁模板亦不增加，但突出墙、板面的混凝土模板应相应增加；单个面积在 0.3 m² 以外时，应予扣除，洞侧壁模板并入墙、板模板工程量内计算。

（5）杯形基础的颈高大于 1.2 m 时（基础扩大项面至杯口底面），按柱定额执行，其杯口部分和基础合并按杯形基础计算。

（6）柱与梁、柱与墙、梁与梁等连接的重叠部分以及伸入墙内的梁头、板头部分，均不计算模板面积。

（7）构造柱均按图示外露部分计算模板面积。留马牙槎的按最宽面计算模板宽度。构造柱与墙接触面不计算模板面积。

（8）现浇钢筋混凝土阳台、雨棚，按图示外挑部分尺寸的水平投影面积计算。挑出墙外的悬臂梁及板边模板不另计算。雨棚翻边突出板面高度在 200 mm 以内时，按翻边的外边线长度乘以突出板面高度，并入雨棚内计算。雨棚翻边突出板面高度在 600 mm 以内时，翻边按天沟计算。雨棚翻边突出板面高度在 1 200 mm 以内时，翻边按栏板计算。雨棚翻边突出板面高度超过 1 200 mm 时，翻边按墙计算。

（9）楼板后浇带模板及支撑增加费以延长米计算。

（10）整体楼梯包括休息平台、平台梁、斜梁和楼梯的连接梁，按水平投影面积计算。不扣除宽度小于 500 mm 的梯井。楼梯踏步、踏步板、平台梁等侧面模板不另计算，伸入墙内部分也不增加。当楼梯与现浇楼板有梯梁连接时，楼梯应算至梯口梁外侧。当无梯梁连接时，以楼梯最后一个踏步边沿加 300 mm 计算。

（11）混凝土台阶，按图示台阶尺寸的水平投影面积计算，台阶端头两侧不另计算模板面积。架空式混凝土台阶，按现浇楼梯计算。

（12）现浇混凝土明沟以接触面积计算按电缆沟子目套用，现浇混凝土散水按散水坡实际面积计算。

（13）混凝土扶手按延长米计算。

（14）带形桩承台按带形基础定额执行。

（15）小立柱、二次浇灌模板按零星构件定额执行，以实际接触面积计算。

（16）以下构件按接触面积计算模板：混凝土墙按直形墙、电梯井壁、短肢剪力墙、圆弧墙，划分不分厚度，分别计算。挡土墙、地下室墙是直形时，按直形墙计算；是圆弧形时，按圆弧墙计算；既有直形又有圆弧形时，应分别计算。

（17）小型池槽按外形体积计算。

（18）胶合板模板堵洞按个计算。

4.14　脚手架工程

4.14.1　脚手架计算要求

脚手架适用于一般工业与民用建筑工程的建筑物（构筑物）所搭设的脚手架，无论钢管、木制、竹制均按本分部执行。

脚手架子目中，已综合了斜道、防护栏杆、上料平台以及挖土、现场水平运输等费用。

1. 综合脚手架。

适用于能够按《建筑工程建筑面积计算规范》计算建筑面积的建筑工程的脚手架。不适用于房屋加层、构筑物及附属工程脚手架。

综合脚手架已综合考虑了施工主体、一般装饰和外墙抹灰脚手架。不包括无地下室的满堂基础架、室内净高超过 3.6 m 的天棚和内墙装饰架、悬挑脚手架、设备安装脚手架、人防通道、基础高度超过 1.2 m 的脚手架，该内容可另执行单项脚手架子目。

同一建筑物有不同檐高时，按建筑物竖向切面分别计算建筑面积，套用相应的子目。

2. 单项脚手架

适用于不能按"建筑工程建筑面积计算规范"计算建筑面积的建筑工程。

室内高度在 3.6 m 以上时，可增列满堂脚手架，但内墙装饰不再计算脚手架，也不扣除抹灰子目内的简易脚手架费用。内墙高度在 3.6 m 以上且无满堂脚手架时，可另计算装饰脚手架，执行脚手架相应子目。

高度在 3.6 m 以上的墙、柱、梁面及板底的单独勾缝，每 100 m² 增加设施费 15 元，不得计算满堂脚手架。单独板底勾缝确需搭悬空脚手架者，可执行装饰分部中的相应子目。

4.14.2 脚手架工程量计算规则

（1）综合脚手架应区分地下室、单层、多（高）层和不同檐高，以建筑面积计算，同一建筑物檐高不同时，应按不同檐高分别计算。

（2）单项脚手架中外脚手架、里脚手架均按墙体的设计图示尺寸以垂直投影面积计算。

（3）围墙按墙体的设计图示尺寸以垂直投影面积计算，凡自然地坪至围墙顶面高度在 3.6 m 以下的，执行里脚手架子目；高度超过 3.6 m 以上时，执行单排脚手架子目。

（4）整体满堂钢筋混凝土基础，凡其宽度超过 3 m 以上时，按其底板面积计算基础满堂脚手架。条形钢筋混凝土基础宽度超过 3 m 时和底面积超过 20 m² 的设备基础也可按其上口面积计算基础满堂脚手架。

（5）独立柱按图示柱结构外围周长另加 3.6 m，乘以设计高度以面积计算，套用单排外脚手架子目。

（6）现浇混凝土单梁脚手架，以外露净长乘以地坪至梁底高度计算工程量。

（7）满堂脚手架按室内净面积计算，其高度在 3.6～5.2 m 时，计算基本层，超过 5.2 m 时，每增加 1.2 m 按增加一层计算，不足 0.6 m 的不计。计算公式如下：

$$满堂脚手架增加层 = （室内净高度 - 5.2 \text{ m}）\div 1.2 \text{ m}$$

（8）网架安装脚手架按网架水平投影面积计算。

（9）烟囱脚手架按设计图示的不同直径、室外地坪至烟囱顶部的筒身高度以"座"计算，地面以下部分的脚手架已包括在定额子目内。

4.15 垂直运输

4.15.1 垂直运输计算要求

（1）建筑物的檐高是指设计室外地坪至檐口（屋面结构板面）的垂直距离，突出主体建筑屋顶的电梯间、水箱间等不计入檐口高度之内。构筑物的高度，是指从设计室外地坪至构筑物顶面的高度。

（2）垂直运输费依据建筑物的不同檐高划分为基础及地下室、檐高 20 m 以内工程、檐高 20 m 以上工程。

（3）垂直运输费子目中的工程内容，包括单位工程在合理工期内完成全部工程项目所需的垂直运输机械台班.不包括机械的场外往返运输，一次安装及路基铺垫和轨道铺拆等费用。

（4）同一建筑物有不同檐高时，按建筑物竖向切面分别计算建筑面积，套用相应子目。

（5）檐高在 4 m 以内的单层建筑，不计算垂直运输费。

（6）建筑物中的地下室应单独计算垂直运输费。

（7）无地下室且埋置深度在 4 m 及以上的基础、地下水池可按相应项目计算垂直运输费。

4.15.2 垂直运输费计算规则

（1）建筑物垂直运输工程量，区分不同建筑物类型及檐高以建筑面积计算。

（2）无地下室且埋置深度在 4 m 及以上的基础、地下水池垂直运输工程量按混凝土或砌体的设计尺寸以体积计算。

（3）烟囱、水塔、筒仓垂直运输以座计算，超过规定高度时再按每增高 1 m 定额子目计算，其高度不足 1 m 时，亦按 1 m 计算。

（4）混凝土泵送工程量按混凝土泵送部位的相应子目中规定的混凝土消耗量体积计算。

4.16 装饰装修工程

装饰装修工程包括楼地面工程、墙柱面工程、天棚工程、门窗工程、油漆、涂料、裱糊工程等。

4.16.1 楼地面工程

楼地面工程主要包括整体面层、块料面层、橡塑面层、其他材料面层等。整体面层包括水泥砂浆楼地面、现浇水磨石楼地面、细石混凝土楼地面、菱苦土楼地面.块料面层包括：石材楼地面、块料楼地面。橡塑面层包括：橡胶板楼地面、塑料板楼地面、塑料卷材楼地面。其他材料面层包括：地毯、竹木地板、防静电活动地板、金属复合地板、玻璃地板等。

1. 楼地面工程量计算规则

（1）楼地面整体和块料面层按设计图示尺寸以面积计算。扣除凸出地面构筑物、设备基础、室内铁道、地沟等所占面积，不扣除间壁墙和在 0.3 m² 以内的柱、垛、附墙烟囱及孔洞所占面积。门洞、空圈、暖气包槽、壁龛的开口部分不增加面积。

（2）橡塑面层和其他材料面层按设计图示尺寸以面积计算。门洞、空圈、暖气包槽、壁龛的开口部分并入相应的工程量内。

（3）踢脚线按设计图示尺寸长度乘以高度以面积计算。

（4）楼梯装饰按设计图示尺寸以楼梯（包括踏步、休息平台及宽 500 mm 以内的楼梯井）水平投影面积计算。楼梯与楼地面相连时，算至梯口梁内侧边沿；无梯口梁者，算至最上一层踏步边沿加 300 mm。

（5）台阶装饰按设计图示尺寸以台阶（包括上层踏步边沿加 300 mm）水平投影面积计算。

（6）零星装饰项目按设计图示尺寸以面积计算。

（7）防滑条按设计图示尺寸长度计算。设计未明确时，可按楼梯踏步两端距离减 300 mm 后的长度计算。

（8）地面、散水和坡道垫层按设计图示尺寸以体积计算。应扣除凸出地面构筑物、设备基础、室内铁道、地沟等所占体积，不扣除间壁墙和在 0.3 m² 以内的柱、垛、附墙烟囱及孔洞所占体积。

（9）散水、防滑坡道按图示尺寸以水平投影面积计算（不包括翼墙、花池等）。

（10）扶手、栏杆、栏板按设计图示尺寸以扶手中心线长度（包括弯头长度）计算。

2. 水泥砂浆楼地面

水泥砂浆楼地面按厚度和做法的不同，划分为水泥砂浆楼地面（20 mm、25 mm）、加浆一次抹光、水泥砂浆毛面楼地面等子项。其中水泥砂浆毛面楼地面仅编制了 15 mm 厚 1∶3 水泥砂浆子目，当设计厚度不同时，可套用找平层每增减 5 mm 的定额子目进行调整。

工程内容：清理基层，调制砂浆；刷素水泥浆；水泥砂浆抹面、压光或一次抹光等。

3. 地板砖楼地面

地板砖楼地面按地板砖规格不同细分为 200 mm×200 mm、300 mm×300 mm、400 mm×400 mm、500 mm×500 mm、600 mm×600 mm、800 mm×800 mm、1 000 mm×1 000 mm 等子项。

工程内容：清理基层，刷素水泥浆、砂浆找平层，铺结合层及地板砖、擦缝、净面等。

【例 4.17】 根据图 4.61，求某建筑物的室内水泥砂浆地面面层工程量。

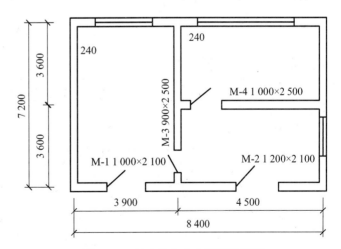

图 4.61 某建筑物室内平面示意图

解：水泥砂浆地面面层工程量 =（3.9-0.24）×（7.2-0.24）+（4.5-0.24）×

（3.6-0.24）×2 = 25.47+28.63 = 54.10（m²）

4.16.2　墙、柱面工程

墙、柱面工程包括抹灰工程、镶贴工程、装饰板工程、轻质隔断及幕墙工程。

1. 抹灰工程

抹灰工程包括墙、柱面一般抹灰和装饰抹灰。一般抹灰包括石灰砂浆、混合砂浆、水泥砂浆等，装饰抹灰包括水刷豆石墙裙、水磨石墙面等。

抹灰工程工程量计算规则：

墙面抹灰按设计图示尺寸以面积计算。扣除墙裙、门窗洞口及单个在 0.3 m² 以上的孔洞面积，不扣除踢脚线、挂镜线和墙与构件交接处的面积，门窗洞口和孔洞的侧壁及顶面不增加面积。附墙柱、梁、垛、烟囱侧壁并入相应的墙面面积内。具体计算方法如下：

（1）外墙抹灰面积按外墙垂直投影面积计算。

（2）外墙裙抹灰面积按其长度乘以高度计算。

（3）内墙抹灰面积按主墙间的净长乘以高度计算；无墙裙的，高度按室内楼地面至天棚底面计算；有墙裙的，高度按墙裙顶至天棚底面计算。

（4）内墙裙抹灰面按内墙净长乘以高度计算。

柱面抹灰按设计图示尺寸柱断面周长乘以高度，以面积计算。

2. 镶贴工程

镶贴工程包括粘贴大理石、干挂花岗岩；贴瓷砖、干挂石材钢骨架等。

（1）粘贴大理石工程内容：清理基层、调运砂浆、打底刷浆、切割面料、刷粘结剂、镶贴面料、擦缝、打蜡等。

（2）干挂花岗岩工程内容：清理基层、清洗花岗岩、钻孔成槽、安铁件、挂花岗岩，刷胶、打蜡、清洁面层等。

（3）贴瓷砖应区分砖、混凝土墙和加气混凝土墙，同时还应以瓷砖规格分别列项。其工程内容：清理修补基层表面、调运砂浆、打底、抹灰、砍打和修边、镶贴面层有阴阳角、修嵌缝隙、清洁表面等。

（4）墙、柱面镶贴块料工程量按饰面设计图示尺寸以面积计算。干挂石材骨架按设计图示尺寸以重量计算。

3. 装饰板工程

装饰板工程包括墙、柱面贴镜面玻璃、石膏板、铝塑板、成品装饰柱安装等。

（1）墙、柱面贴镜面玻璃工程内容：清理基层、定位、下料、镶贴面层、修边、钉压条等。

（2）墙、柱面粘贴石膏板、铝塑板工程内容：清扫基层、调运砂浆、抹水泥砂浆、粘贴面层、清洁表面等，按不同的装饰板分别套用相应定额子目。

（3）成品装饰柱安装工程内容：成品装饰柱（含柱基座、柱帽）定位、安装、搭拆简易脚手架等。成品装饰柱分石膏柱和 GRC 柱，GRC 柱又分为 4 m 以内和 4 m 以上两个子项。

（4）墙饰面按设计图示墙净长乘以净高以面积计算。扣除门窗洞口及单个 0.3 m² 以上的孔洞所占的面积。柱、梁饰面按设计图示外围尺寸以面积计算。柱帽、柱墩并入相应柱饰面工程量内。

4. 轻质隔断及幕墙工程

轻质隔断及幕墙工程包括轻钢龙骨石膏板隔墙、铝合金玻璃幕墙等。

（1）轻钢龙骨石膏板隔墙分单面钉石膏板和双面钉石膏板两个子项，其工程内容：定位、弹线、安装骨架、刷防腐油、铺钉面层、清理等。

（2）铝合金玻璃幕墙分明框、隐框、半隐框三个子项，其工程内容：型材矫正、放样下料、切割断料、钻孔、安装框料、玻璃配件、周边塞口、清理等。

（3）隔断按设计图示尺寸以面积计算。扣除单个 0.3 m² 以上的孔洞所占面积；浴厕门的材质与隔断相同时，门的面积并入隔断面积内。浴厕隔断高度自下横枋底算至上横枋顶面。浴厕门扇和隔断面积合并计算，安装的工料已包括在厕所隔断子目内，不另计算。

带骨架幕墙按设计图示框外围尺寸以面积计算。与幕墙同种材质的窗所占面积不扣除。全玻璃幕墙按设计图示尺寸以面积计算。带肋全玻璃幕墙按设计图示尺寸以展开面积计算。

【例 4.18】　某门房工程如图 4.62 所示，M：900 mm×2400 mm，C：1500 mm×1500 mm，室内墙面抹 1：2 水泥砂浆底，1：3 石灰砂浆找平层，麻刀石灰浆面层，共 20 mm 厚。室内墙裙采用 1：3 水泥砂浆打底（19 厚），1：2.5 水泥砂浆面层（6 厚），求室内墙面石灰砂浆抹灰和室内水泥砂浆墙裙工程量。

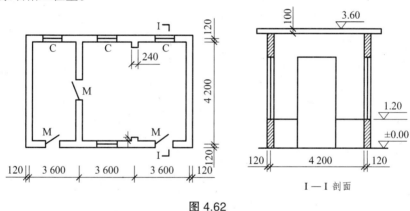

图 4.62

解：（1）室内墙面石灰砂浆抹灰工程量 ＝［（3.6×3-0.24×2+0.12×2）×2+

（4.2-0.24）×4］×（3.6-0.1-1.2）-0.9×

（2.4-1.2）×4-1.5×（1.5-0.3）×4 ＝ 73.49（m²）

　注：室内墙面抹灰工程量 ＝ 主墙间净长度×墙面高度-门窗等面积+垛的侧面抹灰面积

（2）室内水泥砂浆墙裙工程量 ＝［（3.6×3-0.24×2+0.12×2）×2]+

（4.2-0.24）×4-0.9×3]×1.2-1.5×0.3×4 ＝ 39.31（m²）

室内墙裙工程量 ＝ 主墙间净长度×墙面高度-门窗等面积+垛的侧面抹灰面积

4.16.3　天棚工程

天棚工程包括天棚抹灰和天棚吊顶等。

1. 天棚抹灰

天棚抹灰包括天棚抹石灰砂浆、抹混合砂浆等，其工程内容：清理修补基层表面、调运砂浆、清扫；抹灰找平、罩面及压光、小圆角抹光等。

天棚抹灰工程量按设计图示尺寸以水平投影面积计算。不扣除间壁墙、垛、柱、附墙烟囱、检查口和管道所占的面积，带梁天棚、梁两侧抹灰面积并入天棚面积内。

阳台底面抹灰按设计图示尺寸以水平投影面积计算，并入相应天棚抹灰面积

2. 天棚吊顶

天棚吊顶包括天棚龙骨架和天棚面层两部分。

天棚龙骨架包括天棚方木龙骨架、天棚 U 形轻钢龙骨架、天棚面层等。

（1）天棚龙骨架方木龙骨架分平面和跌级式两个子项，其工程内容：制作、安装木楞、木楞刷防腐油等。

（2）天棚 U 形轻钢龙骨架分不上人和上人两类子项，每个子项又按平面和跌级式划分为两个子项。

（3）天棚面层包括塑料板、铝塑板、石膏板等。其工程内容：基层清理、放样、下料、安装、清理等。

（4）天棚吊顶骨架按设计图示尺寸以水平投影面积计算。不扣除间壁墙、检查口、附墙烟囱、柱、垛和管道所占面积。天棚中的折线、迭落等圆弧形，高低吊顶槽等面积也不展开计算。

天棚面层按设计图示尺寸以面积计算。不扣除间壁墙、检查口、附墙烟囱、柱、垛和管道所占面积，应扣除单个 $0.3\ m^2$ 以上的孔洞、独立柱及与天棚相连的窗帘盒所占的面积。

【例 4.19】　有一工程现浇井字梁天棚如图 4.63 所示，麻刀石灰浆面层，计算天棚抹灰工程量。

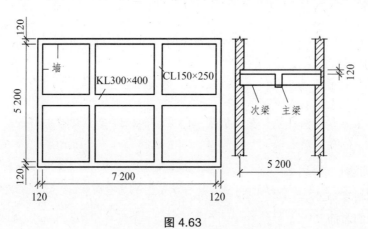

图 4.63

解：天棚抹灰定额工程量 =（7.20-0.24）×（5.20-0.24）+（0.40-0.12）×2×

（7.20-2.24）-（0.25-0.12）×0.15×4+（0.25-0.12）×

2×（5.2-0.24-0.3）×2 = 40.76（m²）

4.16.4　门窗工程

门窗工程包括普通木门、金属门、金属卷帘门、电子感应门、木窗、金属窗、塑钢窗等。

门窗工程量计算规则：

（1）各类门、窗工程除特别规定外，均按设计图示尺寸以门窗洞口面积计算。框帽走头、木砖及立框所需的拉条、护口条以及填缝灰浆，均已包括在定额子目内，不得另行增加。

（2）纱门、纱窗、纱亮的工程量分别按其安装对应的开启门扇、窗扇、亮扇面积计算。

（3）铝合金、塑钢纱窗制作安装按其设计图示尺寸以扇面积计算。

（4）金属卷闸门安装按设计图示尺寸以面积计算。电动装置以"套"计算，小门安装以"个"计算，同时扣除原卷帘门中小门的面积。

（5）无框玻璃门指无铝合金框，如带固定亮子无框（上亮、侧亮），工程量按门及亮子洞口面积分别计算中心，并执行相应子目。

（6）硬木门窗扇与框应分别列项计算工程量：硬木门窗框按设计图示尺寸以门窗洞口面积计算；硬木门窗扇以扇的净面积计算。

（7）特殊五金按设计图示数量计算。

（8）门窗贴脸、门窗套按设计图示洞口尺寸以长度计算。

（9）窗帘盒、窗帘轨按设计图示尺寸以长度计算。如设计未说明者，按窗洞口宽度两边共加300 mm计算。

（10）窗台板按设计图示尺寸以面积计算。如设计未说明者，长度可按窗洞口两边共加100 mm，挑出墙面的宽度，按50 mm计算。

（11）镜面不锈钢、镜面玻璃、镀锌铁皮包门框按设计图示尺寸以展开面积计算（不计咬口面积）。

（12）镀锌铁皮、镜面不锈钢、人造革包门窗扇，切片皮、塑料装饰面、装饰三合板贴门扇均按门窗扇的单面面积计算。

（13）镀锌铁皮包木材面按设计图示尺寸以展开面积计算。

（14）挂镜线按设计图示长度计算。挂镜点按图示数量计算。

4.16.5　油漆、涂料工程

油漆、涂料工程是指将油漆、涂料涂敷于物体表面的工程，它包括木材面油漆、金属面油漆、抹灰面油漆、刷喷涂料等。

1. 木材面油漆

木材面主要指各种木门窗、木屋架、屋面板、各种木间壁墙、木隔断墙、封檐板、木扶手、窗帘盒等木装修的表面。

木材面油漆工程量：

（1）各种木门窗油漆均按设计图示尺寸以单面洞口面积计算。

（2）双层和其他木门窗的油漆执行相应的单层木门窗油漆子目，并分别乘以表4.29、表4.30中的系数。

（3）各种木扶手油漆按设计图示尺寸以长度计算。

（4）带托板的木扶手及其他板条线条的油漆执行木扶手（不带托板）油漆子目，并分别乘以表4.31中的系数。

表 4.29　木门油漆工程量调整系数表

项目名称	调整系数	工程量计算方法
单层木门	1.00	
双层（一板一纱）木门	1.36	
双层木门	2.00	
全玻门	0.83	按设计图示尺寸以单面洞口面积计算
半玻门	0.93	
半百叶门	1.30	
厂库大门	1.10	
无框装饰门、成品门扇	1.10	按设计图示尺寸以门扇面积计算

表 4.30　木窗油漆工程量调整系数表

项目名称	调整系数	工程量计算方法
单层玻璃窗	1.00	
双层（一玻一纱）窗	1.36	
双层窗	2.00	
三层（二玻一纱）窗	2.60	按设计图示尺寸以单面洞口面积计算
单层组合窗	0.83	
双层组合窗	1.13	
木百叶窗	1.50	

表 4.31　木扶手及其他板条线条油漆工程量调整系数表

项目名称	调整系数	工程量计算方法
木扶手（不带托板）	1.00	
木扶手（带托板）	2.60	
窗帘盒	2.04	
封檐板、顺水板	1.74	按设计图示长度计算
挂衣板	0.52	
装饰线条（宽度 60 mm 内）	0.50	
装饰线条（宽度 60～100 mm）	0.65	

（5）木板、胶合板天棚和其他木材面油漆按设计图示尺寸以面积计算。

（6）木板、胶合板天棚和其他木材面油漆均执行其他木材面油漆子目，并分别乘以表 4.32 中的系数。

（7）木地板及木踢脚线油漆按设计图示尺寸以面积计算。空洞、空圈、暖气包槽、壁龛的开口部分并入相应的工程量内。

（8）木楼梯油漆（不含底面）按设计图示尺寸以水平投影面积计算，执行木地板子目并乘以系数 2.3。

表 4.32 其他木材面油漆工程量调整系数表

项目名称	调整系数	工程量计算方法
木板、纤维板、胶合板天棚	1.00	按设计图示长度计算
檐口	1.20	
板条天棚、檐口	1.30	
木方格吊顶天棚	1.07	
带木线的板饰面（墙裙、柱面）	1.10	
窗台板、门窗套（筒子板）		
屋面板（带檩条）	1.11	按设计图示尺寸以斜面积计算
暖气罩	1.28	按设计图示尺寸以单面外围面积计算
木间壁、木隔断	1.90	
玻璃间壁露明墙筋	1.65	
木栅栏、木栏杆（带扶手）	1.82	
木屋架	1.79	按设计图示尺寸的跨度（长）×中高×1/2 计算
衣柜、壁柜	1.05	按设计图示尺寸以展开面积计算
零星木装修	1.15	

2. 金属面油漆

金属面主要指各种钢门窗、钢屋架、钢檩条、钢支撑及铁栏杆、铁爬梯、钢扶梯等金属制品的表面。

金属面油漆工程量计算：

（1）各种钢门窗油漆均按设计图示的单面洞口面积计算。

（2）各种钢门窗和金属间壁、平板屋面等油漆均执行单层钢门窗油漆子目，并分别乘以表 4.33 中的系数。

表 4.33 钢门窗、间壁、屋面油漆工程量调整系数表

项目名称	调整系数	工程量计算方法
单层钢门窗	1.00	按设计图示尺寸以单面洞口面积计算
双层（一玻一纱）钢门窗	1.48	
钢百叶钢门（窗）	2.74	
半截百叶钢门	2.22	
满钢门或包铁皮门	1.63	
钢折叠门	2.30	
射线防护门	2.96	按设计图示尺寸以框（扇）外围面积计算
厂库房平开、推拉门	1.70	
铁丝网大门	0.81	
平板屋面	0.74	按设计图示尺寸以面积计算
间壁	1.85	
排水、伸缩缝盖板	0.78	按设计图示尺寸以展开面积计算
吸气罩	1.63	按设计图示尺寸以水平投影面积计算

（3）钢屋架、天窗架、挡风架、屋架梁、支撑、檩条和其他金属构件油漆均按设计图示尺寸以质量计算。

（4）金属构件油漆均执行其他金属面油漆子目，并分别乘以表4.34中的系数。

表 4.34　金属构件油漆工程量调整系数表

项目名称	调整系数	工程量计算方法
钢屋架、天窗架、挡风架、屋架梁、支撑、檩条	1.00	
墙架（空腹式）	0.50	
墙架（格板式）	0.82	
钢柱、吊车梁、花式梁柱、空花构件	0.63	
操作台、走台、制动梁、钢梁车挡	0.71	
钢栅栏门、栏杆、窗栅	1.71	按设计图示尺寸以重量计算
铸铁花饰栏杆、铸铁花片	1.90	
钢爬梯	1.18	
轻型屋架	1.42	
踏步式钢扶梯	1.05	
零星铁件	1.32	

3. 抹灰面油漆、涂料

抹灰面油漆主要包括抹灰面刷调各漆和乳胶漆，其工程内容：基层清理、批刮腻子、砂纸打磨、刷底油、刷（喷）面漆等。

抹灰面刷涂料主要包括抹灰面刷888仿瓷涂料、石灰浆、白水泥浆等。

墙、柱、天棚抹灰面油漆、涂料按设计图示尺寸以面积计算。

4.16.6　裱糊工程

裱糊工程是指将壁纸或墙布粘贴在室内的墙面、柱面、天棚面的装饰工程。它具有装饰性好、图案花纹丰富多彩，材料质感自然，功能多样。除了装饰功能外，有的还具有吸声、隔热、防潮、防霉、防水、防火等功能。

裱糊工程量按设计图示尺寸以面积计算。

思考与练习题

1. 工程量计算的基本要求有哪些？
2. 建筑面积的定义是什么？
3. 确定建筑面积的因素有哪些？
4. 如何利用砖基础大放脚增加表计算砖基础工程量？
5. 如何计算砖砌体墙身工程量？
6. 如何计算构造柱的工程量？
7. 如何计算木门窗油漆工程量？
8. 如何计算脚手架的工程量？
9. 图 4.65 所示为某建筑物基础平面图和剖面图，地面面层厚 70 mm，3 : 7 灰土垫层厚

150 mm,(土壤为普通土,人工挖土),室外地坪以上各种工程量:C15 混凝土垫层体积为 15.12 m³, 钢筋混凝土地梁体积为 5.88 m³,砖基础体积为 44.29 m³。求此建筑物平整场地、挖土方、基础回填土、房心回填土、余土运输、砖基础的工程量。

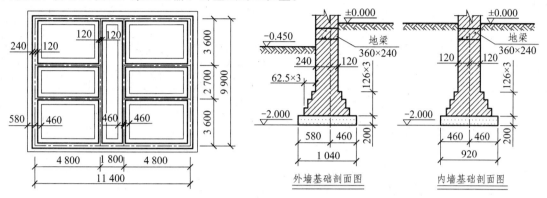

图 4.64　某建筑物基础平面图和剖面图

10. 某砖混结构门卫室平面图和剖面图如图 4.65 所示。

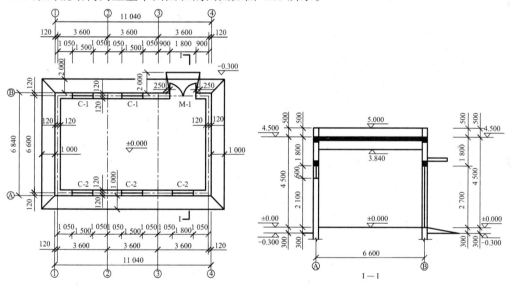

图 4.65　某门卫室建筑示意图

（1）屋面结构为 120 mm 厚现浇钢筋混凝土板,板面结构标高 4.500。②、③轴线处有现浇钢筋混凝土矩形梁,梁截面尺寸为 250 mm×660 mm（660 mm 中包括板厚 120 mm）。

（2）女儿墙设有混凝土压顶,其厚 60 mm。±0.000 以上墙体采用 Mu10 黏土砖混合砂浆,嵌入墙身的构造柱、圈梁和过梁体积合计为 5.01 m³。

（3）地面混凝土垫层 80 mm 厚,水泥砂浆面层 20 mm 厚,水泥砂浆踢脚线 120 mm 高。

（4）内墙面、顶棚面混合砂浆抹灰,白色乳胶漆两遍。

（5）外墙为水泥砂浆抹面、黄色乳胶漆两遍。散水为 60 mm 厚 C15 混凝土。

（6）门卫室门窗统计见表 4.35。

试计算:砖外墙、地面混凝土垫层、地面水泥砂浆面层、水泥砂浆踢脚线、散水、内墙乳胶漆、顶棚乳胶漆、外墙抹灰、外墙乳胶漆项目的工程量。

表 4.35　门卫室门窗统计表

类别	门窗编号	数量	洞口尺寸（mm）	
			宽	高
门	M-1	1	1 800	2 700
窗	C-1	2	1 500	1 800
	C-2	3	1 500	600

11. 某房屋基础平面与剖面如图 4.66 所示，已知一、二类土，地下常水位为-0.80，施工采用人力开挖，明排水。试计算：

（1）C10 混凝土垫层混凝土浇捣的工程量。

（2）C20 钢筋混凝土带形基础的工程量。

（3）M10 水泥砂浆砌筑烧结普通砖基础的工程量。

（4）1∶2 防水砂浆防潮层的工程量。

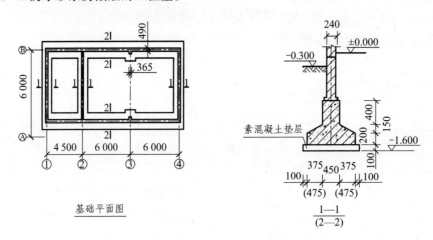

图 4.66　某房屋基础平面及剖面图

12. 某工程现浇框架结构二层结构平面图如图 4.67 所示，柱、梁、板、阳台均采用 C20 现浇商品泵送混凝土，图中板厚度 120 mm；支模采用复合木模施工工艺。图中轴线居梁中，本层层高 3.3 m。试计算此楼层混凝土工程柱、梁及混凝土板的工程量。

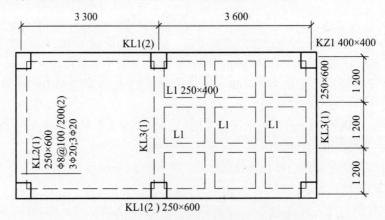

图 4.67　某框架结构二层结构平面图

第 5 章　建筑工程定额计价

本章要点

通过本章学习，了解定额计价的概念和原理，熟悉定额计价的依据和程序，熟悉定额计价的计算方法。

5.1　建筑工程定额计价概述

5.1.1　定额计价的概念

建筑工程定额计价是建筑工程造价的一种计算方法，又称为工料单价法。定额计价是按国家规定的统一工程量计算规则计算工程数量，然后按建设行政主管部门颁布的预算定额（或预算实物量定额及单位估价表）计算人工、材料、机械费，再按有关费用标准计取其他费用，汇总后得到工程造价。

5.1.2　定额计价的原理

建筑产品价格的计算是由分部分项组合而成的，建设工程按照组成内容可以划分为单项工程、单位工程、分部工程和分项工程。定额计价的原理就是通过项目划分，然后计算分项工程的工程量，再选套定额基价，然后进行工程取费，计算工程所需的全部费用，包括人工费、材料费、施工机具使用费、企业管理费、利润和税金，最后汇总得到整个工程的预算造价。

5.1.3　定额计价的方法

采用定额计价模式确定单位工程价格，其编制方法通常有单价法和实物法两种。

1. 单价法

单价法是利用预算定额（或消耗量定额估价表）中各分项工程相应的定额基价来编制单位工程计价文件的方法。首先按施工图计算各分项工程的工程量（包括实体项目和非实体项目），并乘以相应单价，汇总相加，得到单位工程的单位工程直接工程费；再加上按规定程序计算出来的措施费、企业管理费、利润和税金等；最后汇总各项费用即得到工程造价。

2. 实物法

实物法是依据施工图和预算定额，首先按分部分项顺序计算出分项工程量，再套用相应预算定额项目中人工、材料、机械台班消耗量，然后将分析工程的实物消耗量汇总成单位工程人工、材料、机械台班消耗量，接着分别乘以工程所在地当时的人工、材料、机械台班预算价格汇总成单位工程直接费，最后再按规定和费率计算措施费、企业管理费、利润和税金，并汇总出工程造价。

用实物法计价与单价法计价的方法步骤相似，这两种方法的核心区别在于计算工程造价的路径不同。

5.2 建筑工程定额计价的编制

5.2.1 编制依据

1. 施工图

施工图指经过审定后的施工图样和有关技术资料及标准图集，它是编制工程造价的重要资料之一。

2. 施工组织设计或施工方案

施工组织设计是确定单位工程进度计划、施工方法或主要技术措施以及施工现场平面布置等内容的文件。针对工程造价的编制，它明确了土方和基础的施工方法；是否放坡及工作面大小；土方运输工具及运距；余土或缺土的处理；钢筋混凝土构件、木构件、金属构件是现场制作还是预制厂制作、运距是多少；垂直运输机械的选型等。

3. 国家及地区颁布的现行定额及有关价格标准费用文件

现行定额是确定分部分项工程量计算的依据，是确定人工、材料和机械等实物消耗量的重要依据，有关价格标准和费用文件是施工图预算计价的依据。这些是编制工程造价的关键性资料。

4. 预算工作手册

编制工程造价时，要用到一系列的系数、数据、计算公式和其他有关资料，如钢筋混凝土标准构件的混凝土体积、钢筋及型钢的单位理论质量、各种几何形体的计算公式、各种材料的体积密度等。这些资料汇编成预算工作手册，以备查用，可以加快工程量的计算速度。

5. 工程合同或协议

施工企业和建设单位签订的合同或协议是双方必须遵守和履行的文件，其有关条款是编制工程造价的依据。

5.2.2 编制原则

工程造价的编制是一项工作量很大，政策性、技术性和时效性都很强而又十分细致复杂的工作。因此，编制工程造价时必须遵循以下原则：

（1）严格贯彻执行国家及地方现行的有关政策和规定。

（2）深入、细致地了解和掌握施工现场的实际情况。

（3）认真、实事求是地按照定额计价的编制程序、计算规则和计价原则计算工程造价。

5.2.3 编制步骤

根据 2013 年湖北省建筑安装工程费用定额的规定，定额计价的编制过程是：先根据施工图设计文件和消耗量定额计算各分项工程的工程量，再以消耗量定额基价表中的人工费、材料费（含未计价材料）和施工机具使用费为基础，计算工程所需的全部费用，包括人工费、材料费、施工机具使用费、企业管理费、利润、规费和税金。

具体的编制步骤如下：

1. 收集有关文件和资料

主要有施工图设计文件、施工组织设计、材料预算价格、预算定额及取费标准、地区单位估价表、工程承包合同、预算工作手册等。

2. 熟悉施工图纸和有关资料

（1）熟悉施工图设计文件

施工图纸是编制定额计价的基本依据，预算人员对建筑物造型、平面布置、结构类型、应用材料以及图注尺寸、说明及其构配件的选用等各方面的熟悉程度，会直接影响到能否准确、全面、快速地进行预算编制工作。

图纸熟悉要点包括：熟悉单位工程施工图纸及设计说明书，熟悉有关详图和有关标准图集，熟悉设计变更。同时结合预算定额项目划分原则，正确而全面地分析确定该工程中分部分项工程项目。

（2）熟悉施工组织设计

熟悉施工组织设计主要熟悉以下几项与定额计价编制有关的内容：

① 施工方法。施工方法不同，所套用的预算定额项目也不同，预算价格就会有所差异。

② 施工机械的选择。根据选用的施工机械套用相应的定额项目，从而得到相应的预算价格。

③ 工具设备的选择。选用的工具设备不同，套用的定额项目也不同。

④ 运输距离的远近。如土方运输、预制构件运输等，都要按运输距离的远近分别计算。

（3）熟悉预算定额

为了正确使用定额，必须认真学习预算定额的全部内容，了解定额项目的划分、工程量计算规则、如何进行定额换算，掌握各定额子目的工程内容、施工方法、质量要求和计量单位等，以便熟练查找和正确使用定额。

3. 了解现场情况

为了使预算能够更加准确地反映实际情况，必须了解现场施工条件、施工方法、技术组织措施、施工设备、材料供应等情况。主要有以下几个方面：

（1）了解施工现场工程地质、自然地形和最高、最低地下水位情况。

（2）了解材料及半成品的供应地点及运距。

（3）了解工程施工方案及工程开、竣工时间及季节性施工情况。

4. 计算分部分项工程量和单价措施项目工程量

工程项目的划分及工程量的计算，必须根据设计图纸和施工说明书提供的工程构造、设计尺寸和做法要求，结合施工现场的施工条件、地质、水文、平面布置等具体情况，按照预算定额的项目划分，对每个分项工程的工程量进行具体计算。

（1）根据工程内容和定额项目，列出需计算工程量的分项工程。

（2）根据一定的计算顺序和计算规则，列出分项工程量的计算式。

（3）根据施工图纸上的设计尺寸及有关数据，列出分项工程量的计算式。

（4）对计算结果的计量单位进行调整，使之与定额中相应的分项工程的计量单位标尺一致。

5. 套用定额单价计算分部分项工程费和单价措施项目费

核对工程量计算结果后，利用预算定额表中的分项工程定额基价，计算出各分项工程的人工费、材料费和机械费，汇总求出分部分项工程费。以同样方法计算出单价措施项目费。

6. 按计价程序记取其他费用并汇总造价

根据有关取费标准规定的费率、税率和相应的计算基数，分别计算总价措施项目费、企业管理费、利润、规费和税金。并将上述费用进行汇总，求出单位工程预算造价。

7. 编制工料分析表

工料分析是根据各分部分项工程项目的实物工程量和相应定额中项目所列的人工、材料、机械台班的数量，计算出各分部分项工程所需的人工、材料、机械台班数量，进行汇总计算后，即得出该单位工程所需的各类人工、各类材料及机械台班的总消耗数量。

8. 复　核

复核时应对项目填列、工程量计算公式和结果、套用综合基价、各项费用的取费费率及计算基础和计算结果、材料和人工预算价格及其价格调整等方面是否正确进行全面复核。

9. 编制说明、填写封面

编制说明是编制者向审核者说明编制方面有关情况，包括编制依据，工程性质、工程范围，设计图纸号、所用预算定额编制年份，承包方式，有关部门现行的调价文件号，套用单价或补充单位估价表方面的情况及其他需要说明的问题。

封面填写应写明工程名称、工程编号、工程量（建筑面积）、预算总造价及单方造价、编制单位名称及负责人和编制日期，审查单位名称及负责人和审核日期等。

5.2.4　各项费用的计算方法

1. 分部分项工程费和单价措施项目费的计算

分部分项工程费由人工费、材料费和机械费组成，即：

$$分部分项工程费 = 人工费 + 材料费 + 机械费 \tag{5.1}$$

其中：

$$人工费 = \sum（分部分项工程量 \times 人工消耗量 \times 人工工日单价） \tag{5.2}$$

$$材料费 = \sum（分部分项工程量 \times 材料消耗量 \times 材料单价） \tag{5.3}$$

$$机械费 = \sum（分部分项工程量 \times 机械台班消耗量 \times 机械台班单价） \tag{5.4}$$

现行"湖北 2013 版定额"人工单价如表 5.1 所示,表中规定了基本参考标准。

表 5.1 人工单价　　　　　　　　　　　　　　　　　　　单位:元/日

人工级别	普工	技工	高级技工
工日单价	60	92	138

2. 总价措施项目费

2013 年湖北省建筑安装工程费用定额的总价措施项目费分为安全文明施工费和其他总价措施项目费,其费率如表 5.2 和 5.3 所示。

（1）安全文明施工费

表 5.2 安全文明施工费费率表　　　　　　　　　　　　　　单位:%

专业工程	房屋建筑工程		工业厂房	装饰工程	通用安装工程	土石方工程	市政工程	园林绿化工程
	12 层以下（或檐高≤40m）	12 层以上（或檐高>40m）						
计价基数	人工费+施工机具使用费							
费率	13.28	12.51	10.68	5.81	9.05	3.46	—	—
其中　安全施工费	7.20	7.41	4.94	3.29	3.57	1.06	—	—
其中　文明施工费与环境保护费	3.68	2.47	3.19	1.29	1.97	1.44	—	—
其中　临时设施费	2.40	2.63	2.55	1.23	3.51	0.96	—	—

（2）其他总价措施项目费

计价基数	人工费+施工机具使用费
费率	0.65
其中　夜间施工增加费	0.15
其中　二次搬运费	按施工组织设计确定
其中　冬雨季施工增加费	0.37
其中　工程定位复测费	0.13

3. 企业管理费

企业管理费是指建筑安装企业组织施工生产和经营管理所需的费用。

包括:管理人员工资、办公费、差旅交通费、固定资产使用费、工具用具使用费、劳动保险和职工福利费、劳动保护费、检验试验费、工会经费、职工教育经费、财产保险费、账务费、税金及其他。企业管理费费率如表 5.4 所示。

表 5.4 企业管理费率表　　　　　　　　　　　　　　　　单位:%

专业工程	房屋建筑工程	装饰工程	通用安装工程	土石方工程	市政工程	园林绿化工程
计费基数	人工费+施工机具使用费					
费率	23.84	13.47	17.5	7.60	—	—

4. 利　润

利润是指施工企业完成所承包工程获得的盈利。其取费费率如表 5.5 所示。

表 5.5　利润费率表　　　　　　　　　　　　单位：%

专业工程	房屋建筑工程	装饰工程	通用安装工程	土石方工程	市政工程	园林绿化工程
计费基数	人工费+施工机具使用费					
费率	18.17	15.8	14.91	4.96	—	—

5. 规　费

规费是指按国家法律、法规规定，由省级政府和省级有关权力部门规定必须缴纳或计取的费用。包括：社会保险费（包括养老保险、失业保险、医疗保险、生育保险、工伤保险等 5 项费用）、住房公积金、工程排污费。其他应列而未列入的规费，按实际发生计取。

规费取费费率如表 5.6 所示。

表 5.6　规费费率表　　　　　　　　　　　　单位：%

专业工程		房屋建筑工程	装饰工程	通用安装工程	土石方工程	市政工程	园林绿化工程
计费基数		人工费+施工机具使用费					
费率		24.72	10.95	9.66	7.11	—	—
社会保险费		18.49	8.18	8.71	4.57	—	—
其中	养老保险费	11.68	5.26	5.60	2.89	—	—
	失业保险费	1.17	0.52	0.56	0.29	—	—
	医疗保险费	3.70	1.54	1.64	0.91	—	—
	生育保险费	1.36	0.61	0.65	0.34	—	—
	工伤保险费	0.58	0.25	0.26	0.14	—	—
住房公积金		4.87	2.06	0.20	1.20	—	—
工程排污费		1.36	0.71	0.75	1.34	—	—

6. 税　金

税金是指国家税法规定的应计入建筑安装工程造价内的营业税、城市维护建设税、教育费附加以及地方教育附加。税金取费费率如表 5.7 所示。

表 5.7　税金费率

纳税人地区	纳税人所在地在市区	纳税人所在地在县城、镇	纳税人所在地不在市区、县城或镇
计税基数	不含税工程造价		
综合税率	3.48	3.41	3.28

5.2.5　定额计价实例

采用定额计价，湖北省建筑安装工程费用组成如表 5.8 所示。

表 5.8　湖北省建筑安装工程费用组成表

序号	费用项目		计算公式
1	分部分项工程费		1.1+1.2+1.3
1.1	其中	人工费	∑（人工费）
1.2		材料费	∑（材料费）
1.3		施工机具使用费	∑（施工机械使用费）
2	措施项目费		2.1+2.2
2.1	单价措施项目费		2.1.1+2.1.2+2.1.3
2.1.1	其中	人工费	∑（人工费）
2.1.2		材料费	∑（材料费）
2.1.3		施工机具使用费	∑（施工机械使用费）
2.2	总价措施项目费		2.2.1+2.2.2
2.2.1	其中	安全文明施工费	（1.1+1.3+2.1.1+2.1.3）×费率
2.2.2		其他总价措施项目费	（1.1+1.3+2.1.1+2.1.3）×费率
3	总包服务费		（1.1+1.3+2.1.1+2.1.3）×费率
4	企业管理费		（1.1+1.3+2.1.1+2.1.3）×费率
5	利润		（1.1+1.3+2.1.1+2.1.3）×费率
6	规费		（1.1+1.3+2.1.1+2.1.3）×费率
7	索赔与现场签证		索赔与签证费用
8	不含税工程造价		1+2+3+4+5+6+7
9	税金		8×费率
10	含税工程造价		8+9

【例 5.1】　根据例题 4.1 给出的某建筑物的基础平面图和剖面图，试用定额计价的方法计算该土方工程的建筑工程费用。

解：（1）工程量的计算同例题 4.2、例题 4.3，可知该土方基础土方开挖工程量为 114.48 m³，基础回填土方量为 93.58 m³，则土方运输工程量为：114.48-93.58 = 20.9 m³。

（2）计算分部分项工程费，即：各项工程量乘以定额基价，汇总后如表 5.9 所示。

表 5.9　直接费计算表

序号	编号	定额名称	单位	工程量	单价（元）	其中（元）			合价	其中（元）		
						人工费单价	材料费单价	机械费单价		人工费单价	材料费单价	机械费单价
1	G1-2	人工挖土方一、二类土深度（2 m 以内）	100 m³	1.145	1 416	1416			1 621	1 621.04		
2	G1-242	自卸汽车运土方（载重 8 t 以内）30 km 以内每增加 1 km	1 000 m³	0.021	1 952.11			1 952.11	40.8			40.8
3	G1-281	填土夯实槽、坑	100 m³	0.936	1 057.03	828		229.03	989.17	774.84		214.33

（3）计算建筑工程费用

按湖北地区费用定额（2013）的规定，计算过程如表 5.10 所示。

表 5.10　建筑工程费用计算表

序号	费用名称	取费基数	费率	费用金额
一、	土石方工程	土石方工程		3374.22
1	分部分项工程费	人工费+材料费+未计价材料费+施工机具使用费		2651.01
1.1	人工费	人工费		2395.88
1.2	材料费	材料费		
1.3	未计价材料费	主材费		
1.4	施工机具使用费	机械费		255.13
2	措施项目费	单价措施项目费+总价措施项目费		108.95
2.1	单价措施项目费	人工费+材料费+施工机具使用费		
2.1.1	人工费	技术措施项目人工费		
2.1.2	材料费	技术措施项目材料费		
2.1.3	施工机具使用费	技术措施项目机械费		
2.2	总价措施项目费	安全文明施工费+其他总价措施项目费		108.95
2.2.1	安全文明施工费	1.1 人工费+1.4 施工机具使用费+2.1.1 人工费+2.1.3 施工机具使用费	3.46	91.72
2.2.2	其他总价措施项目费	1.1 人工费+1.4 施工机具使用费+2.1.1 人工费+2.1.3 施工机具使用费	0.65	17.23
3	总包服务费			
4	企业管理费	1.1 人工费+1.4 施工机具使用费+2.1.1 人工费+2.1.3 施工机具使用费	7.6	201.48
5	利润	1.1 人工费+1.4 施工机具使用费+2.1.1 人工费+2.1.3 施工机具使用费	4.96	131.49
6	规费	1.1 人工费+1.4 施工机具使用费+2.1.1 人工费+2.1.3 施工机具使用费	6.11	
7	索赔与现场签证			
8	安全技术服务费	分部分项工程费+措施项目费+总包服务费+企业管理费+利润+规费	0.12	3.91
9	不含税工程造价	分部分项工程费+措施项目费+总包服务费+企业管理费+利润+规费+索赔与现场签证+安全技术服务费		3 258.82
10	税前包干项目	税前包干价		
11	税金	不含税工程造价+税前包干价	3.541 1	115.4
12	税后包干项目	税后包干价		
13	含税工程造价	不含税工程造价+税金+税前包干价+税后包干项目		3 374.22
二、	工程造价	专业造价总合计		3 374.22

思考与**练习题**

1. 什么是建筑工程定额计价？
2. 建筑工程定额计价的编制方法有几种？
3. 试述建筑工程定额计价的编制依据。
4. 试述建筑工程定额计价的编制步骤。

第6章　工程量清单编制

■■ 本章要点

本章介绍《建设工程工程量清单计价规范》中，工程量清单的基本概念和工程清单的主要组成内容，通过本章学习，掌握工程量清单项目划分和列项规则，熟悉工程量清单编制的基本规定和流程。

6.1　《建设工程工程量清单计价规范》简介

工程量清单计价，是我国改革现行的工程造价计价方法和招标投标中报价方法与国际通行惯例接轨所采取的一种方式，我国自 2003 年起开始在全国范围内逐步推广工程量清单计价方法全部使用国有资金投资或国有资金投资为主（以下二者简称国有资金投资）的建设工程施工发承包，必须采用工程量清单计价。

工程量清单计价规范与计量规范由《建设工程工程量清单计价规范》（GB50500—2013）以及《房屋建筑与装饰工程工程量计算规范》（GB50854—2013）、《仿古建筑工程工程量计算规范》（GB50855—2013）、《通用安装工程工程量计算规范》（GB50856-2013）、《市政工程工程量计算规范》（GB50857—2013）、《园林绿化工程工程量计算规范》（GB50856—2013）、《矿山工程工程量计算规范》（GB50859—2013）、《构筑物工程工程量计算规范》（GB50860—2013）、《城市轨道交通工程工程量计算规范》（GB50861—2013）、《爆破工程工程量计算规范》（GB50862-2013）9种工程量计算规范组成。本规范自 2013 年 7 月 1 日起施行。

《建设工程工程量清单计价规范》（GB50500—2013）（以下简称《计价规范》），适用于建设工程承发包及实施阶段的计价活动，包括工程量清单编制、招标控制价编制、投标报价编制、工程合同价款的约定、工程施工过程中工程计量与合同价款的支付、索赔与现场签证、合同价款的调整、竣工结算的办理、合同解除的价款结算与支付、合同价款争议的解决、工程造价鉴定以及工程计价资料与档案建立等活动，涵盖了工程建设承发包以及施工阶段的整个过程。

6.2　《房屋建筑与装饰工程工程量计算规范》的内容

《房屋建筑与装饰工程工程量计算规范》（GB50854—2013）的内容包括正文、附录和条文说明三个部分。

第一部分：正文包括总则、术语、一般规定、分部分项工程、措施项目 5 个部分。

第二部分：附录部分包括：附录 A-土石方工程，附录 B-地基处理与边坡支护工程，附录 C-桩基工程，附录 D-砌筑工程，附录 E-混凝土及钢筋混凝土工程，附录 F-金属结构工程，附录 G-木结构工程，附录 H-门窗工程，附录 J-屋面及防水工程，附录 K-保温、隔热、防腐工程，附录 L-楼地面装饰工程，附录 M-墙、柱面装饰与隔断、幕墙工程，附录 N-天棚工程，附录 P-油漆、涂料、裱糊工程，附录 Q-其他装饰工程，附录 R-拆除工程，附录 S-措施项目等 17 个附录，共计 557 个项目。

6.3　工程量清单的定义

工程量清单是载明建设工程的分部分项工程项目、措施项目、其他项目、规费项目和税金项目和相应数量等的明细清单。

招标工程量清单是由招标人依据国家标准、招标文件、设计文件以及施工现场实际情况编制的，随招标文件发布供投标报价的工程量清单，包括对其的说明和表格。

已标价工程量清单，构成合同文件组成部分的投标文件中已标明价格，经算术性错误修正（如有）且承包人已确认的工程量清单，包括对其的说明和表格。

6.3.1　编制招标工程量清单的一般规定

（1）招标工程量清单应由具有编制能力的招标人或受其委托，具有相应资质的工程造价咨询人或招标代理人编制。

（2）招标工程量清单必须作为招标文件的组成部分，其准确性和完整性由招标人负责。

（3）招标工程量清单是工程量清单计价的基础，应作为编制招标控制价、投标报价、计算工程量、工程索赔等的依据之一。

（4）工程量清单应由分部分项工程量清单、措施项目清单、其他项目清单、规费项目清单、税金项目清单组成

6.3.2　编制招标工程量清单的依据

（1）计价规范和相关工程的国家计量规范。

（2）国家或省级、行业建设主管部门颁发的计价定额和办法。

（3）建设工程设计文件及相关资料。

（4）与建设工程有关的标准、规范、技术资料。

（5）拟定的招标文件。

（6）施工现场情况、地勘水文资料、工程特点及常规施工方案。

（7）其他相关资料。

6.4 工程量清单编制

6.4.1 分部分项工程量清单

《建设工程工程量清单计价规范》对分部分项工程量清单编制作出了以下规定：

分部分项工程项目清单必须载明项目编码、项目名称、项目特征、计量单位和工程量，这五个要件在分部分项工程量清单的组成中缺一不可。

分部分项工程项目清单必须根据相关工程现行国家"计量规范"规定项目编码、项目名称、项目特征、计量单位和工程量计算规则进行编制。

1. 项目编码的设置

分部分项工程量清单的项目编码，采用十二位阿拉伯数字表示。一至九位应按附录的规定设置，十至十二位应根据拟建工程的工程量清单项目名称设置，同一招标工程的项目编码不得有重码。

分部分项工程量清单编码采用 12 位阿拉伯数字表示，前 9 位为全国统一编码，其中一、二位为专业工程代码：房屋建筑与装饰工程 01，仿古建筑工程 02，通用安装工程 03，市政工程 04，园林绿化工程 05，矿山工程 06，构筑物工程 07，城市轨道交通工程 08，爆破工程 09。三、四位为专业工程顺序码。五、六位为分部工程顺序码。七、八、九位为分项工程项目名称顺序码。十至十二位为清单项目名称顺序码。

全国统一编码的前九位数不得变动，后三位由清单编制人员根据设置的清单项目编制。如：砖基础的项目采用编码 010401001×××，如图 6.1 所示。

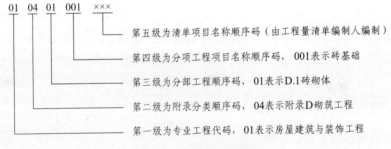

图 6.1 清单编码示意图

2. 分部分项工程的项目名称

分部分项工程的项目和名称应与《计价规范》中建筑工程项目名称一致。应考虑该项目的规格、型号、材质等特征要求，结合拟建工程的实际情况，使其项目具体化。名称设置时应考虑三个因素，一是项目名称，二是项目特征，三是拟建工程的实际情况。

3. 拟定项目特征的描述

工程量清单的项目特征是确定一个清单项目综合单价不可缺少的重要依据，在编制的工程量清单中必须对其项目特征进行准确和全面的描述。在描述工程量清单项目特征时应按以下原则进行：

（1）项目特征描述的内容按本规范附录规定的内容，项目特征的表述按拟建工程的实际要求，能满足确定综合单价的需要。

（2）若采用标准图集或施工图纸能够全部或部分满足项目特征描述的要求，项目特征描述可直接采用详见××图集或××图号的方式。对不能满足项目特征描述要求的部分，仍应用文字描述。

（3）清单项目特征的描述，应根据计价规范附录中有关项目特征的要求，结合技术规范、标准图集、施工图纸，按照工程结构、使用材质及规格或安装位置等，予以详细而准确的表述和说明。

4. 计量单位的选择

工程量是指以物理计量单位或自然计量单位所表示的各分项工程或结构构件的具体数量同时规定，工程计量时每一项目汇总的有效位数应遵守下列规定：

（1）以"t"为单位，应保留小数点后三位数字，第四位小数四舍五入。

（2）房屋建筑与装饰、通用安装、市政、城市轨道交通工程中，以"m"、"m²"、"m³"、"kg"为单位，应保留小数点后两位数字，第三位小数四舍五入；园林绿化工程中，以"m"、"m²"、"m³"为单位，应保留小数点后两位数字，第三位小数四舍五入。

（3）房屋建筑与装饰、通用安装工程中，以"台"、"个"、"件"、"套"、"根"、"组"、"系统"为单位，应取整数。市政、城市轨道交通工程中，以"个"、"件"、"根"、"组"、"系统"为单位，应取整数。

（4）园林绿化工程中，以"株"、"丛"、"缸"、"套"、"个"、"支"、"只"、"块"、"根"、"座"为单位，应取整数。

5. 工程量计算规则

工程量清单中所列工程量应按"计量规范"附录中规定的工程量计算规则计算。工程量计算规则是指对清单项目工程量的计算规定。除另有说明外，所有清单项目的工程量以实体工程量为准，并以完成后的净值来计算。

工程实体的工程量是唯一的，故投标人在投标报价时，应在计算综合单价时应考虑施工中的各种损耗和需要增加的工程量，或在措施费清单中列入相应的措施费用。

6.4.2　措施项目清单

措施项目清单应根据拟建工程的实际情况列项。通用项目可以按规范列表选择列项，专业工程的措施项目可按附录表中规定的项目选择列项。若出现未列的项目，可根据实际情况补充。

工程项目一般划分为实体性项目即分部分项工程量清单项目，和非实体性项目即措施项目。所谓非实体性项目，一般来说，其费用的发生和金额的大小与使用时间、施工方法或者两个以上工序相关，与实际完成的实体工程量的多少关系不大，典型的是大中型施工机械、文明施工和安全防护、临时设施等。但有的非实体性项目，则是可以精确计量的项目，典型的是混凝土浇筑的模板工程，用分部分项工程量清单的方式进行编制。

计量规范将措施项目划分为两类，一类是单价措施项目，可以计算工程量的措施项目，如综合脚手架、混凝土模板及支架等，编制工程量清单时，采用分部分项工程量清单的方式编制，列出项目编码、项目名称、项目特征、计量单位和工程量等。

另一类是总价措施项目，不能计算工程量的措施项目，如安全文明施工、夜间施工和二次搬运等，计量规范仅列出了项目编码、项目名称和包含的范围，未列出项目特征、计量单位和工程量计算规则，编制工程量清单时，必须按"计量规范"规定的项目编码、项目名称确定清单项目，不必描述项目特征和确定计量单位。

6.4.3 其他项目清单

其他项目清单主要体现了招标人提出的一些与拟建工程有关的特殊要求。主要考虑工程建设标准的高低、工程的复杂程度、工程的工期长短、工程的组成内容等直接影响工程造价的部分，它是分部分项项目和措施项目之外的工程费用。它包括暂列金额。暂估价，（包括材料暂估单价、专业工程暂估价），计日工，总承包服务费等。若出现以上未列的项目，可根据实际情况补充。补充项目应列于清单项目最后，并以"补"字在"序号"栏中予以标示。

其他项目费是指：暂列金额、暂估价、计日工、总承包服务费的估算金额等的总和。

1. 暂列金额

暂列金额招标人在工程量清单中暂定并包括在合同价款中的一笔款项。用于施工合同签订时尚未确定或者不可预见的所需材料、设备、服务的采购，施工中可能发生的工程变更、合同约定调整因素出现时的工程价款调整以及发生的索赔、现场签证确认等的费用。暂列金额应根据工程特点，按有关计价规定估算。

工程建设自身的特性决定了工程设计需要根据工程进展不断地进行优化和调整，业主需求可能会随工程建设进展出现变化，工程建设过程还会存在其他一些不能预见、不能确定的因素。暂列金额在实际履约过程中可能发生，也可能不发生。暂列金额如不能列出明细，也可只列暂定金额总额。

2. 暂估价

暂估价招标人在工程量清单中提供的用于支付必然发生但暂时不能确定价格的材料、工程设备的单价以及专业工程的金额。暂估价：包括材料暂估单价、工程设备暂估单价、专业工程暂估价。暂估价中的材料、工程设备暂估价应根据工程造价信息或参照市场价格估算。专业工程暂估价应分不同专业，按有关计价规定估算。

暂估价是指在招标阶段预见肯定要发生，只是因为标准不明确或者需要由专业承包人完成，暂时无法确定价格。暂估价数量和拟用项目应当结合"工程量清单"的"暂估价表"予以补充说明。

为方便合同管理，需要纳入分部分项工程量清单项目综合单价中的暂估价应只是材料费，以方便投标人组价。

专业工程的暂估价一般应是综合暂估价，应当包括除规费和税金以外的管理费、利润等取费。总承包招标时，专业工程设计深度往往是不够的，一般需要交由专业设计人设计，国际上，出于提高可建造性考虑，一般由专业承包人负责设计，以发挥其专业技能和专业施工经验的优势。

3. 计日工

计日工是在施工过程中，承包人完成发包人提出的施工图纸以外的零星项目或工作，按合同中约定的综合单价计价的一种方式。计日工应列出项目和数量。

计日工是对完成零星工作所消耗的人工工时、材料数量、机械台班进行计量，并按照计日工表中填报的适用项目的单价进行计价支付。计日工适用的所谓零星工作一般是指合同约定之外的或因变更而产生的、工程量清单中没有相应项目的额外工作，尤其是那些时间不允许事先商定价格的额外工作。

4. 总承包服务费

总承包服务费是总承包人为配合协调发包人进行的专业工程分包，发包人自行采购的设备、材料等进行保管以及施工现场管理、竣工资料汇总整理等服务所需的费用。

总承包服务费是为了解决招标人在法律、法规允许的条件下进行专业工程发包以及自行供应材料、设备，并需要总承包人对发包的专业工程提供协调和配合服务（如分包人使用总包人的脚手架等）。对供应的材料、设备提供收、发和保管服务以及对施工现场进行统一管理。对竣工资料进行统一汇总整理等发生并向总承包人支付的费用。招标人应当预计该项费用并按投标人的投标报价向投标人支付该项费用

6.4.4　规费项目清单

规费是根据国家法律、法规规定，由省级政府或省级有关权力部门规定必须缴纳的，应计入建筑安装工程造价的费用。规费项目清单应按照下列内容列项：

（1）社会保险费：包括养老保险费、失业保险费、医疗保险费、工伤保险费、生育保险费。

（2）住房公积金。

（3）工程排污费。

6.4.5　税金项目清单

税金是国家税法规定的应计入建筑安装工程造价内的营业税、城市维护建设税及教育费附加等。税金项目清单应包括下列内容：

（1）营业税。

（2）城市维护建设税。

（3）教育费附加。

（4）地方教育附加。

6.5　工程量清单相关表格

工程量清单应采用统一格式。工程量清单格式应由下列内容组成：封面、总说明、分部分项工程量清单、措施项目清单、其他项目清单、规费和税金项目清单。表格的具体形式，可参见第10章工程量清单计价案例实训部分。

思考与练习题

1. 什么是工程量清单？
2. 工程量清单的组成是什么？
3. 编制工程量清单的依据有哪些？
4. 分部分项工程量清单包括哪些内容？
5. 通用措施项目清单包括哪些内容？
6. 暂列金额与暂估价的区别是什么？
7. 简述计日工、总承包服务费的概念和费用构成。
8. 简述规费项目清单所包括的主要内容。

第7章 清单工程量计算规则

本章要点

在建筑工程中，清单项目工程量是工程量清单编制的基础，是工程投标报价、施工组织设计及工程量清单计价的重要依据。因此，在工程中必须按照一定的规则来准确地计算工程量。本章结合实例主要介绍《房屋建筑与装饰工程计量规范》（GB 500854—2013）。通过本章学习，能对建筑与装饰装修工程分部分项工程量清单项目以及措施项目进行编码，书写项目名称，正确描述项目特征、工程内容及工程量计算。

7.1 土、（石）方工程工程量计算

土方工程适用于一般工业与民用建筑的新建、扩建和改建工程的土石方开挖及回填土工程，分为土方工程、石方工程及土石方回填3大项。

7.1.1 土方工程（编号：010101）

土方工程包括平整场地，挖一般土方，挖沟槽土方，挖基坑土方，冻土开挖，挖淤泥、流砂，管沟土方七项。挖土应按自然地面测量标高至设计地坪标高的平均厚度确定。竖向土方、山坡切土开挖深度应按基础垫层底表面标高至交付施工现场地标高确定，无交付施工场地标高时，应按自然地面标高确定。建筑物场地厚度≤±300 mm 的挖、填、运、找平，应按本表中平整场地项目编码列项。厚度 >±300 mm 的竖向布置挖土或山坡切土应按本表中挖一般土方项目编码列项。

沟槽、基坑、一般土方的划分为：底宽≤7 m，底长 >3 倍底宽为沟槽；底长≤3 倍底宽、底面积≤150 m² 为基坑；超出上述范围则为一般土方。挖土方如需截桩头时，应按桩基工程相关项目编码列项。弃、取土运距可以不描述，但应注明由投标人根据施工现场实际情况自行考虑，决定报价。

土壤的分类应按表 7.1 确定，如土壤类别不能准确划分时，招标人可注明为综合，由投标人根据地勘报告决定报价。土方体积应按挖掘前的天然密实体积计算。如需按天然密实体积折算时，应按表 7.2 系数计算。

挖沟槽、基坑、一般土方因工作面和放坡增加的工程量（管沟工作面增加的工程量），是否并入各土方工程量中，按各省、自治区、直辖市或行业建设主管部门的规定实施，如并入各土方工程量中，办理工程结算时，按经发包人认可的施工组织设计规定计算，编制工程量清单时，可按表 7.3、表 7.4、表 7.5 规定计算。

挖方出现流砂、淤泥时，应根据实际情况由发包人与承包人双方现场签证确认工程量。管沟土方项目适用于管道（给排水、工业、电力、通信）、光（电）缆沟（包括：人孔桩、接口坑）及连接井（检查井）等。

表 7.1　土壤分类表

土壤分类	土壤名称	开挖方法
一、二类土	粉土、砂土（粉砂细砂中砂粗砂砾砂）、粉质黏土、弱中盐渍土、软土（淤泥质土、泥炭、泥炭质土）、软塑红黏土、冲填土	用锹、少许用镐、条锄开挖。机械能全部直接产挖满载者
三类土	黏土、碎石土（圆砾、角砾）混合土、可塑红黏土、硬塑红黏土、强盐渍土、素填土、压实填土	主要用镐、条锄、少许用锹开挖。机械需部分刨松方能铲挖满载者或可直接铲挖但不能满载者
四类土	碎石土（卵石、碎石、漂石、块石）、坚硬红黏土、超盐渍土、杂填土	全部用镐、条锄开挖，少许用撬棍挖掘。机械需普遍刨松方能铲挖满载者

表 7.2　土方体积折算系数表

天然密实度体积	虚方体积	夯实后体积	松填体积
0.77	1.00	0.67	0.83
1.00	1.30	0.87	1.08
1.15	1.50	1.00	1.25
0.92	1.20	0.80	1.00

注：①虚方指未经碾压，堆积时间≤1年的土壤。

②本表按《全国统一建筑工程预算工程量计算规则》GJDGZ—101—95整理。

③设计密实度超过规定的，填方体积按工程设计要求执行；无设计要求按各省、自治区、直辖市或行业建设行政主管部门规定的系数执行。

表 7.3　放坡系数表

土类别	放坡起点（m）	人工挖土	机械挖土		
			在坑内作业	在坑上作业	顺沟槽在坑上作业
一、二类土	1.20	1∶0.5	1∶0.33	1∶0.75	1∶0.5
三类土	1.50	1∶0.33	1∶0.25	1∶0.67	1∶0.33
四类土	2.00	1∶0.25	1∶0.10	1∶0.33	1∶0.25

注：①沟槽、基坑中土类别不同时，分别按其放坡起点、放坡系数、依不同土类别厚度加权平均计算。

②计算放坡时，在交接处的重复工程量不予以扣除，原槽、坑作基础垫层时，放坡自垫层上表面开始计算。

表 7.4　基础施工所需工作面宽度计算表

基础材料	每边各增加工作面宽度（mm）
砖基础	200
浆砌基础、条石基础	150
混凝土基础垫层支模板	300
混凝土基础支模板	300
基础垂直做防水层	1 000（防水层面）

表 7.5　管沟施工每侧所需工作面宽度计算表

管沟材料＼管道结构宽（mm）	≤500	≤1 000	≤2 500	＞2 500
混凝土及钢筋混凝土管道（mm）	400	500	600	700
其他材质管道（mm）	300	400	500	600

管道结构宽：有管座的按基础外缘，无管座的按管道外径。

1. 平整场地（编码：010101001）

一般的工业与民用建筑工程为了便于放线，施工前要对场地进行平整。平整场地是五通一平的内容之一，是一项施工准备工作。当建筑场地高程确定后，规定±30 cm 以内的挖、填、运、找平属场地平整。

工程内容：包括土方挖填、场地找平及运输。

项目特征：在编制工程量清单时，除注明项目编码、项目名称等外，还要详细描述项目特征，包括土壤类别、弃土运距、取土运距。

例如：

项目名称：平整场地。

项目特征：I 类土，取土运距 1 km。

工程量计算规则：《计价规范》规定平整场地工程量按设计图示尺寸以建筑物首层面积（m²）计算。

其他规定：

（1）建筑物场地厚度在±30 cm 以内的挖、填、运、找平应按平整场地项目编码列项。

（2）±30 cm 以外的竖向布置挖土或山坡切土应按挖一般土方项目列项。

2. 挖一般土方（编码：010101002）

本项目适用于场地平整厚度超过±30 cm 以外的竖向布置挖土或山坡切土与指定范围内的弃土运输。

工程内容：排地表水，土方开挖，围护（挡土板）、支撑，基底钎探，运输。

项目特征：土壤类别，挖土深度。

例如：

项目名称：挖土方。

项目特征：II 类土，挖土深度 1.8 m，弃土运距 2 km。

工程量计算规则。挖土方工程量计算规定按设计图示尺寸以体积（m³）计算。

其他规定：

（1）土方体积是按挖掘前的天然密实体积计算的。如需按虚土体积、夯实土体积，及松填土体积计算时，分别乘以表 7.3 中的系数。

（2）挖土方平均厚度，应按自然地面测量高程至设计地坪高程间的平均厚度确定。

（3）湿土的划分应按地质资料提供的地下常水位为界，地下常水位以下为湿土。

【例 7.1】　已知挖天然密实土方 20 m³，试计算虚土体积、夯实土体积、松填土体积。

解：　　　　　　虚土体积 = 20×1.30 = 26（m³）

$$松填土体积 = 20×1.08 = 21.6（m^3）$$
$$夯实土体积 = 20×0.87 = 17.4（m^3）$$

3. 挖沟槽土方（编码：010101003）

工程内容：排地表水，土方开挖，围护（挡土板）、支撑，基底钎探，运输。

项目特征：土壤类别，挖土深度。

工程量计算规则：

（1）房屋建筑按设计图示尺寸以基础垫层底面积乘以挖土深度计算。

（2）构筑物按最大水平投影面积乘以挖土深度（原地面平均标高至坑底高度）以体积（m³）计算。

4. 挖基坑土方（编码：010101004）

本挖基础土方项目适用于带形基础、独立基础、满堂基础（包括地下室基础）及设备基础、人工挖孔桩等的挖方，分为机械与人工挖基础土方，以及规定距离内的土方运输。

工程内容：排地表水，土方开挖，围护（挡土板）、支撑，基底钎探，运输。

项目特征：土壤类别，挖土深度。

工程量计算规则：

（1）房屋建筑按设计图示尺寸以基础垫层底面积乘以挖土深度计算。

（2）构筑物按最大水平投影面积乘以挖土深度（原地面平均标高至坑底高度）以体积（m³）计算。

注：垫层面积，对于矩形基础，等于矩形基础垫层的长乘以垫层的宽；对于条形基础，外墙基础垫层的长按外墙基础垫层中心线长、内墙垫层净长分别乘以各自垫层净宽；以 m 计算。

5. 冻土开挖（编码：010101005）

冻土是指所含水分冻结成冰的土壤或疏松的岩石。

工程内容：爆破、开挖、清理和运输。

项目特征：冻土厚度。

工程量计算规则：按设计图示尺寸开挖面积乘以厚度以体积（m³）计算。

6. 挖淤泥、流砂（编码：010101006）

淤泥是河流、湖沼、水库、池塘中沉积的泥沙，所含有机物较多，常呈灰黑色，有异味、稀软状，坍落度较大。

挖土方深度超过地下水位时，坑底周边或地下的土层随地下水涌入基坑，这种和水形成流动状态的土壤称为流砂。

工程内容：开挖，运输。

项目特征：挖掘深度，弃淤泥、流砂距离。

工程量计算规则：按设计图示位置、界限以体积（m³）计算。

其他规定：挖方出现流砂、淤泥时，可根据实际情况由发包人与承包人双方签证处理。

7. 管沟土方（编码：010101007）

本项目适用于管沟土方的开挖、回填。

工程内容：包含排地表水、土方开挖、挡土板支拆、运输、回填。

项目特征：土壤类别、管外径、挖沟平均深度、弃土运距及回填要求。

工程量计算规则：

（1）以 m 计量，按设计图示以管道中心线长度计算。

（2）以 m³ 计量，按设计图示管底垫层面积乘以挖土深度计算。无管底垫层按管外径的水平投影面积乘以挖土深度计算。

其他规定：有管沟设计时，平均深度以沟底垫层底表面高程至交付施工场地高程计算。无管沟设计时，直埋管（管道安装好后，无沟盖板保护，直接回填土）深度应按管底外表面高程至交付施工场地高程的平均深度计算。

其他规定：基础土方开挖深度应按基础垫层底表面高程至交付施工场地高程确定，无交付施工场地高程时，应按自然地面高程确定。

【例 7.2】　图 7.1 所示为某建筑物的基础平面图和剖面，土壤类别为 Ⅱ 类土，求该工程平整场地的工程量。

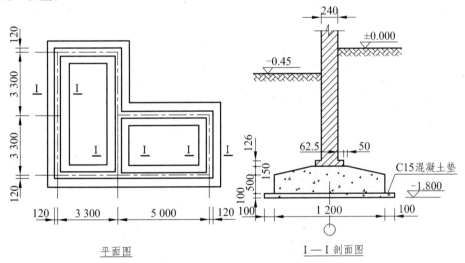

图 7.1　某建筑物基础平面图及剖面图

解：根据平整场地工程量计算规则规定，应按设计图示尺寸以建筑物底层面积计算。

$$S_{底} = （3.30×2+0.12×2）×（3.30+0.12×2）+5.0×（3.30+0.12×2）$$
$$= 6.84×3.54+5.0×3.54$$
$$= 24.21+17.70$$
$$= 41.91（m^2）$$

【例 7.3】　图 7.1 所示为某建筑物基础平面图和剖面图（土壤为 Ⅱ 类，外运 3 km），根据图示尺寸，编制挖基础土方工程量清单。

解：首先根据图示尺寸计算出挖基础土方工程量，根据计算规则和图示尺寸以及前面的注解，可算出基础底层面积为：

$$S_{底} = （外墙垫层中心线长+内墙垫层净长）×垫层底面宽度$$
$$= （L_{中}+L_{净}）×垫层底面宽度$$
$$= [（3.3×6+5.0×2）+（3.3 - 0.7×2）]×1.4 \ m^2 = 44.38（m^2）$$

挖土深度 = 1.80 m – 0.45 m = 1.35（m）

挖基础土方工程量 = $S_底$×挖土深度

= 44.38 m² ×1.35 m = 59.91（m²）

由此编制出的挖基础土方工程量清单如表 7.6 所示。

表 7.6　分部分项工程量清单与计价表

工程名称：某工程　　　　　　　　　　标段：　　　　　　　　第 1 页　共 1 页

序号	项目编码	项目名称	项目特征描述	计量单位	工程数量
1	010101003001	挖沟槽土方	Ⅱ类土，钢筋混凝土条形基础，素混凝土垫层，宽 1.4 m，长 31.7 m，挖土深 1.35 m，弃土运距 3 km	m³	55.91

7.1.2　石方工程（编号：010102）

石方工程包括挖一般石方、挖沟槽石方、挖基坑石方、基底摊座、管沟石方 5 个项目。挖石应按自然地面测量标高至设计地坪标高的平均厚度确定。基础石方开挖深度应按基础垫层底表面标高至交付施工现场地标高确定，无交付施工场地标高时，应按自然地面标高确定。厚度 >±300 mm 的竖向布置挖石或山坡凿石应按本表中挖一般石方项目编码列项。

岩石的分类应按表 7.7 确定。石方体积应按挖掘前的天然密实体积计算。如需按天然密实体积折算时，应按规范表 7.8 系数计算。管沟石方项目适用于管道（给排水、工业、电力、通信）、电缆沟及连接井（检查井）等。

沟槽、基坑、一般石方的划分为：底宽≤7 m，底长 >3 倍底宽为沟槽；底长≤3 倍底宽、底面积≤150 m² 为基坑；超出上述范围则为一般石方。弃碴运距可以不描述，但应注明由投标人根据施工现场实际情况自行考虑，决定报价。

表 7.7　岩石分类表

岩石分类		代表性岩石	开挖方法
极软岩		（1）全风化的各种岩石； （2）各种半成岩	部分用手凿工具、部分用爆破法开挖
软质岩	软岩	（1）强风化的坚硬岩或较硬岩； （2）中等风化-强风化的较软岩； （3）未风化-微风化的页岩、泥岩、泥质砂岩等	用风镐和爆破法开挖
	较软岩	（1）中等风化-强风化的坚硬岩或较硬岩； （2）未风化-微风化的凝灰岩、千枚岩、泥灰岩、砂质泥岩等	用爆破法开挖
硬质岩	较硬岩	（1）微风化的坚硬岩； （2）未风化-微风化的大理岩、板岩、石灰岩、白云岩、钙质砂岩等	用爆破法开挖
	坚硬岩	未风化-微风化的花岗岩、闪长岩、辉绿岩、玄武岩、安山岩、片麻岩、石英岩、石英砂岩、硅质砾岩、硅质石灰岩等	用爆破法开挖

表 7.8　石方体积折算系数表

石方类别	天然密实度体积	虚方体积	松填体积	码方
石方	1.0	1.54	1.31	
块石	1.0	1.75	1.43	1.67
砂夹石	1.0	1.07	0.94	

1. 挖一般石方（编码：010102001）

工程内容：排地表水，凿石，运输。

项目特征：岩石类别，开凿深度，弃碴运距。

工程量计算规则：按设计图示尺寸以体积（m^3）计算。

2. 挖沟槽石方（编码：010102002）

工程内容：排地表水，凿石，运输。

项目特征：岩石类别，开凿深度，弃碴运距。

工程量计算规则：按设计图示尺寸沟槽底面积乘以挖石深度以体积（m^3）计算。

3. 挖基坑石方（编码：010102003）

工程内容：排地表水，凿石，运输。

项目特征：岩石类别，开凿深度，弃碴运距。

工程量计算规则：按设计图示尺寸基坑底面积乘以挖石深度以体积（m^3）计算。

4. 基底摊座（编码：010102004）

工程内容：排地表水，凿石，运输。

项目特征：岩石类别，开凿深度，弃碴运距。

工程量计算规则：按设计图示尺寸以展开面积（m^2）计算。

5. 管沟石方（编码：010102005）

工程内容：排地表水，凿石，回填，运输。

项目特征：岩石类别，外径，挖沟深度。

工程量计算规则：

（1）以 m 计量，按设计图示以管道中心线长度计算。

（2）以 m^3 计量，按设计图示截面积乘以长度计算。

7.1.3　回填（编号：010103）

回填包括回填方、余方弃置、缺方内运 3 个项目。填方密实度要求，在无特殊要求情况下，项目特征可描述为满足设计和规范的要求。填方材料品种可以不描述，但应注明由投标人根据设计要求验方后方可填入，并符合相关工程的质量规范要求。填方粒径要求，在无特殊要求情况下，项目特征可以不描述。

1. 回填方（编码：010103001）

本项目适用于基础回填、室内回填、场地回填，若现场无余土时还适应在他处挖土或买土以及指定范围内的土方运输。

工程内容：运输，回填，压实。

项目特征：密实度要求，填方材料品种，填方粒径要求，填方来源、运距。

工程量计算规则：按设计图示尺寸以体积（m³）计算。

（1）场地回填：回填面积乘平均回填厚度。

（2）室内回填：主墙间面积乘回填厚度，不扣除间隔墙。

（3）基础回填：挖方体积减去自然地坪以下埋设的基础体积（包括基础垫层及其他构筑物）。

$$场地回填工程量 = 回填面积 \times 平均回填厚度 \qquad (7.1)$$

$$室内回填工程量 = 主墙间净面积 \times 回填厚度 \qquad (7.2)$$

$$基础回填工程量 = 挖土方体积 - 设计室外地坪以下埋设的基础体积$$

$$（包括基础垫层及其他构筑物） \qquad (7.3)$$

2. 余方弃置（编码：010103002）

工程内容：余方点装料运输至弃置点。

项目特征：废弃料品种，运距。

工程量计算规则：按挖方清单项目工程量减利用回填方体积（正数）（m³）计算。

3. 缺方内运（编码：010103003）

工程内容：取料点装料运输至缺方点。

项目特征：填方材料品种，运距。

工程量计算规则：按挖方清单项目工程量减利用回填方体积（负数）（m³）计算。

【例 7.4】 图 7.1 所示为某建筑物基础平面和剖面图，混凝土基础以下的 C15 混凝土垫层体积为 4.438 m³，钢筋混凝土基础体积为 23.11 m³，砖基础体积为 5.30 m³，室内地面厚度为 100 mm，室内地面高程为±0.000，试编制土方回填清单。

解：

$$基础土方回填工程量 = 挖土方体积 - 设计室外地坪以下埋设的基础体积$$
$$= 59.91 - 4.44 - 23.11 - 5.30$$
$$= 27.06（m³）$$

$$室内土方回填工程量 = 主墙间净面积 \times 回填厚度$$
$$= [（6.6 - 0.24）\times（3.3 - 0.24）+（5 - 0.24）\times$$
$$（3.3 - 0.24）]\times（0.45 - 0.1）$$
$$= （19.46+14.57）\times 0.35$$
$$= 11.91（m³）$$

将上面计算的数据、项目特征及编码等填入土（石）方回填工程量清单，如表 7.9 所示。

表 7.9 分部分项工程量清单计价表

工程名称：某工程　　　　　　　　　标段：　　　　　　　　　第 1 页　共 1 页

序号	项目编码	项目名称	项目特征描述	计量单位	工程数量
1	010103001001	回填方	回填夯实，土方运距 3 km	m³	27.06
2	010103001002	回填方	回填土分层夯实，土方运距 3 km	m³	11.91

7.2　地基处理与边坡支护工程

7.2.1　地基处理（编码：010201）

本项目包括换填垫层、铺设土工合成材料、预压地基、强夯地基、振冲密实（不填料）、振冲桩（填料）、砂石桩、水泥粉煤灰碎石桩、深层搅拌桩、粉喷桩、夯实水泥土桩、高压喷射注浆桩、石灰桩、灰土（土）挤密桩、柱锤冲扩桩、注浆地基、褥垫层 17 个项目。

地层情况按表 7.1 及表 7.7 相关规定，并根据岩土工程勘察报告按单位工程各地层所占比例（包括范围值）进行描述。对无法准确描述的地层情况，可注明由投标人根据岩土工程勘察报告自行决定报价。

项目特征中的桩长应包括桩尖，空桩长度＝孔深-桩长，孔深为自然地面至设计桩底的深度。高压喷射注浆类型包括旋喷、摆喷、定喷，高压喷射注浆方法包括单管法、双重管法、三重管法。复合地基的检测费用按国家相关取费标准单独计算，不在本清单项目中。如采用泥浆护壁成孔，工程内容包括土方、废泥浆外运，如采用沉管灌注成孔，工程内容包括桩尖制作、安装。弃土（不含泥浆）清理、运输按附录 A 中相关项目编码列项。

1. 换填垫层（编码：010201001）

工程内容：分层铺填，碾压、振密或夯实，材料运输。

项目特征：材料种类及配比，压实系数，掺加剂品种。

工程量计算规则：按设计图示尺寸以体积（m³）计算。

2. 铺设土工合成材料（编码：010201002）

工程内容：挖填锚固沟，铺设，固定，运输。

项目特征：部位，品种，规格。

工程量计算规则：按设计图示尺寸以面积（m²）计算。

3. 预压地基（编码：010201003）

工程内容：设置排水竖井、盲沟、滤水管，铺设砂垫层、密封膜，堆载、卸载或抽气设备安拆、抽真空，材料运输。

项目特征：排水竖井种类、断面尺寸、排列方式、间距、深度，预压方法，预压荷载时间，砂垫层厚度。

工程量计算规则：按设计图示尺寸以加固面积（m²）计算。

4. 强夯地基（编码：010201004）

工程内容：铺夯填材料，强夯，夯填材料运输。

项目特征：夯击能量，夯击遍数，地耐力要求，夯填材料种类。

工程量计算规则：按设计图示尺寸以加固面积（m²）计算。

5. 振冲密实（不填料）（编码：010201005）

工程内容：振冲加密，泥浆运输。

项目特征：地层情况，振密深度，孔距。

工程量计算规则：按设计图示尺寸以加固面积（m²）计算。

6. 振冲桩（填料）（编码：010201006）

工程内容：振冲成孔、填料、振实，材料运输，泥浆运输。

项目特征：地层情况，空桩长度、桩长，桩径，填充材料种类。

工程量计算规则：以 m 计量，按设计图示尺寸以桩长计算。以 m³ 计量，按设计桩截面乘以桩长以体积（m³）计算。

7. 砂石桩（编码：010201007）

工程内容：成孔，填充、振实，材料运输。

项目特征：地层情况，空桩长度、桩长，桩径，成孔方法，材料种类、级配。

工程量计算规则：以 m 计量，按设计图示尺寸以桩长（包括桩尖）计算。以 m³ 计量，按设计桩截面乘以桩长（包括桩尖）以体积（m³）计算。

8. 水泥粉煤灰碎石桩（编码：010201008）

工程内容：成孔，混合料制作、灌注、养护。

项目特征：地层情况，空桩长度、桩长，桩径；成孔方法，混合料强度等级。

工程量计算规则：按设计图示尺寸以桩长（包括桩尖）（m）计算。

9. 深层搅拌桩（编码：010201009）

工程内容：预搅下钻、水泥浆制作、喷浆搅拌提升成桩，材料运输。

项目特征：地层情况，空桩长度、桩长，桩截面尺寸，水泥强度等级、掺量。

工程量计算规则：按设计图示尺寸以桩长计算（m）计算。

10. 粉喷桩（编码：010201010）

工程内容：预搅下钻、水泥浆制作、喷浆搅拌提升成桩，材料运输。

项目特征：地层情况，空桩长度、桩长，桩径，粉体种类、掺量，水泥强度等级、石灰粉要求。

工程量计算规则：按设计图示尺寸以桩长（m）计算。

11. 夯实水泥土桩（编码：010201011）

工程内容：成孔，夯底，水泥土拌和、填料、夯实，材料运输。

项目特征：地层情况；空桩长度、桩长，桩径，成孔方法，水泥强度等级，混合料配比。

工程量计算规则：按设计图示尺寸以桩长（包括桩尖）（m）计算。

12. 高压喷射注浆桩（编码：010201012）

工程内容：成孔，水泥浆制作、高压喷射注浆，材料运输。

项目特征：地层情况，空桩长度、桩长，桩截面，注浆类型、方法，水泥强度等级。

工程量计算规则：按设计图示尺寸以桩长（包括桩尖）（m）计算。

13. 石灰桩（编码：010201013）

工程内容：成孔，混合料制作、运输、夯填。

项目特征：地层情况，空桩长度、桩长，桩径，成孔方法，掺和料种类、配合比。

工程量计算规则：按设计图示尺寸以桩长（包括桩尖）（m）计算。

14. 灰土（土）挤密桩（编码：010201014）

工程内容：成孔，灰土拌和、运输、填充、夯实。

项目特征：地层情况，空桩长度、桩长，桩径，成孔方法，灰土级配。

工程量计算规则：按设计图示尺寸以桩长（包括桩尖）（m）计算。

15. 柱锤冲扩桩（编码：010201015）

工程内容：安拔套管，冲孔、填料、夯实，桩体材料制作、运输。

项目特征：地层情况，空桩长度、桩长，桩径，成孔方法，桩体材料种类、配合比。

工程量计算规则：按设计图示尺寸以桩长（m）计算。

16. 注浆地基（编码：010201016）

工程内容：成孔，注浆导管制作、安装，浆液制作、压浆，材料运输。

项目特征：地层情况；空钻深度、注浆深度，注浆间距，浆液种类及配比，注浆方法，水泥强度等级。

工程量计算规则：以 m 计量，按设计图示尺寸以钻孔深度计算。以 m^3 计量，按设计图示尺寸以加固体积计算。

17. 褥垫层（编码：010201017）

工程内容：材料拌和，运输，铺设，压实。

项目特征：厚度，材料品种及比例。

工程量计算规则：以 m^2 计量，按设计图示尺寸以铺设面积计算。以 m^3 计量，按设计图示尺寸以体积计算。

7.2.2　基坑与边坡支护（编号：010202）

基坑与边坡支护包括地下连续墙，咬合灌注桩，圆木桩，预制钢筋混凝土板桩，型钢桩，钢板桩，预应力锚杆、锚索，其他锚杆、土钉，喷射混凝土、水泥砂浆，混凝土支撑，钢支撑共 11 项。

地层情况按表 7.1 及表 7.7 的规定，并根据岩土工程勘察报告按单位工程各地层所占比例（包括范围值）进行描述。对无法准确描述的地层情况，可注明由投标人根据岩土工程勘察报告自行决定报价。

其他锚杆是指不施加预应力的土层锚杆和岩石锚杆。置入方法包括钻孔置入、打入或射入等。基坑与边坡的检测、变形观测等费用按国家相关取费标准单独计算，不在本清单项目中。地下连续墙和喷射混凝土的钢筋网及咬合灌注桩的钢筋笼制作、安装，按附录 E 中相关项目编码列项。本分部未列的基坑与边坡支护的排桩按附录 C 中相关项目编码列项。水泥土墙、坑内加固按表 B.1 中相关项目编码列项。砖、石挡土墙、护坡按附录 D 中相关项目编码列项。混凝土挡土墙按附录 E 中相关项目编码列项。弃土（不含泥浆）清理、运输按附录 A 中相关项目编码列项。

1. 地下连续墙（编码：010202001）

工程内容：导墙挖填、制作、安装、拆除，挖土成槽、固壁、清底置换，混凝土制作、运输、灌注、养护，接头处理，土方、废泥浆外运，打桩场地硬化及泥浆池、泥浆沟。

项目特征：地层情况，导墙类型、截面，墙体厚度，成槽深度，混凝土类别、强度等级，接头形式。

工程量计算规则：按设计图示墙中心线长乘以厚度乘以槽深以体积（m³）计算。

2. 咬合灌注桩（编码：010202002）

工程内容：成孔、固壁，混凝土制作、运输、灌注、养护，套管压拔，土方、废泥浆外运，打桩场地硬化及泥浆池、泥浆沟。

项目特征：地层情况，桩长，桩径，混凝土类别、强度等级，部位。

工程量计算规则：以 m 计量，按设计图示尺寸以桩长计算。以根计量，按设计图示数量计算。

3. 圆木桩（编码：010202003）

工程内容：工作平台搭拆，桩机竖拆、移位，桩靴安装，沉桩。

项目特征：地层情况，桩长，材质，尾径，桩倾斜度。

工程量计算规则：以 m 计量，按设计图示尺寸以桩长（包括桩尖）计算。以根计量，按设计图示数量计算。

4. 预制钢筋混凝土板桩（编码：010202004）

工程内容：工作平台搭拆，桩机竖拆、移位，沉桩，接桩。

项目特征：地层情况，送桩深度、桩长，桩截面，混凝土强度等级。

工程量计算规则：以 m 计量，按设计图示尺寸以桩长（包括桩尖）计算。以根计量，按设计图示数量计算。

5. 型钢桩（编码：010202005）

工程内容：工作平台搭拆，桩机竖拆、移位，打（拔）桩，接桩，刷防护材料。

项目特征：地层情况或部位，送桩深度、桩长，规格型号，桩倾斜度，防护材料种类，是否拔出。

工程量计算规则：以 t 计量，按设计图示尺寸以质量计算。以根计量，按设计图示数量计算。

6. 钢板桩（编码：010202006）

工程内容：工作平台搭拆，桩机竖拆、移位，打拔钢板桩。

项目特征：地层情况，桩长，板桩厚度。

工程量计算规则：以 t 计量，按设计图示尺寸以质量计算。以 m² 计量，按设计图示墙中心线长乘以桩长以面积计算。

7. 预应力锚杆、锚索（编码：010202007）

工程内容：钻孔、浆液制作、运输、压浆，锚杆、锚索索制作、安装，张拉锚固，锚杆、锚索施工平台搭设、拆除。

项目特征：地层情况，锚杆（索）类型、部位，钻孔深度，钻孔直径，杆体材料品种、规格、数量，浆液种类、强度等级。

工程量计算规则：以 m 计量，按设计图示尺寸以钻孔深度计算。以根计量，按设计图示数量计算。

8. 其他锚杆、土钉（编码：010202008）

工程内容：钻孔、浆液制作、运输、压浆，锚杆、土钉制作、安装，锚杆、土钉施工平台搭设、拆除。

项目特征：地层情况，钻孔深度，钻孔直径，置入方法，杆体材料品种、规格、数量，浆液种类、强度等级。

工程量计算规则：以 m 计量，按设计图示尺寸以钻孔深度计算。以根计量，按设计图示数量计算。

9. 喷射混凝土、水泥砂浆（编码：010202009）

工程内容：钻孔、浆液制作、运输、压浆，锚杆、土钉制作、安装，锚杆、土钉施工平台搭设、拆除。

项目特征：部位，厚度，材料种类，混凝土（砂浆）类别、强度等级。

工程量计算规则：按设计图示尺寸以面积（m^2）计算。

10. 混凝土支撑（编码：010202010）

工程内容：模板（支架或支撑）制作、安装、拆除、堆放、运输及清理模内杂物、刷隔离剂等，混凝土制作、运输、浇筑、振捣、养护。

项目特征：部位，混凝土强度等级。

工程量计算规则：按设计图示尺寸以体积（m^3）计算。

11. 钢支撑（编码：010202011）

工程内容：支撑、铁件制作（摊销、租赁），支撑、铁件安装，探伤，刷漆，拆除，运输。

项目特征：部位，钢材品种、规格，探伤要求。

工程量计算规则：按设计图示尺寸以质量（t）计算。不扣除孔眼质量，焊条、铆钉、螺栓等不另增加质量。

7.3 桩基工程

7.3.1 打桩（编号：010301）

打桩包括预制钢筋混凝土方桩，预制钢筋混凝土管桩，钢管桩，截（凿）桩头 4 个项目。地层情况按表 7.1 及表 7.7 的规定，并根据岩土工程勘察报告按单位工程各地层所占比例（包括范围值）进行描述。对无法准确描述的地层情况，可注明由投标人根据岩土工程勘察报告自行决定报价。

项目特征中的桩截面、混凝土强度等级、桩类型等可直接用标准图代号或设计桩型进行描述。打桩项目包括成品桩购置费，如果用现场预制桩，应包括现场预制的所有费用。打试验桩和打斜桩应按相应项目编码单独列项，并应在项目特征中注明试验桩或斜桩（斜率）。桩基础的承载力检测、桩身完整性检测等费用按国家相关取费标准单独计算，不在本清单项目中。

1. 预制钢筋混凝土方桩（编码：010301001）

工程内容：工作平台搭拆，桩机竖拆、移位，沉桩，接桩，送桩。

项目特征：地层情况，送桩深度、桩长，桩截面，桩倾斜度，混凝土强度等级。

工程量计算规则：以 m 计量，按设计图示尺寸以桩长（包括桩尖）计算。以根计量，按设计图示数量计算。

2. 预制钢筋混凝土管桩（编码：010301002）

工程内容：工作平台搭拆，桩机竖拆、移位，沉桩，接桩，送桩。

项目特征：地层情况，送桩深度、桩长，桩外径、壁厚，桩倾斜度，混凝土强度等级，填充材料种类，防护材料种类。

工程量计算规则：以 m 计量，按设计图示尺寸以桩长（包括桩尖）计算。以根计量，按设计图示数量计算。

3. 钢管桩（编码：010301003）

工程内容：工作平台搭拆，桩机竖拆、移位，沉桩，接桩，送桩，切割钢管、切割盖帽，管内取土，填充材料、刷防护材料。

项目特征：地层情况，送桩深度、桩长，材质，管径、壁厚，桩倾斜度，填充材料种类，防护材料种类。

工程量计算规则：以 t 计量，按设计图示尺寸以质量计算。以根计量，按设计图示数量计算。

4. 截（凿）桩头（编码：010301004）

工程内容：截桩头，凿平，废料外运。

项目特征：桩头截面、高度，混凝土强度等级，有无钢筋。

工程量计算规则：以 m³ 计量，按设计桩截面乘以桩头长度以体积计算。以根计量，按设计图示数量计算。

7.3.2 灌注桩（编号：010302）

灌注桩包括泥浆护壁成孔灌注桩，沉管灌注桩，干作业成孔灌注桩，挖孔桩土（石）方，人工挖孔灌注桩，钻孔压浆桩，桩底注浆共 7 个项目。

地层情况按表 7.1 及表 7.7 的规定，并根据岩土工程勘察报告按单位工程各地层所占比例（包括范围值）进行描述。对无法准确描述的地层情况，可注明由投标人根据岩土工程勘察报告自行决定报价。

项目特征中的桩长应包括桩尖，空桩长度＝孔深-桩长，孔深为自然地面至设计桩底的深度，项目特征中的桩截面（桩径）、混凝土强度等级、桩类型等可直接用标准图代号或设计桩型进行描述。泥浆护壁成孔灌注桩是指在泥浆护壁条件下成孔，采用水下灌注混凝土的桩。其成孔方法包括冲击钻成孔、冲抓锥成孔、回旋钻成孔、潜水钻成孔、泥浆护壁的旋挖成孔等。沉管灌注桩的沉管方法包括捶击沉管法、振动沉管法、振动冲击沉管法、内夯沉管法等。干作业成孔灌注桩是指不用泥浆护壁和套管护壁的情况下，用钻机成孔后，下钢筋笼，灌注混凝土的桩，适用于地下水位以上的土层使用。其成孔方法包括螺旋钻成孔、螺旋钻成孔扩底、干作业的旋挖成孔等。桩基础的承载力检测、桩身完整性检测等费用按国家相关取费标准单独计算，不在本清单项目中。混凝土灌注桩的钢筋笼制作、安装，按附录 E 中相关项目编码列项。

1. 泥浆护壁成孔灌注桩（编码：010302001）

工程内容：护筒埋设，成孔，固壁，混凝土制作、运输、灌注、养护，土方、废泥浆外运，打桩场地硬化及泥浆池、泥浆沟。

项目特征：地层情况，空桩长度、桩长，桩径，成孔方法，护筒类型、长度，混凝土类别、强度等级。

工程量计算规则：以 m 计量，按设计图示尺寸以桩长（包括桩尖）计算。以 m³ 计量，按不同截面在桩上范围内以体积计算。以根计量，按设计图示数量计算。

2. 沉管灌注桩（编码：010302002）

工程内容：打（沉）拔钢管，桩尖制作、安装，混凝土制作、运输、灌注、养护。

项目特征：地层情况，空桩长度、桩长，复打长度，桩径，沉管方法，桩尖类型，混凝土类别、强度等级。

工程量计算规则：以 m 计量，按设计图示尺寸以桩长（包括桩尖）计算。以 m³ 计量，按不同截面在桩上范围内以体积计算。以根计量，按设计图示数量计算。

3. 干作业成孔灌注桩（编码：010302003）

工程内容：成孔、扩孔，混凝土制作、运输、灌注、振捣、养护。

项目特征：地层情况，空桩长度、桩长，桩径，扩孔直径、高度，成孔方法，混凝土类别、强度等级。

工程量计算规则：以 m 计量，按设计图示尺寸以桩长（包括桩尖）计算。以 m³ 计量，按不同截面在桩上范围内以体积计算。以根计量，按设计图示数量计算。

4. 挖孔桩土（石）方（编码：010302004）

工程内容：排地表水，挖土、凿石，基底钎探，运输。

项目特征：土（石）类别，挖孔深度，弃土（石）运距。

工程量计算规则：按设计图示尺寸截面积乘以挖孔深度以 m³ 计算。

5. 人工挖孔灌注桩（编码：010302005）

工程内容：护壁制作，混凝土制作、运输、灌注、振捣、养护。

项目特征：桩芯长度，桩芯直径、扩底直径、扩底高度，护壁厚度、高度，护壁混凝土类别、强度等级，桩芯混凝土类别、强度等级。

工程量计算规则：以 m³ 计量，按桩芯混凝土体积计算。以根计量，按设计图示数量计算。

6. 钻孔压浆桩（编码：010302006）

工程内容：钻孔，下注浆管、投放骨料、浆液制作、运输、压浆。

项目特征：地层情况，空钻长度、桩长，钻孔直径，水泥强度等级。

工程量计算规则：以 m 计量，按设计图示尺寸以桩长计算。以根计量，按设计图示数量计算。

7. 桩底注浆（编码：010302007）

工程内容：注浆导管制作、安装，浆液制作、运输、压浆。

项目特征：注浆导管材料、规格，注浆导管长度，单孔注浆量，水泥强度等级。

工程量计算规则：按设计图示以注浆孔数计算。

【例 7.5】 某工程冲击成孔泥浆护壁灌注桩资料如下：土壤级别：二级土；单根桩设计长度：7.5 m；桩总根数：186 根；桩径：$\phi 760$；混凝土强度等级：C30。试编制工程量清单。

解： 招标人根据灌装基础施工图计算灌注桩长度。

$$混凝土灌注桩总长 = 7.5×186 = 1\,395（m）$$

混凝土灌注桩工程量清单的编制，如表 7.10 所示。

表 7.10　分部分项工程量清单计价表

工程名称：某工程　　　　　　　　　　　标段：　　　　　　　　　第 1 页　共 1 页

序号	项目编码	项目名称	项目特征描述	计量单位	工程数量
1	010302001001	泥浆护壁成孔灌注桩	土壤级别：二类土；单根桩长：7.5 m；桩径：$\phi 760$；混凝土强度等级：C30	m	1 395

7.4　砌筑工程

7.4.1　砖砌体（编号：010401）

砖砌体包括砖基础，砖砌挖孔桩护壁，实心砖墙，多孔砖墙，空心砖墙，空斗墙，空花墙，填充墙，实心砖柱，多孔砖柱，砖检查井，零星砌砖，砖散水、地坪，砖地沟、明沟共 14 个项目。

"砖基础"项目适用于各种类型砖基础：柱基础、墙基础、管道基础等。基础与墙（柱）身使用同一种材料时，以设计室内地面为界（有地下室者，以地下室室内设计地面为界），以下为基础，以上为墙（柱）身。基础与墙身使用不同材料时，位于设计室内地面高度≤±300 mm 时，以不同材料为分界线，高度＞±300 mm 时，以设计室内地面为分界线。砖围墙以设计室外地坪为界，以下为基础，以上为墙身。

框架外表面的镶贴砖部分，按零星项目编码列项。附墙烟囱、通风道、垃圾道、应按设计图示尺寸以体积（扣除孔洞所占体积）计算并入所依附的墙体体积内。当设计规定孔洞内需抹灰时，应按本规范附录 L 中《零星抹灰项目》编码列项。空斗墙的窗间墙、窗台下、楼板下、梁头下等的实砌部分，按零星砌砖项目编码列项。

"空花墙"项目适用于各种类型的空花墙，使用混凝土花格砌筑的空花墙，实砌墙体与混凝土花格应分别计算，混凝土花格按混凝土及钢筋混凝土中预制构件相关项目编码列项。台阶、台阶挡墙、梯带、锅台、炉灶、蹲台、池槽、池槽腿、砖胎模、花台、花池、楼梯栏板、阳台栏板、地垄墙、≤0.3 m² 的孔洞填塞等，应按零星砌砖项目编码列项。砖砌锅台与炉灶可按外形尺寸以个计算，砖砌台阶可按水平投影面积以 m² 计算，小便槽、地垄墙可按长度（m）计算、其他工程按 m³ 计算。

砖砌体内钢筋加固，应按本规范附录 E 中相关项目编码列项。砖砌体勾缝按本规范附录 L 中相关项目编码列项。检查井内的爬梯按本附录 E 中相关项目编码列项。井、池内的混凝土构件按附录 E 中《混凝土及钢筋混凝土预制构件》编码列项。如施工图设计标注做法见标准图集时，应注明标注图集的编码、页号及节点大样。标准砖尺寸应为 240 mm×115 mm×53 mm。标准砖墙厚度应按表 7.11 计算。

表 7.11　标准墙计算厚度表

砖数（厚度）	1/4	1/2	3/4	1	$1\frac{1}{2}$	2	$2\frac{1}{2}$	3
计算厚度（mm）	53	115	180	240	365	490	615	740

1. 砖基础（编码：010401001）

工程内容：砂浆制作、运输，砌砖，防潮层铺设，材料运输。

项目特征：砖品种、规格、强度等级，基础类型，砂浆强度等级，防潮层材料种类。

工程量计算规则：按设计图示尺寸以体积计算。包括附墙垛基础宽出部分体积，扣除地梁（圈梁）、构造柱所占体积，不扣除基础大放脚 T 形接头处的重叠部分及嵌入基础内的钢筋、铁件、管道、基础砂浆防潮层和单个面积≤0.3 m² 的孔洞所占体积，靠墙暖气沟的挑檐不增加。基础长度：外墙按外墙中心线，内墙按内墙净长线计算。

2. 砖砌挖孔桩护壁（编码：010401002）

工程内容：砂浆制作、运输，砌砖，材料运输。

项目特征：砖品种、规格、强度等级，砂浆强度等级。

工程量计算规则：按设计图示尺寸以体积（m³）计算。

3. 实心砖墙（编码：010401003）

工程内容：砂浆制作、运输，砌砖，刮缝，砖压顶砌筑，材料运输。

项目特征：砖品种、规格、强度等级，墙体类型，砂浆强度等级、配合比。

工程量计算规则：按设计图示尺寸以体积计算。扣除门窗洞口、过人洞、空圈、嵌入墙内的钢筋混凝土柱、梁、圈梁、挑梁、过梁及凹进墙内的壁龛、管槽、暖气槽、消火栓箱所占体积，不扣除梁头、板头、檩头、垫木、木楞头、沿缘木、木砖、门窗走头、砖墙内加固钢筋、木筋、铁件、钢管及单个面积≤0.3 m³ 的孔洞所占的体积。凸出墙面的腰线、挑檐、压顶、窗台线、虎头砖、门窗套的体积亦不增加。凸出墙面的砖垛并入墙体体积内计算。

（1）墙长度：外墙按中心线、内墙按净长计算。

（2）墙高度：

外墙：斜（坡）屋面无檐口天棚者算至屋面板底，有屋架且室内外均有天棚者算至屋架下弦底另加 200 mm，无天棚者算至屋架下弦底另加 300 mm，出檐宽度超过 600 mm 时按实砌高度计算，与钢筋混凝土楼板隔层者算至板顶。平屋顶算至钢筋混凝土板底。

内墙：位于屋架下弦者，算至屋架下弦底，无屋架者算至天棚底另加 100 mm，有钢筋混凝土楼板隔层者算至楼板顶，有框架梁时算至梁底。

女儿墙：从屋面板上表面算至女儿墙顶面（如有混凝土压顶时算至压顶下表面）。

内、外山墙：按其平均高度计算。

（3）框架间墙：不分内外墙按墙体净尺寸以体积（m³）计算。

（4）围墙：高度算至压顶上表面（如有混凝土压顶时算至压顶下表面），围墙柱并入围墙体积内。

4. 多孔砖墙（编码：010401004）

同上。

5. 空心砖墙（编码：010401005）

同上。

6. 空斗墙（编码：010401006）

工程内容：砂浆制作、运输，砌砖，装填充料，刮缝，材料运输。

项目特征：砖品种、规格、强度等级，墙体类型，砂浆强度等级、配合比。

工程量计算规则：按设计图示尺寸以空斗墙外形体积计算。墙角、内外墙交接处、门窗洞口立边、窗台砖、屋檐处的实砌部分体积并入空斗墙体积内。

7. 空花墙（编码：010401007）

工程内容：砂浆制作、运输，砌砖，装填充料，刮缝，材料运输。

项目特征：砖品种、规格、强度等级，墙体类型，砂浆强度等级、配合比。

工程量计算规则：按设计图示尺寸以空花部分外形体积计算，不扣除空洞部分体积。

8. 填充墙（编码：010401008）

工程内容：砂浆制作、运输，砌砖，装填充料，刮缝，材料运输。

项目特征：砖品种、规格、强度等级，墙体类型，砂浆强度等级、配合比。

工程量计算规则：按设计图示尺寸以填充墙外形体积计算。

9. 实心砖柱（编码：010401009）

工程内容：砂浆制作、运输，砌砖，刮缝，材料运输。

项目特征：砖品种、规格、强度等级，柱类型，砂浆强度等级、配合比。

工程量计算规则：按设计图示尺寸以体积（m^3）计算。扣除混凝土及钢筋混凝土梁垫、梁头所占的体积。

10. 多孔砖柱（编码：010401010）

同上。

11. 砖检查井（编码：010401011）

工程内容：土方挖运，砂浆制作、运输，铺设垫层，底板混凝土制作、运输、浇筑、振捣、养护，砌砖，刮缝，井池底、壁抹灰，抹防潮层，回填，材料运输。

项目特征：井截面，垫层材料种类、厚度，底板厚度，井盖安装，混凝土强度等级，砂浆强度等级，防潮层材料种类。

工程量计算规则：按设计图示数量（座）计算。

12. 零星砌砖（编码：010401013）

工程内容：砂浆制作、运输，砌砖，刮缝，材料运输。

项目特征：零星砌砖名称、部位，砂浆强度等级、配合比。

工程量计算规则：以 m^3 计量，按设计图示尺寸截面积乘以长度计算。以 m^2 计量，按设计图示尺寸水平投影面积计算。以 m 计量，按设计图示尺寸长度计算。以个计量，按设计图示数量计算。

13. 砖散水、地坪（编码：010401014）

工程内容：土方挖、运，地基找平、夯实，铺设垫层，砌砖散水、地坪，抹砂浆面层。

项目特征：砖品种、规格、强度等级，垫层材料种类、厚度，散水、地坪厚度，面层种类、厚度，砂浆强度等级。

工程量计算规则：按设计图示尺寸以面积（m²）计算。

14. 砖地沟、明沟（编码：010401015）

工程内容：土方挖运，铺设垫层，底板混凝土制作、运输、浇筑、振捣、养护，砌砖，刮缝、抹灰，材料运输。

项目特征：砖品种、规格、强度等级，沟截面尺寸，垫层材料种类、厚度，混凝土强度等级，砂浆强度等级。

工程量计算规则：以 m 计量，按设计图示以中心线长度计算。

7.4.2　砌块砌体（编号：010402）

砌块砌体包括砌块墙和砌块柱 2 个项目。砌体内加筋、墙体拉结的制作、安装，应按附录 E 中相关项目编码列项。砌块排列应上、下错缝搭砌，如果搭错缝长度满足不了规定的压搭要求，应采取压砌钢筋网片的措施，具体构造要求按设计规定。若设计无规定时，应注明由投标人根据工程实际情况自行考虑。砌体垂直灰缝宽 > 30 mm 时，采用 C20 细石混凝土灌实。灌注的混凝土应按附录 E 相关项目编码列项。

1. 砌块墙（编码：010402001）

工程内容：砂浆制作、运输，砌砖、砌块，勾缝，材料运输。

项目特征：砌块品种、规格、强度等级，墙体类型，砂浆强度等级。

工程量计算规则：按设计图示尺寸以体积计算。扣除门窗洞口、过人洞、空圈、嵌入墙内的钢筋混凝土柱、梁、圈梁、挑梁、过梁及凹进墙内的壁龛、管槽、暖气槽、消火栓箱所占体积，不扣除梁头、板头、檩头、垫木、木楞头、沿缘木、木砖、门窗走头、砌块墙内加固钢筋、木筋、铁件、钢管及单个面积≤0.3 m² 的孔洞所占的体积。凸出墙面的腰线、挑檐、压顶、窗台线、虎头砖、门窗套的体积亦不增加。凸出墙面的砖垛并入墙体体积内计算。

（1）墙长度：外墙按中心线、内墙按净长计算。

（2）墙高度：

外墙：斜（坡）面屋面无檐口天棚者算至屋面板底；有屋架且室内外均有天棚者算至屋架下弦底另加 200 mm；无天棚者算至屋架下弦底另加 300 mm，出檐宽度超过 600 mm 时按实砌高度计算；与钢筋混凝土楼板隔层者算至板顶；平屋面算至钢筋混凝土板底。

内墙：位于屋架下弦者，算至屋架下弦底；无屋架者算至天棚底另加 100 mm；有钢筋混凝土楼板隔层者算至楼板顶；有框架梁时算至梁底。

女儿墙：从屋面板上表面算至女儿墙顶面（如有混凝土压顶时算至压顶下表面）。

内、外山墙：按其平均高度计算。

（3）框架间墙：不分内外墙按墙体净尺寸以体积（m³）计算。

（4）围墙：高度算至压顶上表面（如有混凝土压顶时算至压顶下表面），围墙柱并入围墙体积内。

2. 砌块柱（编码：010402002）

工程内容：砂浆制作、运输，砌砖、砌块，勾缝，材料运输。

项目特征：砖品种、规格、强度等级，墙体类型，砂浆强度等级。

工程量计算规则：按设计图示尺寸以体积（m³）计算。扣除混凝土及钢筋混凝土梁垫、梁头、板头所占的体积。

7.4.3　石砌体（编号：010403）

石砌体包括石基础，石勒脚，石墙，石挡土墙，石柱，石栏杆，石护坡，石台阶，石坡道，石地沟、明沟共 10 项目。

说明：

（1）石基础、石勒脚、石墙的划分：基础与勒脚应以设计室外地坪为界。勒脚与墙身应以设计室内地面为界。石围墙内外地坪标高不同时，应以较低地坪标高为界，以下为基础，内外标高之差为挡土墙时，挡土墙以上为墙身。

（2）"石基础"项目适用于各种规格（粗料石、细料石等）、各种材质（砂石、青石等）和各种类型（柱基、墙基、直形、弧形等）基础。

（3）"石勒脚"、"石墙"项目适用于各种规格（粗料石、细料石等）、各种材质（砂石、青石、大理石、花岗石等）和各种类型（直形、弧形等）勒脚和墙体。

（4）"石挡土墙"项目适用于各种规格（粗料石、细料石、块石、毛石、卵石等）、各种材质（砂石、青石、石灰石等）和各种类型（直形、弧形、台阶形等）挡土墙。

（5）"石柱"项目适用于各种规格、各种石质、各种类型的石柱。

（6）"石栏杆"项目适用于无雕饰的一般石栏杆。

（7）"石护坡"项目适用于各种石质和各种石料（粗料石、细料石、片石、块石、毛石、卵石等）。

（8）"石台阶"项目包括石梯带（垂带），不包括石梯膀，石梯膀应按附录 C《石挡土墙项目》，编码列项。

（9）如施工图设计标注做法见标准图集时，应注明标注图集的编码、页号及节点大样。

1. 石基础（编码：010403001）

工程内容：砂浆制作、运输，吊装，砌石，防潮层铺设，材料运输。

项目特征：石料种类，规格，基础类型，砂浆强度等级。

工程量计算规则：按设计图示尺寸以体积计算。包括附墙垛基础宽出部分体积，不扣除基础砂浆防潮层及单个面积≤0.3 m³的孔洞所占体积，靠墙暖气沟的挑檐不增加体积。基础长度：外墙按中心线，内墙按净长计算。

2. 石勒脚（编码：010403002）

工程内容：砂浆制作、运输，吊装，砌石，石表面加工，勾缝，材料运输。

项目特征：石料种类，规格，石表面加工要求，勾缝要求，砂浆强度等级、配合比。

工程量计算规则：按设计图示尺寸以体积计算，扣除单个面积＞0.3 m³的孔洞所占的体积。

3. 石墙（编码：010403003）

工程内容：砂浆制作、运输，吊装，砌石，石表面加工，勾缝，材料运输。

项目特征：石料种类、规格，石表面加工要求，勾缝要求，砂浆强度等级、配合比。

工程量计算规则：按设计图示尺寸以体积计算。扣除门窗洞口、过人洞、空圈、嵌入墙内的钢筋混凝土柱、梁、圈梁、挑梁、过梁及凹进墙内的壁龛、管槽、暖气槽、消火栓箱所占体积，不扣除梁头、板头、檩头、垫木、木楞头、沿缘木、木砖、门窗走头、石墙内加固钢筋、木筋、铁件、钢管及单个面积≤0.3 m³的孔洞所占的体积。凸出墙面的腰线、挑檐、压顶、窗台线、虎头砖、门窗套的体积亦不增加。凸出墙面的砖垛并入墙体体积内计算。

（1）墙长度：外墙按中心线、内墙按净长计算。

（2）墙高度：

外墙：斜（坡）屋面无檐口天棚者算至屋面板底，有屋架且室内外均有天棚者算至屋架下弦底另加 200 mm，无天棚者算至屋架下弦底另加 300 mm，出檐宽度超过 600 mm 时按实砌高度计算，平屋顶算至钢筋混凝土板底。

内墙：位于屋架下弦者，算至屋架下弦底，无屋架者算至天棚底另加 100 mm，有钢筋混凝土楼板隔层者算至楼板顶，有框架梁时算至梁底。

女儿墙：从屋面板上表面算至女儿墙顶面（如有混凝土压顶时算至压顶下表面）。

内、外山墙：按其平均高度计算。

（3）围墙：高度算至压顶上表面（如有混凝土压顶时算至压顶下表面），围墙柱并入围墙体积内。

4. 石挡土墙（编码：010403004）

工程内容：砂浆制作、运输，吊装，砌石，变形缝、泄水孔、压顶抹灰，滤水层，勾缝，材料运输。

项目特征：石料种类、规格，石表面加工要求，勾缝要求，砂浆强度等级、配合比。

工程量计算规则：按设计图示尺寸以体积（m³）计算。

5. 石柱（编码：010403005）

工程内容：砂浆制作、运输，吊装，砌石，石表面加工，勾缝，材料运输。

项目特征：石料种类、规格，石表面加工要求，勾缝要求，砂浆强度等级、配合比。

工程量计算规则：按设计图示尺寸以体积（m³）计算。

6. 石栏杆（编码：010403006）

工程内容：砂浆制作、运输，吊装，砌石，石表面加工，勾缝，材料运输。

项目特征：石料种类、规格，石表面加工要求，勾缝要求，砂浆强度等级、配合比。

工程量计算规则：按设计图示以长度（m）计算。

7. 石护坡（编码：010403007）

工程内容：砂浆制作、运输，吊装，砌石，石表面加工，勾缝，材料运输。

项目特征：垫层材料种类、厚度，石料种类、规格，护坡厚度、高度，石表面加工要求，勾缝要求，砂浆强度等级、配合比。

工程量计算规则：按设计图示尺寸以体积（m³）计算。

8. 石台阶（编码：010403008）

工程内容：铺设垫层，石料加工，砂浆制作、运输，砌石，石表面加工，勾缝，材料运输。

项目特征：垫层材料种类、厚度，石料种类、规格，护坡厚度、高度，石表面加工要求，勾缝要求，砂浆强度等级、配合比。

工程量计算规则：按设计图示尺寸以体积（m³）计算。

9. 石坡道（编码：010403009）

工程内容：铺设垫层，石料加工，砂浆制作、运输，砌石，石表面加工，勾缝，材料运输。

项目特征：垫层材料种类、厚度，石料种类、规格，护坡厚度、高度，石表面加工要求，勾缝要求，砂浆强度等级、配合比。

工程量计算规则：按设计图示以水平投影面积（m²）计算。

10. 石地沟、明沟（编码：010403010）

工程内容：土方挖运，砂浆制作、运输，铺设垫层，砌石，石表面加工，勾缝，回填，材料运输。

项目特征：沟截面尺寸，土壤类别、运距，垫层材料种类、厚度，石料种类、规格，石表面加工要求，勾缝要求，砂浆强度等级、配合比。

工程量计算规则：按设计图示以中心线长度计算。

7.4.4 垫层（编号：010404）

说明：除混凝土垫层应按附录 E 中相关项目编码列项外，没有包括垫层要求的清单项目应按本表垫层项目编码列项。

垫层（编码：010404001）

工程内容：垫层材料的拌制，垫层铺设，材料运输。

项目特征：垫层材料种类、配合比、厚度。

工程量计算规则：按设计图示尺寸以 m³ 计算。

【例 7.6】　如图 7.2 所示，房屋建筑砖基础大放脚为等高式，已知该条形基础 M10 水泥砂浆，1:2 水泥砂浆水平防潮层，垫层为 C10 混凝土。内外墙部位的地圈梁截面为 240 mm×240 mm，圈梁底面标高为 −0.30 m。试编制该砖基础的工程量清单。

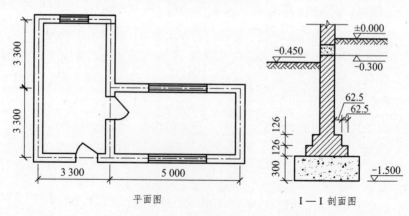

平面图　　　　　　　Ⅰ—Ⅰ 剖面图

图 7.2

解：从图 7.2 中可看出，内外墙基础上 – 0.30 m 处设有圈梁，由题意可知，圈梁截面积为 240 mm×240 mm，根据计算规则，应扣除其体积。

$$外墙中心线长 L_中 = 3.3×6+5×2 = 29.80（m）$$

$$内墙中心线长 L_净 = 3.3 – 0.24 = 3.06（m）$$

查表 4.15 等高式大放脚二层增加的断面积为：0.047 25 m²，折加高度为 0.197 m。

$$砖基础净高度 = 1.5 – 0.30（垫层）– 0.24（圈梁高）+$$
$$0.197（大放脚折加高度）= 1.157（m）$$

$$砖基础工程量 = 基础长度×基础墙厚×砖基础净高度$$
$$=（29.8+3.06）×0.24×1.157 = 9.12（m^3）$$

编制的砖基础工程量清单计价表如表 7.12 所示。

表 7.12　分部分项工程量清单计价表

工程名称：某工程　　　　　　　　　　　　标段：　　　　　　　　　　　　第 1 页　共 1 页

序号	项目编码	项目名称	项目特征描述	计量单位	工程数量
1	010401001001	砖基础	基础类型：条形基础，砂浆强度等级：M10，防潮层：1：2 水泥砂浆水平防潮层	m³	9.12

【例 7.7】　某建筑物平面、立面如图 7.3 所示，墙身为 M5 混合砂浆，外墙为 365 mm，内墙为 240 mm，M-1 为 1 200 mm×2 500 mm，M-2 为 900 mm×2 000 mm，C-1 为 1 500 mm×1 500 mm，门窗洞口均设过梁，过梁宽同墙宽，高均为 120 mm，长度为洞口宽加 500 mm，构造柱为 240 mm×240 mm（2.72 m³），每层设圈梁，圈梁沿墙满布，高度 200 mm（4.73 m³）。试计算墙身工程量。

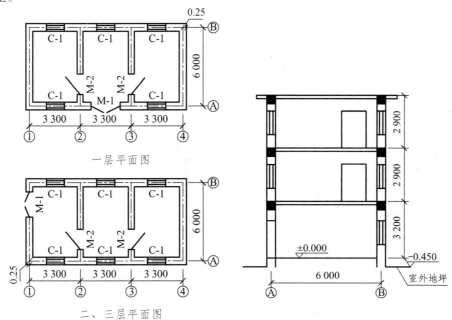

图 7.3　某建筑物平面、立面图

解：　　　　　　　外墙中心线 =（3.3×3+0.125+6+0.125）×2 = 32.30（m）

内墙净长 = （6−0.24）×2 = 11.52（m）

墙身高度 = 3.2+2.9×2 = 9（m）

外墙门窗洞口面积 = 1.2×2.5×3+1.5×1.5×（5+6×2）= 47.25（m²）

内墙门窗洞口面积 = 0.9×2×2×3 = 10.8（m²）

过梁体积 = [（1.2+0.5）×3（M-1）+（1.5+0.5）×17（C-1）]

×0.365×0.12+（0.9+0.5）×6（M-2）×0.24×0.12 = 1.95（m³）

墙身工程量 = （32.30×9−47.25）×0.365+（11.52×9−10.8）×0.24−

1.95−2.72−4.73 = 101.75（m³）

编制的墙身工程量清单计价表如表 7.13 所示。

表 7.13　分部分项工程量清单计价表

工程名称：某工程　　　　　　　　　　标段：　　　　　　　　　第 1 页　共 1 页

序号	项目编码	项目名称	项目特征描述	计量单位	工程数量
1	010401003001	实心砖墙	砖品种、规格、强度等级：Mu10 蒸压灰砂砖，砂浆强度等级、配合比：M5 混合砂浆	m³	101.75

7.5　混凝土及钢筋混凝土工程

以混凝土及钢筋为主要材料构筑的工程称为混凝土及钢筋混凝土工程。混凝土及钢筋混凝土分部工程清单项目分为 16 节，包括现浇混凝土基础、现浇混凝土柱、现浇混凝土梁、现浇混凝土墙、现浇混凝土板、现浇混凝土楼梯、现浇混凝土其他构件、后浇带、预制混凝土柱、预制混凝土梁、预制混凝土屋架、预制混凝土板、预制混凝土楼梯、其他预制构件、钢筋工程、螺栓铁件。适用于建筑物、构筑物的混凝土工程。

7.5.1　现浇混凝土基础（编号：010501）

现浇混凝土基础包括垫层，带形基础，独立基础，满堂基础，桩承台基础，设备基础共 6 个项目。有肋带形基础、无肋带形基础应按 E.1 中相关项目列项，并注明肋高。箱式满堂基础中柱、梁、墙、板按 E.2、E.3、E.4、E.5 相关项目分别编码列项，箱式满堂基础底板按 E.1 的满堂基础项目列项。框架式设备基础中柱、梁、墙、板分别按 E.2、E.3、E.4、E.5 相关项目编码列项，基础部分按 E.1 相关项目编码列项。如为毛石混凝土基础，项目特征应描述毛石所占比例。

1. 垫层（编码：010501001）

工程内容：模板及支撑制作、安装、拆除、堆放、运输及清理模内杂物、刷隔离剂等，混凝土制作、运输、浇筑、振捣、养护。

项目特征：混凝土类别，混凝土强度等级。

工程量计算规则：按设计图示尺寸以体积计算。不扣除构件内钢筋、预埋铁件和伸入承台基础的桩头所占体积。

2. 带形基础（编码：010501002）

工程内容：模板及支撑制作、安装、拆除、堆放、运输及清理模内杂物、刷隔离剂等，混凝土制作、运输、浇筑、振捣、养护。

项目特征：混凝土类别，混凝土强度等级。

工程量计算规则：按设计图示尺寸以体积计算。不扣除构件内钢筋、预埋铁件和伸入承台基础的桩头所占体积。

$$带形基础混凝土工程量 = 基础断面面积 \times 基础长度 \tag{7.4}$$

式中，基础长度的取值，外墙基础以外墙基础中心线长度计算，内墙基础以基础间净长度计算。

3. 独立基础（编码：010501003）

同上。

如图 7.4 所示，独立基础混凝土工程量计算如下：

$$独立基础混凝土工程量 V = a \times b \times h + \frac{h_1}{6}[a \times b + (a+a_1)(b+b_1) + a_1 \times b_1] \tag{7.5}$$

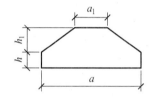
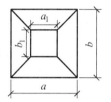

图 7.4 独立基础计算图

4. 满堂基础（编码：010501004）

同上。

满堂基础分为有梁式满堂基础和无梁式满堂基础。

（1）有梁式满堂基础，如图 7.5（a）所示。

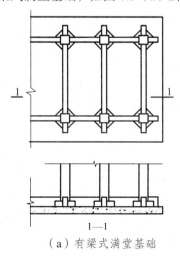
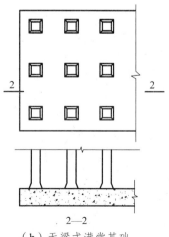

（a）有梁式满堂基础　　　　　（b）无梁式满堂基础

图 7.5 满堂基础

（2）无梁式满堂基础，其形似倒置楼板。有时为增大柱与基础的接触面，还会在基础板上设计角锥形柱墩，如图 7.5（b）所示。

$$有梁式满堂基础混凝土工程量 = 基础底板体积 + 梁体积 \qquad （7.6）$$

$$无梁式满堂基础混凝土工程量 = 基础底板体积 + 柱墩体积 \qquad （7.7）$$

式中，柱墩体积的计算与角锥形独立基础相同。

5. 桩承台基础（编码：010501005）

同上。

6. 设备基础（编码：010501006）

工程内容：模板及支撑制作、安装、拆除、堆放、运输及清理模内杂物、刷隔离剂等，混凝土制作、运输、浇筑、振捣、养护。

项目特征：混凝土类别，混凝土强度等级，灌浆材料、灌浆材料强度等级。

工程量计算规则：按设计图示尺寸以体积计算。不扣除构件内钢筋、预埋铁件和伸入承台基础的桩头所占体积。

【例 7.8】　某现浇钢筋混凝土带形基础的尺寸如图 7.6 所示。混凝土垫层强度等级为 C15，混凝土基础强度等级为 C20，场外集中搅拌，混凝土车运输，运距为 4 km。槽底均用电动夯实机夯实。编制有梁现浇混凝土带形基础工程量清单。

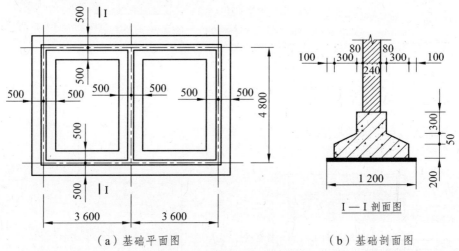

（a）基础平面图　　　　　　　　　（b）基础剖面图

图 7.6　某基础平面及剖面图

解： 按照图示尺寸和要求，应分下述几步进行：

（1）外墙基础混凝土工程量的计算。

由图可以看出，该基础的中心线与外墙中心线重合，故外墙基础的计算长度可取 $L_{中}$，则：

$$外墙基础混凝土工程量 = 基础断面积 \times L_{中}$$

$$= \left(0.4 \times 0.3 + \frac{0.4+1}{2} \times 0.15 + 1 \times 0.2 \right) \times （3.6 \times 2 + 4.8） \times 2 \ m^3$$

$$= 0.425 \times 24 \ m^3 = 10.2 \ （m^3）$$

（2）内墙基础混凝土工程量的计算。

$$梁间净长度 = （4.8 - 0.2×2）m = 4.4（m）$$

$$斜坡中心线长度 = [4.8 - （0.2+\frac{0.3}{2}）×2] m = 4.1（m）$$

$$基底净长度 = （4.8 - 0.5×2）m = 3.8 m$$

$$墙基础混凝土工程量 = \sum 内墙基础各部分断面积相应计算长度$$

$$= 0.4×0.3×4.4+\frac{0.4+1}{2}×0.15×4.1+1×0.2×3.8 \ m^3$$

$$= （0.528+0.43+0.76）m^3 = 1.72（m^3）$$

$$带形基础混凝土工程量 = 10.2+1.72 = 11.92（m^3）$$

（3）基础工程量清单的编制，如表7.14所示。

表7.14　分部分项工程量清单与计价表

工程名称：某工程　　　　　　　　　　标段：　　　　　　　　第1页　共1页

序号	项目编码	项目名称	项目特征描述	计量单位	工程数量
1	010501002001	带形基础	（1）垫层材料的种类、厚度：C15混凝土、100 mm厚； （2）基础形式、材料种类：有梁式混凝土基础； （3）混凝土强度等级：C20； （4）混凝土材料要求：场外集中搅拌，运距4 km	m³	11.92

【例7.9】 有梁式满堂基础尺寸如图7.7所示。机械原土打夯，铺设混凝土垫层，混凝土强度等级为C15，有梁式满堂基础，混凝土强度等级为C20，场外集中搅拌，运距5 km，编制有梁式满堂基础的工程量清单。

解：（1）计算现浇混凝土满堂基础清单工程量。

$$有梁式满堂基础工程量 = 基础底板体积+梁体积$$

$$= 32×14×0.3+0.3×0.4×[32×3+（14 - 0.3×3）×5] m^3$$

$$= 153.78（m^3）$$

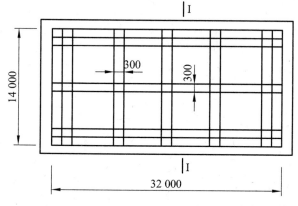

图7.7　有梁式满堂基础

（2）现浇混凝土满堂基础清单的编制，如表 7.15 所示。

表 7.15　分部分项工程量清单与计价表

工程名称：某工程　　　　　　　　　　　　标段：　　　　　　　　　　　第 1 页共 1 页

序号	项目编码	项目名称	项目特征描述	计量单位	工程数量
1	010401003001	满堂基础	（1）基础形式、材料种类：有梁式混凝土满堂基础； （2）混凝土强度等级：C20； （3）混凝土材料要求：场外集中搅拌，运距 5 km	m³	153.78

7.5.2　现浇混凝土柱（编号：010502）

现浇混凝土柱包括矩形柱，构造柱，异形柱 3 个项目。混凝土类别指清水混凝土、彩色混凝土等，如在同一地区既使用预拌（商品）混凝土、又允许现场搅拌混凝土时，也应注明。

1. 矩形柱（编码：010502001）

工程内容：模板及支架（撑）制作、安装、拆除、堆放、运输及清理模内杂物、刷隔离剂等，混凝土制作、运输、浇筑、振捣、养护。

项目特征：混凝土类别，混凝土强度等级。

工程量计算规则：按设计图示尺寸以体积计算。不扣除构件内钢筋，预埋铁件所占体积。型钢混凝土柱扣除构件内型钢所占体积。

柱高：

（1）有梁板的柱高，应自柱基上表面（或楼板上表面）至上一层楼板上表面之间的高度计算。

（2）无梁板的柱高，应自柱基上表面（或楼板上表面）至柱帽下表面之间的高度计算。

（3）框架柱的柱高，应自柱基上表面至柱顶高度计算。

（4）构造柱按全高计算，嵌接墙体部分（马牙槎）并入柱身体积。

（5）依附柱上的牛腿和升板的柱帽，并入柱身体积计算。

2. 构造柱（编码：010502002）

同上。

3. 异形柱（编码：010502003）

工程内容：模板及支架（撑）制作、安装、拆除、堆放、运输及清理模内杂物、刷隔离剂等，混凝土制作、运输、浇筑、振捣、养护。

项目特征：柱形状，混凝土类别，混凝土强度等级。

工程量计算规则：按设计图示尺寸以体积计算。不扣除构件内钢筋，预埋铁件所占体积。型钢混凝土柱扣除构件内型钢所占体积。

柱高：

（1）有梁板的柱高，应自柱基上表面（或楼板上表面）至上一层楼板上表面之间的高度计算。

（2）无梁板的柱高，应自柱基上表面（或楼板上表面）至柱帽下表面之间的高度计算。

（3）框架柱的柱高：应自柱基上表面至柱顶高度计算。

（4）构造柱按全高计算，嵌接墙体部分（马牙槎）并入柱身体积。

（5）依附柱上的牛腿和升板的柱帽，并入柱身体积计算。

现浇柱工程量按设计图示尺寸以体积（m^3）计算，不扣除构件内钢筋、预埋铁件所占体积。计算公式为：

$$柱体积 = 柱截面积 \times 柱高 \tag{7.8}$$

7.5.3 现浇混凝土梁（编号：010503）

现浇混凝土梁包括基础梁，矩形梁，异形梁，圈梁，过梁，弧形、拱形梁共 6 个项目。

基础梁（编码：010503001）

工程内容：模板及支架（撑）制作、安装、拆除、堆放、运输及清理模内杂物、刷隔离剂等，混凝土制作、运输、浇筑、振捣、养护。

项目特征：混凝土类别，混凝土强度等级。

工程量计算规则：按设计图示尺寸以体积计算。不扣除构件内钢筋、预埋铁件所占体积，伸入墙内的梁头、梁垫并入梁体积内。型钢混凝土梁扣除构件内型钢所占体积。

梁长：（1）梁与柱连接时，梁长算至柱侧面。（2）主梁与次梁连接时，次梁长算至主梁侧面。

矩形梁（编码：010503002），异形梁（编码：010503003），圈梁（编码：010503004），过梁（编码：010503005），同上。

实际工作中现浇混凝土梁的工程量计算并不复杂，只要对梁的长度与根数确定后，通过下述计算公式就可求得其工程量：

$$V = FLN \tag{7.9}$$

式中：V—— 现浇混凝土梁的体积（m^3）；

F—— 现浇混凝土梁的断面面积 = 梁宽×梁高（m^2）；

L—— 现浇混凝土梁的长度（m）；

N——现浇混凝土梁的根数（根）。

【例 7.10】 某教学楼单层用房，现浇钢筋混凝土圈梁带过梁，尺寸如图 7.8 所示。门洞

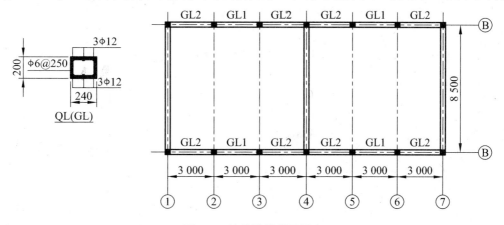

图 7.8 某教学楼单层用房

1 000 mm×2 700 mm，共 4 个；窗洞 1 500 mm×1 500 mm，共 8 个。混凝土强度等级 C20，现场搅拌混凝土。编制现浇钢筋混凝土圈梁、过梁的工程清单。

解：（1）计算现浇混凝土过梁、圈梁清单工程量。

$$过梁清单工程量 = 图示断面面积×过梁长度$$

（设计无规定时，按门窗洞口宽度，两端各加 250 计算）

$$= [（1+0.5）×4+（1.5+0.5）×8]×0.24×0.2 \ m^3$$

$$= 1.056（m^3）$$

$$圈梁清单工程量 = 圈梁断面面积×圈梁长度$$

$$= [（3×6+8.5）×2 - 0.24×14+8.5 - 0.24]×0.24×0.2 - 1.056$$

$$= 2.779 - 1.056$$

$$= 1.72（m^3）$$

（2）现浇混凝土过梁、圈梁清单的编制，如表 7.16 所示。

表 7.16　分部分项工程量清单与计价表

工程名称：某工程　　　　　　　　标段：　　　　　　　　第 1 页　共 1 页

序号	项目编码	项目名称	项目特征描述	计量单位	工程数量
1	010503004001	圈梁	（1）梁截面：240 mm×200 mm； （2）混凝土强度等级：C20； （3）混凝土材料要求：现场搅拌	m^3	1.72
2	010503005001	过梁	（1）梁截面：240 mm×200 mm； （2）混凝土强度等级：C20； （3）混凝土材料要求：现场搅拌	m^3	1.06

7.5.4　现浇混凝土墙（编号：010504）

现浇混凝土梁包括基础梁，矩形梁，异形梁，圈梁，过梁，弧形、拱形梁共 6 个项目。

直形墙（编码：010504001）

工程内容：模板及支撑制作、安装、拆除、堆放、运输及清理模内杂物、刷隔离剂等，混凝土制作、运输、浇筑、振捣、养护。

项目特征：混凝土类别，混凝土强度等级。

工程量计算规则：按设计图示尺寸以体积计算。不扣除构件内钢筋、预埋铁件所占体积，扣除门窗洞口及单个面积 > 0.3 m^2 的孔洞所占体积，墙垛及突出墙面部分并入墙体体积内计算。

弧形墙（编码：010504002），短肢剪力墙（编码：010504003），挡土墙（编码：010504004），同上。

墙的工程量计算式为：

$$V = BHL \tag{7.10}$$

式中：V——现浇混凝土墙体积（m^3）；

L——现浇混凝土墙长度（外墙长度按中心线长度计，内墙按净长线计）（m）；

H——现浇混凝土墙高度（m）；

B——现浇混凝土墙厚度（m）。

7.5.5　现浇混凝土板（编号：010505）

现浇混凝土板包括有梁板，无梁板，平板，拱板，薄壳板，栏板，天沟（檐沟）、挑檐板，雨棚、悬挑板、阳台板，其他板共 9 个项目。

说明：现浇挑檐、天沟板、雨棚、阳台与板（包括屋面板、楼板）连接时，以外墙外边线为分界线，与圈梁（包括其他梁）连接时，以梁外边线为分界线。外边线以外为挑檐、天沟、雨棚或阳台。

1. 有梁板（编码：010505001）

工程内容：模板及支撑制作、安装、拆除、堆放、运输及清理模内杂物、刷隔离剂等，混凝土制作、运输、浇筑、振捣、养护。

项目特征：混凝土类别，混凝土强度等级。

工程量计算规则：按设计图示尺寸以体积计算，不扣除构件内钢筋、预埋铁件及单个面积 $\leqslant 0.3\ m^2$ 的柱、垛以及孔洞所占体积。压形钢板混凝土楼板扣除构件内压形钢板所占体积。有梁板（包括主、次梁与板）按梁、板体积之和计算，无梁板按板和柱帽体积之和计算，各类板伸入墙内的板头并入板体积内，薄壳板的肋、基梁并入薄壳体积内计算。

无梁板（编码：010505002），平板（编码：010505003），拱板（编码：010505004），薄壳板（编码：010505005），栏板（编码：010505006）同上。

2. 天沟（檐沟）、挑檐板（编码：010505007）

工程内容：模板及支撑制作、安装、拆除、堆放、运输及清理模内杂物、刷隔离剂等，混凝土制作、运输、浇筑、振捣、养护。

项目特征：混凝土类别，混凝土强度等级。

工程量计算规则：按设计图示尺寸以体积计算。

3. 雨棚、悬挑板、阳台板（编码：010505008）

工程内容：模板及支撑制作、安装、拆除、堆放、运输及清理模内杂物、刷隔离剂等，混凝土制作、运输、浇筑、振捣、养护。

项目特征：混凝土类别，混凝土强度等级。

工程量计算规则：按设计图示尺寸以墙外部分体积计算。包括伸出墙外的牛腿和雨棚反挑檐的体积。

4. 雨棚、悬挑板、阳台板（编码：010505009）

工程内容：模板及支撑制作、安装、拆除、堆放、运输及清理模内杂物、刷隔离剂等，混凝土制作、运输、浇筑、振捣、养护。

项目特征：混凝土类别，混凝土强度等级。

工程量计算规则：按设计图示尺寸以体积计算。

在无梁板中，为降低板的自重，常在混凝土板中浇筑复合高强薄型空心管，在计算工程量时应扣除管所占体积，复合高强薄型空心管应包括在报价内。如果采用轻质材料浇筑在有梁板内，轻质材料也应包括在报价内。

有梁板工程量计算方法如下：

$$V_{总} = V_{板} + V_{梁}$$
$$V_{板} = F\delta$$
$$V_{梁} = SLN$$

（7.11）

式中：$V_{总}$——有梁板总体积（m³）；

$\quad\quad V_{板}$——有梁板的板体积（m³）；

$\quad\quad V_{梁}$——有梁板的梁体积（m³）；

$\quad\quad F$——有梁板的板平面面积 = 图示长度×图示宽度（m³）；

$\quad\quad \delta$——有梁板的板厚度（m）；

$\quad\quad S$——有梁板的梁断面面积（m²）；

$\quad\quad L$——有梁板的梁长度（m）；

$\quad\quad N$——有梁板的梁根数（根）。

【例 7.11】 某工程现浇混凝土挑檐天沟如图 7.9 所示，混凝土强度等级为 C20，现场搅拌混凝土。编制挑檐天沟的工程量清单。

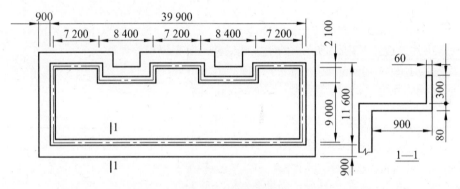

图 7.9 挑檐天沟图

解：（1）计算现浇混凝土挑檐天沟工程量。

挑檐板工程量 = {[（39.9+11.6）×2+2.1×4]×0.9+0.9×0.9×4}×0.08 = 8.28（m²）

天沟壁工程量 = [（39.9+11.6）×2+2.1×4+0.9×8]×0.06–0.06×0.06×4]×0.3

$\quad\quad\quad\quad\quad$ = 2.13（m³）

挑檐天沟工程量 = 10.41（m³）

（2）现浇混凝土挑檐天沟工程量清单的编制，如表 7.17 所示。

表 7.17 分部分项工程量清单与计价表

工程名称：某工程　　　　　　　标段：　　　　　　第 1 页 共 1 页

序号	项目编码	项目名称	项目特征描述	计量单位	工程数量
1	010505007001	挑檐天沟	（1）混凝土强度等级为：C20； （2）混凝土拌和料要求：现场搅拌	m³	10.41

【**例 7.12**】　某工程现浇阳台结构如图 7.10 所示,混凝土强度等级为 C20,现场搅拌混凝土。编制阳台工程量清单。

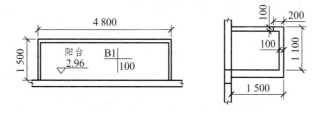

图 7.10　某工程现浇阳台结构图

解:(1)计算现浇阳台工程量。

$$阳台板工程量 = 1.5×4.8×0.10 = 0.72(m^3)$$

$$现浇阳台拦板工程量 = [(1.5×2+4.8)-0.1×2]×(1.1-0.1)×0.1 = 0.76(m^3)$$

$$现浇阳台扶手工程量 = [(1.5×2+4.8)-0.2×2]×0.2×0.1 = 0.15(m^3)$$

$$现浇阳台工程量 = 1.63(m^3)$$

(2)现浇混凝土阳台工程量清单的编制,如表 7.18 所示。

表 7.18　分部分项工程量清单与计价表

工程名称:某工程　　　　　　　　　标段:　　　　　　　　第 1 页　共 1 页

序号	项目编码	项目名称	项目特征描述	计量单位	工程数量
1	010505008001	阳台板	(1)混凝土强度等级为:C20; (2)混凝土拌和料要求:现场搅拌	m³	1.63

【**例 7.13**】　某现浇框架结构房屋的二层结构平面如图 7.11 所示。已知一层板顶标高为 3.3 m,二层板顶标高为 6.6 m,板顶标高为 3.3 m,板厚 100 mm,构件断面尺寸如表 7.19 所示。柱混凝土为 C30,梁、板混凝土为 C20,均为现场搅拌。编制图中所示钢筋混凝土构件工程量清单。

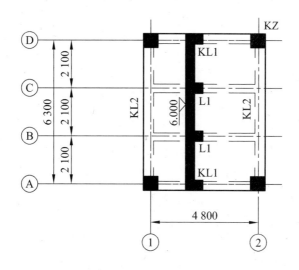

图 7.11　二层结构平面图

表 7.19　构件尺寸表

构件名称	构件尺寸（mm× mm）
KZ	400×400
KL1	250×550（宽×高）
KL2	300×600（宽×高）
L1	250×500（宽×高）

解：（1）计算混凝土工程量。

由已知条件可知，本例设计的钢筋混凝土构件包括矩形柱（KZ），有梁板（KL、L 及板）。

① 矩形柱（KZ）混凝土工程量 = 0.4×0.4×3.3×4 m³ = 2.11（m³）

② 有梁板混凝土工程量。

梁体积：　　KL1 混凝土工程量 = 0.25×（0.55 - 0.1）×（4.8 - 0.2×2）×2 m³ = 0.99（m³）

　　　　　　KL2 混凝土工程量 = 0.3×（0.6 - 0.1）×（6.3 - 0.2×2）×2 m³ = 1.77（m³）

　　　　　　L1 混凝土工程量 = 0.25×（0.5 - 0.1）×（4.8+0.2×2 - 0.3×2）×2 m³ = 0.92（m³）

　　　　　　矩形梁混凝土工程量 =（0.99+1.77+0.92）m³ = 3.68（m³）

板体积：　　板混凝土工程量 =（6.3+0.2×2）×（4.8+0.2×2）×0.1 - 0.4×0.4×0.1×4

　　　　　　　　　　　　　 =（3.484 - 0.064）m³ = 3.42（m³）

　　　　　　有梁板混凝土工程量 =（3.68+3.42）m³ = 7.1（m³）

（2）钢筋混凝土构件工程量清单的编制，如表 7.20 所示。

表 7.20　分部分项工程量清单与计价表

工程名称：某工程　　　　　　　　　　　　标段：　　　　　　　　　　第 1 页　共 1 页

序号	项目编码	项目名称	项目特征描述	计量单位	工程数量
1	010502001001	矩形柱	（1）柱高度：3.3 m； （2）柱截面尺寸：400 mm×400 mm； （3）混凝土强度等级：C30； （4）混凝土拌和料要求：现场搅拌	m³	2.11
2	010505001001	有梁板	（1）板底标高：6.5 m； （2）板厚：100 mm； （3）混凝土强度等级：C20； （4）混凝土拌和料要求：现场搅拌	m³	7.1

7.5.6　现浇混凝土楼梯（编号：010506）

现浇混凝土楼梯包括直形楼梯、弧形楼梯。整体楼梯（包括直形楼梯、弧形楼梯）水平投影面积包括休息平台、平台梁、斜梁和楼梯的连接梁。当整体楼梯与现浇楼板无梯梁连接时，以楼梯的最后一个踏步边沿加 300 mm 为界。

直形楼梯（编码：010506001）

工程内容： 模板及支撑制作、安装、拆除、堆放、运输及清理模内杂物、刷隔离剂等，混凝土制作、运输、浇筑、振捣、养护。

项目特征：混凝土类别，混凝土强度等级。

工程量计算规则：以 m² 计量，按设计图示尺寸以水平投影面积计算。不扣除宽度≤500 mm 的楼梯井，伸入墙内部分不计算，以 m³ 计量，按设计图示尺寸以体积计算。

弧形楼梯（编码：010506002），同上。

【例 7.14】 某工程现浇混凝土楼梯如图 7-12 所示，轴线为墙中心线，墙厚为 200 mm，混凝土强度等级为 C25，现场搅拌混凝土。编制楼梯清单工程量（该建筑为 6 层，共 5 层楼梯）。

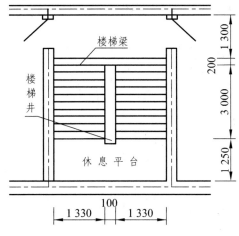

图 7.12 现浇混凝土楼梯图

解：（1）计算现浇混凝土楼梯工程量。

$$现浇混凝土楼梯工程量 = 图示水平投影长度×图示投影水平宽度-$$

$$大于 500 mm 的楼梯井$$

$$= （1.33+0.1+1.33）×（1.25+3+0.2）×5 m²$$

$$= 61.41（m²）$$

（2）现浇混凝土楼梯工程量清单的编制，如表 7.21 所示。

表 7.21 分部分项工程量清单与计价表

工程名称：某工程　　　　　　　　　　标段：　　　　　　　第 1 页　共 1 页

序号	项目编码	项目名称	项目特征描述	计量单位	工程数量
1	010506001001	直形楼梯	（1）梯板形式：双跑； （2）梯板厚度：200 mm； （3）混凝土强度等级为：C25； （4）混凝土材料要求：现场搅拌	m²	61.41

7.5.7　现浇混凝土其他构件（编号：010507）

现浇混凝土其他构件包括散水、坡道，电缆沟、地沟，台阶，扶手、压顶，化粪池底，化粪池壁，化粪池顶，检查井底，检查井壁，检查井顶，其他构件共 11 个项目。现浇混凝土小型池槽、垫块、门框等，应按 E.7 中其他构件项目编码列项。架空式混凝土台阶，按现浇楼梯计算。

1. 散水、坡道（编码：010507001）

工程内容：地基夯实，铺设垫层，模板及支撑制作、安装、拆除、堆放、运输及清理模内杂物、刷隔离剂等，混凝土制作、运输、浇筑、振捣、养护，变形缝填塞。

项目特征：垫层材料种类、厚度，面层厚度，混凝土类别，混凝土强度等级，变形缝填塞材料种类。

工程量计算规则：以 m² 计量，按设计图示尺寸以面积计算。不扣除单个 ≤0.3m³ 的孔洞所占面积。

2. 电缆沟、地沟（编码：010507002）

工程内容：挖填、运土石方，铺设垫层，模板及支撑制作、安装、拆除、堆放、运输及清理模内杂物、刷隔离剂等，混凝土制作、运输、浇筑、振捣、养护，刷防护材料。

项目特征：土壤类别，沟截面净空尺寸，垫层材料种类、厚度，混凝土类别，混凝土强度等级，防护材料种类。

工程量计算规则：以 m 计量，按设计图示以中心线长计算。

3. 台阶（编码：010507003）

工程内容：模板及支撑制作、安装、拆除、堆放、运输及清理模内杂物、刷隔离剂等，混凝土制作、运输、浇筑、振捣、养护。

项目特征：踏步高宽比，混凝土类别，混凝土强度等级。

工程量计算规则：以 m² 计量，按设计图示尺寸水平投影面积计算；以 m³ 计量，按设计图示尺寸以体积计算。

4. 扶手、压顶（编码：010507004）

工程内容：模板及支撑制作、安装、拆除、堆放、运输及清理模内杂物、刷隔离剂等，混凝土制作、运输、浇筑、振捣、养护。

项目特征：断面尺寸，混凝土类别，混凝土强度等级。

工程量计算规则：以 m 计量，按设计图示的延长米计算；以 m³ 计量，按设计图示尺寸以体积计算。

5. 化粪池底（编码：010507005）

工程内容：模板及支撑制作、安装、拆除、堆放、运输及清理模内杂物、刷隔离剂等，混凝土制作、运输、浇筑、振捣、养护。

项目特征：混凝土强度等级，防水、抗渗要求。

工程量计算规则：按设计图示尺寸以体积计算。不扣除构件内钢筋、预埋铁件所占体积。

化粪池壁（编码：010507006），化粪池顶（编码：010507007），检查井底（编码：010507008），检查井壁（编码：010507009），检查井顶（编码：010507010），同上。

6. 其他构件（编码：010507011）

工程内容：模板及支撑制作、安装、拆除、堆放、运输及清理模内杂物、刷隔离剂等，混凝土制作、运输、浇筑、振捣、养护。

项目特征：构件的类型，构件规格，部位，混凝土类别，混凝土强度等级。

工程量计算规则：按设计图示尺寸以体积计算。不扣除构件内钢筋、预埋铁件所占体积。

7.5.8　后浇带（编号：010508）

后浇带（编码：010508001）

工程内容：模板及支撑制作、安装、拆除、堆放、运输及清理模内杂物、刷隔离剂等，混凝土制作、运输、浇筑、振捣、养护及混凝土交接面、钢筋等的清理。

项目特征：混凝土类别，混凝土强度等级。

工程量计算规则：按设计图示尺寸以体积计算。

7.5.9　预制混凝土柱（编号：010509）

预制混凝土柱包括矩形柱和异形柱 2 个项目。以根计量，必须描述单件体积。

矩形柱（编码：010509001）

工程内容：构件安装，砂浆制作、运输，接头灌缝、养护。

项目特征：图代号，单件体积，安装高度，混凝土强度等级，砂浆强度等级、配合比。

工程量计算规则：以 m³ 计量，按设计图示尺寸以体积计算。不扣除构件内钢筋、预埋铁件所占体积。以根计量，按设计图示尺寸以数量计算。

异形柱（编码：010509002），同上。

例如某工程施工图标注有 450 mm×450 mm 矩形柱 10 根，其高度均为 650 mm。故该柱的工程量就可以按根计量。以根为单位计算柱的工程量时，在工程量清单项目表中应对柱的类型、单件体积、安装高度、混凝强度等级、砂浆强度等级等，予以详细描述。

7.5.10　预制混凝土梁（编号：010510）

预制混凝土梁包括矩形梁，异形梁，过梁，拱形梁，鱼腹式吊车梁，风道梁共 6 个项目。以根计量，必须描述单件体积。

矩形梁（编码：010510001）

工程内容：构件安装，砂浆制作、运输，接头灌缝、养护。

项目特征：图代号，单件体积，安装高度，混凝土强度等级，砂浆强度等级、配合比。

工程量计算规则：以 m³ 计量，按设计图示尺寸以体积计算。不扣除构件内钢筋、预埋铁件所占体积。以根计量，按设计图示尺寸以数量计算。

异形梁（编码：010510002），过梁（编码：010510003），拱形梁（编码：010510004），鱼腹式吊车梁（编码：010510005），风道梁（编码：010510006），同上。

7.5.11　预制混凝土屋架（编号：010511）

预制混凝土屋架包括折线型屋架，组合屋架，薄腹屋架，门式刚架屋架，天窗架屋架共 5

个项目。以榀计量，必须描述单件体积。三角形屋架应按 E.11 中《折线型屋架》项目编码列项。

折线型屋架（编码：010511001）

工程内容：构件安装，砂浆制作、运输，接头灌缝、养护。

项目特征：图代号，单件体积，安装高度，混凝土强度等级，砂浆强度等级、配合比。

工程量计算规则：以 m^3 计量，按设计图示尺寸以体积计算。不扣除构件内钢筋、预埋铁件所占体积。以榀计量，按设计图示尺寸以数量计算。

组合屋架（编码：010511002），薄腹屋架（编码：010511003），门式刚架屋架（编码：010511004），天窗架屋架（编码：010511005），同上。

7.5.12 预制混凝土板（编号：010512）

预制混凝土板包括平板，空心板，槽形板，网架板，折线板，带肋板，大型板，沟盖板、井盖板、井圈共 8 个项目。

说明：

（1）以块、套计量，必须描述单件体积。

（2）不带肋的预制遮阳板、雨棚板、挑檐板、拦板等，应按 E.12 中《平板项目》编码列项。

（3）预制 F 形板、双 T 形板、单肋板和带反挑檐的雨棚板、挑檐板、遮阳板等，应按 E.12 中带肋板项目编码列项。

（4）预制大型墙板、大型楼板、大型屋面板等，应按 B.12 中《大型板项目》编码列项。

1. 平板（编码：010512001）

工程内容：构件安装，砂浆制作、运输，接头灌缝、养护。

项目特征：图代号，单件体积，安装高度，混凝土强度等级，砂浆强度等级、配合比。

工程量计算规则：以 m^3 计量，按设计图示尺寸以体积计算。不扣除构件内钢筋、预埋铁件及单个尺寸≤300 mm×300 mm 的孔洞所占体积，扣除空心板空洞体积。以块计量，按设计图示尺寸以数量计算。

空心板（编码：010512002），槽形板（编码：010512003），网架板（编码：010512004），折线板（编码：010512005），带肋板（编码：010512006），大型板（编码：010512007），同上。

2. 沟盖板、井盖板、井圈（编码：010512008）

工程内容：构件安装，砂浆制作、运输，接头灌缝、养护。

项目特征：单件体积，安装高度，混凝土强度等级，砂浆强度等级、配合比。

工程量计算规则：以 m^3 计量，按设计图示尺寸以体积计算。不扣除构件内钢筋、预埋铁件所占体积。以块计量，按设计图示尺寸以数量计算。

【例 7.15】 某工程需用先张法预应力钢筋混凝土槽形板 80 块，如图 7.13 所示，混凝土强度等级为 C30，灌缝混凝土强度等级 C20，现场搅拌混凝土。编制预应力钢筋混凝土槽形板工程量清单。

解：（1）计算预应力钢筋混凝土槽形板工程量。

$$预应力钢筋混凝土槽形板工程量 = 单板体积×块数$$

$$= （大棱台体积-小棱台体积）×块数$$

$$= [\frac{1}{3} \times 0.12 \times (0.59 \times 4.2 + 0.57 \times 4.18 + \sqrt{0.59 \times 4.2 \times 0.57 \times 4.18}) - \frac{0.08}{3} \times$$

$$(0.49 \times 4.1 + 0.47 \times 4.08 + \sqrt{0.49 \times 4.1 \times 0.47 \times 4.08})] \times 80 = 0.13455 \times 80 = 10.76 (m^3)$$

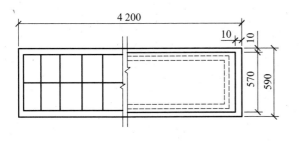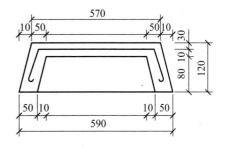

图 7.13　预应力钢筋混凝土槽形板

（2）工程量清单的编制，如表 7.22 所示。

表 7.22　分部分项工程量清单与计价表

工程名称：某工程　　　　　　　　　　　标段：　　　　　　　　　　第 1 页　共 1 页

序号	项目编码	项目名称	项目特征描述	计量单位	工程数量
1	010512003001	槽形板	（1）单件体积：0.135； （2）混凝土强度等级：C30； （3）灌缝混凝土强度等级：C20	m³	10.76

7.5.13　预制混凝土楼梯（编号：010513）

楼梯（编码：010513001）

工程内容：构件安装，砂浆制作、运输，接头灌缝、养护。

项目特征：楼梯类型，单件体积，混凝土强度等级，砂浆强度等级。

工程量计算规则：以 m³ 计量，按设计图示尺寸以体积计算。不扣除构件内钢筋、预埋铁件所占体积，扣除空心踏步板空洞体积。以块计量，按设计图示数量计算，且必须描述单件体积。

7.5.14　其他预制构件（编号：010514）

其他预制构件包括垃圾道、通风道、烟道，其他构件，水磨石构件共 3 个项目。以块、根计量，必须描述单件体积。预制钢筋混凝土小型池槽、压顶、扶手、垫块、隔热板、花格等，按本表中其他构件项目编码列项。

1. 垃圾道、通风道、烟道（编码：010514001）

工程内容：构件安装，砂浆制作、运输，接头灌缝、养护，酸洗、打蜡。

项目特征：单件体积，混凝土强度等级，砂浆强度等级。

工程量计算规则：以 m³ 计量，按设计图示尺寸以体积计算。不扣除构件内钢筋、预埋铁件及单个面积≤300 mm×300 mm 的孔洞所占体积，扣除烟道、垃圾道、通风道的孔洞所占体积，以 m² 计量，按设计图示尺寸以面积计算。不扣除构件内钢筋、预埋铁件及单个面积≤300 mm×300 mm 的孔洞所占面积。以根计量，按设计图示尺寸以数量计算。

2. 其他构件（编码：010514002）

工程内容：构件安装，砂浆制作、运输，接头灌缝、养护，酸洗、打蜡。

项目特征：单件体积，构件的类型，混凝土强度等级，砂浆强度等级。

工程量计算规则：以 m³ 计量，按设计图示尺寸以体积计算。不扣除构件内钢筋、预埋铁件及单个面积≤300 mm×300 mm 的孔洞所占体积，扣除烟道、垃圾道、通风道的孔洞所占体积，以 m² 计量，按设计图示尺寸以面积计算。不扣除构件内钢筋、预埋铁件及单个面积≤300 mm×300 mm 的孔洞所占面积。以根计量，按设计图示尺寸以数量计算。

3. 水磨石构件（编码：010514003）

工程内容：构件安装，砂浆制作、运输，接头灌缝、养护，酸洗、打蜡。

项目特征：构件的类型，单件体积，水磨石面层厚度，混凝土强度等级，水泥石子浆配合比，石子品种、规格、颜色，酸洗、打蜡要求。

工程量计算规则：以 m³ 计量，按设计图示尺寸以体积计算。不扣除构件内钢筋、预埋铁件及单个面积≤300 mm×300 mm 的孔洞所占体积，扣除烟道、垃圾道、通风道的孔洞所占体积，以 m² 计量，按设计图示尺寸以面积计算。不扣除构件内钢筋、预埋铁件及单个面积≤300 mm×300 mm 的孔洞所占面积。以根计量，按设计图示尺寸以数量计算。

7.5.15 钢筋工程（编号：010515）

钢筋工程包括现浇构件钢筋，钢筋网片，钢筋笼，先张法预应力钢筋，后张法预应力钢筋，预应力钢丝，预应力钢绞线，支撑钢筋（铁马），声测管共 9 个项目。现浇构件中伸出构件的锚固钢筋应并入钢筋工程量内。除设计（包括规范规定）标明的搭接外，其他施工搭接不计算工程量，在综合单价中综合考虑。现浇构件中固定位置的支撑钢筋、双层钢筋用的"铁马"在编制工程量清单时，其工程数量可为暂估量，结算时按现场签证数量计算。

1. 现浇构件钢筋（编码：010515001）

工程内容：钢筋制作、运输，钢筋安装，焊接。

项目特征：钢筋种类、规格。

工程量计算规则：按设计图示钢筋（网）长度（面积）乘单位理论质量计算。

2. 钢筋网片（编码：010515002）

工程内容：钢筋网制作、运输，钢筋网安装，焊接。

项目特征：钢筋种类、规格。

工程量计算规则：按设计图示钢筋（网）长度（面积）乘单位理论质量计算。

3. 钢筋笼（编码：010515003）

工程内容：钢筋笼制作、运输，钢筋笼安装，焊接。

项目特征：钢筋种类、规格。

工程量计算规则：按设计图示钢筋（网）长度（面积）乘单位理论质量计算。

4. 先张法预应力钢筋（编码：010515004）

工程内容：钢筋制作、运输，钢筋张拉。

项目特征：钢筋种类、规格，锚具种类。

工程量计算规则：按设计图示钢筋长度乘单位理论质量计算。

5. 后张法预应力钢筋（编码：010515005）

工程内容：钢筋、钢丝、钢绞线制作、运输，钢筋、钢丝、钢绞线安装，预埋管孔道铺设，锚具安装，砂浆制作、运输，孔道压浆、养护。

项目特征：钢筋种类、规格，钢丝种类、规格，钢绞线种类、规格，锚具种类，砂浆强度等级。

工程量计算规则：按设计图示钢筋（丝束、绞线）长度乘单位理论质量计算。

（1）低合金钢筋两端均采用螺杆锚具时，钢筋长度按孔道长度减 0.35 m 计算，螺杆另行计算。

（2）低合金钢筋一端采用镦头插片、另一端采用螺杆锚具时，钢筋长度按孔道长度计算，螺杆另行计算。

（3）低合金钢筋一端采用镦头插片、另一端采用帮条锚具时，钢筋增加 0.15 m 计算。两端均采用帮条锚具时，钢筋长度按孔道长度增加 0.3 m 计算。

（4）低合金钢筋采用后张混凝土自锚时，钢筋长度按孔道长度增加 0.35 m 计算。

（5）低合金钢筋（钢绞线）采用 JM、XM、QM 型锚具，孔道长度≤20 m 时，钢筋长度增加 1 m 计算。孔道长度 > 20 m 时，钢筋长度增加 1.8 m 计算。

（6）碳素钢丝采用锥形锚具，孔道长度≤20 m 时，钢丝束长度按孔道长度增加 1 m 计算，孔道长度 > 20 m 时，钢丝束长度按孔道长度增加 1.8 m 计算。

（7）碳素钢丝采用镦头锚具时，钢丝束长度按孔道长度增加 0.35 m 计算。

6. 预应力钢丝（编码：010515006）

同上。

7. 预应力钢绞线（编码：010515007）

同上。

8. 支撑钢筋（铁马）（编码：010515008）

工程内容：钢筋制作、焊接、安装。

项目特征：钢筋种类，规格。

工程量计算规则：按钢筋长度乘单位理论质量计算。

9. 声测管（编码：010515009）

工程内容：检测管截断、封头，套管制作、焊接，定位、固定。

项目特征：材质，规格型号。

工程量计算规则：按设计图示尺寸质量计算。

7.5.16 螺栓、铁件（编号：010516）

螺栓、铁件包括螺栓、预埋铁件和机械连接共 3 个项目。编制工程量清单时，其工程数量可为暂估量，实际工程量按现场签证数量计算。

1. 螺栓（编码：010516001）

工程内容：螺栓、铁件制作、运输，螺栓、铁件安装。

项目特征：螺栓种类，规格。

工程量计算规则：按设计图示尺寸以质量（t）计算。

2. 预埋铁件（编码：010516002）

工程内容：螺栓、铁件制作、运输，螺栓、铁件安装。

项目特征：螺栓种类，规格，铁件尺寸。

工程量计算规则：按设计图示尺寸以质量（t）计算。

3. 机械连接（编码：010516003）

工程内容：钢筋套丝，套筒连接。

项目特征：连接方式，螺纹套筒种类，规格。

工程量计算规则：按数量（个）计算。

7.6 金属结构工程

7.6.1 钢网架（编码：010601）

钢网架（编码：010601001）

工程内容：拼装，安装，探伤，补刷油漆。

项目特征：钢材品种、规格，网架节点形式、连接方式，网架跨度、安装高度，探伤要求，防火要求。

工程量计算规则：按设计图示尺寸以质量（t）计算。不扣除孔眼的质量，焊条、铆钉、螺栓等不另增加质量。

7.6.2 钢屋架、钢托架、钢桁架、钢桥架（编码：010602）

本节包括钢屋架、钢托架、钢桁架、钢桥架 4 个项目。螺栓种类指普通或高强。以榀计量，按标准图设计的应注明标准图代号，按非标准图设计的项目特征必须描述单榀屋架的质量。

1. 钢屋架（编码：010602001）

工程内容：拼装，安装，探伤，补刷油漆。

项目特征：钢材品种、规格，单榀质量，屋架跨度、安装高度，螺栓种类，探伤要求，防火要求。

工程量计算规则：以榀计量，按设计图示数量计算。以 t 计量，按设计图示尺寸以质量计算。不扣除孔眼的质量，焊条、铆钉、螺栓等不另增加质量。

2. 钢托架（编码：010602002）

工程内容：拼装，安装，探伤，补刷油漆。

项目特征：钢材品种、规格，单榀质量，安装高度，螺栓种类，探伤要求，防火要求。

工程量计算规则：按设计图示尺寸以质量（t）计算。不扣除孔眼的质量，焊条、铆钉、螺栓等不另增加质量。

3. 钢桁架（编码：010602003）

同上。

4. 钢桥架（编码：010602004）

工程内容：拼装，安装，探伤，补刷油漆。

项目特征：桥架类型，钢材品种、规格，单榀质量，安装高度，螺栓种类，探伤要求。

工程量计算规则：按设计图示尺寸以质量（t）计算。不扣除孔眼的质量，焊条、铆钉、螺栓等不另增加质量。

7.6.3　钢柱（编码：010603）

钢柱包括实腹钢柱、空腹钢柱和钢管柱共 3 个项目。螺栓种类指普通或高强。实腹钢柱类型指十字、T、L、H 形等。空腹钢柱类型指箱形、格构等。型钢混凝土柱浇筑钢筋混凝土，其混凝土和钢筋应按本规范附录 E《混凝土及钢筋混凝土工程》中相关项目编码列。

1. 实腹钢柱（编码：010603001）

工程内容：拼装，安装，探伤，补刷油漆。

项目特征：柱类型，钢材品种、规格，单根柱质量，螺栓种类，探伤要求，防火要求。

工程量计算规则：按设计图示尺寸以质量（t）计算。不扣除孔眼的质量，焊条、铆钉、螺栓等不另增加质量，依附在钢柱上的牛腿及悬臂梁等并入钢柱工程量内。

2. 空腹钢柱（编码：010603002）

同上。

3. 钢管柱（编码：010603003）

工程内容：拼装，安装，探伤，补刷油漆。

项目特征：钢材品种、规格，单根柱质量，螺栓种类，探伤要求，防火要求。

工程量计算规则：按设计图示尺寸以质量（t）计算。不扣除孔眼的质量，焊条、铆钉、螺栓等不另增加质量，钢管柱上的节点板、加强环、内衬管等并入钢管柱工程量内。

7.6.4　钢梁（编码：010604）

本节包括钢梁和钢吊车梁。螺栓种类指普通或高强。梁类型指 H、L、T 形、箱形、格构式等。型钢混凝土梁浇筑钢筋混凝土，其混凝土和钢筋应按本规范附录E《混凝土及钢筋混凝土工程》中相关项目编码列项。

1. 钢梁（编码：010604001）

工程内容：拼装，安装，探伤，补刷油漆。

项目特征：梁类型，钢材品种、规格，单根质量，安装高度，螺栓种类，探伤要求，防火要求。

工程量计算规则：按设计图示尺寸以质量（t）计算。不扣除孔眼的质量，焊条、铆钉、螺栓等不另增加质量，制动梁、制动板、制动桁架、车挡并入钢吊车梁工程量内。

2. 钢吊车梁（编码：010604002）

工程内容：拼装，安装，探伤，补刷油漆。

项目特征：钢材品种、规格，单根质量，安装高度，螺栓种类，探伤要求，防火要求。

工程量计算规则：按设计图示尺寸以质量（t）计算。不扣除孔眼的质量，焊条、铆钉、螺栓等不另增加质量，制动梁、制动板、制动桁架、车挡并入钢吊车梁工程量内。

7.6.5 钢板楼板、墙板（编码：010605）

本节包括钢板楼板和钢板墙板。螺栓种类指普通或高强。钢板楼板上浇筑钢筋混凝土，其混凝土和钢筋应按本规范附录E《混凝土及钢筋混凝土工程》中相关项目编码列项。压型钢楼板按钢楼板项目编码列项。

1. 钢板楼板（编码：010605001）

工程内容：拼装，安装，探伤，补刷油漆。

项目特征：钢材品种、规格，钢板厚度，螺栓种类，防火要求。

工程量计算规则：按设计图示尺寸以铺设水平投影面积计算（m²）。不扣除单个面积≤0.3 m²柱、垛及孔洞所占面积。

2. 钢板墙板（编码：010605002）

工程内容：拼装，安装，探伤，补刷油漆。

项目特征：钢材品种、规格，钢板厚度，复合板厚度，螺栓种类，复合板夹芯材料种类、层数、型号、规格，防火要求。

工程量计算规则：按设计图示尺寸以铺挂展开面积（m²）计算。不扣除单个面积≤0.3 m²的梁、孔洞所占面积，包角、包边、窗台泛水等不另加面积。

7.6.6 钢构件（编码：010606）

钢构件包括钢支撑、钢拉条，钢檩条，钢天窗架，钢挡风架，钢墙架，钢平台，钢走道，钢梯，钢护栏，钢漏斗，钢板天沟，钢支架，零星钢构件共13个项目。螺栓种类指普通或高强。钢墙架项目包括墙架柱、墙架梁和连接杆件。钢支撑、钢拉条类型指单式、复式，钢檩条类型指型钢式、格构式，钢漏斗形式指方形、圆形，天沟形式指矩形沟或半圆形沟。加工铁件等小型构件，应按零星钢构件项目编码列项。

1. 钢支撑、钢拉条（编码：010606001）

工程内容：拼装，安装，探伤，补刷油漆。

项目特征：钢材品种、规格，构件类型，安装高度，螺栓种类，探伤要求，防火要求。

工程量计算规则：按设计图示尺寸以质量（t）计算。不扣除孔眼的质量，焊条、铆钉、螺栓等不另增加质量。

2. 钢檩条（编码：010606002）

工程内容：拼装，安装，探伤，补刷油漆。

项目特征：钢材品种、规格，构件类型，单根质量，安装高度，螺栓种类，探伤要求，防火要求。

工程量计算规则：按设计图示尺寸以质量（t）计算。不扣除孔眼的质量，焊条、铆钉、螺栓等不另增加质量。

3. 钢天窗架（编码：010606003）

工程内容：拼装，安装，探伤，补刷油漆。

项目特征：钢材品种、规格，单榀质量，安装高度，螺栓种类，探伤要求，防火要求。

工程量计算规则：按设计图示尺寸以质量（t）计算。不扣除孔眼的质量，焊条、铆钉、螺栓等不另增加质量。

4. 钢挡风架（编码：010606004）

工程内容：拼装，安装，探伤，补刷油漆。

项目特征：钢材品种、规格，单榀质量，螺栓种类，探伤要求，防火要求。

工程量计算规则：按设计图示尺寸以质量（t）计算。不扣除孔眼的质量，焊条、铆钉、螺栓等不另增加质量。

5. 钢墙架（编码：010606005）

同上。

6. 钢平台（编码：010606006）

工程内容：拼装，安装，探伤，补刷油漆。

项目特征：钢材品种、规格，螺栓种类，防火要求。

工程量计算规则：按设计图示尺寸以质量（t）计算。不扣除孔眼的质量，焊条、铆钉、螺栓等不另增加质量。

7. 钢走道（编码：010606006）

同上。

8. 钢梯（编码：010606008）

工程内容：拼装，安装，探伤，补刷油漆。

项目特征：钢材品种、规格，钢梯形式，螺栓种类，防火要求。

工程量计算规则：按设计图示尺寸以质量（t）计算。不扣除孔眼的质量，焊条、铆钉、螺栓等不另增加质量。

9. 钢护栏（编码：010606009）

工程内容：拼装，安装，探伤，补刷油漆。

项目特征：钢材品种、规格，防火要求。

工程量计算规则：按设计图示尺寸以质量（t）计算。不扣除孔眼的质量，焊条、铆钉、螺栓等不另增加质量。

10. 钢漏斗（编码：010606010）

工程内容：拼装，安装，探伤，补刷油漆。

项目特征：钢材品种、规格，漏斗、天沟形式，安装高度，探伤要求。

工程量计算规则：按设计图示尺寸以质量（t）计算，不扣除孔眼的质量，焊条、铆钉、螺栓等不另增加质量，依附漏斗或天沟的型钢并入漏斗或天沟工程量内。

11. 钢板天沟（编码：010606011）

同上。

12. 钢支架（编码：010606012）

工程内容：拼装，安装，探伤，补刷油漆。

项目特征：钢材品种、规格，单副重量，防火要求。

工程量计算规则：按设计图示尺寸以质量（t）计算。不扣除孔眼的质量，焊条、铆钉、螺栓等不另增加质量。

13. 钢支架（编码：010606013）

工程内容：拼装，安装，探伤，补刷油漆。

项目特征：构件名称，钢材品种、规格。

工程量计算规则：按设计图示尺寸以质量（t）计算。不扣除孔眼的质量，焊条、铆钉、螺栓等不另增加质量。

7.6.7　金属制品（编码：010607）

金属制品包括成品空调金属百叶护栏，成品栅栏，成品雨棚，金属网栏，砌块墙钢丝网加固，后浇带金属网共 6 个项目。金属构件的切边，不规则及多边形钢板发生的损耗在综合单价中考虑。防火要求达到耐火极限。

1. 成品空调金属百叶护栏（编码：010607001）

工程内容：安装，校正，预埋铁件及安装螺栓。

项目特征：材料品种、规格，边框材质。

工程量计算规则按设计图示尺寸以框外围展开面积（m^2）计算。

2. 成品栅栏（编码：010607002）

工程内容：安装，校正，预埋铁件，安装螺栓及金属立柱。

项目特征：材料品种、规格，边框及立柱型钢品种、规格。

工程量计算规则：按设计图示尺寸以框外围展开面积（m^2）计算。

3. 成品雨棚（编码：010607003）

工程内容：安装，校正，预埋铁件及安装螺栓。

项目特征：材料品种、规格，雨棚宽度，晾衣竿品种、规格。

工程量计算规则：以 m 计量，按设计图示接触边以米计算。以 m² 计量，按设计图示尺寸以展开面积计算。

4. 金属网栏（编码：010607004）

工程内容：安装，校正，预埋铁件及安装螺栓。

项目特征：材料品种、规格，边框及立柱型钢品种、规格。

工程量计算规则：按设计图示尺寸以框外围展开面积（m²）计算。

5. 砌块墙钢丝网加固（编码：010607005）

工程内容：铺贴，铆固。

项目特征：材料品种、规格，加固方式。

工程量计算规则：按设计图示尺寸以面积（m²）计算。

6. 后浇带金属网（编码：010607006）

同上。

【例 7.16】　某工程钢屋架如图 7.14 所示，选用钢号为 C3F，钢屋架刷一遍防锈漆，刷两遍防火漆，编制工程量清单。

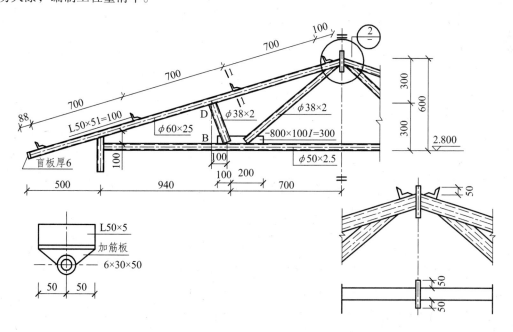

图 7.14　钢屋架

解：（1）工程量清单计算。

上弦杆（$\phi60×2.5$ 钢管）＝（$0.088+0.7×3+0.1$）$×2×3.54=16.2$（kg）

下弦杆（$\phi 50 \times 2.5$ 钢管）=（0.1+0.94+0.71）×2×2.93=10.3（kg）

斜杆（$\phi 38 \times 2$ 钢管）=$\sqrt{0.6^2+0.71^2}+\sqrt{0.2^2+0.3^2}$×2×1.78=4.6（kg）

连接板（厚 8 mm）（0.1×0.3×2+0.15×0.2）×62=5.6（kg）

盲板（厚 6 mm）=（$0.06^2 \times \pi/4$）×2×47.1=0.3（kg）

角钢（$\angle 50 \times 5$）=0.1×8×3.7=3（kg）

加筋板（厚 6 mm）=（0.03×0.05×1/2）×2×8×47.1=0.6（kg）

工程量合计：40.6 kg≈0.041（t）

防锈化：4.58×0.188+3.52×0.157+258×0.119+0.09×2+0.01×2+0.02+0.01×2=1.96（m²）

（2）工程量清单的编制，如表 7.23 所示。

表 7.23　分部分项工程量清单与计价表

工程名称：某工程　　　　　　　　　　标段：　　　　　　　　第 1 页　共 1 页

序号	项目编码	项项目名称	项目特征描述	计量单位	工程数量
1	010602001001	钢屋架	（1）材料品种：钢管等型材；单榀屋架重：0.041t；（2）刷一遍防锈漆，两遍防火漆，面积 1.96 m²	t	0.041

7.7　木结构工程

7.7.1　木屋架（编码：010701）

木屋架包括木屋架和钢木屋架。屋架的跨度应以上、下弦中心线两交点之间的距离计算。带气楼的屋架和马尾、折角以及正交部分的半屋架，按相关屋架相目编码列项。以榀计量，按标准图设计，项目特征必须标注标准图代号。

1. 木屋架（编码：010701001）

工程内容：制作，运输，安装，刷防护材料。
项目特征：跨度，材料品种、规格，刨光要求，拉杆及夹板种类，防护材料种类。
工程量计算规则：以榀计量，按设计图示数量计算。以 m³ 计量，按设计图示的规格尺寸以体积计算。

2. 钢木屋架（编码：010701002）

工程内容：制作，运输，安装，刷防护材料。
项目特征：跨度，木材品种、规格，刨光要求，钢材品种、规格，防护材料种类。
工程量计算规则：以榀计量，按设计图示数量计算。

7.7.2　木构件（编码：010702）

木构件包括木柱，木梁，木檩，木楼梯，其他木构件共 5 个项目。木楼梯的栏杆（栏板）、扶手，应按本规范附录 O 中的相关项目编码列项。以 m 计量，项目特征必须描述构件规格尺寸。

1. 木柱（编码：010702001）

工程内容：制作，运输，安装，刷防护材料。

项目特征：构件规格尺寸，木材种类，刨光要求，防护材料种类。

工程量计算规则：按设计图示尺寸以体积计算。

2. 木梁（编码：010702002）

同上。

3. 木檩（编码：010702003）

工程内容：制作，运输，安装，刷防护材料。

项目特征：构件规格尺寸，木材种类，刨光要求，防护材料种类。

工程量计算规则：以 m^3 计量，按设计图示尺寸以体积计算。以 m 计量，按设计图示尺寸以长度计算。

4. 木楼梯（编码：010702004）

工程内容：制作，运输，安装，刷防护材料。

项目特征：楼梯形式，木材种类，刨光要求，防护材料种类。

工程量计算规则：按设计图示尺寸以水平投影面积（m^2）计算。不扣除宽度≤300 mm 的楼梯井，伸入墙内部分不计算。

5. 其他木构件（编码：010702005）

工程内容：制作，运输，安装，刷防护材料。

项目特征：构件名称，构件规格尺寸，木材种类，刨光要求，防护材料种类。

工程量计算规则：以 m^3 计量，按设计图示尺寸以体积计算。以 m 计量，按设计图示尺寸以长度计算。

7.7.3　屋面木基层（编码：010703）

屋面木基层（编码：010703001）

工程内容：椽子制作、安装，望板制作、安装，顺水条和挂瓦条制作、安装，刷防护材料。

项目特征：椽子断面尺寸及椽距，望板材料种类、厚度，防护材料种类。

工程量计算规则：按设计图示尺寸以斜面积（m^2）计算。不扣除房上烟囱、风帽底座、风道、小气窗、斜沟等所占面积。小气窗的出檐部分不增加面积。

7.8 门窗工程

7.8.1 木门（编码：010801）

木门包括木质门，木质门带套，木质连窗门，木质防火门，木门框，门锁安装共6个项目。

说明：

（1）木质门应区分镶板木门、企口木板门、实木装饰门、胶合板门、夹板装饰门、木纱门、全玻门（带木质扇框）、木质半玻门（带木质扇框）等项目，分别编码列项。

（2）木门五金应包括：折页、插销、门碰珠、弓背拉手、搭机、木螺丝、弹簧折页（自动门）、管子拉手（自由门、地弹门）、地弹簧（地弹门）、角铁、门轧头（地弹门、自由门）等。

（3）木质门带套计量按洞口尺寸以面积计算，不包括门套的面积。

（4）以樘计量，项目特征必须描述洞口尺寸，以 m^2 计量，项目特征可不描述洞口尺寸。

（5）单独制作安装木门框按木门框项目编码列项。

1. 木质门（编码：010801001）

工程内容：门安装，玻璃安装，五金安装。

项目特征：门代号及洞口尺寸，镶嵌玻璃品种、厚度。

工程量计算规则：以樘计量，按设计图示数量计算。以 m^2 计量，按设计图示洞口尺寸以面积计算。

木质门带套（编码：010801002），木质连窗门（编码：010801003），木质防火门（编码：010801004），同上。

2. 木门框（编码：010801005）

工程内容：木门框制作、安装，运输，刷防护材料。

项目特征：门代号及洞口尺寸，框截面尺寸，防护材料种类。

工程量计算规则：以樘计量，按设计图示数量计算。以 m^2 计量，按设计图示洞口尺寸以面积计算。

3. 门锁安装（编码：010801006）

工程内容：安装。

项目特征：锁品种，锁规格。

工程量计算规则：按设计图示数量（个或套）计算。

7.8.2 金属门（编码：010802）

金属门包括金属（塑钢）门，彩板门，钢质防火门，防盗门共4个项目。

说明：

（1）金属门应区分金属平开门、金属推拉门、金属地弹门、全玻门（带金属扇框）、金属半玻门（带扇框）等项目，分别编码列项。

（2）铝合金门五金包括：地弹簧、门锁、拉手、门插、门铰、螺丝等。

（3）其他金属门五金包括：L 形执手插锁（双舌）、执手锁（单舌）、门轨头、地锁、防盗门机、门眼（猫眼）、门碰珠、电子锁（磁卡锁）、闭门器、装饰拉手等。

（4）以樘计量，项目特征必须描述洞口尺寸，没有洞口尺寸必须描述门框或扇外围尺寸。以 m^2 计量，项目特征可不描述洞口尺寸及框、扇的外围尺寸。

（5）以 m^2 计量，无设计图示洞口尺寸，按门框、扇外围以面积计算。

1. 金属（塑钢）门（编码：010802001）

工程内容：门安装，五金安装，玻璃安装。

项目特征：门代号及洞口尺寸，门框或扇外围尺寸，门框、扇材质，玻璃品种、厚度。

工程量计算规则：以樘计量，按设计图示数量计算。以 m^2 计量，按设计图示洞口尺寸以面积计算。

2. 彩板门（编码：010802002）

工程内容：门安装，五金安装，玻璃安装。

项目特征：门代号及洞口尺寸，门框或扇外围尺寸。

工程量计算规则：以樘计量，按设计图示数量计算。以 m^2 计量，按设计图示洞口尺寸以面积计算。

3. 钢质防火门（编码：010802003）

工程内容：门安装，五金安装，玻璃安装。

项目特征：门代号及洞口尺寸，门框或扇外围尺寸，门框、扇材质。

工程量计算规则：以樘计量，按设计图示数量计算。以 m^2 计量，按设计图示洞口尺寸以面积计算。

4. 防盗门（编码：010802004）

工程内容：门安装，五金安装。

项目特征：门代号及洞口尺寸，门框或扇外围尺寸，门框、扇材质，玻璃品种、厚度。

工程量计算规则：以樘计量，按设计图示数量计算。以 m^2 计量，按设计图示洞口尺寸以面积计算。

7.8.3　金属卷帘（闸）门（编码：010803）

金属卷帘（闸）门包括金属卷帘（闸）门和防火卷帘（闸）门。以樘计量，项目特征必须描述洞口尺寸。以 m^2 计量，项目特征可不描述洞口尺寸。

防盗门（编码：010803001）

工程内容：门运输、安装，启动装置、活动小门、五金安装。

项目特征：门代号及洞口尺寸，门材质，启动装置品种、规格。

工程量计算规则：以樘计量，按设计图示数量计算。以 m^2 计量，按设计图示洞口尺寸以面积计算。

防火卷帘（闸）门（编码：010803002），同上。

7.8.4　厂库房大门、特种门（编码：010804）

厂库房大门、特种门包括木板大门，钢木大门，全钢板大门，防护铁丝门，金属格栅门，钢质花饰大门，特种门共7个项目。

说明：

（1）特种门应区分冷藏门、冷冻间门、保温门、变电室门、隔音门、防射电门、人防门等项目，分别编码列项。

（2）以樘计量，项目特征必须描述洞口尺寸，没有洞口尺寸必须描述门框或扇外围尺寸。以 m² 计量，项目特征可不描述洞口尺寸及框、扇的外围尺寸。

（3）以 m² 计量，无设计图示洞口尺寸，按门框、扇外围以面积计算。

（4）门开启方式指推拉或平开。

1. 木板大门（编码：010804001）

工程内容：门（骨架）制作、运输，门、五金配件安装，刷防护材料。

项目特征：门代号及洞口尺寸，门框或扇外围尺寸，门框、扇材质，五金种类、规格，防护材料种类。

工程量计算规则：以樘计量，按设计图示数量计算。以 m² 计量，按设计图示洞口尺寸以面积计算。

2. 钢木大门（编码：010804002）

同上。

3. 全钢板大门（编码：010804003）

同上。

4. 防护铁丝门（编码：010804004）

工程内容：门（骨架）制作、运输，门、五金配件安装，刷防护材料。

项目特征：门代号及洞口尺寸，门框或扇外围尺寸，门框、扇材质，五金种类、规格，防护材料种类。

工程量计算规则：以樘计量，按设计图示数量计算。以 m² 计量，按设计图示门框或扇以面积计算。

5. 金属格栅门（编码：010804005）

工程内容：门安装，启动装置、五金配件安装。

项目特征：门代号及洞口尺寸，门框或扇外围尺寸，门框、扇材质，启动装置的品种、规格。

工程量计算规则：以樘计量，按设计图示数量计算。以 m² 计量，按设计图示洞口尺寸以面积计算。

6. 钢质花饰大门（编码：010804006）

工程内容：门安装，五金配件安装。

项目特征：门代号及洞口尺寸，门框或扇外围尺寸，门框、扇材质。

工程量计算规则：以樘计量，按设计图示数量计算。以 m² 计量，按设计图示门框或扇以面积计算。

7. 特种门（编码：010804007）

工程内容：门安装，五金配件安装。

项目特征：门代号及洞口尺寸，门框或扇外围尺寸，门框、扇材质。

工程量计算规则：以樘计量，按设计图示数量计算。以 m² 计量，按设计图示洞口尺寸以面积计算。

7.8.5　其他门（编码：010805）

其他门包括平开电子感应门，旋转门，电子对讲门，电动伸缩门，全玻自由门，镜面不锈钢饰面门共 6 个项目。以樘计量，项目特征必须描述洞口尺寸，没有洞口尺寸必须描述门框或扇外围尺寸，以 m² 计量，项目特征可不描述洞口尺寸及框、扇的外围尺寸。以 m³ 计量，无设计图示洞口尺寸，按门框、扇外围以面积计算。

1. 平开电子感应门（编码：010805001）

工程内容：门安装，启动装置、五金、电子配件安装。

项目特征：门代号及洞口尺寸，门框或扇外围尺寸，门框、扇材质，玻璃品种、厚度，启动装置的品种、规格，电子配件品种、规格。

工程量计算规则：以樘计量，按设计图示数量计算。以 m² 计量，按设计图示洞口尺寸以面积计算。

旋转门（编码：010805002），电子对讲门（编码：010805003），电动伸缩门（编码：010805004），同上。

2. 全玻自由门（编码：010805005）

工程内容：门安装，五金安装。

项目特征：门代号及洞口尺寸，门框或扇外围尺寸，框材质，玻璃品种、厚度。

工程量计算规则：以樘计量，按设计图示数量计算。以 m² 计量，按设计图示洞口尺寸以面积计算。

3. 镜面不锈钢饰面门（编码：010805006）

工程内容：门安装，五金安装。

项目特征：门代号及洞口尺寸，门框或扇外围尺寸，框、扇材质，玻璃品种、厚度。

工程量计算规则：以樘计量，按设计图示数量计算。以 m² 计量，按设计图示洞口尺寸以面积计算。

7.8.6　木窗（编码：010806）

木窗包括木质窗，木橱窗，木飘（凸）窗，木质成品窗 3 个项目。

说明：

（1）木质窗应区分木百叶窗、木组合窗、木天窗、木固定窗、木装饰空花窗等项目，分别编码列项。

（2）以樘计量，项目特征必须描述洞口尺寸，没有洞口尺寸必须描述窗框外围尺寸。以 m^2 计量，项目特征可不描述洞口尺寸及框的外围尺寸。

（3）以 m^2 计量，无设计图示洞口尺寸，按窗框外围以面积计算。

（4）木橱窗、木飘（凸）窗以樘计量，项目特征必须描述框截面及外围展开面积。

（5）木窗五金包括：折页、插销、风钩、木螺丝、滑轮滑轨（推拉窗）等。

（6）窗开启方式指平开、推拉、上或中悬。

（7）窗形状指矩形或异形。

1. 木质窗（编码：010806001）

工程内容：窗制作、运输、安装，五金、玻璃安装，刷防护材料。

项目特征：窗代号及洞口尺寸，玻璃品种、厚度，防护材料种类。

工程量计算规则：以樘计量，按设计图示数量计算。以 m^2 计量，按设计图示洞口尺寸以面积计算。

2. 木橱窗（编码：010806002）

工程内容：窗制作、运输、安装，五金、玻璃安装，刷防护材料。

项目特征：窗代号，框截面及外围展开面积，玻璃品种、厚度，防护材料种类。

工程量计算规则：以樘计量，按设计图示数量计算。以 m^2 计量，按设计图示尺寸以框外围展开面积计算。

3. 木飘（凸）窗（编码：010806003）

同上。

4. 木质成品窗（编码：010806004）

工程内容：窗安装，五金、玻璃安装。

项目特征：窗代号及洞口尺寸，玻璃品种、厚度。

工程量计算规则：以樘计量，按设计图示数量计算。以 m^2 计量，按设计图示洞口尺寸以面积计算。

7.8.7 金属窗（编码：010807）

金属窗包括金属（塑钢、断桥）窗，金属防火窗，金属百叶窗，金属纱窗，金属格栅窗，金属（塑钢、断桥）橱窗，

金属（塑钢、断桥）飘（凸）窗，彩板窗共 8 个项目。

说明：

（1）金属窗应区分金属组合窗、防盗窗等项目，分别编码列项。

（2）以樘计量，项目特征必须描述洞口尺寸，没有洞口尺寸必须描述窗框外围尺寸。以 m^2 计量，项目特征可不描述洞口尺寸及框的外围尺寸。

（3）以 m^2 计量，无设计图示洞口尺寸，按窗框外围以面积计算。

（4）金属橱窗、飘（凸）窗以樘计量，项目特征必须描述框外围展开面积。

（5）金属窗中铝合金窗五金应包括：卡锁、滑轮、铰拉、执手、拉把、拉手、风撑、角码、牛角制等。

（6）其他金属窗五金包括：折页、螺丝、执手、卡锁、风撑、滑轮滑轨（推拉窗）等。

1. 金属（塑钢、断桥）窗（编码：010807001）

工程内容：窗安装，五金、玻璃安装。

项目特征：窗代号及洞口尺寸，框、扇材质，玻璃品种、厚度。

工程量计算规则：以樘计量，按设计图示数量计算。以 m^2 计量，按设计图示洞口尺寸以面积计算。

金属防火窗（编码：010807002），金属百叶窗（编码：010807003），同上。

2. 金属纱窗（编码：010807004）

工程内容：窗安装，五金安装。

项目特征：窗代号及洞口尺寸，框材质，窗纱材料品种、规格。

工程量计算规则：以樘计量，按设计图示数量计算。以 m^2 计量，按设计图示洞口尺寸以面积计算。

3. 金属格栅窗（编码：010807005）

工程内容：窗安装，五金安装。

项目特征：窗代号及洞口尺寸，框外围尺寸，框、扇材质。

工程量计算规则：以樘计量，按设计图示数量计算。以 m^2 计量，按设计图示洞口尺寸以面积计算。

4. 金属（塑钢、断桥）橱窗（编码：010807006）

工程内容：窗制作、运输、安装，五金、玻璃安装，刷防护材料。

项目特征：窗代号，框外围展开面积，框、扇材质，玻璃品种、厚度，防护材料种类。

工程量计算规则：以樘计量，按设计图示数量计算。以 m^2 计量，按设计图示尺寸以框外围展开面积计算。

5. 金属（塑钢、断桥）飘（凸）窗（编码：010807007）

工程内容：窗安装，五金、玻璃安装。

项目特征：窗代号，框外围展开面积，框、扇材质，玻璃品种、厚度。

工程量计算规则：以樘计量，按设计图示数量计算。以 m^2 计量，按设计图示尺寸以框外围展开面积计算。

6. 彩板窗（编码：010807008）

工程内容：窗安装，五金、玻璃安装。

项目特征：窗代号，框外围尺寸，框、扇材质，玻璃品种、厚度。

工程量计算规则：以樘计量，按设计图示数量计算。以 m^2 计量，按设计图示洞口尺寸或框外围以面积计算。

7.8.8　门窗套（编码：010808）

门窗套包括木门窗套，木筒子板，饰面夹板筒子板，金属门窗套，石材门窗套，门窗木贴脸，成品木门窗套共 7 个项目。以樘计量，项目特征必须描述洞口尺寸、门窗套展开宽度。以 m² 计量，项目特征可不描述洞口尺寸、门窗套展开宽度。以 m 计量，项目特征必须描述门窗套展开宽度、筒子板及贴脸宽度。

1. 木门窗套（编码：010808001）

工程内容：清理基层，立筋制作、安装，基层板安装，面层铺贴，线条安装，刷防护材料。

项目特征：窗代号及洞口尺寸，门窗套展开宽度，基层材料种类，面层材料品种、规格，线条品种、规格，防护材料种类。

工程量计算规则：以樘计量，按设计图示数量计算。以 m² 计量，按设计图示尺寸以展开面积计算。以 m 计量，按设计图示中心以延长米计算。

2. 木筒子板（编码：010808002）

工程内容：清理基层，立筋制作、安装，基层板安装，面层铺贴，线条安装，刷防护材料。

项目特征：筒子板宽度，基层材料种类，面层材料品种、规格，线条品种、规格，防护材料种类。

工程量计算规则：以樘计量，按设计图示数量计算。以 m² 计量，按设计图示尺寸以展开面积计算。以 m 计量，按设计图示中心以延长米计算。

3. 饰面夹板筒子板（编码：010808003）

同上。

4. 金属门窗套（编码：010808004）

工程内容：清理基层，立筋制作、安装，基层板安装，面层铺贴，刷防护材料。

项目特征：窗代号及洞口尺寸，门窗套展开宽度，基层材料种类，面层材料品种、规格，防护材料种类。

工程量计算规则：以樘计量，按设计图示数量计算。以 m² 计量，按设计图示尺寸以展开面积计算。以 m 计量，按设计图示中心以延长米计算。

5. 石材门窗套（编码：010808005）

工程内容：清理基层，立筋制作、安装，基层抹灰，面层铺贴，线条安装。

项目特征：窗代号及洞口尺寸，门窗套展开宽度，底层厚度、砂浆配合比，面层材料品种、规格，线条品种、规格。

工程量计算规则：以樘计量，按设计图示数量计算。以 m² 计量，按设计图示尺寸以展开面积计算。以 m 计量，按设计图示中心以延长米计算。

6. 门窗木贴脸（编码：010808006）

工程内容：贴脸板安装。

项目特征：门窗代号及洞口尺寸，贴脸板宽度，防护材料种类。

工程量计算规则：以樘计量，按设计图示数量计算。以 m 计量，按设计图示尺寸以延长米计算。

7. 成品木门窗套（编码：010808007）

工程内容：清理基层，立筋制作、安装，板安装。

项目特征：窗代号及洞口尺寸，门窗套展开宽度，门窗套材料品种、规格。

工程量计算规则：以樘计量，按设计图示数量计算。以 m² 计量，按设计图示尺寸以展开面积计算。以 m 计量，按设计图示中心以延长米计算。

7.8.9　窗台板（编码：010809）

窗台板包括木窗台板，铝塑窗台板，金属窗台板，石材窗台板共 4 个项目。

1. 木窗台板（编码：010809001）

工程内容：基层清理，基层制作、安装，窗台板制作、安装，刷防护材料。

项目特征：基层材料种类，窗台面板材质、规格、颜色，防护材料种类。

工程量计算规则：按设计图示尺寸以展开面积计算。

铝塑窗台板（编码：010809002），金属窗台板（编码：010809003），同上。

2. 石材窗台板（编码：010809004）

工程内容：基层清理，抹找平层，窗台板制作、安装。

项目特征：粘结层厚度、砂浆配合比，窗台板材质、规格、颜色。

工程量计算规则：按设计图示尺寸以展开面积计算。

7.8.10　窗帘、窗帘盒、轨（编码：010810）

本节包括窗帘（杆），木窗帘盒，饰面夹板、塑料窗帘盒，铝合金窗帘盒，窗帘轨共 5 个项目。窗帘若是双层，项目特征必须描述每层材质。窗帘以 m 计量，项目特征必须描述窗帘高度和宽。

1. 窗帘（杆）（编码：010810001）

工程内容：制作、运输，安装。

项目特征：窗帘材质，窗帘高度、宽度，窗帘层数，带幔要求。

工程量计算规则：以 m 计量，按设计图示尺寸以长度计算。以 m² 计量，按图示尺寸以展开面积计算。

2. 木窗帘盒（编码：010810002）

工程内容：制作、运输、安装，刷防护材料。

项目特征：窗帘盒材质、规格，防护材料种类。

工程量计算规则：按设计图示尺寸以长度（m）计算。

饰面夹板、塑料窗帘盒（编码：010810003），铝合金窗帘盒（编码：010810004），同上。

3. 窗帘轨（编码：010810005）

工程内容：制作、运输、安装，刷防护材料。

项目特征：窗帘轨材质、规格，防护材料种类。

工程量计算规则：按设计图示尺寸以长度（m）计算。

7.9 屋面及防水工程

7.9.1 瓦、型材及其他屋面（编码：010901）

本节包括瓦屋面，型材屋面，阳光板屋面，玻璃钢屋面，膜结构屋面共 5 个项目。瓦屋面，若是在木基层上铺瓦，项目特征不必描述粘结层砂浆的配合比，瓦屋面铺防水层，按 I.2《屋面防水及其他》中相关项目编码列项。型材屋面、阳光板屋面、玻璃钢屋面的柱、梁、屋架，按本规范附录 F《金属结构工程》、附录 G《木结构工程》中相关项目编码列项。

1. 瓦屋面（编码：010901001）

工程内容：砂浆制作、运输、摊铺、养护，安瓦、作瓦脊。

项目特征：瓦品种、规格，粘结层砂浆的配合比。

工程量计算规则：按设计图示尺寸以斜面积计算。不扣除房上烟囱、风帽底座、风道、小气窗、斜沟等所占面积。小气窗的出檐部分不增加面积。

2. 型材屋面（编码：010901002）

工程内容：檩条制作、运输、安装，屋面型材安装，接缝、嵌缝。

项目特征：型材品种、规格，金属檩条材料品种、规格，接缝、嵌缝材料种类。

工程量计算规则：按设计图示尺寸以斜面积计算。不扣除房上烟囱、风帽底座、风道、小气窗、斜沟等所占面积。小气窗的出檐部分不增加面积。

3. 阳光板屋面（编码：010901003）

工程内容：骨架制作、运输、安装、刷防护材料、油漆，阳光板安装，接缝、嵌缝。

项目特征：阳光板品种、规格，骨架材料品种、规格，接缝、嵌缝材料种类，油漆品种、刷漆遍数。

工程量计算规则：按设计图示尺寸以斜面积计算。不扣除屋面面积≤0.3 m² 孔洞所占面积。

4. 玻璃钢屋面（编码：010901004）

工程内容：骨架制作、运输、安装、刷防护材料、油漆，玻璃钢制作、安装，接缝、嵌缝。

项目特征：玻璃钢品种、规格，骨架材料品种、规格，玻璃钢固定方式，接缝、嵌缝材料种类，油漆品种、刷漆遍数。

工程量计算规则：按设计图示尺寸以斜面积计算。不扣除屋面面积≤0.3 m² 孔洞所占面积。

5. 膜结构屋面（编码：010901005）

工程内容：膜布热压胶接，支柱（网架）制作、安装，膜安装，穿钢丝绳、锚头锚固，锚固基座挖土、回填，刷防护材料，油漆。

项目特征：膜布品种、规格，支柱（网架）钢材品种、规格，钢丝绳品种、规格，锚固基座做法，油漆品种、刷漆遍数。

工程量计算规则：按设计图示尺寸以需要覆盖的水平投影面积计算。

7.9.2　屋面防水及其他（编码：010902）

屋面防水及其他包括屋面卷材防水，屋面涂膜防水，屋面刚性层，屋面排水管，屋面排（透）气管，屋面（廊、阳台）吐水管，屋面天沟、檐沟，屋面变形缝共 8 个项目。屋面刚性层防水，按屋面卷材防水、屋面涂膜防水项目编码列项，屋面刚性层无钢筋，其钢筋项目特征不必描述。屋面找平层按本规范附录 K《楼地面装饰工程》"平面砂浆找平层"项目编码列项。屋面防水搭接及附加层用量不另行计算，在综合单价中考虑。

1. 屋面卷材防水（编码：010902001）

工程内容：基层处理，刷底油，铺油毡卷材、接缝。

项目特征：卷材品种、规格、厚度，防水层数，防水层做法。

工程量计算规则：按设计图示尺寸以面积计算。斜屋顶（不包括平屋顶找坡）按斜面积计算，平屋顶按水平投影面积计算。不扣除房上烟囱、风帽底座、风道、屋面小气窗和斜沟所占面积。屋面的女儿墙、伸缩缝和天窗等处的弯起部分，并入屋面工程量内。

2. 屋面涂膜防水（编码：010902002）

工程内容：基层处理，刷基层处理剂，铺布、喷涂防水层。

项目特征：防水膜品种，涂膜厚度、遍数，增强材料种类。

工程量计算规则：按设计图示尺寸以面积计算。斜屋顶（不包括平屋顶找坡）按斜面积计算，平屋顶按水平投影面积计算。不扣除房上烟囱、风帽底座、风道、屋面小气窗和斜沟所占面积。屋面的女儿墙、伸缩缝和天窗等处的弯起部分，并入屋面工程量内。

3. 屋面刚性层（编码：010902003）

工程内容：基层处理，混凝土制作、运输、铺筑、养护，钢筋制作安装。

项目特征：刚性层厚度，混凝土强度等级，嵌缝材料种类，钢筋规格、型号。

工程量计算规则：按设计图示尺寸以面积（m^2）计算。不扣除房上烟囱、风帽底座、风道等所占面积。

4. 屋面排水管（编码：010902004）

工程内容：排水管及配件安装、固定，雨水斗、山墙出水口、雨水篦子安装，接缝、嵌缝，刷漆。

项目特征：排水管品种、规格，雨水斗、山墙出水口品种、规格，接缝、嵌缝材料种类，油漆品种、刷漆遍数。

工程量计算规则：按设计图示尺寸以长度（m）计算。如设计未标注尺寸，以檐口至设计室外散水上表面垂直距离计算。

5. 屋面排（透）气管（编码：010902005）

工程内容：排（透）气管及配件安装、固定，铁件制作、安装，接缝、嵌缝，刷漆。

项目特征：排（透）气管品种、规格，接缝、嵌缝材料种类，油漆品种、刷漆遍数。

工程量计算规则：按设计图示尺寸以长度（m）计算。

6. 屋面（廊、阳台）吐水管（编码：010902006）

工程内容：吐水管及配件安装、固定，接缝、嵌缝，刷漆。

项目特征：吐水管品种、规格，接缝、嵌缝材料种类，吐水管长度，油漆品种、刷漆遍数。

工程量计算规则：按设计图示数量计算（根或个）。

7. 屋面天沟、檐沟（编码：010902007）

工程内容：天沟材料铺设，天沟配件安装，接缝、嵌缝，刷防护材料。

项目特征：材料品种、规格，接缝、嵌缝材料种类。

工程量计算规则：按设计图示尺寸以展开面积（m²）计算。

8. 屋面变形缝（编码：010902008）

工程内容：清缝，填塞防水材料，止水带安装，盖缝制作、安装，刷防护材料。

项目特征：嵌缝材料种类，止水带材料种类，盖缝材料，防护材料种类。

工程量计算规则：按设计图示以长度（m）计算。

7.9.3 墙面防水、防潮（编码：010903）

墙面防水、防潮包括墙面卷材防水，墙面涂膜防水，墙面砂浆防水（防潮），墙面变形缝共4个项目。墙面防水搭接及附加层用量不另行计算，在综合单价中考虑。墙面变形缝，若做双面，工程量乘以系数2。墙面找平层按本规范附录L《墙、柱面装饰与隔断工程》"立面砂浆找平层"项目编码列项。

1. 墙面卷材防水（编码：010903001）

工程内容：基层处理，刷粘结剂，铺防水卷材，接缝、嵌缝。

项目特征：卷材品种、规格、厚度，防水层数，防水层做法。

工程量计算规则：按设计图示尺寸以面积（m²）计算。

2. 墙面涂膜防水（编码：010903002）

工程内容：基层处理，刷基层处理剂，铺布、喷涂防水层。

项目特征：防水膜品种，涂膜厚度、遍数，增强材料种类。

工程量计算规则：按设计图示尺寸以面积（m²）计算。

3. 墙面砂浆防水（防潮）（编码：010903003）

工程内容：基层处理，挂钢丝网片，设置分格缝，砂浆制作、运输、摊铺、养护。

项目特征：防水层做法，砂浆厚度、配合比，钢丝网规格。

工程量计算规则：按设计图示尺寸以面积（m²）计算。

4. 墙面变形缝（编码：010903004）

工程内容：清缝，填塞防水材料，止水带安装，盖缝制作、安装，刷防护材料。

项目特征：嵌缝材料种类，止水带材料种类，盖缝材料，防护材料种类。

工程量计算规则：按设计图示以长度（m）计算。

7.9.4 楼（地）面防水、防潮（编码：010904）

本节包括楼（地）面卷材防水，楼（地）面涂膜防水，楼（地）面砂浆防水（防潮），楼（地）面变形缝共 4 个项目。楼（地）面防水找平层按本规范附录 K《楼地面装饰工程》"平面砂浆找平层"项目编码列项。楼（地）面防水搭接及附加层用量不另行计算，在综合单价中考虑。

1. 楼（地）面卷材防水（编码：010904001）

工程内容：基层处理，刷粘结剂，铺防水卷材，接缝、嵌缝。

项目特征：卷材品种、规格、厚度，防水层数，防水层做法。

工程量计算规则：按设计图示尺寸以面积（m^2）计算。楼（地）面防水：按主墙间净空面积计算，扣除凸出地面的构筑物、设备基础等所占面积，不扣除间壁墙及单个面积≤0.3 m^2 的柱、垛、烟囱和孔洞所占面积。楼（地）面防水反边高度≤300 mm 算作地面防水，反边高度＞300 mm 算作墙面防水。

2. 楼（地）面涂膜防水（编码：010904002）

工程内容：基层处理，刷基层处理剂，铺布、喷涂防水层。

项目特征：防水膜品种，涂膜厚度、遍数，增强材料种类。

工程量计算规则：按设计图示尺寸以面积（m^2）计算。楼（地）面防水：按主墙间净空面积计算，扣除凸出地面的构筑物、设备基础等所占面积，不扣除间壁墙及单个面积≤0.3 m^2 的柱、垛、烟囱和孔洞所占面积。楼（地）面防水反边高度≤300 mm 算作地面防水，反边高度＞300 mm 算作墙面防水。

3. 楼（地）面砂浆防水（防潮）（编码：010904003）

工程内容：基层处理，砂浆制作、运输、摊铺、养护。

项目特征：防水层做法，砂浆厚度、配合比。

工程量计算规则：按设计图示尺寸以面积（m^2）计算。楼（地）面防水：按主墙间净空面积计算，扣除凸出地面的构筑物、设备基础等所占面积，不扣除间壁墙及单个面积≤0.3 m^2 的柱、垛、烟囱和孔洞所占面积。楼（地）面防水反边高度≤300 mm 算作地面防水，反边高度＞300 mm 算作墙面防水。

4. 楼（地）面变形缝（编码：010904004）

工程内容：清缝，填塞防水材料，止水带安装，盖缝制作、安装，刷防护材料。

项目特征：嵌缝材料种类，止水带材料种类，盖缝材料，防护材料种类。

工程量计算规则：按设计图示以长度（m）计算。

7.10 保温、隔热、防腐工程

7.10.1 保温、隔热（编码：011001）

本节包括保温隔热屋面，保温隔热天棚，保温隔热墙面，保温柱、梁，保温隔热楼地面，其他保温隔热共6个项目。保温隔热装饰面层，按本规范附录K、L、M、N、O中相关项目编码列项，仅做找平层按本规范附录K中《平面砂浆找平层》或附录L《立面砂浆找平层》项目编码列项。柱帽保温隔热应并入天棚保温隔热工程量内。池槽保温隔热应按其他保温隔热项目编码列项。保温隔热方式：指内保温、外保温、夹心保温。

1. 保温隔热屋面（编码：011001001）

工程内容：基层清理，刷粘结材料，铺粘保温层，铺、刷（喷）防护材料。

项目特征：保温隔热材料品种、规格、厚度，隔气层材料品种、厚度，粘结材料种类、做法，防护材料种类、做法。

工程量计算规则：按设计图示尺寸以面积（m²）计算。扣除面积 > 0.3 m² 孔洞及占位面积。

2. 保温隔热天棚（编码：011001002）

工程内容：基层清理，刷粘结材料，铺粘保温层，铺、刷（喷）防护材料。

项目特征：保温隔热面层材料品种、规格、性能，保温隔热材料品种、规格、厚度，隔气层材料品种、厚度，粘结材料种类、做法，防护材料种类、做法。

工程量计算规则：按设计图示尺寸以面积（m²）计算。扣除面积 > 0.3 m² 上柱、垛、孔洞所占面积。

3. 保温隔热墙面（编码：011001003）

工程内容：基层清理，刷界面剂，安装龙骨，填贴保温材料，保温板安装，粘贴面层，铺设增强格网、抹抗裂、防水砂浆面层，嵌缝，铺、刷（喷）防护材料。

项目特征：保温隔热部位，保温隔热方式，踢脚线、勒脚线保温做法，龙骨材料品种、规格，保温隔热面层材料品种、规格、性能，保温隔热材料品种、规格及厚度，增强网及抗裂防水砂浆种类，粘结材料种类及做法，防护材料种类及做法。

工程量计算规则：按设计图示尺寸以面积（m²）计算。扣除门窗洞口以及面积 > 0.3 m² 梁、孔洞所占面积，门窗洞口侧壁需作保温时并入保温墙体工程量内。

4. 保温柱、梁（编码：011001004）

工程内容：基层清理，刷界面剂，安装龙骨，填贴保温材料，保温板安装，粘贴面层，铺设增强格网、抹抗裂、防水砂浆面层，嵌缝，铺、刷（喷）防护材料。

项目特征：保温隔热部位，保温隔热方式，踢脚线、勒脚线保温做法，龙骨材料品种、规格，保温隔热面层材料品种、规格、性能，保温隔热材料品种、规格及厚度，增强网及抗裂防水砂浆种类，粘结材料种类及做法，防护材料种类及做法。

工程量计算规则：按设计图示尺寸以面积（m²）计算。柱按设计图示柱断面保温层中心线展开长度乘保温层高度以面积计算，扣除面积 > 0.3 m² 梁所占面积，梁按设计图示梁断面保温层中心线展开长度乘保温层长度以面积计算。

5. 保温隔热楼地面（编码：011001005）

工程内容：基层清理，刷粘结材料，铺粘保温层，铺、刷（喷）防护材料。

项目特征：保温隔热部位，保温隔热材料品种、规格、厚度，隔气层材料品种、厚度，粘结材料种类、做法，防护材料种类、做法。

工程量计算规则：按设计图示尺寸以面积（m²）计算。扣除面积 > 0.3 m² 柱、垛、孔洞所占面积。

6. 其他保温隔热（编码：011001006）

工程内容：基层清理，刷界面剂，安装龙骨，填贴保温材料，保温板安装，粘贴面层，铺设增强格网、抹抗裂、防水砂浆面层，嵌缝，铺、刷（喷）防护材料。

项目特征：保温隔热部位，保温隔热方式，隔气层材料品种、厚度，保温隔热面层材料品种、规格、性能，保温隔热材料品种、规格及厚度，粘结材料种类及做法，增强网及抗裂防水砂浆种类，防护材料种类及做法。

工程量计算规则：按设计图示尺寸以展开面积（m²）计算。扣除面积 > 0.3 m² 孔洞及占位面积。

【**例 7.17**】　某屋面工程如图 7.15 所示，水泥砂浆找平层、防潮层、蛭石保温层、檐沟、二毡三油一砂卷材屋面。试编制屋面卷材防水和保温隔热的工程量清单。

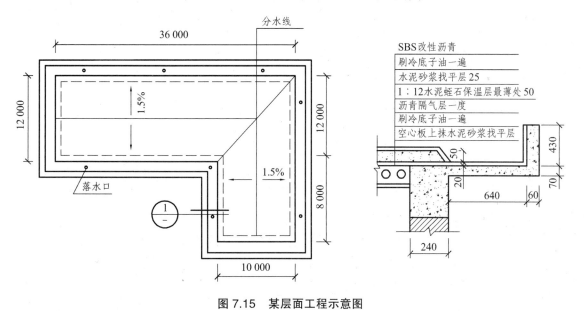

图 7.15　某层面工程示意图

解：（1）工程量清单计算。

保温层：36.24 × 12.24+8 × 10.24=525.5（m²）

卷材防水屋面：525.5+(36.24+20.24)×2×0.64+0.64×0.64×4=599.43（m³）

（2）工程量清单的编制，如表 7.24 所示。

表 7.24 分部分项工程量清单与计价表

工程名称：某工程　　　　　　　　　　标段：　　　　　　　　第 1 页　共 1 页

序号	项目编码	项目名称	项目特征描述	计量单位	工程数量
1	010902001001	屋面卷材防水	SBS 改性沥青防水卷材 3 mm 厚，预制混凝土找平层 1：3 水泥砂浆 20 mm 厚，水泥蛭石保温层上找平层 1：3 水泥砂浆 25 mm 厚	m²	599.43
2	011001001001	保温隔热屋面	品种 1：12 水泥蛭石保温，最薄处 50 mm，坡度 1%	m²	525.5

7.10.2　防腐面层（编码：011002）

本节包括防腐混凝土面层，防腐砂浆面层，防腐胶泥面层，玻璃钢防腐面层，聚氯乙烯板面层，块料防腐面层，池、槽块料防腐面层共 7 个项目。防腐踢脚线，应按本规范附录 K 中"踢脚线"项目编码列项。

1. 防腐混凝土面层（编码：011002001）

工程内容：基层清理，基层刷稀胶泥，混凝土制作、运输、摊铺、养护。

项目特征：防腐部位，面层厚度，混凝土种类，胶泥种类、配合比。

工程量计算规则：按设计图示尺寸以面积（m²）计算。平面防腐：扣除凸出地面的构筑物、设备基础等以及面积 > 0.3 m²孔洞、柱、垛所占面积。立面防腐：扣除门、窗、洞口以及面积 > 0.3 m²孔洞、梁所占面积，门、窗、洞口侧壁、垛突出部分按展开面积并入墙面积内。

2. 防腐砂浆面层（编码：011002002）

工程内容：基层清理，基层刷稀胶泥，混凝土制作、运输、摊铺、养护。

项目特征：防腐部位，面层厚度，砂浆、胶泥种类、配合比。

工程量计算规则：按设计图示尺寸以面积（m²）计算。平面防腐：扣除凸出地面的构筑物、设备基础等以及面积 > 0.3 m²孔洞、柱、垛所占面积。立面防腐：扣除门、窗、洞口以及面积 > 0.3 m²孔洞、梁所占面积，门、窗、洞口侧壁、垛突出部分按展开面积并入墙面积内。

3. 防腐胶泥面层（编码：011002003）

工程内容：基层清理，胶泥调制、摊铺。

项目特征：防腐部位，面层厚度，胶泥种类、配合比。

工程量计算规则：按设计图示尺寸以面积（m²）计算。平面防腐：扣除凸出地面的构筑物、设备基础等以及面积 > 0.3 m²孔洞、柱、垛所占面积。立面防腐：扣除门、窗、洞口以及面积 > 0.3 m²孔洞、梁所占面积，门、窗、洞口侧壁、垛突出部分按展开面积并入墙面积内。

4. 玻璃钢防腐面层（编码：011002004）

工程内容：基层清理，刷底漆、刮腻子，胶浆配制、涂刷，粘布、涂刷面层。

项目特征：防腐部位，玻璃钢种类，贴布材料的种类、层数，面层材料品种。

工程量计算规则：按设计图示尺寸以面积（m²）计算。平面防腐：扣除凸出地面的构筑物、设备基础等以及面积 > 0.3 m²孔洞、柱、垛所占面积。立面防腐：扣除门、窗、洞口以及面积 >

0.3 m²孔洞、梁所占面积，门、窗、洞口侧壁、垛突出部分按展开面积并入墙面积内。

5. 聚氯乙烯板面层（编码：011002005）

工程内容：基层清理，配料、涂胶，聚氯乙烯板铺设。

项目特征：防腐部位，面层材料品种、厚度，粘结材料种类。

工程量计算规则：按设计图示尺寸以面积（m²）计算。平面防腐：扣除凸出地面的构筑物、设备基础等以及面积 > 0.3 m²孔洞、柱、垛所占面积。立面防腐：扣除门、窗、洞口以及面积 > 0.3 m²孔洞、梁所占面积，门、窗、洞口侧壁、垛突出部分按展开面积并入墙面积内。

6. 块料防腐面层（编码：011002006）

工程内容：基层清理，铺贴块料，胶泥调制、勾缝。

项目特征：防腐部位，块料品种、规格，粘结材料种类，勾缝材料种类。

工程量计算规则：按设计图示尺寸以面积（m²）计算。平面防腐：扣除凸出地面的构筑物、设备基础等以及面积 > 0.3 m²孔洞、柱、垛所占面积。立面防腐：扣除门、窗、洞口以及面积 > 0.3 m²孔洞、梁所占面积，门、窗、洞口侧壁、垛突出部分按展开面积并入墙面积内。

7. 池、槽块料防腐面层（编码：011002007）

工程内容：基层清理，铺贴块料，胶泥调制、勾缝。

项目特征：防腐池、槽名称、代号，块料品种、规格，粘结材料种类，勾缝材料种类。

工程量计算规则：按设计图示尺寸以展开面积（m²）计算。

7.10.3　其他防腐（编码：011003）

其他防腐包括隔离层，砌筑沥青浸渍砖，防腐涂料共 3 个项目。浸渍砖砌法指平砌、立砌。

1. 隔离层（编码：011003001）

工程内容：基层清理、刷油，煮沥青，胶泥调制，隔离层铺设。

项目特征：隔离层部位，隔离层材料品种，隔离层做法，粘贴材料种类。

工程量计算规则：按设计图示尺寸以面积（m²）计算。平面防腐：扣除凸出地面的构筑物、设备基础等以及面积 > 0.3 m²孔洞、柱、垛所占面积。立面防腐：扣除门、窗、洞口以及面积 > 0.3 m²孔洞、梁所占面积，门、窗、洞口侧壁、垛突出部分按展开面积并入墙面积内。

2. 砌筑沥青浸渍砖（编码：011003002）

工程内容：基层清理，胶泥调制，浸渍砖铺砌。

项目特征：砌筑部位，浸渍砖规格，胶泥种类，浸渍砖砌法。

工程量计算规则：按设计图示尺寸以体积（m³）计算。

3. 防腐涂料（编码：011003003）

工程内容：基层清理，刮腻子，刷涂料。

项目特征：涂刷部位，基层材料类型，刮腻子的种类、遍数，涂料品种、刷涂遍数。

工程量计算规则：按设计图示尺寸以面积（m²）计算。平面防腐：扣除凸出地面的构筑物、设备基础等以及面积 >

0.3 m² 孔洞、梁所占面积，门、窗、洞口侧壁、垛突出部分按展开面积并入墙面积内。

7.11 楼地面装饰工程

7.11.1 楼地面抹灰（编码：011101）

本节包括水泥砂浆楼地面，现浇水磨石楼地面，细石混凝土楼地面，菱苦土楼地面，自流坪楼地面，平面砂浆找平层共 6 个项目。水泥砂浆面层处理是拉毛还是提浆压光应在面层做法要求中描述。平面砂浆找平层只适用于仅做找平层的平面抹灰。间壁墙指墙厚≤120 mm 的墙。

1. 水泥砂浆楼地面（编码：011101001）

工程内容：基层清理，垫层铺设，抹找平层，抹面层，材料运输。

项目特征：垫层材料种类、厚度，找平层厚度、砂浆配合比，素水泥浆遍数，面层厚度、砂浆配合比，面层做法要求。

工程量计算规则：按设计图示尺寸以面积（m²）计算。扣除凸出地面构筑物、设备基础、室内管道、地沟等所占面积，不扣除间壁墙及≤0.3 m²柱、垛、附墙烟囱及孔洞所占面积。门洞、空圈、暖气包槽、壁龛的开口部分不增加面积。

2. 现浇水磨石楼地面（编码：011101002）

工程内容：基层清理，垫层铺设，抹找平层，面层铺设，嵌缝条安装，磨光、酸洗打蜡，材料运输。

项目特征：垫层材料种类、厚度，找平层厚度、砂浆配合比，面层厚度、水泥石子浆配合比，嵌条材料种类、规格，石子种类、规格、颜色，颜料种类、颜色，图案要求，磨光、酸洗、打蜡要求。

工程量计算规则：按设计图示尺寸以面积（m²）计算。扣除凸出地面构筑物、设备基础、室内管道、地沟等所占面积，不扣除间壁墙及≤0.3 m²柱、垛、附墙烟囱及孔洞所占面积。门洞、空圈、暖气包槽、壁龛的开口部分不增加面积。

3. 细石混凝土楼地面（编码：011101003）

工程内容：基层清理，垫层铺设，抹找平层，面层铺设，材料运输。

项目特征：垫层材料种类、厚度，找平层厚度、砂浆配合比，面层厚度、混凝土强度等级。

工程量计算规则：按设计图示尺寸以面积（m²）计算。扣除凸出地面构筑物、设备基础、室内管道、地沟等所占面积，不扣除间壁墙及≤0.3 m²柱、垛、附墙烟囱及孔洞所占面积。门洞、空圈、暖气包槽、壁龛的开口部分不增加面积。

4. 菱苦土楼地面（编码：011101004）

工程内容：基层清理，垫层铺设，抹找平层，面层铺设，打蜡，材料运输。

项目特征：垫层材料种类、厚度，找平层厚度、砂浆配合比，面层厚度，打蜡要求。

工程量计算规则：按设计图示尺寸以面积（m²）计算。扣除凸出地面构筑物、设备基础、室内管道、地沟等所占面积，不扣除间壁墙及≤0.3 m²柱、垛、附墙烟囱及孔洞所占面积。门洞、空圈、暖气包槽、壁龛的开口部分不增加面积。

5. 自流坪楼地面（编码：011101005）

工程内容：基层清理，垫层铺设，抹找平层，材料运输。

项目特征：垫层材料种类、厚度，找平层厚度、砂浆配合比。

工程量计算规则：按设计图示尺寸以面积（m²）计算。扣除凸出地面构筑物、设备基础、室内管道、地沟等所占面积，不扣除间壁墙及≤0.3 m²柱、垛、附墙烟囱及孔洞所占面积。门洞、空圈、暖气包槽、壁龛的开口部分不增加面积。

6. 平面砂浆找平层（编码：011101006）

工程内容：基层处理，抹找平层，涂界面剂，涂刷中层漆，打磨、吸尘，镘自流平面漆（浆），拌和自流平浆料，铺面层。

项目特征：找平层砂浆配合比、厚度，界面剂材料种类，中层漆材料种类、厚度，面漆材料种类、厚度，面层材料种类。

工程量计算规则：按设计图示尺寸以面积（m²）计算。

7.11.2　楼地面镶贴（编码：011102）

本节包括石材楼地面，碎石材楼地面，块料楼地面 3 个项目。在描述碎石材项目的面层材料特征时可不用描述规格、品牌、颜色。石材、块料与粘接材料的结合面刷防渗材料的种类在防护层材料种类中描述。工程内容中的磨边指施工现场磨边，后面章节工程内容中涉及的磨边含义同此条所述。

1. 石材楼地面（编码：011102001）

工程内容：基层清理、抹找平层，面层铺设、磨边，嵌缝，刷防护材料，酸洗、打蜡，材料运输。

项目特征：找平层厚度、砂浆配合比，结合层厚度、砂浆配合比，面层材料品种、规格、颜色，嵌缝材料种类，防护层材料种类，酸洗、打蜡要求。

工程量计算规则：按设计图示尺寸以面积（m²）计算。门洞、空圈、暖气包槽、壁龛的开口部分并入相应的工程量内。

碎石材楼地面（编码：011102002），同上。

2. 块料楼地面（编码：011102003）

工程内容：基层清理、抹找平层，面层铺设、磨边，嵌缝，刷防护材料，酸洗、打蜡，材料运输。

项目特征：垫层材料种类、厚度，找平层厚度、砂浆配合比，结合层厚度、砂浆配合比，面层材料品种、规格、颜色，嵌缝材料种类，防护层材料种类，酸洗、打蜡要求。

工程量计算规则：按设计图示尺寸以面积（m²）计算。门洞、空圈、暖气包槽、壁龛的开口部分并入相应的工程量内。

7.11.3　橡塑面层（编码：011103）

本节包括橡胶板楼地面，橡胶板卷材楼地面，塑料板楼地面，塑料卷材楼地面共 4 个项目。

橡胶板楼地面（编码：011103001）

工程内容：基层清理，面层铺贴，压缝条装钉，材料运输。

项目特征：粘结层厚度、材料种类，面层材料品种、规格、颜色，压线条种类。

工程量计算规则：按设计图示尺寸以面积（m²）计算。门洞、空圈、暖气包槽、壁龛的开口部分并入相应的工程量内。

橡胶板卷材楼地面（编码：011103002），塑料板楼地面（编码：011103003），塑料卷材楼地面（编码：011103004），同上。

7.11.4　其他材料面层（编码：011104）

本节包括地毯楼地面，竹木地板，金属复合地板，防静电活动地板共4个项目。

1. 橡胶板楼地面（编码：011104001）

工程内容：基层清理，铺贴面层，刷防护材料，压缝条装钉，材料运输。

项目特征：面层材料品种、规格、颜色，防护材料种类，粘结材料种类，压线条种类。

工程量计算规则：按设计图示尺寸以面积（m²）计算。门洞、空圈、暖气包槽、壁龛的开口部分并入相应的工程量内。

2. 竹木地板（编码：011104002）

工程内容：基层清理，龙骨铺设，基层铺设，面层铺贴，刷防护材料，材料运输。

项目特征：龙骨材料种类、规格、铺设间距，基层材料种类、规格，面层材料品种、规格、颜色，防护材料种类。

工程量计算规则：按设计图示尺寸以面积（m²）计算。门洞、空圈、暖气包槽、壁龛的开口部分并入相应的工程量内。

3. 金属复合地板（编码：011104003）

同上。

4. 防静电活动地板（编码：011104004）

工程内容：基层清理，固定支架安装，活动面层安装，刷防护材料，材料运输。

项目特征：支架高度、材料种类，面层材料品种、规格、颜色，防护材料种类。

工程量计算规则：按设计图示尺寸以面积（m²）计算。门洞、空圈、暖气包槽、壁龛的开口部分并入相应的工程量内。

7.11.5　踢脚线（编码：011105）

本节包括水泥砂浆踢脚线，石材踢脚线，块料踢脚线，塑料板踢脚线，木质踢脚线，金属踢脚线，防静电踢脚线共7个项目。石材、块料与粘接材料的结合面刷防渗材料的种类在防护层材料种类中描述。

1. 水泥砂浆踢脚线（编码：011105001）

工程内容：基层清理，底层和面层抹灰，材料运输。

项目特征：踢脚线高度，底层厚度、砂浆配合比，面层厚度、砂浆配合比。

工程量计算规则：按设计图示长度乘高度以面积（m²）计算，按延长米（m）计算。

2. 石材踢脚线（编码：011105002）

工程内容：基层清理，底层抹灰，面层铺贴、磨边，擦缝，磨光、酸洗、打蜡，刷防护材料，材料运输。

项目特征：踢脚线高度，粘贴层厚度、材料种类，面层材料品种、规格、颜色，防护材料种类。

工程量计算规则：按设计图示长度乘高度以面积（m²）计算，按延长米（m）计算。

3. 块料踢脚线（编码：011105003）

同上。

4. 塑料板踢脚线（编码：011105004）

工程内容：基层清理，基层铺贴，面层铺贴，材料运输。

项目特征：踢脚线高度，粘贴层厚度、材料种类，面层材料种类、规格、颜色，防护材料种类。

工程量计算规则：按设计图示长度乘高度以面积（m²）计算，按延长米（m）计算。

5. 木质踢脚线（编码：011105005）

工程内容：基层清理，基层铺贴，面层铺贴，材料运输。

项目特征：踢脚线高度，基层材料种类、规格，面层材料品种、规格、颜色，防护材料种类。

工程量计算规则：按设计图示长度乘高度以面积（m²）计算，按延长米（m）计算。

金属踢脚线（编码：011105006），防静电踢脚线（编码：011105007），同上。

7.11.6 楼梯面层（编码：011106）

本节包括石材楼梯面层，块料楼梯面层，拼碎块料面层，水泥砂浆楼梯面层，现浇水磨石楼梯面层，地毯楼梯面层，木板楼梯面层，橡胶板楼梯面层，塑料板楼梯面层共 9 个项目。在描述碎石材项目的面层材料特征时可不用描述规格、品牌、颜色。石材、块料与粘接材料的结合面刷防渗材料的种类在防护层材料种类中描述。

1. 石材楼梯面层（编码：011106001）

工程内容：基层清理，抹找平层，面层铺贴、磨边，贴嵌防滑条，勾缝，刷防护材料，酸洗、打蜡，材料运输。

项目特征：找平层厚度、砂浆配合比，贴结层厚度、材料种类，面层材料品种、规格、颜色，防滑条材料种类、规格，勾缝材料种类，防护层材料种类，酸洗、打蜡要求。

工程量计算规则：按设计图示尺寸以楼梯（包括踏步、休息平台及≤500 mm 的楼梯井）水平投影面积（m²）计算。楼梯与楼地面相连时，算至梯口梁内侧边沿，无梯口梁者，算至最上一层踏步边沿加 300 mm。

块料楼梯面层（编码：011106002），拼碎块料面层（编码：011106003），同上。

2. 水泥砂浆楼梯面层（编码：011106004）

工程内容：基层清理，抹找平层，抹面层，抹防滑条，材料运输。

项目特征：找平层厚度、砂浆配合比，面层厚度、砂浆配合比，防滑条材料种类、规格。

工程量计算规则：按设计图示尺寸以楼梯（包括踏步、休息平台及≤500 mm 的楼梯井）水平投影面积（m²）计算。楼梯与楼地面相连时，算至梯口梁内侧边沿，无梯口梁者，算至最上一层踏步边沿加 300 mm。

3. 现浇水磨石楼梯面层（编码：011106005）

工程内容：基层清理，抹找平层，抹面层，贴嵌防滑条，磨光、酸洗、打蜡，材料运输。

项目特征：找平层厚度、砂浆配合比，面层厚度、水泥石子浆配合比，防滑条材料种类、规格，石子种类、规格、颜色，颜料种类、颜色，磨光、酸洗打蜡要求。

工程量计算规则：按设计图示尺寸以楼梯（包括踏步、休息平台及≤500 mm 的楼梯井）水平投影面积（m²）计算。楼梯与楼地面相连时，算至梯口梁内侧边沿，无梯口梁者，算至最上一层踏步边沿加 300 mm。

4. 地毯楼梯面层（编码：011106006）

工程内容：基层清理，铺贴面层，固定配件安装，刷防护材料，材料运输。

项目特征：基层种类，面层材料品种、规格、颜色，防护材料种类，粘结材料种类，固定配件材料种类、规格。

工程量计算规则：按设计图示尺寸以楼梯（包括踏步、休息平台及≤500 mm 的楼梯井）水平投影面积（m²）计算。楼梯与楼地面相连时，算至梯口梁内侧边沿，无梯口梁者，算至最上一层踏步边沿加 300 mm。

5. 木板楼梯面层（编码：011106007）

工程内容：基层清理，基层铺贴，面层铺贴，刷防护材料，材料运输。

项目特征：基层种类，面层材料品种、规格、颜色，防护材料种类，粘结材料种类。

工程量计算规则：按设计图示尺寸以楼梯（包括踏步、休息平台及≤500 mm 的楼梯井）水平投影面积（m²）计算。楼梯与楼地面相连时，算至梯口梁内侧边沿，无梯口梁者，算至最上一层踏步边沿加 300 mm。

6. 橡胶板楼梯面层（编码：011106008）

工程内容：基层清理，面层铺贴，压缝条装钉，材料运输。

项目特征：粘结层厚度、材料种类，面层材料品种、规格、颜色，压线条种类。

工程量计算规则：按设计图示尺寸以楼梯（包括踏步、休息平台及≤500 mm 的楼梯井）水平投影面积（m²）计算。楼梯与楼地面相连时，算至梯口梁内侧边沿，无梯口梁者，算至最上一层踏步边沿加 300 mm。

塑料板楼梯面层（编码：011106009），同上。

7.11.7 台阶装饰（编码：011107）

本节包括石材台阶面，块料台阶面，拼碎块料台阶面，水泥砂浆台阶面，现浇水磨石台阶面，剁假石台阶面共 6 个项目。在描述碎石材项目的面层材料特征时可不用描述规格、品牌、颜色。石材、块料与粘接材料的结合面刷防渗材料的种类在防护层材料种类中描述。

1. 石材台阶面（编码：011107001）

工程内容：基层清理，铺设垫层，抹找平层，抹面层，抹防滑条，材料运输。

项目特征：找平层厚度、砂浆配合比，粘结层材料种类，面层材料品种、规格、颜色，勾缝材料种类，防滑条材料种类、规格，防护材料种类。

工程量计算规则：按设计图示尺寸以台阶（包括最上层踏步边沿加 300 mm）水平投影面积（m^2）计算。

块料台阶面（编码：011107002），拼碎块料台阶面（编码：011107003），同上。

2. 水泥砂浆台阶面（编码：011107004）

工程内容：基层清理，铺设垫层，抹找平层，抹面层，抹防滑条，材料运输。

项目特征：垫层材料种类、厚度，找平层厚度、砂浆配合比，面层厚度、砂浆配合比，防滑条材料种类。

工程量计算规则：按设计图示尺寸以台阶（包括最上层踏步边沿加 300 mm）水平投影面积（m^2）计算。

3. 现浇水磨石台阶面（编码：011107005）

工程内容：清理基层，铺设垫层，抹找平层，抹面层，贴嵌防滑条，打磨、酸洗、打蜡，材料运输。

项目特征：垫层材料种类、厚度，找平层厚度、砂浆配合比，面层厚度、水泥石子浆配合比，防滑条材料种类、规格，石子种类、规格、颜色，颜料种类、颜色，磨光、酸洗、打蜡要求。

工程量计算规则：按设计图示尺寸以台阶（包括最上层踏步边沿加 300 mm）水平投影面积（m^2）计算。

4. 剁假石台阶面（编码：011107006）

工程内容：清理基层，铺设垫层，抹找平层，抹面层，剁假石，材料运输。

项目特征：垫层材料种类、厚度，找平层厚度、砂浆配合比，面层厚度、砂浆配合比，剁假石要求。

工程量计算规则：按设计图示尺寸以台阶（包括最上层踏步边沿加 300 mm）水平投影面积（m^2）计算。

7.11.8 零星装饰项目（编码：011108）

本节包括石材零星项目，拼碎石材零星项目。块料零星项目，水泥砂浆零星项目共 4 个项目。楼梯、台阶牵边和侧面镶贴块料面层，≤0.5 m^2 的少量分散的楼地面镶贴块料面层，应按表 K.8《零星装饰项目》执行。石材、块料与粘接材料的结合面刷防渗材料的种类在防护层材料种类中描述。

1. 石材零星项目（编码：011108001）

工程内容：清理基层，抹找平层，面层铺贴、磨边，勾缝，刷防护材料，酸洗、打蜡，材料运输。

项目特征：工程部位，找平层厚度、砂浆配合比，贴结合层厚度、材料种类，面层材料品种、规格、颜色，勾缝材料种类，防护材料种类，酸洗、打蜡要求。

工程量计算规则：按设计图示尺寸以面积（m²）计算。

拼碎石材零星项目（编码：011108002），块料零星项目（编码：011108003），同上。

2. 水泥砂浆零星项目（编码：011108004）

工程内容：清理基层，抹找平层，抹面层，材料运输。

项目特征：工程部位，找平层厚度、砂浆配合比，面层厚度、砂浆厚度。

工程量计算规则：按设计图示尺寸以面积（m²）计算。

7.12 墙、柱面装饰与隔断、幕墙工程

7.12.1 墙面抹灰（编码：011201）

本节包括墙面一般抹灰，墙面装饰抹灰，墙面勾缝，立面砂浆找平层共 4 个项目。立面砂浆找平项目适用于仅做找平层的立面抹灰。抹石灰砂浆、水泥砂浆、混合砂浆、聚合物水泥砂浆、麻刀石灰浆、石膏灰浆等按墙面一般抹灰列项，水刷石、斩假石、干粘石、假面砖等按墙面装饰抹灰列项。飘窗凸出外墙面增加的抹灰不计算工程量，在综合单价中考虑。

1. 墙面一般抹灰（编码：011201001）

工程内容：基层清理，砂浆制作、运输，底层抹灰，抹面层，抹装饰面，勾分格缝。

项目特征：墙体类型，底层厚度、砂浆配合比，面层厚度、砂浆配合比，装饰面材料种类，分格缝宽度、材料种类。

工程量计算规则：按设计图示尺寸以面积（m²）计算。扣除墙裙、门窗洞口及单个 > 0.3 m² 的孔洞面积，不扣除踢脚线、挂镜线和墙与构件交接处的面积，门窗洞口和孔洞的侧壁及顶面不增加面积。附墙柱、梁、垛、烟囱侧壁并入相应的墙面面积内。

外墙抹灰面积按外墙垂直投影面积计算。外墙裙抹灰面积按其长度乘以高度计算。

内墙抹灰面积按主墙间的净长乘以高度计算：无墙裙的，高度按室内楼地面至天棚底面计算；有墙裙的，高度按墙裙顶至天棚底面计算。

内墙裙抹灰面按内墙净长乘以高度计算。

2. 墙面装饰抹灰（编码：011201002）

同上。

3. 墙面勾缝（编码：011201003）

工程内容：基层清理，砂浆制作、运输，抹灰找平。

项目特征：墙体类型，找平的砂浆厚度、配合比。

工程量计算规则：按设计图示尺寸以面积（m²）计算。扣除墙裙、门窗洞口及单个 > 0.3 m² 的孔洞面积，不扣除踢脚线、挂镜线和墙与构件交接处的面积，门窗洞口和孔洞的侧壁及顶面

不增加面积。附墙柱、梁、垛、烟囱侧壁并入相应的墙面面积内。

外墙抹灰面积按外墙垂直投影面积计算。外墙裙抹灰面积按其长度乘以高度计算。

内墙抹灰面积按主墙间的净长乘以高度计算：无墙裙的，高度按室内楼地面至天棚底面计算；有墙裙的，高度按墙裙顶至天棚底面计算。

内墙裙抹灰面按内墙净长乘以高度计算。

4. 立面砂浆找平层（编码：011201004）

工程内容：基层清理，砂浆制作、运输，勾缝。

项目特征：墙体类型，勾缝类型，勾缝材料种类。

工程量计算规则：按设计图示尺寸以面积（m²）计算。扣除墙裙、门窗洞口及单个 > 0.3 m² 的孔洞面积，不扣除踢脚线、挂镜线和墙与构件交接处的面积，门窗洞口和孔洞的侧壁及顶面不增加面积。附墙柱、梁、垛、烟囱侧壁并入相应的墙面面积内。

外墙抹灰面积按外墙垂直投影面积计算。外墙裙抹灰面积按其长度乘以高度计算。

内墙抹灰面积按主墙间的净长乘以高度计算：无墙裙的，高度按室内楼地面至天棚底面计算；有墙裙的，高度按墙裙顶至天棚底面计算。

内墙裙抹灰面按内墙净长乘以高度计算。

7.12.2　柱（梁）面抹灰（编码：011202）

本节包括柱、梁面一般抹灰，柱、梁面装饰抹灰，柱、梁面砂浆找平，柱、梁面勾缝共 4 个项目。砂浆找平项目适用于仅做找平层的柱（梁）面抹灰。抹石灰砂浆、水泥砂浆、混合砂浆、聚合物水泥砂浆、麻刀石灰浆、石膏灰浆等按柱（梁）面一般抹灰编码列项，水刷石、斩假石、干粘石、假面砖等按柱（梁）面装饰抹灰编码列项。

1. 柱、梁面一般抹灰（编码：011202001）

工程内容：基层清理，砂浆制作、运输，底层抹灰，抹面层，勾分格缝。

项目特征：柱体类型，底层厚度、砂浆配合比，面层厚度、砂浆配合比，装饰面材料种类，分格缝宽度、材料种类。

工程量计算规则：柱面抹灰：按设计图示柱断面周长乘高度以面积（m²）计算。梁面抹灰：按设计图示梁断面周长乘长度以面积（m²）计算。

2. 柱、梁面装饰抹灰（编码：011202002）

同上。

3. 柱、梁面砂浆找平（编码：011202003）

工程内容：基层清理，砂浆制作、运输，抹灰找平。

项目特征：柱体类型，找平的砂浆厚度、配合比。

工程量计算规则：柱面抹灰：按设计图示柱断面周长乘高度以面积（m²）计算。梁面抹灰：按设计图示梁断面周长乘长度以面积（m²）计算。

4. 柱、梁面勾缝（编码：011202004）

工程内容：基层清理，砂浆制作、运输，勾缝。

项目特征：墙体类型，勾缝类型，勾缝材料种类。

工程量计算规则：按设计图示柱断面周长乘高度以面积（m²）计算。

7.12.3 零星抹灰（编码：011203）

本节包括零星项目一般抹灰，零星项目装饰抹灰，零星项目砂浆找平 3 个项目。抹石灰砂浆、水泥砂浆、混合砂浆、聚合物水泥砂浆、麻刀石灰浆、石膏灰浆等按零星项目一般抹灰编码列项，水刷石、斩假石、干粘石、假面砖等按零星项目装饰抹灰编码列项。墙、柱（梁）面 ≤0.5 m² 的少量分散的抹灰按 L.3《零星抹灰项目》编码列项。

1. 零星项目一般抹灰（编码：011203001）

工程内容：基层清理，砂浆制作、运输，底层抹灰，抹面层，抹装饰面，勾分格缝。

项目特征：墙体类型，底层厚度、砂浆配合比，面层厚度、砂浆配合比，装饰面材料种类，分格缝宽度、材料种类。

工程量计算规则：按设计图示尺寸以面积（m²）计算。

2. 零星项目装饰抹灰（编码：011203002）

工程内容：基层清理，砂浆制作、运输，底层抹灰，抹面层，抹装饰面，勾分格缝。

项目特征：墙体类型，底层厚度、砂浆配合比，面层厚度、砂浆配合比，装饰面材料种类，分格缝宽度、材料种类。

工程量计算规则：按设计图示尺寸以面积（m²）计算。

3. 零星项目砂浆找平（编码：011203003）

工程内容：基层清理，砂浆制作、运输，抹灰找平。

项目特征：基层类型，找平的砂浆厚度、配合比。

工程量计算规则：按设计图示尺寸以面积（m²）计算。

7.12.4 墙面块料面层（编码：011204）

本节包括石材墙面，拼碎石材墙面，块料墙面，干挂石材钢骨架共 4 个项目。在描述碎块项目的面层材料特征时可不用描述规格、品牌、颜色。石材、块料与粘接材料的结合面刷防渗材料的种类在防护层材料种类中描述。安装方式可描述为砂浆或粘结剂粘贴、挂贴、干挂等，不论哪种安装方式，都要详细描述与组价相关的内容。

1. 石材墙面（编码：011204001）

工程内容：基层清理，砂浆制作、运输，粘结层铺贴，面层安装，嵌缝，刷防护材料，磨光、酸洗、打蜡。

项目特征：墙体类型，安装方式，面层材料品种、规格、颜色，缝宽、嵌缝材料种类，防护材料种类，磨光、酸洗、打蜡要求。

工程量计算规则：按镶贴表面积（m²）计算。

拼碎石材墙面（编码：011204002），块料墙面（编码：011204003），同上。

2. 干挂石材钢骨架（编码：011204004）

工程内容：骨架制作、运输、安装，刷漆。

项目特征：骨架种类、规格，防锈漆品种遍数。

工程量计算规则：按设计图示以质量（t）计算。

7.12.5　柱（梁）面镶贴块料（编码：011205）

本节包括石材柱面，块料柱面，拼碎块柱面，石材梁面，块料梁面共 5 个项目。在描述碎块项目的面层材料特征时可不用描述规格、品牌、颜色。石材、块料与粘接材料的结合面刷防渗材料的种类在防护层材料种类中描述。柱梁面干挂石材的钢骨架按表 L.4 相应项目编码列项。

1. 石材柱面（编码：011205001）

工程内容：基层清理，砂浆制作、运输，粘结层铺贴，面层安装，嵌缝，刷防护材料，磨光、酸洗、打蜡。

项目特征：柱截面类型、尺寸，安装方式，面层材料品种、规格、颜色，缝宽、嵌缝材料种类，防护材料种类，磨光、酸洗、打蜡要求。

工程量计算规则：按镶贴表面积（m²）计算。

块料柱面（编码：011205002），拼碎块柱面（编码：011205003），同上。

2. 石材梁面（编码：011205004）

工程内容：基层清理，砂浆制作、运输，粘结层铺贴，面层安装，嵌缝，刷防护材料，磨光、酸洗、打蜡。

项目特征：安装方式，面层材料品种、规格、颜色，缝宽、嵌缝材料种类，防护材料种类，磨光、酸洗、打蜡要求。

工程量计算规则：按镶贴表面积（m²）计算。

块料梁面（编码：011205005），同上。

7.12.6　镶贴零星块料（编码：011206）

本节包括石材零星项目，块料零星项目，拼碎块零星项目共 3 个项目。在描述碎块项目的面层材料特征时可不用描述规格、品牌、颜色。石材、块料与粘接材料的结合面刷防渗材料的种类在防护层材料种类中描述。零星项目干挂石材的钢骨架按表 L.4 相应项目编码列项。墙柱面≤0.5m² 的少量分散的镶贴块料面层应按零星项目执行。

石材零星项目（编码：011206001）

工程内容：基层清理，砂浆制作、运输，面层安装，嵌缝，刷防护材料，磨光、酸洗、打蜡。

项目特征：安装方式，面层材料品种、规格、颜色，缝宽、嵌缝材料种类，防护材料种类，磨光、酸洗、打蜡要求。

工程量计算规则：按镶贴表面积（m²）计算。

块料零星项目（编码：011206002），拼碎块零星项目（编码：011206003），同上。

7.12.7 墙饰面（编码：011207）

墙面装饰板（编码：011207001）

工程内容：基层清理，龙骨制作、运输、安装，钉隔离层，基层铺钉，面层铺贴。

项目特征：龙骨材料种类、规格、中距，隔离层材料种类、规格，基层材料种类、规格，面层材料品种、规格、颜色，压条材料种类、规格。

工程量计算规则：按设计图示墙净长乘净高以面积（m²）计算。扣除门窗洞口及单个 > 0.3 m² 的孔洞所占面积。

7.12.8 柱（梁）饰面（编码：011208）

柱（梁）面装饰（编码：011208001）

工程内容：清理基层，龙骨制作、运输、安装，钉隔离层，基层铺钉，面层铺贴。

项目特征：龙骨材料种类、规格、中距，隔离层材料种类、规格，基层材料种类、规格，面层材料品种、规格、颜色，压条材料种类、规格。

工程量计算规则：按设计图示饰面外围尺寸以面积（m²）计算。柱帽、柱墩并入相应柱饰面工程量内。

7.12.9 幕墙工程（编码：011209）

幕墙工程包括带骨架幕墙和全玻（无框玻璃）幕墙 2 个项目。

1. 带骨架幕墙（编码：011209001）

工程内容：骨架制作、运输、安装，面层安装，隔离带、框边封闭，嵌缝、塞口，清洗。

项目特征：骨架材料种类、规格、中距，面层材料品种、规格、颜色，面层固定方式，隔离带、框边封闭材料品种、规格，嵌缝、塞口材料种类。

工程量计算规则：按设计图示框外围尺寸以面积（m²）计算。与幕墙同种材质的窗所占面积不扣除。

2. 全玻（无框玻璃）幕墙（编码：011209002）

工程内容：幕墙安装，嵌缝、塞口，清洗。

项目特征：玻璃品种、规格、颜色，粘结塞口材料种类，固定方式。

工程量计算规则：按设计图示尺寸以面积（m²）计算。带肋全玻幕墙按展开面积（m²）计算。

7.12.10 隔断（编码：011210）

本节包括木隔断，金属隔断，玻璃隔断，塑料隔断，成品隔断，其他隔断共 6 个项目。

1. 木隔断（编码：011210001）

工程内容：骨架及边框制作、运输、安装，隔板制作、运输、安装，嵌缝、塞口，装钉压条。

项目特征：骨架、边框材料种类、规格，隔板材料品种、规格、颜色，嵌缝、塞口材料品种，压条材料种类。

工程量计算规则：按设计图示框外围尺寸以面积（m²）计算。不扣除单个≤0.3 m²的孔洞所占面积。浴厕门的材质与隔断相同时，门的面积并入隔断面积内。

2. 金属隔断（编码：011210002）

工程内容：骨架及边框制作、运输、安装，隔板制作、运输、安装，嵌缝、塞口。

项目特征：骨架、边框材料种类、规格，隔板材料品种、规格、颜色，嵌缝、塞口材料品种。

工程量计算规则：按设计图示框外围尺寸以面积（m²）计算。不扣除单个≤0.3 m²的孔洞所占面积。浴厕门的材质与隔断相同时，门的面积并入隔断面积内。

3. 玻璃隔断（编码：011210003）

工程内容：边框制作、运输、安装，玻璃制作、运输、安装，嵌缝、塞口。

项目特征：边框材料种类、规格，玻璃品种、规格、颜色，嵌缝、塞口材料品种。

工程量计算规则：按设计图示框外围尺寸以面积（m²）计算。不扣除单个≤0.3 m²的孔洞所占面积。

4. 塑料隔断（编码：011210004）

工程内容：边框制作、运输、安装，玻璃制作、运输、安装，嵌缝、塞口。

项目特征：边框材料种类、规格，隔板材料品种、规格、颜色，嵌缝、塞口材料品种。

工程量计算规则：按设计图示框外围尺寸以面积（m²）计算。不扣除单个≤0.3 m²的孔洞所占面积。

5. 成品隔断（编码：011210005）

工程内容：隔断运输、安装，嵌缝、塞口。

项目特征：隔断材料品种、规格、颜色，配件品种、规格。

工程量计算规则：按按设计图示框外围尺寸以面积（m²）计算，按设计间的数量计算。

6. 其他隔断（编码：011210006）

工程内容：骨架及边框安装，隔板安装，嵌缝、塞口。

项目特征：骨架、边框材料种类、规格，隔板材料品种、规格、颜色，嵌缝、塞口材料品种。

工程量计算规则：按设计图示框外围尺寸以面积（m²）计算。不扣除单个≤0.3 m²的孔洞所占面积。

7.13　天棚工程

7.13.1　天棚抹灰（编码：011301）

天棚抹灰（编码：011301001）

工程内容：基层清理，底层抹灰，抹面层。

项目特征：基层类型，抹灰厚度、材料种类，砂浆配合比。

工程量计算规则：按设计图示尺寸以水平投影面积（m^2）计算。不扣除间壁墙、垛、柱、附墙烟囱、检查口和管道所占的面积，带梁天棚、梁两侧抹灰面积并入天棚面积内，板式楼梯底面抹灰按斜面积计算，锯齿形楼梯底板抹灰按展开面积计算。

7.13.2　天棚吊顶（编码：011302）

本节包括吊顶天棚，格栅吊顶，吊筒吊顶，藤条造型悬挂吊顶，织物软雕吊顶，网架（装饰）吊顶共 6 个项目

1. 吊顶天棚（编码：011302001）

工程内容：基层清理、吊杆安装，龙骨安装，基层板铺贴，面层铺贴，嵌缝，刷防护材料。

项目特征：吊顶形式、吊杆规格、高度，龙骨材料种类、规格、中距，基层材料种类、规格，面层材料品种、规格，压条材料种类、规格，嵌缝材料种类，防护材料种类。

工程量计算规则：按设计图示尺寸以水平投影面积（m^2）计算。天棚面中的灯槽及跌级、锯齿形、吊挂式、藻井式天棚面积不展开计算。不扣除间壁墙、检查口、附墙烟囱、柱垛和管道所占面积，扣除单个 > $0.3\ m^2$ 的孔洞、独立柱及与天棚相连的窗帘盒所占的面积。

2. 格栅吊顶（编码：011302002）

工程内容：基层清理，安装龙骨，基层板铺贴，面层铺贴，刷防护材料。

项目特征：龙骨材料种类、规格、中距，基层材料种类、规格，面层材料品种、规格，防护材料种类。

工程量计算规则：按设计图示尺寸以水平投影面积（m^2）计算。

3. 吊筒吊顶（编码：011302003）

工程内容：基层清理，吊筒制作安装，刷防护材料。

项目特征：吊筒形状、规格，吊筒材料种类，防护材料种类。

工程量计算规则：按设计图示尺寸以水平投影面积（m^2）计算。

4. 藤条造型悬挂吊顶（编码：011302004）

工程内容：基层清理，安装龙骨，基层板铺贴，面层铺贴，刷防护材料。

项目特征：骨架材料种类、规格，面层材料品种、规格。

工程量计算规则：按设计图示尺寸以水平投影面积（m^2）计算。

5. 织物软雕吊顶（编码：011302005）

同上。

6. 网架（装饰）吊顶（编码：011302006）

工程内容：基层清理，网架制作安装。

项目特征：网架材料品种、规格。

工程量计算规则：按设计图示尺寸以水平投影面积（m^2）计算。

7.13.3　采光天棚工程（编码：011303）

采光天棚骨架不包括在本节中，应单独按附录 F 相关项目编码列项。

采光天棚（编码：011303001）

工程内容：清理基层，面层制作安装，嵌缝、塞口，清洗。

项目特征：骨架类型，固定类型、固定材料品种、规格，面层材料品种、规格，嵌缝、塞口材料种类。

工程量计算规则：按框外围展开面积（m²）计算。

7.13.4　天棚其他装饰（编码：011304）

本节包括灯带（槽）和送风口、回风口 2 个项目。

1. 灯带（槽）（编码：011304001）

工程内容：安装、固定。

项目特征：灯带形式、尺寸，格栅片材料品种、规格，安装固定方式。

工程量计算规则：按设计图示尺寸以框外围面积（m²）计算。

2. 送风口、回风口（编码：011304002）

工程内容：安装、固定，刷防护材料。

项目特征：风口材料品种、规格，安装固定方式，防护材料种类。

工程量计算规则：按设计图示尺寸以框外围面积（m²）计算。

7.14　油漆、涂料、裱糊工程

7.14.1　门油漆（编号：011401）

本节包括木门油漆和金属门油漆 2 个项目。木门油漆应区分木大门、单层木门、双层（一玻一纱）木门、双层（单裁口）木门、全玻自由门、半玻自由门、装饰门及有框门或无框门等项目，分别编码列项。金属门油漆应区分平开门、推拉门、钢制防火门列项。以 m² 计量，项目特征可不必描述洞口尺寸。

1. 木门油漆（编码：011401001）

工程内容：基层清理，刮腻子，刷防护材料、油漆。

项目特征：门类型，门代号及洞口尺寸，腻子种类，刮腻子遍数，防护材料种类，油漆品种、刷漆遍数。

工程量计算规则：以樘计量，按设计图示数量计量，以 m² 计量，按设计图示洞口尺寸以面积计算。

2. 金属门油漆（编码：011401002）

工程内容：除锈、基层清理，刮腻子，刷防护材料、油漆。

项目特征：门类型，门代号及洞口尺寸，腻子种类，刮腻子遍数，防护材料种类，油漆品种、刷漆遍数。

工程量计算规则：以樘计量，按设计图示数量计量，以 m² 计量，按设计图示洞口尺寸以面积计算。

7.14.2　窗油漆（编号：011402）

本节包括木窗油漆和金属窗油漆 2 个项目。木窗油漆应区分单层木门、双层（一玻一纱）木窗、双层框扇（单裁口）木窗、双层框三层（二玻一纱）木窗、单层组合窗、双层组合窗、木百叶窗、木推拉窗等项目，分别编码列项。金属窗油漆应区分平开窗、推拉窗、固定窗、组合窗、金属隔栅窗分别列项。以 m² 计量，项目特征可不必描述洞口尺寸。

1. 木窗油漆（编码：011402001）

工程内容：基层清理，刮腻子，刷防护材料、油漆。

项目特征：窗类型，窗代号及洞口尺寸，腻子种类，刮腻子遍数，防护材料种类，油漆品种、刷漆遍数。

工程量计算规则：以樘计量，按设计图示数量计量。以 m² 计量，按设计图示洞口尺寸以面积计算。

2. 金属窗油漆（编码：011402002）

工程内容：除锈、基层清理，刮腻子，刷防护材料、油漆。

项目特征：窗类型，窗代号及洞口尺寸，腻子种类，刮腻子遍数，防护材料种类，油漆品种、刷漆遍数。

工程量计算规则：以樘计量，按设计图示数量计量。以 m² 计量，按设计图示洞口尺寸以面积计算。

7.14.3　木扶手及其他板条、线条油漆（编号：011403）

本节包括木扶手油漆，窗帘盒油漆，封檐板、顺水板油漆，挂衣板、黑板框油漆，挂镜线、窗帘棍、单独木线油漆共 5 个项目。木扶手应区分带托板与不带托板，分别编码列项，若是木栏杆代扶手，木扶手不应单独列项，应包含在木栏杆油漆中。

木扶手油漆（编码：011403001）

工程内容：基层清理，刮腻子，刷防护材料、油漆。

项目特征：断面尺寸，腻子种类，刮腻子遍数，防护材料种类，油漆品种、刷漆遍数。

工程量计算规则：按设计图示尺寸以长度（m）计算。

窗帘盒油漆（编码：011403002），封檐板、顺水板油漆（编码：011403003），挂衣板、黑板框油漆（编码：011403004），挂镜线、窗帘棍、单独木线油漆（编码：011403005），同上。

7.14.4 木材面油漆（编号：011404）

本节包括木板、纤维板、胶合板油漆，木护墙、木墙裙油漆，窗台板、筒子板、盖板、门窗套、踢脚线油漆，清水板条天棚、檐口油漆，木方格吊顶天棚油漆，吸音板墙面、天棚面油漆，暖气罩油漆，木间壁、木隔断油漆，玻璃间壁露明墙筋油漆，木栅栏、木栏杆（带扶手）油漆，衣柜、壁柜油漆，梁柱饰面油漆，零星木装修油漆，木地板油漆，木地板烫硬蜡面共 15 个项目。

1. 木板、纤维板、胶合板油漆（编码：011404001）

工程内容：基层清理，刮腻子，刷防护材料、油漆。

项目特征：腻子种类，刮腻子遍数，防护材料种类，油漆品种、刷漆遍数。

工程量计算规则：按设计图示尺寸以面积（m^2）计算。

木护墙、木墙裙油漆（编码：011404002），窗台板、筒子板、盖板、门窗套、踢脚线油漆（编码：011404003），清水板条天棚、檐口油漆（编码：011404004），木方格（编码：011404005），吸音板墙面、天棚面油漆（编码：011404006），7. 暖气罩油漆（编码：011404007），同上。

2. 木间壁、木隔断油漆（编码：011404008）

工程内容：基层清理，刮腻子，刷防护材料、油漆。

项目特征：腻子种类，刮腻子遍数，防护材料种类，油漆品种、刷漆遍数。

工程量计算规则：按设计图示尺寸以单面外围面积（m^2）计算。

玻璃间壁露明墙筋油漆（编码：011404009），木栅栏、木栏杆（带扶手）油漆（编码：011404010），同上。

3. 衣柜、壁柜油漆（编码：011404011）

工程内容：基层清理，刮腻子，刷防护材料、油漆。

项目特征：腻子种类，刮腻子遍数，防护材料种类，油漆品种、刷漆遍数。

工程量计算规则：按设计图示尺寸以油漆部分展开面积（m^2）计算。

梁柱饰面油漆（编码：011404012），零星木装修油漆（编码：011404013），同上。

4. 木地板油漆（编码：011404014）

工程内容：基层清理，刮腻子，刷防护材料、油漆。

项目特征：腻子种类，刮腻子遍数，防护材料种类，油漆品种、刷漆遍数。

工程量计算规则：按设计图示尺寸以面积（m^2）计算。空洞、空圈、暖气包槽、壁龛的开口部分并入相应的工程量内。

5. 木地板烫硬蜡面（编码：011404015）

工程内容：基层清理，烫蜡。

项目特征：硬蜡品种，面层处理要求。

工程量计算规则：按设计图示尺寸以面积（m^2）计算。空洞、空圈、暖气包槽、壁龛的开口部分并入相应的工程量内。

7.14.5　金属面油漆（编号：011405）

金属面油漆（编码：011405001）

工程内容：基层清理，刮腻子，刷防护材料、油漆。

项目特征：基层类型，腻子种类，刮腻子遍数，防护材料种类，油漆品种、刷漆遍数。

工程量计算规则：以 t 计量，按设计图示尺寸以质量计算。以 m² 计量，按设计展开面积计算。

7.14.6　抹灰面油漆（编号：011406）

本节包括抹灰面油漆，抹灰线条油漆，满刮腻子 3 个项目。

1. 抹灰面油漆（编码：011406001）

工程内容：基层清理，刮腻子，刷防护材料、油漆。

项目特征：基层类型，腻子种类，刮腻子遍数，防护材料种类，油漆品种、刷漆遍数。

工程量计算规则：按设计图示尺寸以面积（m²）计算。

2. 抹灰线油漆（编码：011406002）

工程内容：基层清理，刮腻子，刷防护材料、油漆。

项目特征：线条宽度、道数，腻子种类，刮腻子遍数，防护材料种类，油漆品种、刷漆遍数。

工程量计算规则：按设计图示尺寸以长度（m）计算。

3. 满刮腻子（编码：011406003）

工程内容：基层清理，刮腻子。

项目特征：基层类型，腻子种类，刮腻子遍数。

工程量计算规则：按设计图示尺寸以面积（m²）计算。

7.14.7　喷刷涂料（编号：011407）

本节包括墙面喷刷涂料，天棚喷刷涂料，空花格、栏杆刷涂料，线条刷涂料，金属构件刷防火涂料，木材构件喷刷防火涂料共 6 个项目。喷刷墙面涂料部位要注明内墙或外墙。

1. 墙面喷刷涂料（编码：011407001）

工程内容：基层清理，刮腻子，刷、喷涂料。

项目特征：基层类型，喷刷涂料部位，腻子种类，刮腻子要求，涂料品种、喷刷遍数。

工程量计算规则：按设计图示尺寸以面积（m²）计算。

2. 天棚喷刷涂料（编码：011407002）

同上。

3. 空花格、栏杆刷涂料（编码：011407003）

工程内容：基层清理，刮腻子，刷、喷涂料。

项目特征：腻子种类，刮腻子要求，涂料品种、喷刷遍数。

工程量计算规则：按设计图示尺寸以单面外围面积（m^2）计算。

4. 线条刷涂料（编码：011407004）

工程内容：基层清理，刮腻子，刷、喷涂料。

项目特征：基层清理，线条宽度，刮腻子遍数，刷防护材料、油漆。

工程量计算规则：按设计图示尺寸以长度（m）计算。

5. 金属构件刷防火涂料（编码：011407005）

工程内容：基层清理，刷防护材料、油漆。

项目特征：喷刷防火涂料构件名称，防火等级要求，涂料品种、喷刷遍数。

工程量计算规则：以 t 计量，按设计图示尺寸以质量计算。以 m^2 计量，按设计展开面积计算。

6. 金属构件刷防火涂料（编码：011407006）

工程内容：基层清理，刷防火材料。

项目特征：喷刷防火涂料构件名称，防火等级要求，涂料品种、喷刷遍数。

工程量计算规则：以 m^2 计量，按设计图示尺寸以面积计算。以 m^3 计量，按设计结构尺寸以体积计算。

7.14.8　裱糊（编号：011408）

墙纸裱糊（编码：011408001）

工程内容：基层清理，刮腻子，面层铺粘，刷防护材料。

项目特征：基层类型，裱糊部位，腻子种类，刮腻子遍数，粘结材料种类，防护材料种类，面层材料品种、规格、颜色。

工程量计算规则：按设计图示尺寸以面积（m^2）计算。

织锦缎裱糊（编码：011408002），同上。

7.15　其他装饰工程

7.15.1　柜类、货架（编号：011501）

本节包括柜台，酒柜，衣柜，存包柜，鞋柜，书柜，厨房壁柜，木壁柜，厨房低柜，厨房吊柜，矮柜，吧台背柜，酒吧吊柜，酒吧台，展台，收银台，试衣间，货架，书架，服务台共 20 个项目。

柜台（编码：011501001）

工程内容：台柜制作、运输、安装（安放），刷防护材料、油漆，五金件安装。

项目特征：台柜规格，材料种类、规格，五金种类、规格，防护材料种类，油漆品种、刷漆遍数。

工程量计算规则：以个计量，按设计图示数量计量，以米计量，按设计图示尺寸以延长米计算。

酒柜（编码：011501002）、衣柜（编码：011501003）、存包柜（编码：011501004）、鞋柜（编码：011501005）、书柜（编码：011501006）、厨房壁柜（编码：011501007）、木壁柜（编码：011501008）、厨房低柜（编码：011501009）、厨房吊柜（编码：011501010）、矮柜（编码：011501011）、吧台背柜（编码：011501012）、酒吧吊柜（编码：011501013）、酒吧台（编码：011501014）、展台（编码：011501015）、收银台（编码：011501016）、试衣间（编码：011501017）、货架（编码：011501018）、书架（编码：011501019）、服务台（编码：011501020）同上。

7.15.2　装饰线（编号：011502）

本节包括金属装饰线，木质装饰线，石材装饰线，石膏装饰线，镜面玻璃线，铝塑装饰线，塑料装饰线共7个项目。

金属装饰线（编码：011502001）

工程内容：线条制作、安装，刷防护材料。

项目特征：基层类型，线条材料品种、规格、颜色，防护材料种类。

工程量计算规则：按设计图示尺寸以长度（m）计算。

木质装饰线（编码：011502002）、石材装饰线（编码：011502003）、石膏装饰线（编码：011502004）、镜面玻璃线（编码：011502005）、铝塑装饰线（编码：011502006）、塑料装饰线（编码：011502007）同上。

7.15.3　扶手、栏杆、栏板装饰（编码：011503）

本节包括金属扶手、栏杆、栏板，硬木扶手、栏杆、栏板，塑料扶手、栏杆、栏板，金属靠墙扶手，硬木靠墙扶手，塑料靠墙扶手，玻璃栏板共7个项目。

1. 金属扶手、栏杆、栏板（编码：011503001）

工程内容：制作，运输，安装，刷防护材料。

项目特征：扶手材料种类、规格、品牌，栏杆材料种类、规格、品牌，栏板材料种类、规格、品牌、颜色，固定配件种类，防护材料种类。

工程量计算规则：按设计图示以扶手中心线长度（包括弯头长度）计算（m）。

硬木扶手、栏杆、栏板（编码：011503002），塑料扶手、栏杆、栏板（编码：011503003），同上。

2. 金属靠墙扶手（编码：011503004）

工程内容：制作，运输，安装，刷防护材料。

项目特征：扶手材料种类、规格、品牌，固定配件种类，防护材料种类。

工程量计算规则：按设计图示以扶手中心线长度（包括弯头长度）计算（m）。

硬木靠墙扶手（编码：011503005），塑料靠墙扶手（编码：011503006），同上。

3. 玻璃栏板（编码：011503007）

工程内容：制作，运输，安装，刷防护材料。

项目特征：栏杆玻璃的种类、规格、颜色、品牌，固定方式，固定配件种类。

工程量计算规则：按设计图示以扶手中心线长度（包括弯头长度）（m）计算。

7.15.4　暖气罩（编号：011504）

本节包括饰面板暖气罩，塑料板暖气罩，金属暖气罩共 3 个项目。

饰面板暖气罩（编码：011504001）

工程内容：暖气罩制作、运输、安装，刷防护材料、油漆。

项目特征：暖气罩材质，防护材料种类。

工程量计算规则：按设计图示尺寸以垂直投影面积（不展开）（m²）计算。

塑料板暖气罩（编码：011504002），金属暖气罩（编码：011504003），同上。

7.15.5　浴厕配件（编号：011505）

本节包括洗漱台，晒衣架，帘子杆，浴缸拉手，卫生间扶手，毛巾杆（架），毛巾环，卫生纸盒，肥皂盒，镜面玻璃，镜箱共 11 个项目。

1. 洗漱台（编码：011505001）

工程内容：台面及支架、运输、安装，杆、环、盒、配件安装，刷油漆。

项目特征：材料品种、规格、品牌、颜色，支架、配件品种、规格、品牌。

工程量计算规则：按设计图示尺寸以台面外接矩形面积计算。不扣除孔洞、挖弯、削角所占面积，挡板、吊沿板面积并入台面面积内。按设计图示数量计算。

2. 晒衣架（编码：011505002）

工程内容：台面及支架、运输、安装，杆、环、盒、配件安装，刷油漆。

项目特征：材料品种、规格、品牌、颜色，支架、配件品种、规格、品牌。

工程量计算规则：按设计图示数量（个）计算。

帘子杆（编码：011505003），浴缸拉手（编码：011505004），卫生间扶手（编码：011505005），同上。

3. 毛巾杆（架）（编码：011505006）

工程内容：台面及支架、运输、安装，杆、环、盒、配件安装，刷油漆。

项目特征：材料品种、规格、品牌、颜色，支架、配件品种、规格、品牌。

工程量计算规则：按设计图示数量（套）计算。

4. 毛巾环（编码：011505007）

工程内容：台面及支架、运输、安装，杆、环、盒、配件安装，刷油漆。

项目特征：材料品种、规格、品牌、颜色，支架、配件品种、规格、品牌。

工程量计算规则：按设计图示数量（副）计算。

5. 卫生纸盒（编码：011505008）

工程内容：台面及支架、运输、安装，杆、环、盒、配件安装，刷油漆。

项目特征：材料品种、规格、品牌、颜色，支架、配件品种、规格、品牌。

工程量计算规则：按设计图示数量（个）计算。

肥皂盒（编码：011505009），同上。

6. 镜面玻璃（编码：011505010）

工程内容：基层安装，玻璃及框制作、运输、安装。

项目特征：镜面玻璃品种、规格，框材质、断面尺寸，基层材料种类，防护材料种类。

工程量计算规则：按设计图示尺寸以边框外围面积（m²）计算。

7. 镜箱（编码：011505011）

工程内容：基层安装，箱体制作、运输、安装，玻璃安装，刷防护材料、油漆。

项目特征：箱材质、规格，玻璃品种、规格，基层材料种类，防护材料种类，油漆品种、刷漆遍数。

工程量计算规则：按设计图示数量计算（个）。

7.15.6　雨棚、旗杆（编号：011506）

本节包括雨棚吊挂饰面，金属旗杆，玻璃雨棚3个项目。

1. 雨棚吊挂饰面（编码：011506001）

工程内容：底层抹灰，龙骨基层安装，面层安装，刷防护材料、油漆。

项目特征：基层类型，龙骨材料种类、规格、中距，面层材料品种、规格、品牌，吊顶（天棚）材料品种、规格、品牌，嵌缝材料种类，防护材料种类。

工程量计算规则：按设计图示尺寸以水平投影面积（m²）计算。

2. 金属旗杆（编码：011506002）

工程内容：土石挖、填、运，基础混凝土浇筑，旗杆制作、安装，旗杆台座制作、饰面。

项目特征：旗杆材料、种类、规格，旗杆高度，基础材料种类，基座材料种类，基座面层材料、种类、规格。

工程量计算规则：按设计图示数量（根）计算。

3. 玻璃雨棚（编码：011506003）

工程内容：龙骨基层安装，面层安装，刷防护材料、油漆。

项目特征：玻璃雨棚固定方式，龙骨材料种类、规格、中距，玻璃材料品种、规格、品牌，嵌缝材料种类，防护材料种类。

工程量计算规则：按设计图示尺寸以水平投影面积（m²）计算。

7.15.7　招牌、灯箱（编号：011507）

本节包括平面、箱式招牌，竖式标箱，灯箱共3个项目。

1. 平面、箱式招牌（编码：011507001）

工程内容：基层安装，箱体及支架制作、运输、安装，面层制作、安装，刷防护材料、油漆。

项目特征：箱体规格，基层材料种类，面层材料种类，防护材料种类。

工程量计算规则：按设计图示尺寸以正立面边框外围面积（m²）计算。复杂形的凸凹造型部分不增加面积。

2. 竖式标箱（编码：011507002）

工程内容：基层安装，箱体及支架制作、运输、安装，面层制作、安装，刷防护材料、油漆。

项目特征：箱体规格，基层材料种类，面层材料种类，防护材料种类。

工程量计算规则：按设计图示数量（个）计算。

3. 灯箱（编码：011507003）

同上。

7.15.8 美术字（编号：011508）

本节包括泡沫塑料字，有机玻璃字，木质字，金属字，吸塑字共5个项目。

泡沫塑料字（编码：011508001）

工程内容：字制作、运输、安装，刷油漆。

项目特征：基层类型，镂字材料品种、颜色，字体规格，固定方式，油漆品种、刷漆遍数。

工程量计算规则：按设计图示数量（个）计算。

有机玻璃字（编码：011508002），木质字（编码：011508003），金属字（编码：011508004），吸塑字（编码：011508005），同上。

7.16 拆除工程

7.16.1 砖砌体拆除（编码：011601）

砌体名称指墙、柱、水池等。砌体表面的附着物种类指抹灰层、块料层、龙骨及装饰面层等。以m计量，如砖地沟、砖明沟等必须描述拆除部位的截面尺寸。以m³计量，截面尺寸则不必描述。

砖砌体拆除（编码：011601001）

工程内容：拆除，控制扬尘，清理，建渣场内、外运输。

项目特征：砌体名称，砌体材质，拆除高度，拆除砌体的截面尺寸，砌体表面的附着物种类。

工程量计算规则：以m³计量，按拆除的体积计算。以m计量，按拆除的延长米计算。

7.16.2 混凝土及钢筋混凝土构件拆除（编码：011602）

本节包括混凝土构件拆除和钢筋混凝土构件拆除。以m³作为计量单位时，可不描述构件的规格尺寸。以 m² 作为计量单位时，则应描述构件的厚度。以 m 作为计量单位时，则必须描述构件的规格尺寸。构件表面的附着物种类指抹灰层、块料层、龙骨及装饰面层等。

混凝土构件拆除（编码：011602001）

工程内容：拆除，控制扬尘，清理，建渣场内、外运输。

项目特征：构件名称，拆除构件的厚度或规格尺寸，砌体表面的附着物种类。

工程量计算规则：以 m³ 计算，按拆除构件的混凝土体积计算。以 m² 计算，按拆除部位的面积计算。以 m 计算，按拆除部位的延长米计算。

钢筋混凝土构件拆除（编码：011602002），同上。

7.16.3 木构件拆除（编码：011603）

拆除木构件应按木梁、木柱、木楼梯、木屋架、承重木楼板等分别在构件名称中描述。以 m³ 作为计量单位时，可不描述构件的规格尺寸。以 m² 作为计量单位时，则应描述构件的厚度。以 m 作为计量单位时，则必须描述构件的规格尺寸。构件表面的附着物种类指抹灰层、块料层、龙骨及装饰面层等。

木构件拆除（编码：011603001）

工程内容：拆除，控制扬尘，清理，建渣场内、外运输。

项目特征：构件名称，拆除构件的厚度或规格尺寸，砌体表面的附着物种类。

工程量计算规则：以 m³ 计算，按拆除构件的混凝土体积计算。以 m² 计算，按拆除部位的面积计算。以 m 计算，按拆除部位的延长米计算。

7.16.4 抹灰面拆除（编码：011604）

本节包括平面抹灰层拆除，立面抹灰层拆除，天棚抹灰面拆除 3 个项目。单独拆除抹灰层应按表 P.4 项目编码列项。抹灰层种类可描述为一般抹灰或装饰抹灰。

平面抹灰层拆除（编码：011604001）

工程内容：拆除，控制扬尘，清理，建渣场内、外运输。

项目特征：拆除部位，抹灰层种类。

工程量计算规则：按拆除部位的面积（m²）计算。

立面抹灰层拆除（编码：011604002），天棚抹灰层拆除（编码：011604003），同上。

7.16.5 块料面层拆除（编码：011605）

本节包括平面块料拆除和立面块料拆除。如仅拆除块料层，拆除的基层类型不用描述。拆除的基层类型的描述指砂浆层、防水层、干挂或挂贴所采用的钢骨架层等。

平面块料拆除（编码：011605001）

工程内容：拆除，控制扬尘，清理，建渣场内、外运输。

项目特征：拆除的基层类型，饰面材料种类。

工程量计算规则：按拆除面积（m²）计算。

立面块料拆除（编码：011605002），同上。

7.16.6　龙骨及饰面拆除（编码：011606）

本节包括楼地面龙骨及饰面拆除，墙柱面龙骨及饰面拆除，天棚面龙骨及饰面拆除 3 个项目。基层类型的描述指砂浆层、防水层等。如仅拆除龙骨及饰面，拆除的基层类型不用描述。如只拆除饰面，不用描述龙骨材料种类。

楼地面龙骨及饰面拆除（编码：011606001）

工程内容：拆除，控制扬尘，清理，建渣场内、外运输。

项目特征：拆除的基层类型，龙骨及饰面种类。

工程量计算规则：按拆除面积（m²）计算。

墙柱面龙骨及饰面拆除（编码：011606002），天棚面龙骨及饰面拆除（编码：011606003），同上。

7.16.7　屋面拆除（编码：011607）

本节包括刚性层拆除和防水层拆除。

1. 刚性层拆除（编码：011607001）

工程内容：拆除，控制扬尘，清理，建渣场内、外运输。

项目特征：刚性层厚度。

工程量计算规则：按铲除部位的面积（m²）计算。

2. 防水层拆除（编码：011607002）

工程内容：拆除，控制扬尘，清理，建渣场内、外运输。

项目特征：防水层种类。

工程量计算规则：按铲除部位的面积（m²）计算。

7.16.8　铲除油漆涂料裱糊面（编码：011608）

本节包括铲除油漆面，铲除涂料面，铲除裱糊面 3 个项目。单独铲除油漆涂料裱糊面的工程按表 P.8 编码列项。铲除部位名称的描述指墙面、柱面、天棚、门窗等。按 m 计量，必须描述铲除部位的截面尺寸。以 m² 计量时，则不用描述铲除部位的截面尺寸。

铲除油漆面（编码：011608001）

工程内容：铲除，控制扬尘，清理，建渣场内、外运输。

项目特征：铲除部位名称，铲除部位的截面尺寸。

工程量计算规则：按铲除部位的面积（m²）计算。

铲除涂料面（编码：011608002），铲除裱糊面（编码：011608003），同上。

7.16.9　栏杆、轻质隔断隔墙拆除（编码：011609）

1. 栏杆、栏板拆除（编码：011609001）

工程内容：铲除，控制扬尘，清理，建渣场内、外运输。

项目特征：栏杆（板）的高度，栏杆、栏板种类。

工程量计算规则：以 m^2 计量，按拆除部位的面积计算。以 m 计量，按拆除的延长米计算。以 m^2 计量，不用描述栏杆（板）的高度。

2. 隔断隔墙拆除（编码：011609002）

工程内容：铲除，控制扬尘，清理，建渣场内、外运输。

项目特征：拆除隔墙的骨架种类，拆除隔墙的饰面种类。

工程量计算规则：按拆除部位的面积（m^2）计算。

7.16.10　门窗拆除（编码：011610）

1. 木门窗拆除（编码：011610001）

工程内容：铲除，控制扬尘，清理，建渣场内、外运输。

项目特征：室内高度，门窗洞口尺寸。

工程量计算规则：以 m^2 计量，按拆除面积计算。以樘计量，按拆除樘数计算。

2. 金属门窗拆除（编码：011610001）

同上。

门窗拆除以 m^2 计量，不用描述门窗的洞口尺寸。室内高度指室内楼地面至门窗的上边框。

7.16.11　金属构件拆除（编码：011611）

本节包括钢梁拆除，钢柱拆除，钢网架拆除，钢支撑、钢墙架拆除，其他金属构件拆除共 5 个项目。拆除金属栏杆、栏板按表 P.9 相应清单编码执行。

1. 钢梁拆除（编码：011611001）

工程内容：铲除，控制扬尘，清理，建渣场内、外运输。

项目特征：构件名称，拆除构件的规格尺寸。

工程量计算规则：以 t 计算，按拆除构件的质量计算。以 m 计算，按拆除延长米计算。

2. 钢柱拆除（编码：011611002）

同上。

3. 钢网架拆除（编码：011611003）

工程内容：铲除，控制扬尘，清理，建渣场内、外运输。

项目特征：构件名称，拆除构件的规格尺寸。

工程量计算规则：按拆除构件的质量（t）计算。

4. 钢支撑、钢墙架拆除（编码：011611004）

工程内容：铲除，控制扬尘，清理，建渣场内、外运输。

项目特征：构件名称，拆除构件的规格尺寸。

工程量计算规则：以 t 计算，按拆除构件的质量计算。以 m 计算，按拆除延长米计算。

5. 其他金属构件拆除（编码：011611001）

同上。

7.16.12　管道及卫生洁具拆除（编码：011612）

1. 管道拆除（编码：011612001）

工程内容：铲除，控制扬尘，清理，建渣场内、外运输。

项目特征：管道种类、材质，管道上的附着物种类。

工程量计算规则：按拆除管道的延长米（m）计算。

2. 卫生洁具拆除（编码：011612002）

工程内容：铲除，控制扬尘，清理，建渣场内、外运输。

项目特征：卫生洁具种类。

工程量计算规则：按拆除的数量计算（套/个）。

7.16.13　灯具、玻璃拆除（编码：011613）

1. 灯具拆除（编码：011613001）

工程内容：铲除，控制扬尘，清理，建渣场内、外运输。

项目特征：拆除灯具高度，灯具种类。

工程量计算规则：按拆除的数量（套）计算。

2. 玻璃拆除（编码：011613002）

工程内容：铲除，控制扬尘，清理，建渣场内、外运输。

项目特征：玻璃厚度，拆除部位。

工程量计算规则：按拆除的面积（m²）计算。

7.16.14　其他构件拆除（编码：011614）

本节包括暖气罩拆除，柜体拆除，窗台板拆除，筒子板拆除，窗帘盒拆除，窗帘轨拆除共 6 个项目。双轨窗帘轨拆除按双轨长度分别计算工程量。

1. 暖气罩拆除（编码：011614001）

工程内容：铲除，控制扬尘，清理，建渣场内、外运输。

项目特征：暖气罩材质。

工程量计算规则：以个为单位计量，按拆除个数计算。以 m 为单位计量，按拆除延长米计算。

2. 柜体拆除（编码：011614002）

工程内容：铲除，控制扬尘，清理，建渣场内、外运输。

项目特征：柜体材质，柜体尺寸：长、宽、高。

工程量计算规则：以个为单位计量，按拆除个数计算。以 m 为单位计量，按拆除延长米计算。

3. 窗台板拆除（编码：011614003）

工程内容：铲除，控制扬尘，清理，建渣场内、外运输。

项目特征：窗台板平面尺寸。

工程量计算规则：以块为单位计量，按拆除个数计算。以 m 为单位计量，按拆除延长米计算。

4. 筒子板拆除（编码：011614004）

工程内容：铲除，控制扬尘，清理，建渣场内、外运输。

项目特征：筒子板的平面尺寸。

工程量计算规则：以块为单位计量，按拆除个数计算。以 m 为单位计量，按拆除延长米计算。

5. 窗帘盒拆除（编码：011614005）

工程内容：铲除，控制扬尘，清理，建渣场内、外运输。

项目特征：窗帘盒的平面尺寸。

工程量计算规则：按拆除延长米（m）计算。

6. 窗帘轨拆除（编码：011614006）

工程内容：铲除，控制扬尘，清理，建渣场内、外运输。

项目特征：窗帘轨的材质。

工程量计算规则：按拆除延长米（m）计算。

7.16.15 开孔（打洞）（编码：011615）

部位可描述为墙面或楼板。打洞部位材质可描述为页岩砖或空心砖或钢筋混凝土等。

开孔（打洞）（编码：011615001）

工程内容：铲除，控制扬尘，清理，建渣场内、外运输。

项目特征：部位，打洞部位材质，洞尺寸。

工程量计算规则：按数量（个）计算。

7.17 措施项目

7.17.1 一般措施项目（011701）

一般措施项目包括安全文明施工（含环境保护、文明施工、安全施工、临时设施），夜间施工，非夜间施工照明，二次搬运，冬雨季施工，大型机械设备进出场及安拆，施工排水，施工降水，地上、地下设施、建筑物的临时保护设施，已完工程及设备保护共 10 个项目。安全文明施工费是指工程施工期间按照国家现行的环境保护、建筑施工安全、施工现场环境与卫生标准和有关规定，购置和更新施工安全防护用具及设施、改善安全生产条件和作业环境所需要的费用。施工排水是指为保证工程在正常条件下施工，所采取的排水措施所发生的费用。施工降水是指为保证工程在正常条件下施工，所采取的降低地下水位的措施所发生的费用。

1. 安全文明施工（含环境保护、文明施工、安全施工、临时设施）（编码：011701001）

工程内容及包含范围：

环境保护包含范围：现场施工机械设备降低噪音、防扰民措施费用，水泥和其他易飞扬细颗粒建筑材料密闭存放或采取覆盖措施等费用，工程防扬尘洒水费用，土石方、建渣外运车辆冲洗、防洒漏等费用，现场污染源的控制、生活垃圾清理外运、场地排水排污措施的费用，其他环境保护措施费用。

文明施工包含范围："五牌一图"的费用，现场围挡的墙面美化（包括内外粉刷、刷白、标语等）、压顶装饰费用，现场厕所便槽刷白、贴面砖，水泥砂浆地面或地砖费用，建筑物内临时便溺设施费用，其他施工现场临时设施的装饰装修、美化措施费用，现场生活卫生设施费用，符合卫生要求的饮水设备、淋浴、消毒等设施费用，生活用洁净燃料费用，防煤气中毒、防蚊虫叮咬等措施费用，施工现场操作场地的硬化费用，现场绿化费用、治安综合治理费用，现场配备医药保健器材、物品费用和急救人员培训费用，用于现场工人的防暑降温费、电风扇、空调等设备及用电费用，其他文明施工措施费用。

安全施工包含范围：安全资料、特殊作业专项方案的编制，安全施工标志的购置及安全宣传的费用，"三宝"（安全帽、安全带、安全网）、"四口"（楼梯口、电梯井口、通道口、预留洞口）、"五临边"（阳台围边、楼板围边、屋面围边、槽坑围边、卸料平台两侧），水平防护架、垂直防护架、外架封闭等防护的费用，施工安全用电的费用，包括配电箱三级配电、两级保护装置要求、外电防护措施，起重机、塔吊等起重设备（含井架、门架）及外用电梯的安全防护措施（含警示标志）费用及卸料平台的临边防护、层间安全门、防护棚等设施费用，建筑工地起重机械的检验检测费用，施工机具防护棚及其围栏的安全保护设施费用，施工安全防护通道的费用，工人的安全防护用品、用具购置费用，消防设施与消防器材的配置费用，电气保护、安全照明设施费，其他安全防护措施费用。

临时设施包含范围：施工现场采用彩色、定型钢板，砖、混凝土砌块等围挡的安砌、维修、拆除费或摊销费，施工现场临时建筑物、构筑物的搭设、维修、拆除或摊销的费用，如临时宿舍、办公室，食堂、厨房、厕所、诊疗所、临时文化福利用房、临时仓库、加工场、搅拌场、临时简易水塔、水池等。施工现场临时设施的搭设、维修、拆除或摊销的费用。如临时供水管道、临时供电管线、小型临时设施等，施工现场规定范围内临时简易道路铺设，临时排水沟、排水设施安砌、维修、拆除的费用，其他临时设施费搭设、维修、拆除或摊销的费用。

2. 夜间施工（编码：011701002）

工程内容及包含范围：

（1）夜间固定照明灯具和临时可移动照明灯具的设置、拆除。

（2）夜间施工时，施工现场交通标志、安全标牌、警示灯等的设置、移动、拆除。

（3）包括夜间照明设备摊销及照明用电、施工人员夜班补助、夜间施工劳动效率降低等费用。

3. 非夜间施工照明（编码：011701003）

工程内容及包含范围：为保证工程施工正常进行，在如地下室等特殊施工部位施工时所采用的照明设备的安拆、维护、摊销及照明用电等费用。

4. 二次搬运（编码：011701004）

工程内容及包含范围：包括由于施工场地条件限制而发生的材料、成品、半成品等一次运输不能到达堆放地点，必须进行二次或多次搬运的费用。

5. 冬雨季施工（编码：011701005）

工程内容及包含范围：

（1）冬雨（风）季施工时增加的临时设施（防寒保温、防雨、防风设施）的搭设、拆除。

（2）冬雨（风）季施工时，对砌体、混凝土等采用的特殊加温、保温和养护措施。

（3）冬雨（风）季施工时，施工现场的防滑处理、对影响施工的雨雪的清除。

（4）包括冬雨（风）季施工时增加的临时设施的摊销、施工人员的劳动保护用品、冬雨（风）季施工劳动效率降低等费用。

6. 大型机械设备进出场及安拆（编码：011701006）

工程内容及包含范围：

（1）大型机械设备进出场包括施工机械整体或分体自停放场地运至施工现场，或由一个施工地点运至另一个施工地点，所发生的施工机械进出场运输及转移费用，由机械设备的装卸、运输及辅助材料费等构成。

（2）大型机械设备安拆费包括施工机械在施工现场进行安装、拆卸所需的人工费、材料费、机械费、试运转费和安装所需的辅助设施的费用。

7. 施工排水（编码：011701007）

工程内容及包含范围：包括排水沟槽开挖、砌筑、维修，排水管道的铺设、维修，排水的费用以及专人值守的费用等。

8. 施工降水（编码：011701008）

工程内容及包含范围：包括成井、井管安装、排水管道安拆及摊销、降水设备的安拆及维护的费用，抽水的费用以及专人值守的费用等。

9. 地上、地下设施、建筑物的临时保护设施（编码：011701009）

工程内容及包含范围：在工程施工过程中，对已建成的地上、地下设施和建筑物进行的遮盖、封闭、隔离等必要保护措施所发生的费用。

10. 已完工程及设备保护（编码：011701010）

工程内容及包含范围：对已完工程及设备采取的覆盖、包裹、封闭、隔离等必要保护措施所发生的费用。

7.17.2　脚手架工程（编码：011702）

本节包括综合脚手架，外脚手架，里脚手架，悬空脚手架，挑脚手架，满堂脚手架，整体提升架，外装饰吊篮共 8 个项目。使用综合脚手架时，不再使用外脚手架、里脚手架等单项脚手架，综合脚手架适用于能够按"建筑面积计算规则"计算建筑面积的建筑工程脚手架，不适用于房屋加层、构筑物及附属工程脚手架。同一建筑物有不同檐高时，按建筑物竖向切面分别按不同檐高编列清单项目。整体提升架已包括 2 m 高的防护架体设施。建筑面积计算按《建筑面积计算规范》(GB/T50353—2005)。脚手架材质可以不描述，但应注明由投标人根据工程实际情况按照《建筑施工扣件式钢管脚手架安全技术规范》、《建筑施工附着升降脚手架管理规定》等规范自行确定。

1. 综合脚手架（编码：011702001）

工程内容：场内、场外材料搬运，搭、拆脚手架、斜道、上料平台，安全网的铺设，选择附墙点与主体连接，测试电动装置、安全锁等，拆除脚手架后材料的堆放。

项目特征：建筑结构形式，檐口高度。

工程量计算规则：按建筑面积（m^2）计算。

2. 外脚手架（编码：011702002）

工程内容：场内、场外材料搬运，搭、拆脚手架、斜道、上料平台，安全网的铺设，拆除脚手架后材料的堆放。

项目特征：搭设方式，搭设高度，脚手架材质。

工程量计算规则：按所服务对象的垂直投影面积（m^2）计算。

3. 里脚手架（编码：011702003）

同上。

4. 悬空脚手架（编码：011702004）

工程内容：场内、场外材料搬运，搭、拆脚手架、斜道、上料平台，安全网的铺设，拆除脚手架后材料的堆放。

项目特征：搭设方式，悬挑宽度，脚手架材质。

工程量计算规则：按搭设的水平投影面积（m^2）计算。

5. 挑脚手架（编码：011702005）

工程内容：场内、场外材料搬运，搭、拆脚手架、斜道、上料平台，安全网的铺设，拆除脚手架后材料的堆放。

项目特征：搭设方式，悬挑宽度，脚手架材质。

工程量计算规则：按搭设长度乘以搭设层数以延长米计算（m）。

6. 满堂脚手架（编码：011702006）

工程内容：场内、场外材料搬运，搭、拆脚手架、斜道、上料平台，安全网的铺设，拆除脚手架后材料的堆放。

项目特征：搭设方式，搭设高度，脚手架材质。

工程量计算规则：按搭设的水平投影面积（m^2）计算。

7. 整体提升架（编码：011702007）

工程内容：场内、场外材料搬运，选择附墙点与主体连接，搭、拆脚手架、斜道、上料平台，安全网的铺设，测试电动装置、安全锁等，拆除脚手架后材料的堆放。

项目特征：搭设方式，搭设高度，脚手架材质。

工程量计算规则：按搭设的水平投影面积（m²）计算。

8. 外装饰吊篮（编码：011702008）

工程内容：场内、场外材料搬运。，吊篮的安装，测试电动装置、安全锁、平衡控制器等，吊篮的拆卸。

项目特征：升降方式及启动装置，搭设高度及吊篮型号。

工程量计算规则：按所服务对象的垂直投影面积（m²）计算。

【例 7.18】 某工程的主体建筑剖面图如图 7.16 所示，某市区临街公共建筑工程，地上三层及地下室各层建筑面积均为 1 200 m²，其中天棚投影面积为 960 m²，4~18 层各层建筑面积均为 800 m²，其中天棚投影面积为 640 m²，屋顶电梯机房建筑面积为 50 m²，其中天棚投影面积为 40 m²，基坑底标高为-5.0 m，自然地坪标高-1.0 m，临街过道防护架 300 m²，（临街过道防护架为外脚手架双排）使用期限为 10 个月。各层无吊顶，楼板厚 120 mm。采用泵送混凝土。两部电梯，电梯井高度 72 m。试计算该工程脚手架的工程量。

（工程采用 1 000 kg 国标住宅电梯载 13 人，面积为 2.4 m²；轿厢尺寸：1 700 mm× 1 420 mm× 2 300 mm；开门净尺寸：900 mm×2 000 mm 牵引机为：6.7 kW；井道尺寸：2 150 mm× 2 200 mm 地坑高度：1 400 mm）

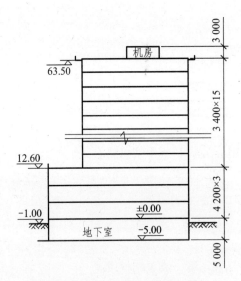

图 7.16 某主体建筑物剖面图

解：（1）综合脚手架

地下部分：$S = 1 200$（m²）

地上部分按照各自所包含的建筑面积分别计算：

1~3 层：$S1 = 1 200×3 = 3 600$（m²）

4~18 层：$S2 = 800×15 = 12 000$（m²）

（机房）：$S3 = 50$（m²）

（2）满堂脚手架

$$地下室（层高超过 3.6\,m）S1 = 960（m^2）$$

$$1\sim3\ 层\ S2 = 960×3 = 2\,880（m^2）$$

$$4\sim18\ 层\ S3 = 640×15 = 9\,600（m^2）$$

$$机房\ S4 = 40（m^2）$$

（3）过道防护架使用费

$$S = 300（m^2）$$

（4）电梯井脚手架费用，采用悬空脚手架

国标电梯井尺寸（2 150×2 200 mm）包含地坑 1 400 mm。

$$电梯井脚手架面积为 = [（2.15+2.2）×2]×（72+1.4）×2 = 1\,277.16（m^2）$$

7.17.3　混凝土模板及支架（撑）（编码：011703）

本节包括垫层，带形基础，独立基础，满堂基础，设备基础，桩承台基础，矩形柱，构造柱、异形柱、基础梁，矩形梁，异形梁，圈梁，过梁，弧形、拱形梁，直形墙，弧形墙，短肢剪力墙、电梯井壁，有梁板，无梁板，平板，拱板，薄壳板，栏板，其他板，天沟、檐沟，雨棚、悬挑板，阳台板，直形楼梯，弧形楼梯，其他现浇构件，电缆沟、地沟，台阶，扶手，散水，后浇带，化粪池底，化粪池壁，化粪池顶，检查井底，检查井壁，检查井顶共 41 个项目。原槽浇灌的混凝土基础、垫层，不计算模板。此混凝土模板及支撑（架）项目，只适用于以 m^2 计量，按模板与混凝土构件的接触面积计算，以 m^3 计量，模板及支撑（支架）不再单列，按混凝土及钢筋混凝土实体项目执行，综合单价中应包含模板及支架。采用清水模板时，应在特征中注明。

1. 垫层（编码：011703001）

工程内容：模板制作，模板安装、拆除、整理堆放及场内外运输，清理模板粘结物及模内杂物、刷隔离剂等。

项目特征：基础形状。

工程量计算规则：按模板与现浇混凝土构件的接触面积计算。① 现浇钢筋混凝土墙、板单孔面积≤0.3 m^2 的孔洞不予扣除，洞侧壁模板亦不增加。单孔面积＞0.3 m^2 时应予扣除，洞侧壁模板面积并入墙、板工程量内计算。② 现浇框架分别按梁、板、柱有关规定计算。附墙柱、暗梁、暗柱并入墙内工程量内计算。③ 柱、梁、墙、板相互连接的重叠部分，均不计算模板面积。④ 构造柱按图示外露部分计算模板面积。

带形基础（编码：011703002），独立基础（编码：011703003），满堂基础（编码：011703004），设备基础（编码：011703005），桩承台基础（编码：011703006），同上。

2. 矩形柱（编码：011703007）

工程内容：模板制作，模板安装、拆除、整理堆放及场内外运输，清理模板粘结物及模内杂物、刷隔离剂等。

项目特征：柱截面尺寸。

工程量计算规则：按模板与现浇混凝土构件的接触面积计算。① 现浇钢筋混凝土墙、板单孔面积≤0.3 m² 的孔洞不予扣除，洞侧壁模板亦不增加。单孔面积 > 0.3 m² 时应予扣除，洞侧壁模板面积并入墙、板工程量内计算。② 现浇框架分别按梁、板、柱有关规定计算。附墙柱、暗梁、暗柱并入墙内工程量内计算。③ 柱、梁、墙、板相互连接的重叠部分，均不计算模板面积。④ 构造柱按图示外露部分计算模板面积。

构造柱（编码：011703008），同上。

3. 异形柱（编码：011703009）

工程内容：模板制作，模板安装、拆除、整理堆放及场内外运输，清理模板粘结物及模内杂物、刷隔离剂等。

项目特征：柱截面形状、尺寸。

工程量计算规则：按模板与现浇混凝土构件的接触面积计算。① 现浇钢筋混凝土墙、板单孔面积≤0.3 m² 的孔洞不予扣除，洞侧壁模板亦不增加。单孔面积 > 0.3 m² 时应予扣除，洞侧壁模板面积并入墙、板工程量内计算。② 现浇框架分别按梁、板、柱有关规定计算。附墙柱、暗梁、暗柱并入墙内工程量内计算。③ 柱、梁、墙、板相互连接的重叠部分，均不计算模板面积。④ 构造柱按图示外露部分计算模板面积。

4. 基础梁（编码：011703010）

工程内容：模板制作，模板安装、拆除、整理堆放及场内外运输，清理模板粘结物及模内杂物、刷隔离剂等。

项目特征：梁截面。

工程量计算规则：按模板与现浇混凝土构件的接触面积计算。① 现浇钢筋混凝土墙、板单孔面积≤0.3 m² 的孔洞不予扣除，洞侧壁模板亦不增加。单孔面积 > 0.3 m² 时应予扣除，洞侧壁模板面积并入墙、板工程量内计算。② 现浇框架分别按梁、板、柱有关规定计算。附墙柱、暗梁、暗柱并入墙内工程量内计算。③ 柱、梁、墙、板相互连接的重叠部分，均不计算模板面积。④ 构造柱按图示外露部分计算模板面积。

矩形梁（编码：011703011），异形梁（编码：011703012），圈梁（编码：011703013），过梁（编码：011703014），弧形、拱形梁（编码：011703015），同上。

5. 直形墙（编码：011703016）

工程内容：模板制作，模板安装、拆除、整理堆放及场内外运输，清理模板粘结物及模内杂物、刷隔离剂等。

项目特征：墙厚度。

工程量计算规则：按模板与现浇混凝土构件的接触面积计算。① 现浇钢筋混凝土墙、板单孔面积≤0.3 m² 的孔洞不予扣除，洞侧壁模板亦不增加。单孔面积 > 0.3 m² 时应予扣除，洞侧壁模板面积并入墙、板工程量内计算。② 现浇框架分别按梁、板、柱有关规定计算。附墙柱、暗梁、暗柱并入墙内工程量内计算。③ 柱、梁、墙、板相互连接的重叠部分，均不计算模板面积。④ 构造柱按图示外露部分计算模板面积。

弧形墙（编码：011703017）、短肢剪力墙、电梯井壁（编码：011703018）同上。

6. 有梁板（编码：011703019）

工程内容：模板制作，模板安装、拆除、整理堆放及场内外运输，清理模板粘结物及模内杂物、刷隔离剂等。

项目特征：板厚度。

工程量计算规则：按模板与现浇混凝土构件的接触面积计算。① 现浇钢筋混凝土墙、板单孔面积≤0.3 m² 的孔洞不予扣除，洞侧壁模板亦不增加。单孔面积＞0.3 m² 时应予扣除，洞侧壁模板面积并入墙、板工程量内计算。② 现浇框架分别按梁、板、柱有关规定计算。附墙柱、暗梁、暗柱并入墙内工程量内计算。③ 柱、梁、墙、板相互连接的重叠部分，均不计算模板面积。④ 构造柱按图示外露部分计算模板面积。

无梁板（编码：011703020），平板（编码：011703021），拱板（编码：011703022），薄壳板（编码：011703023），栏板（编码：011703024），其他板（编码：011703025），同上。

7. 天沟、檐沟（编码：011703026）

工程内容：模板制作，模板安装、拆除、整理堆放及场内外运输，清理模板粘结物及模内杂物、刷隔离剂等。

项目特征：构件类型。

工程量计算规则：按模板与现浇混凝土构件的接触面积计算，按图示外挑部分尺寸的水平投影面积计算，挑出墙外的悬臂梁及板边不另计算。

8. 雨棚、悬挑板、阳台板（编码：011703027）

工程内容：模板制作，模板安装、拆除、整理堆放及场内外运输，清理模板粘结物及模内杂物、刷隔离剂等。

项目特征：构件类型，板厚度。

工程量计算规则：按模板与现浇混凝土构件的接触面积计算，按图示外挑部分尺寸的水平投影面积计算，挑出墙外的悬臂梁及板边不另计算。

9. 直形楼梯（编码：011703028）

工程内容：模板制作，模板安装、拆除、整理堆放及场内外运输，清理模板粘结物及模内杂物、刷隔离剂等。

项目特征：形状。

工程量计算规则：按楼梯（包括休息平台、平台梁、斜梁和楼层板的连接梁）的水平投影面积计算，不扣除宽度≤500 mm 的楼梯井所占面积，楼梯踏步、踏步板、平台梁等侧面模板不另计算，伸入墙内部分亦不增加。

弧形楼梯（编码：011703029），同上。

10. 其他现浇构件（编码：011703030）

工程内容：模板制作，模板安装、拆除、整理堆放及场内外运输，清理模板粘结物及模内杂物、刷隔离剂等。

项目特征：形状。

工程量计算规则：按模板与现浇混凝土构件的接触面积计算。

11. 电缆沟、地沟（编码：011703031）

工程内容：模板制作，模板安装、拆除、整理堆放及场内外运输，清理模板粘结物及模内杂物、刷隔离剂等。

项目特征：沟类型，沟截面。

工程量计算规则：按模板与电缆沟、地沟接触的面积计算。

12. 台阶（编码：011703032）

工程内容：模板制作，模板安装、拆除、整理堆放及场内外运输，清理模板粘结物及模内杂物、刷隔离剂等。

项目特征：形状。

工程量计算规则：按图示台阶水平投影面积计算，台阶端头两侧不另计算模板面积。架空式混凝土台阶，按现浇楼梯计算。

13. 扶手（编码：011703033）

工程内容：模板制作，模板安装、拆除、整理堆放及场内外运输，清理模板粘结物及模内杂物、刷隔离剂等。

项目特征：扶手断面尺寸。

工程量计算规则：按模板与扶手的接触面积计算。

14. 散水（编码：011703034）

工程内容：模板制作，模板安装、拆除、整理堆放及场内外运输，清理模板粘结物及模内杂物、刷隔离剂等。

项目特征：坡度。

工程量计算规则：按模板与散水的接触面积计算。

15. 后浇带（编码：011703035）

工程内容：模板制作，模板安装、拆除、整理堆放及场内外运输，清理模板粘结物及模内杂物、刷隔离剂等。

项目特征：后浇带部位。

工程量计算规则：按模板与后浇带的接触面积计算。

16. 化粪池底（编码：011703036）

工程内容：模板制作，模板安装、拆除、整理堆放及场内外运输，清理模板粘结物及模内杂物、刷隔离剂等。

项目特征：化粪池规格。

工程量计算规则：按模板与混凝土接触面积。

化粪池壁（编码：011703037），化粪池顶（编码：011703038），同上。

17. 检查井底（编码：011703039）

工程内容：模板制作，模板安装、拆除、整理堆放及场内外运输，清理模板粘结物及模内杂物、刷隔离剂等。

项目特征：检查井规格。

工程量计算规则：按模板与混凝土接触面积。

检查井壁（编码：011703040），检查井顶（编码：011703041），同上。

7.17.4 垂直运输（011704）

建筑物的檐口高度是指设计室外地坪至檐口滴水的高度（平屋顶系指屋面板底高度），突出主体建筑物屋顶的电梯机房、楼梯出口间、水箱间、瞭望塔、排烟机房等不计入檐口高度。垂直运输机械指施工工程在合理工期内所需垂直运输机械。同一建筑物有不同檐高时，按建筑物的不同檐高做纵向分割，分别计算建筑面积，以不同檐高分别编码列项。

垂直运输（编码：011704001）

工程内容：垂直运输机械的固定装置、基础制作、安装，行走式垂直运输机械轨道的铺设、拆除、摊销。

项目特征：建筑物建筑类型及结构形式，地下室建筑面积，建筑物檐口高度、层数。

工程量计算规则：按《建筑工程建筑面积计算规范》GB/T50353—2005 的规定计算建筑物的建筑面积，按施工工期日历天数。

7.17.5 超高施工增加（011705）

单层建筑物檐口高度超过 20 m，多层建筑物超过 6 层时，可按超高部分的建筑面积计算超高施工增加。计算层数时，地下室不计入层数。同一建筑物有不同檐高时，可按不同高度的建筑面积分别计算建筑面积，以不同檐高分别编码列项。

垂直运输（编码：011704001）

工程内容：建筑物超高引起的人工工效降低以及由于人工工效降低引起的机械降效，高层施工用水加压水泵的安装、拆除及工作台班，通讯联络设备的使用及摊销销。

项目特征：建筑物建筑类型及结构形式，建筑物檐口高度、层数，单层建筑物檐口高度超过 20 m，多层建筑物超过 6 层部分的建筑面积。

工程量计算规则：按《建筑工程建筑面积计算规范》GB/T50353—2005 的规定计算建筑物超高部分的建筑面积。

思考与练习题

一、简答题

1. 建筑工程量清单及计算规则中的土壤和岩石是如何划分的？

2. 什么是场地平整？如何计算工程量？

3. 基础土方开挖深度是怎样确定的？

4. 描述混凝土灌注桩项目特征。

5. 试述实心砖墙工程量计算规则。

6. 砌筑基础与墙身是如何划分的？

7. 台阶挡墙和花池砌体项目能否套用零星砌体？计算零星砖砌体工程量时，单位如何选择？

8. 混凝土及钢筋混凝土工程的分项工程如何划分？工程量计算规则规定怎样计算？

9. 屋面工程的分项工程如何划分？工程量计算规则规定怎样计算？

10. 楼地面工程的分项工程如何划分？工程量计算规则规定怎样计算？

11. 谈谈如何计算单层与多层建筑物的建筑面积？如何计算雨棚、檐廊、建筑物的变形缝的面积？

12. 建筑物的吊脚架空层、深基础架空层及单层建筑物内设有局部楼层者，其建筑面积如何计算？规定层高多少米计算全面积和半面积？

二、计算题

1. 图（a）为某单位高低联跨钢结构生产车间，根据图示计算其建筑面积。

2. 图(b)、(c)是某单位值班室基础平面及剖面图，已知土壤类别为Ⅱ类土、土方运距1.5 km，基础下设 C10 素混凝土垫层，根据图示尺寸，试计算挖土方的清单工程量、施工方案工程量，列出挖基础土方清单。

3. 图（c）、（d）为某单位值班室平面图，已知室外地坪以下的 C10 混凝土体积为 3.9 m³，砖基础大放脚体积为 6.1 m³，室内地面高程为±0.000，地面厚 120 mm，试计算土方回填清单工程量、施工方案工程量，并列出土方回填清单。（两门洞口尺寸为 900 mm×2 000 mm）

4. 图（b）、（c）是某单位值班室平面图及基础剖面图，内外墙基础上均设圈梁，其体积为1.66 m³，试计算砖基础工程量。

5. 图（d）是某单位值班室平面图，已知墙体计算高度为 3 m，M5 混合砂浆砌筑，两门洞口均为 900 mm×2000 mm，三个窗洞口均为 1 500 mm×1 500 mm，圈梁体积为 1.15 m³，过梁体积为 0.51 m³，试列出墙体的工程量清单项目并计算其工程量。

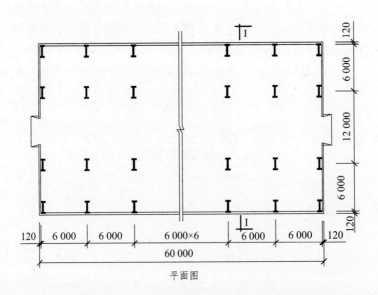

平面图

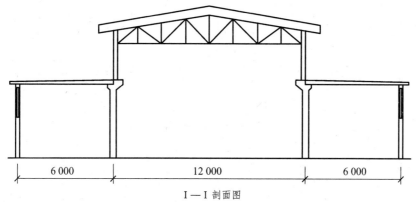

I—I 剖面图

（a）某单位高低联跨钢结构生产车间

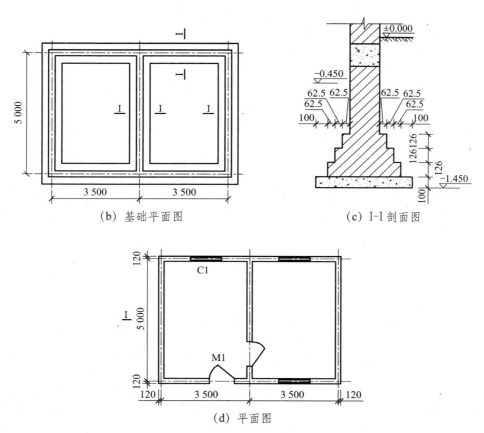

（b）基础平面图　　　　　　　（c）I-I 剖面图

（d）平面图

图 7.17　第二计算题图

以上文字说明：高跨 4.5 m，低跨 3 m，墙厚 240 mm。

第8章 工程量清单计价

本章要点

本章主要介绍工程量清单计价的基本概念和工程量清单报价的主要组成内容，通过本章学习，掌握工程量清单计价的流程及计价方法，熟练应用清单计价规范和本地区定额等资料编制建筑工程工程量清单计价文件。

8.1 工程量清单计价的概念

8.1.1 工程量清单计价的概念

工程量清单计价是指投标人完成由招标人提供的工程量清单所需的全部费用，包括分部分项工程费、措施项目费、其他项目费、规费和税金。

工程量清单计价方法是在建设工程招投标中，招标人或委托具有资质的咨询机构编制反映工程实体消耗和措施性消耗的工程量清单，并作为招标文件的一部分提供给投标人，由投标人依据工程量清单自主报价的方式。

8.1.2 工程量清单计价的一般规定

（1）采用工程量清单计价，建筑工程造价由分部分项工程费、措施项目费、其他项目费、规费和税金组成。

（2）分部分项工程量清单应采用综合单价计价。综合单价是完成一个规定计量单位的分部分项工程和措施清单项目所需的人工费、材料和工程设备费、施工机具使用费和企业管理费、利润以及一定范围内的风险费用。

（3）招标文件中的工程量清单标明的工程量是投标人投标报价的共同基础，竣工结算的工程量按发、承包双方在合同中约定应予计量且实际完成的工程量确定。

（4）措施项目清单中的安全文明施工费应按照国家或省级、行业建设主管部门的规定计价，不得作为竞争性费用。

（5）规费和税金按国家或省级、行业建设主管部门的规定计算，不得作为竞争性费用。

8.2　工程量清单计价的程序

8.2.1　工程量清单计价的编制步骤

（1）研究招标文件，熟悉工程量清单。
（2）核算工程数量、分析项目特征、编制综合单价、计算分部分项工程费用。
（3）确定措施项目清单内容、计算措施项目费用。
（4）计算其他项目费用、规费和税金。
（5）汇总各项费用、复核调整确认。
工程量清单计价程序如图 8.1 所示

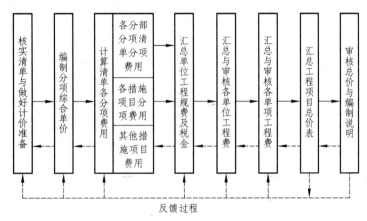

图 8.1　工程量清单计价程序示意图

8.2.2　工程量清单计价的构成要素

8.2.2.1　分部分项工程费

投标人必须按招标工程量清单填报价格。项目编码、项目名称、项目特征、计量单位、工程量必须与招标人提供的一致，均不做改动。综合单价和合价由投标人自主决定填写。投标报价中的分部分项工程费应由招标工程量清单中分部分项工程量乘以相应综合单价汇总而成。
即：

$$分部分项工程费 = \sum 分部分项工程量 \times 分部分项工程综合单价 \qquad （8.1）$$

分部分项工程费用中综合单价的计算方法如下：

1. 确定计算基础

计算基础主要包括消耗量指标和生产要素单价。结合企业定额或消耗量定额，根据施工企业的实际消耗量水平和拟定的施工方案确定完成清单项目需要消耗的各种人工、材料、机械台班的数量。各种人工、材料和施工机具台班单价，根据询价的结果和市场行情综合确定。

2. 确定组合定额子目

投标人需根据招标工程量清单中，招标人对项目特征的描述，结合施工现场情况和拟定的施工方案确定完成各清单项目实际发生的工程内容。

清单项目一般以一个"综合实体"考虑，包括较多的工程内容，计价时，一个清单项目可能对应多个定额子目，计算综合单价就是要将清单项目的工程内容与定额项目的工程内容进行比较，结合清单项目的特征描述，确定拟组价清单项目应该由哪几个定额子目来组合。

3. 计算定额子目的工程数量

清单工程量计算的是主项工程量，与各定额子目的工程量可能并不一致。清单工程量不能直接用于计价，在计价时必须考虑施工方案等各种影响因素，根据所采用的计价定额及相应的工程量计算规则重新计算各定额子目的施工工程量，这个工程量也称计价工程量。定额子目工程量的具体计算方法，应严格按照与所采用的定额相对应的工程量计算规则计算。

4. 确定人、材、机消耗量

人、材、机的消耗量一般参照定额进行确定。在编制招标控制价时，一般参照政府颁发的消耗量定额；在编制投标报价时，一般采用反映企业水平的企业定额，投标企业没有企业定额时可参照消耗量定额进行调整。

5. 确定人、材、机单价

人工单价、材料单价和机械台班单价，应根据工程项目的具体情况及市场资源的供求状况进行确定，采用市场价格作为参考，并考虑一定的调价系数。

6. 计算清单项目的人工费、材料费和机械费

按确定的分项工程人工、材料和机械的消耗量及询价获得的人工单价、材料单价、施工机械台班单价，与相应的计价工程量相乘得到各定额子目的人工费、材料费和机械费，将各定额子目的人工费、材料费和机械费汇总后算出清单项目的人工费、材料费和机械费，即：

$$清单项目人工费、材料费和机械费 = \sum 计价工程量 \times$$
$$(\sum 人工消耗量 \times 人工单价 + \sum 材料消耗量 \times 材料单价 +$$
$$\sum 台班消耗量 \times 台班单价) \tag{8.2}$$

7. 计算清单项目的管理费、利润及风险费

企业管理费及利润通常根据各地区规定的费率乘以规定的计算基数得出，再根据工程的类别和施工难易程度考虑一定的风险费用。依据 2013 年湖北省费用定额，管理费、利润是以人工费和施工机具使用费为基数，乘以相应的费率计算，即：

$$管理费 = (人工费 + 施工机具使用费) \times 管理费费率 \tag{8.3}$$

$$利润 = (人工费 + 施工机具使用费) \times 利润率 \tag{8.4}$$

风险费是以人工费、材料费、施工机械使用费、管理费和利润为基数，乘以风险费率计算，即：

$$风险费 = (人工费 + 材料费 + 施工机械使用费 + 管理费 + 利润) \times 风险费率 \tag{8.5}$$

8. 计算清单项目的综合单价

将清单项目的人工费、材料费、机械费、管理费、利润及风险费汇总得到该清单项目合价，

将该清单项目合价除以清单项目的工程量即可得到该清单项目的综合单价，即：

$$综合单价 = \frac{\sum(人工费+材料费+机械费+管理费+利润+风险费)}{清单工程量} \qquad (8.6)$$

根据计算出的综合单价，可编制分部分项工程量清单与计价表以及综合单价分析表。

8.2.3　措施项目费用的计算

单价措施项目费是根据单价措施项目清单工程量乘以对应的综合单价得出单价措施项目费。单价措施项目费是根据招标工程量清单，通过分部分项工程和单价措施项目计价表计算。

总价措施项目是指清单措施项目中，无工程量计算规则，以"项"为单位，采用规定的计算技术和费率计算总价的项目。例如安全文明施工费、二次搬运费、冬雨季施工费等，就是不能计算工程量，只能计算总价的措施项目。

总价措施项目是按照规定的基数采用规定的费率通过总价措施项目清单与计价表来计算的。

措施项目清单中的安全文明施工费必须按国家或省级、行业建设主管部门的规定计价，不得作为竞争费用。招标人不得要求投标人对该项目费用进行优惠，投标人也不得将该项费用参与市场竞争。

8.2.4　其他项目费的计算

1. 编制招标控制价时其他项目费的计算

（1）暂列金额应按招标工程量清单中列出的金额填写。

（2）暂估价中的材料、工程设备单价应按招标工程量清单中列出的金额填写。

（3）暂估价中的专业工程金额应按招标工程量清单中列出的金额填写。

（4）计日工应按招标工程量清单中列出的项目，根据工程特点和有关计价依据确定综合单价计算。

（5）总承包服务费应根据招标工程量清单中列出的内容和要求估算。

2. 编制投标报价时其他项目费的计算

（1）暂列金额应按招标工程量清单中列出的金额填写。

（2）材料、工程设备暂估价应按招标工程量清单中列出的单价计入综合单价。

（3）专业工程暂估价应按招标工程量清单中列出的金额填写。

（4）计日工应按招标工程量清单中列出的项目和数量，自主确定综合单机并计算计日工金额。

（5）总承包服务费应根据招标工程量清单中列出的内容和提出的要求自主确定。

8.2.5　规费和税金的计算

规费和税金应按照国家或省级、行业建设主管部门依据国家税法及省级政府或省级有关权力部门的规定确定，在工程计价时应按规定计算，不得作为竞争性费用。具体计算时，一般按国家及有关部门规定的计算公式和费率标准进行计算。

8.3 招标控制价的编制

国有资金投资的工程建设项目应实行工程量清单招标，并应编制招标控制价。

8.3.1 招标控制价的概念

招标人根据国家或省级、行业建设主管部门颁发的有关计价依据和办法，以及拟定的招标文件和招标工程量清单，编制的招标工程的最高限价。

8.3.2 一般规定

（1）国有资金投资的工程建设项目应实行工程量清单招标，招标人应编制招标控制价。

（2）招标控制价超过批准的概算时，招标人应将其报原概算审批部门审核。

（3）投标人的投标报价高于招标控制价的，其投标应予以拒绝。

（4）招标控制价应由具有编制能力的招标人或受其委托具有相应资质的工程造价咨询人编制和复核。

（5）招标控制价应在招标时公布，不应上调或下浮，招标人应将招标控制价及有关资料报送工程所在地工程造价管理机构备查。

8.3.3 编制依据

编制招标控制价使用的计价标准、计价政策应是国家或省级、行业建设主管部门颁布的计价定额和相关政策规定。采用的材料价格应是以工程造价管理机构通过工程造价信息发布的材料单价为主。工程造价计价中费用的计算以国家或省级、行业建设主管部门对工程造价计价中费用或费用标准的规定为主。招标控制价应根据下列依据编制与复核：

（1）计价规范。

（2）国家或省级、行业建设主管部门颁发的计价定额和计价办法。

（3）建设工程设计文件及相关资料。

（4）拟定的招标义件及招标工程量清单。

（5）与建设项目相关的标准、规范、技术资料。

（6）施工现场情况、工程特点及常规施工方案。

（7）工程造价管理机构发布的工程造价信息。工程造价信息没有发布的，参照市场价。

（8）其他的相关资料。

8.4　投标报价的编制

8.4.1　投标报价的概念

投标人投标时报出的工程合同价。投标价是指投标人投标时响应招标文件要求所报出的对已标价工程量清单汇总后标明的总价。

投标价是在工程招标发包过程中，由投标人按照招标文件的要求，根据工程特点，并结合自身的施工技术、装备和管理水平，依据有关计价规定自主确定的工程造价，是投标人希望达成工程承包交易的期望价格，它不能高于招标人设定的招标控制价。

8.4.2　投标价确定的一般规定

（1）投标价应由投标人或受其委托具有相应资质的工程造价咨询人编制。

（2）除本规范强制性规定外，投标人应依据招标文件及其招标工程量清单自主确定报价成本。

（3）投标报价不得低于工程成本。

（4）投标人应按招标工程量清单填报价格。项目编码、项目名称、项目特征、计量单位、工程量必须与招标公程量清单一致。

（5）投标人可根据工程实际情况结合施工组织设计，对招标人所列的措施项目进行增补。

8.4.3　投标报价应遵循的依据

投标报价最基本特征是投标人自主报价，它是市场竞争形成价格的体现。投标报价应根据下列依据编制和复核：

（1）计价规范。

（2）国家或省级、行业建设主管部门颁发的计价办法。

（3）企业定额，国家或省级、行业建设主管部门颁发的计价定额。

（4）招标文件、工程量清单及其补充通知、答疑纪要。

（5）建设工程设计文件及相关资料。

（6）施工现场情况、工程特点及拟定的投标施工组织设计或施工方案。

（7）与建设项目相关的标准、规范等技术资料。

（8）市场价格信息或工程造价管理机构发布的工程造价信息。

（9）其他的相关资料。

8.5 案例分析

【**例 8.1**】 某工程外墙外边线尺寸为 36.24 m×12.24 m，底层设有围护栏板的室外平台共 4 只，围护外围尺寸为 3.84 m×1.68 m；设计室外地坪土方标高为-0.15 m，现场自然地坪平均标高为-0.05 m，现场土方多余，需运至场外 5 km 处松散弃置。

（1）按规范编制该工程平整场地清单项目。

（2）按照湖北省 2013 版建筑工程预算定额计算清单的综合单价。其中：市场工料机单价同定额取定；工程施工方案选定为推土机和铲运机配合施工，余土为铲运机装土自卸汽车运土；企业管理费按人工费及机械费之和的 7.6%，利润按人工费及机械费之和的 4.96%。

解：（1）该工程按自然标高计算，多余土方平均厚度 0.10 m，按题意需考虑外运。

工程量计算：

$$平整场地：S = 36.24×12.24+3.84×1.68×4 = 469.38（m^2）$$

工程量清单编制，如表 8.1 所示。

表 8.1 分部分项工程量清单与计价表

工程名称：　　　　　　　　　　标段：　　　　　　　　第 1 页　共 1 页

序号	项目编码	项目名称	项目特征描述	计量单位	工程数量
1	010101001001	平整场地	余土平均厚度 0.1 m，外运距离 5 km 处松散弃置	m²	469.38

（2）按照湖北省 2013 版建筑工程预算定额计算清单的综合单价。

按照题意，该清单项目组合内容有场地平整、余土外运。

① 工程量计算：

$$已知清单工程量 = 469.38（m^2）$$

根据采用定额的工程量计算规则，计算其定额工程量如下：

$$平整场地 S = （36.24+2×2）×（12.24+2×2）= 653.5（m^2）$$

$$余土外运（5 km）V = 653.5×0.1 = 65.35（m^3）$$

② 定额套用，确定工料机费：

"平整场地"套用 G1-283 定额：人工单价 189 元/100 m²。

$$人工费 = 1.392×189 元/100 m^2 = 263.09 元/100 m^2 = 2.63（元/m^2）$$

$$（其中 1.392 = 6.535/4.694）$$

$$管理费和利润 = 2.63×（7.6\%+4.96\%）= 0.33（元/m^2）$$

自卸汽车运土套用 G1-242 定额：机械费单价 1952.11 元/1000 m³。

$$机械费 = 0.0139×1 952.11 = 27.13 元/100 m^2 = 0.27（元/m^2）$$

$$（其中 0.0139 = 0.0654/4.694）$$

管理费和利润 = 0.27×（7.6%+4.96%）= 0.03（元/m²）

（3）费用计算。

工料机费合计：人工费 = 2.63（元/m²）

材料费 = 0（元/m²）

机械费 = 0.27（元/m²）

管理费和利润 = 0.33+0.03 = 0.36（元/m²）

综合单价 = 2.63+0.27+0.36 = 3.27（元/m²）

（4）综合单价分析表，如表 8.2 所示。

表 8.2　综合单价分析表

工程名称：　　　　　　　　　　标段：　　　　　　　　第 1 页　共 1 页

项目编码	010101001001		项目名称	平整场地	计量单位	m²	工程量	469.28
清单综合单价组成明细								
定额编号	定额项目名称	定额单位	数量	单价				
				人工费	材料费	机械费	管理费和利润	
				合价				
				人工费	材料费	机械费	管理费和利润	
G1-283	平整场地	100 m²	0.0139	189	0	0	23.73	2.63　0.00　0.00　0.33
G1-242 换	自卸汽车运土方（载重 8 t 以内）30 km 以内每增加 1 km	1 000 m³	0.0001	0	0	1 952.11	245.18	0.00　0.00　0.27　0.03
人工单价		小计						2.63　0.00　0.27　0.36
普工：60 元/工日		未计价材料费						0
清单项目综合单价								3.27

【例 8.2】　某房屋工程基础平面及断面如图 8.2 所示，已知：基底土质均衡，为二类土，地下常水位标高为-1.1 m，土方含水率 30%；室外地坪设计标高-0.15 m，基坑回填后余土弃运 5 km。

（1）试计算该基础土方开挖工程量，编制工程量清单。

（2）根据以上工程条件计算工程 1-1 断面挖沟槽土方综合单价，其中按照湖北省 2013 版建筑工程预算定额，企业管理费按人工费及机械费之和的 7.6%，利润按人工费及机械费之和的 4.96%。

解：（1）本工程基础槽坑开挖按基础有 1-1、2-2 和 J-1 三种，应分别列项。

工程量计算：

挖土深度 = 1.6 − 0.15 = 1.45（m）

断面 1-1：L =（10+9）×2 − 1.1×6+0.38 = 31.78（m）（0.38 为垛折加长度）

V = 31.78×1.4×1.45 = 64.51（m³）

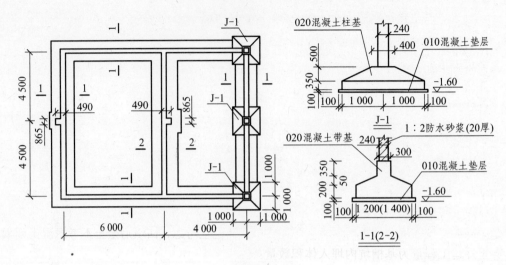

图 8.2

其中：　　　　　湿土 $V = 31.78 \times 1.4 \times 0.5 = 22.25$（$m^3$）

　　　　　断面 2-2：$L = 9 - 0.7 \times 2 + 0.38 = 7.98$（m）

　　　　　　　　　$V = 7.98 \times 1.6 \times 1.45 = 18.51$（$m^3$）

其中：　　　　　湿土 $V = 7.78 \times 1.6 \times 0.5 = 6.22$（$m^3$）

　　　　　J-1：$V = 2.2 \times 2.2 \times 1.45 \times 3 = 21.05$（$m^3$）

其中：　　　　　湿土 $V = 2.2 \times 2.2 \times 0.5 \times 3 = 7.26$（$m^3$）

　　根据工程量清单格式，编制该基础土方开挖工程量清单，如 8.3 表所示。

表 8.3　分部分项工程量清单与计价表

工程名称：　　　　　　　　　　　　标段：　　　　　　　　　　第 1 页　共 1 页

序号	项目编码	项目名称	项目特征描述	计量单位	工程数量
1	010101003001	挖沟槽土方	挖 1-1 有梁式钢筋混凝土基槽二类土方，基底垫层宽度 1.4 m，开挖深度 1.3 m，湿土深度 0.5 m，土方含水率 30%，弃土运距 5 km	m^3	64.51
2	010101003002	挖沟槽土方	挖 2-2 有梁式钢筋混凝土基槽二类土方，基底垫层宽度 1.6 m，开挖深度 1.3 m，湿土深度 0.5 m，土方含水率 30%，弃土运距 5 km	m^3	18.51
3	010101004001	挖基坑土方	挖 J-1 钢筋混凝土柱基基坑二类土方，基底垫层 2.2 m×2.2 m，开挖深度 1.3 m，湿土深度 0.5 m，土方含水率 30%，弃土运距 5 km	m^3	21.05

（2）按照拟定施工方案。

　　人工开挖基槽坑，及采用计价定额，计算定额工程量：

　　查定额：二类土挖深大于 1.2 m，$K = 0.5$，混凝土垫层工作面 $C = 0.3$ m。

挖土深度 $H_2 = 1.6 - 0.15 = 1.45$（m）

其中：　　　　湿土 $H_{湿} = 1.6 - 1.1 = 0.5$（m）

基槽坑挖土施工工程量：

人工挖沟槽定额工程量为：$V = (B+2C+KH) \times H \times L$

1－1 断面：$L_1 = (10+9) \times 2 - 1.1 \times 6 + 0.38 = 31.78$（m）（0.38 为垛折加长度）

$V_{总} = (1.4 + 2 \times 0.3 + 0.5 \times 1.45) \times 1.45 \times 31.78 = 125.57$（m³）

2－2 断面：$L_1 = 9 + 0.38 - 0.7 \times 2 = 7.98$（m）

$V_{总} = (1.6 + 2 \times 0.3 + 0.5 \times 1.45) \times 1.45 \times 7.98 = 33.84$（m³）

J－1 断面：$V_{总} = [(2.2 + 0.6 + 1.45 \times 0.5)^2 \times 1.45 + 0.254] \times 3 = 54.81$（m³）

余土外运（按基坑边堆放、人工装车、自卸汽车运土考虑，回填后余土不考虑湿土因素）：

弃土外运工程量为基槽坑内埋入体积数量：

1－1 断面：$V = S \times L = 16.61$（m³）

2－2 断面：$V = S \times L = 4.57$（m³）

J－1 基础：$V = 8.17$（m³）

按定额工程量与清单工程量之比系数：

1－1 断面：挖土 $125.57 \div 64.51 = 1.946\ 5$

运土 $16.61 \div 64.51 = 0.257\ 5$

综上，1-1 断面挖沟槽土方综合单价分析表，如表 8.4 所示。

表 8.4　综合单价分析表

工程名称：　　　　　　　　标段：　　　　　　　第1页　共1页

项目编码	010101003001		项目名称	挖沟槽土方	计量单位	m²	工程量	64.51
清单综合单价组成明细								

定额编号	定额项目名称	定额单位	数量	单价				合价			
				人工费	材料费	机械费	管理费和利润	人工费	材料费	机械费	管理费和利润
G1-140	人工挖沟槽一、二类土深度（m 以内）2	100m³	0.0195	2024.4	0	5.17	254.92	39.41	0.00	0.10	4.96
G1-242	自卸汽车运土方（载重 8t 以内）30km 以内每增加 1 km	1000m³	0.0003	0	0	1952.11	245.18	0.00	0.00	0.50	0.06
人工单价				小计				39.41	0.00	0.60	5.03
普工：60 元/工日				未计价材料费				0			
清单项目综合单价								45.03			

【例 8.3】 某工程 110 根 C50 预应力钢筋混凝土管桩，外径 ϕ600、内径 ϕ400，每根桩总长 25 m；桩顶灌注 C30 混凝土 1.5 m 高；每根桩顶连接构造（假设）钢托板 3.5 kg、圆钢骨架 38 kg，设计桩顶标高 – 3.5 m，现场自然地坪标高为 – 0.45 m，现场条件允许可以不发生场内运桩。

（1）按规范编制该管桩清单。

（2）计算清单计价预应力钢筋混凝土管桩的综合单价。

解：（1）本例桩基需要描述的工程内容和项目特征有：混凝土强度（C30），桩制作工艺（预应力管桩），截面尺寸（外径 ϕ600、内径 ϕ400），数量（计量单位按长度计算，则应注明共 110 根），单桩长度（25 m），桩顶标高（– 3.5 m），自然地坪标高（– 0.45 m），桩顶构造（灌注 C30 混凝土 1.5 m 高）。

编列清单如表 8.5 所示。工程量计算：110 根或 110×25 = 2 750（m）

表 8.5 分部分项工程量清单与计价表

工程名称：　　　　　　　　　　　标段：　　　　　　　　　　　第 1 页　共 1 页

序号	项目编码	项目名称	项目特征描述	计量单位	工程数量
1	010301002001	预制钢筋混凝土管桩	C50 钢筋混凝土预应力管桩，每根总长 25 m，外径 ϕ600、壁厚 100；桩顶标高 –3.5 m，自然地坪标高 –0.45 m，桩顶端灌注 C30 混凝土 1.5 m 高，每根桩顶圆钢骨架 38 kg、构造钢托板 3.5 kg	m	2 750

（2）计算预应力钢筋混凝土管桩的综合单价。

投标方设定的方案：管桩向市场采购以 240 元/ m，根据桩长采用 4 000 kN 多功能压桩机一台压桩，现场采用 25 t 履带式起重机一台配合吊运；施工取费按企业管理费 23.84%、利润 18.17% 计算，不再考虑其他风险，钢骨架施工取费按企业管理费 13.47%、利润 15.80%。

按照综合单价的计算方法，计算出每个清单项目计价工程量的总数量如表 8.6 所示。

表 8.6 计价工程量计算表

序号	项目名称	工程量计算式	单位	数量
		分部分项项目计价工程量		
1	压管桩	2 750	m	2 750
2	送桩	110×（3.5 – 0.45+0.5）	m	390.5
3	桩顶灌芯	110×0.2^2×π×1.5	m^3	20.73
4	钢托板	110×3.5/1 000	t	0.385
5	钢骨架	110×38/1 000	t	4.18

计算分部分项清单项目综合单价如表 8.7 所示。

表 8.7　综合单价分析表

工程名称：预算书 1　　　　　　　标段：　　　　　　　　第 1 页　共 2 页

项目编码	010301002001			项目名称		预制钢筋混凝土管桩	计量单位	m	工程量	2750

清单综合单价组成明细

定额编号	定额项目名称	定额单位	数量	单价				合价			
				人工费	材料费	机械费	管理费和利润	人工费	材料费	机械费	管理费和利润
G3-21	打预应力混凝土管桩桩径（mm 以内）600	100m	0.0100	535.6	24534.79	2517.46	1282.59	5.36	245.35	25.17	12.83
G3-25	打送预应力混凝土管桩桩径（mm 以内）600	100m	0.0014	873.44	21.5	2929.04	1597.42	1.24	0.03	4.16	2.27
G3-58	凿除桩顶混凝土钻孔灌	100m³	0.0008	815.76	0	218.12	434.34	0.61	0.00	0.16	0.33
A4-62	钢托架安装每榀构件重量（5t 以内）履带吊	t	0.0001	283.52	7100.14	139.63	177.77	0.04	0.99	0.02	0.02
A14-141	钢骨架	t	0.0015	2048.2	8712.46	1153.81	937.23	3.11	13.24	1.75	1.42
人工单价			小计					10.36	259.62	31.27	16.87
普工：60 元/工日			未计价材料费					0			
清单项目综合单价								318.12			

	主要材料名称、规格、型号	单位	数量	单价（元）	合价（元）	暂估单价（元）	暂估合价（元）
材料费明细	预应力混凝土管桩 φ600	m	1.01	240	242.4		
	电焊条	kg	0.1838	6.5	1.19		
	垫木	m³	0.0007	2167	1.52		
	其他材料费	元	0.1805	1	0.18		
	金属周转材料摊销	kg	0.058	5.5	0.32		
	焊丝	kg	0.0014	7	0.01		
	埋弧焊剂	kg	0.001	3	0		
	轻托架（成品）	t	0.0001	6909	0.69		
	垫铁	kg	0	5.5	0		
	圆木	m³	0	1 784	0		
	施工用二等板枋材 55~100 cm²	m³	0	2 167	0		
	施工用枋木	m³	0	2 167	0		
	方垫木	m³	0	2 167	0		
	螺栓	kg	0.0002	7.94	0		

续表 8.7 综合单价分析表

工程名称：预算书 1 　　　　　　　　标段： 　　　　　　　　第 1 页 共 2 页

	主要材料名称、规格、型号	单位	数量	单价（元）	合价（元）	暂估单价（元）	暂估合价（元）
材料费明细	氧气	m³	0.0009	2.5	0		
	二氧化碳气体	kg	0.0002	2.3	0		
	乙炔气	m³	0.0004	19.58	0.01		
	穿墙螺栓 M16	套	0.608	8.73	5.31		
	合金钢钻头 $\phi20$	个	0.038	28.04	1.07		
	型钢	kg	1.6112	4.12	6.64		
	材料费小计			—	259.34	—	0.00

【例 8.4】 如图 8.3 所示，某工程 M7.5 水泥砂浆砌筑 Mu15 水泥实心砖墙基（砖规格 240×115×53）。

（1）编制该砖基础砌筑项目清单。

（2）计算砖砌基础工程量清单项目的综合单价。

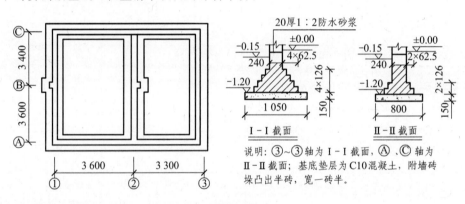

图 8.3

解：（1）本工程砖基础有两种截面规格，应分别列项。工程量计算：

Ⅰ-Ⅰ 截面砖基础：

砖基础高度：$H = 1.2$（m）

$L = 7×3 - 0.24 + 2×（0.365 - 0.24）×0.365÷0.24 = 21.14$（m）

其中：（0.365 - 0.24）×0.365÷0.24 为砖垛折加长度。

大放脚截面：$S = n（n+1）ab = 4×（4+1）×0.126×0.0625 = 0.1575$（m²）

砖基础工程量：$V = L（Hd+s）= 21.14×（1.2×0.24+0.1575）= 9.42$（m³）

垫层长度：$L = 7×3 - 0.8 + 2×（0.365 - 0.24）×0.365÷0.24 = 20.58$（m）

（内墙按垫层净长计算）

Ⅱ-Ⅱ 截面砖基础：

砖基础高度：$H = 1.2$（m）

$L =$（$3.6+3.3$）$×2 = 13.8$（m）

大放脚截面：$S = 2×$（$2+1$）$×0.126×0.062\ 5 = 0.0473$（m^2）

砖基础工程量：$V = 13.8×$（$1.2×0.24+0.047\ 3$）$= 4.63$（m^3）

外墙基垫层、防潮层工程量可以在项目特征中予以描述，这里不再列出。

编制的工程量清单如表 8.8 所示。

表 8.8　分部分项工程量清单与计价表

工程名称：　　　　　　　　　　　　　　标段：　　　　　　　　　第 1 页　共 1 页

	项目编码	项目名称	项目特征描述	计量单位	工程量
1	010401001001	砖基础	Ⅰ-Ⅰ砖墙基础：M7.5 水泥砂浆砌筑（240×115×53）Mu15 水泥实心砖，砖条形基础，四层等高式大放脚；-1.2 m 基底下 C10 混凝土垫层，长 20.58 m，宽 1.05 m，厚 150 mm；-0.06 m 标高处 1：2 防水砂浆 20 厚防潮层	m^3	9.42
2	010401001002	砖基础	Ⅱ-Ⅱ砖墙基础：M7.5 水泥砂浆砌筑（240×115×53）Mu15 水泥实心砖，砖条形基础，二层等高式大放脚；-1.2 m 基底下 C10 混凝土垫层，长 13.8 m，宽 0.8 m，厚 150 mm；-0.06 m 标高处 1：2 防水砂浆 20 厚防潮层	m^3	4.63

（2）计算砖砌基础工程量清单项目的综合单价。

假设计价人根据取定的工料机价格按《湖北省房屋建筑与装饰工程消耗量定额及基价表（2013）》取定价为准，水泥实心砖价格同标准砖；综合费用按《湖北省房屋建筑与装饰工程消耗量定额及基价表（2013）》计算。其中，企业管理费和利润分别以人工费加机械费的和为基数，费率按照 23.84% 和 18.17% 计算。

因计价定额与规范砖砌基础工程量计算规则基本一致，计价时主项工程量不需重新计算，只对组合内容进行计算。

① 计价工程量计算。

Ⅰ-Ⅰ截面：C10 混凝土垫层：$V = 20.58×1.05×0.15 = 3.24$（$m^3$）

防水砂浆防潮层的工程量需要计算砖基长度，可以结合项目特征从清单工程量倒算出：

$$L = 9.42÷[1.2×0.24+4×（4+1）×0.126×0.0625] = 21.14（m）$$

$$∴ 防潮层：S = 21.14×0.24 = 5.07（m^2）$$

Ⅱ-Ⅱ截面：因该截面均为外墙，垫层与防潮层为同一个计算长度。

$$L = 4.63÷[1.2×0.24+2×（2+1）×0.126×0.0625] = 13.8（m）$$

$$∴ C10 混凝土垫层：V = 13.8×0.8×0.15 = 1.66（m^3）$$

$$防潮层：S = 13.8×0.24 = 3.31（m^2）$$

② 计算分部分项工程量清单综合单价。

以清单工程量"1"为单位，分析计算项目的综合单价，具体方法是：套用《湖北省房屋建筑与装饰工程消耗量定额及基价表（2013）》进行计价，其中，企业管理费和利润分别以人工费加机械费的和为基数，费率按照 23.84% 和 18.17% 计算。

综合单价分析表如表 8.9 所示。

表 8.9　综合单价分析表

工程项目：预算书 1　　　　　　　　　标段：　　　　　　　　　第 1 页　共 2 页

项目编码	010401001001		项目名称	砖基础	计量单位	m³	工程量	9.42

清单综合单价组成明细								

定额编号	定额项目名称	定额单位	数量	单价				合价			
				人工费	材料费	机械费	管理费和利润	人工费	材料费	机械费	管理费和利润
A1-1	直型砖基础 水泥砂浆 M5	10 m³	0.100 0	945.2	1 707.93	43.06	415.17	94.52	170.79	4.31	41.52
A2-10	基础垫层 C10 现浇混凝土	10 m³	0.0344	1 005.16	2 520.21	63.62	449	34.58	86.70	2.19	15.45
A5-138	防水砂浆　平面	100 m²	0.0054	730.16	839.21	37.54	322.51	3.94	4.53	0.20	1.74
人工单价			小计					133.04	262.02	6.7	56.7
技工：92 元/日 普工：60 元/日			未计价材料费					0			
清单项目综合单价								460.47			

材料费明细	主要材料名称、规格、型号			单位	数量	单价（元）	合价（元）	暂估单价（元）	暂估合价（元）
	混凝土实心砖 240×115×53			千块	0.523 6	230	120.43		
	水			m³	0.9825	3.15	3.09		
	草袋			m²	0.9249	2.15	1.99		
	电			度	0.2003	0.97	0.19		
	防水粉			kg	0.5781	1.26	0.73		
	其他材料费					—	135.59	—	0.00
	材料费小计					—	262.02	—	0.00

续表8.9 综合单价分析表

工程项目：预算书1　　　　　　　　　　　标段：　　　　　　　　　第1页 共2页

项目编码	010401001002		项目名称	砖基础	计量单位	m³	工程量	4.63

清单综合单价组成明细

定额编号	定额项目名称	定额单位	数量	单价				合价			
				人工费	材料费	机械费	管理费和利润	人工费	材料费	机械费	管理费和利润
A1-1	直形砖基础水泥砂浆 M5	10 m³	0.100 0	945.2	1 707.93	43.06	415.17	94.52	170.79	4.31	41.52
A2-10	基础垫层 C10 现浇混凝土	10 m³	0.035 9	1 005.16	2 520.21	63.62	449	36.04	90.36	2.28	16.10
A5-138	防水砂浆　平面	100 m²	0.007 1	730.16	839.21	37.54	322.51	5.22	6.00	0.27	2.31
人工单价		小计						135.78	267.15	6.86	59.92
技工：92 元/日 普工：60 元/日		未计价材料费						0			
清单项目综合单价								469.7			

材料费明细	主要材料名称、规格、型号	单位	数量	单价（元）	合价（元）	暂估单价（元）	暂估合价（元）
	混凝土实心砖 240×115×53	千块	0.523 6	230	120.43		
	水	m³	0.5943	3.15	1.87		
	草袋	m²	0.5098	2.15	1.1		
	电	度	0.1104	0.97	0.11		
	防水粉	kg	0.4011	1.26	0.51		
	其他材料费			—	143.15	—	0.00
	材料费小计			—	267.15	—	0.00

【**例8.5**】　某工程实心砖墙工程量清单示例如表8.10所示，按照提供的实心砖墙工程量清单，完成如下计算：

（1）计算实心砖墙清单项目的综合单价，企业管理费和利润分别以人工费加机械费的和为基数，费率按照23.84%和18.17%计算。

（2）计算实心砖墙清单项目的综合单价，工料机在上述取价基础上调整增加：人工 20%、材料3%、机械5%，在计价时列入工料机单价内一并考虑。

（3）计算实心砖墙清单项目的综合单价，水泥实心砖按市场询价以 310 元/千块计算。

表 8.10　分部分项工程工程量清单与计价表

工程名称：　　　　　　　　　　　　标段：　　　　　　　　　　第 1 页　共 1 页

序号	项目编码	项目名称	项目特征描述	计量单位	工程量
1	010302001001	实心砖墙	实心砖外墙：Mu10 水泥实心砖，墙厚一砖，M5 混合砂浆砌筑	m³	120

解：（1）查湖北定额知实心砖墙清单规则和定额规则一致，即定额工程量也是 120 m³。

M5 混合砂浆砌筑 Mu10 水泥实心砖一砖厚外墙，套用 A1-7 定额如表 8.11 所示，其中综合单价 = 379.66 元/ m³。

表 8.11　综合单价分析表

工程名称：　　　　　　　　　　　　标段：　　　　　　　　　　第 1 页　共 1 页

项目编码		010401003001			项目名称		实心砖墙	计量单位	m³	工程量	120

<table>
<tr><td colspan="12" align="center">清单综合单价组成明细</td></tr>
<tr><td rowspan="2">定额编号</td><td rowspan="2">定额项目名称</td><td rowspan="2">定额单位</td><td rowspan="2">数量</td><td colspan="4" align="center">单价</td><td colspan="4" align="center">合价</td></tr>
<tr><td>人工费</td><td>材料费</td><td>机械费</td><td>管理费和利润</td><td>人工费</td><td>材料费</td><td>机械费</td><td>管理费和利润</td></tr>
<tr><td>A1-7</td><td>混水砖墙 1 砖混合砂浆 M5</td><td>10 m³</td><td>0.1000</td><td>1 247.68</td><td>1 965.2</td><td>41.95</td><td>541.78</td><td>124.77</td><td>196.52</td><td>4.20</td><td>54.18</td></tr>
<tr><td colspan="4" align="center">人工单价</td><td colspan="4" align="center">小计</td><td>124.77</td><td>196.52</td><td>4.20</td><td>54.18</td></tr>
<tr><td colspan="2">技工：92 元/日
普工：60 元/日</td><td colspan="6" align="center">未计价材料费</td><td colspan="4" align="center">0</td></tr>
<tr><td colspan="8" align="center">清单项目综合单价</td><td colspan="4" align="center">379.66</td></tr>
</table>

（2）计算实心砖墙清单项目的综合单价，工料机在上述取价基础上调整增加：人工 20%、材料 3%、机械 5%，在计价时列入工料机单价内一并考虑。

$$人工费 = 120 \ m^3 \times 124.768 \ 元/ \ m^3 \times（1+20\%）= 17 \ 966.59（元）$$

$$材料费 = 120 \times 196.52 \times（1+3\%）= 24 \ 289.87（元）$$

$$机械费 = 120 \times 4.195 \times（1+5\%）= 528.57（元）$$

$$企业管理费 =（17 \ 966.56+528.57）\times 23.84\% = 4 \ 409.24（元）$$

$$利润 =（17 \ 966.56+528.57）\times 18.17\% = 3 \ 360.57（元）$$

$$项目合价 = 50 \ 554.84（元）$$

$$综合单价 = 50 \ 554.84 \div 120 = 421.29（元/ \ m^3）$$

综合单价分析表如表 8.12 所示。

表 8.12 综合单价分析表

工程名称：预算书 1 　　　　　　　　　　　　　　　标段： 　　　　　　　　第 1 页 共 1 页

项目编码	010401003001		项目名称		实心砖墙	计量单位	m³	工程量	120
清单综合单价组成明细									
定额编号	定额项目名称	定额单位	数量	单价					
				人工费	材料费	机械费	管理费和利润		
A1-7	混水砖墙 1 砖 混合砂浆 M5	10 m³	0.1000	1 497.22	1 965.2	44.05	647.49		

定额编号	定额项目名称	定额单位	数量	合价			
				人工费	材料费	机械费	管理费和利润
A1-7	混水砖墙 1 砖 混合砂浆 M5	10 m³	0.1000	149.72	196.52	4.41	64.75

人工单价	小计	149.72	196.52	4.41	64.75
技工：92 元/日 普工：60 元/日	未计价材料费	0			
清单项目综合单价	421.29				

材料费明细	主要材料名称、规格、型号	单位	数量	单价（元）	合价（元）	暂估单价（元）	暂估合价（元）
	蒸压灰砂砖 240×115×53	千块	0.54	270	145.8		
	水	m³	0.106	3.15	0.33		
	其他材料费			—	50.39	—	0.00
	材料费小计			—	196.52	—	0.00

（3）计算实心砖墙清单项目的综合单价，水泥实心砖按市场询价以 310 元/千块计算，如表 8.13 所示。

表 8.13 综合单价分析表

工程名称：预算书 1 　　　　　　　　　　　　　　　标段： 　　　　　　　　第 1 页 共 1 页

项目编码	010401003001		项目名称		实心砖墙	计量单位	m³	工程量	120
清单综合单价组成明细									
定额编号	定额项目名称	定额单位	数量	单价					
				人工费	材料费	机械费	管理费和利润		
A1-7	混水砖墙 1 砖 混合砂浆 M5	10 m³	0.1000	1 247.68	2 181.2	41.95	541.78		

定额编号	定额项目名称	定额单位	数量	合价			
				人工费	材料费	机械费	管理费和利润
A1-7	混水砖墙 1 砖 混合砂浆 M5	10 m³	0.1000	124.77	218.12	4.20	54.18

人工单价	小计	124.77	218.12	4.20	54.18
技工：92 元/日 普工：60 元/日	未计价材料费	0			
清单项目综合单价	401.26				

材料费明细	主要材料名称、规格、型号	单位	数量	单价（元）	合价（元）	暂估单价（元）	暂估合价（元）
	蒸压灰砂砖 240×115×53	千块	0.54	310	167.4		
	水	m³	0.106	3.15	0.33		
	其他材料费			—	50.39	—	0.00
	材料费小计			—	218.12	—	0.00

【例 8.6】 已知钢筋工程分部分项工程量清单如表 8.14 所示，试对该钢筋工程工程量清单报价。

表 8.14 分部分项工程量清单与计价表

工程名称： 标段： 第 1 页 共 1 页

序号	项目编码	项目名称	项目特征描述	计量单位	工程数量
1	010515001001	现浇构件钢筋	钢筋种类、规格：圆钢筋 HPB300Φ8	t	0.17
2	010515001002	现浇构件钢筋	钢筋种类、规格：圆钢筋 HPB300Φ25	t	0.68

解： 钢筋清单计价工程量等于清单工程量，分部分项工程量项目综合单价计算及分析表如表 8.15 所示。

表 8.15 综合单价分析表

工程名称：预算书 1 标段： 第 1 页 共 1 页

项目编码	010515001001		项目名称	现浇构件钢筋	计量单位	t	工程量	0.17

清单综合单价组成明细											
定额编号	定额项目名称	定额单位	数量	单价				合价			
				人工费	材料费	机械费	管理费和利润	人工费	材料费	机械费	管理费和利润
A2-441	现浇构件圆钢筋（Φ8 mm 以内）	t	1.0000	1 066.04	4 042.44	75.92	479.73	1 066.04	4 042.44	75.92	479.73

人工单价	小计			1 066.04	4 042.44	75.92	479.73
技工：92 元/日 普工：60 元/日	未计价材料费			0			
清单项目综合单价				5 664.12			

材料费明细	主要材料名称、规格、型号	单位	数量	单价（元）	合价（元）	暂估单价（元）	暂估合价（元）
	镀锌铁丝 22#	kg	8.8	5.7	50.16		
	圆钢 Φ8	t	1.02	3914	3 992.28		
	材料费小计			—	4 042.44	—	0.00

项目编码	010515001001		项目名称	现浇构件钢筋	计量单位	t	工程量	0.17

清单综合单价组成明细											
定额编号	定额项目名称	定额单位	数量	单价				合价			
				人工费	材料费	机械费	管理费和利润	人工费	材料费	机械费	管理费和利润
A2-449	现浇构件圆钢筋（Φ25mm 以内）	t	1.0000	355.24	4 121.19	98.87	190.77	355.24	4 129.19	98.87	190.77

人工单价	小计			355.24	4 129.19	98.87	190.77
技工：92 元/日； 普工：60 元/日	未计价材料费			0			
清单项目综合单价				4 766.07			

材料费明细	主要材料名称、规格、型号	单位	数量	单价（元）	合价（元）	暂估单价（元）	暂估合价（元）
	镀锌铁丝 22#	kg	1.07	5.7	6.1		
	电焊条	kg	12	6.5	78		
	水	m³	0.08	3.15	0.25		
	圆钢 Φ25	t	1.045	3 863	4 036.84		
	材料费小计			—	4 121.19	—	0.00

思考与练习题

1. 什么是工程量清单计价?
2. 试述工程量清单计价的依据。
3. 试述工程量清单计价的步骤。
4. 综合单价的含义是什么?
5. 什么是招标控制价?
6. 试述工程量清单计价的构成要素。

第9章　工程造价软件及应用

9.1　概　述

9.1.1　工程造价软件发展状况

工程造价软件主要是指按照国家及地方政府有关部门颁布的建筑工程计价依据（大多数为预算定额等）为标准，由软件公司开发的工程造价计算汇总软件。随着计算机技术的日新月异，工程类软件也有了长足的发展。但由于种种原因，如开发力量、开发思路、市场定位等方面的因素，从整体上来讲，形势比较乐观。例如：算量软件能按照不同的计算规则计算工程量，尚不可完全实现工程图纸扫描识别等等工作，而造价计算软件实现量价分离的工程量清单报价方式、可提供与传统定额结合的清单组价方式、提供全面灵活的调价方式、货币转换、英文标书打印等等。

工程造价软件主要分为以下两个部分：工程量计算软件（例如混凝土量、钢筋用量、建筑面积、物体体积等）和辅助造价计算软件（计算造价、分析工料、调整报价、打印报表等）。这些产品的应用，基本可以解决目前的概预算编制、概预算审核、工程量计算、统计报表以及施工过程中的预算的问题，也使我国的造价软件进入了工程计价的实用阶段。

9.1.2　工程计价软件的应用

我国工程造价管理体制是建立在定额管理体制基础上的。建筑安装工程预算定额和间接费定额由各省、自治区和直辖市负责管理，有关专业定额由中央各部负责修订、补充和管理，形成了各地区、各行业定额的不统一。因此全国各地的定额差异较大，且由于各地区材料价格不同、取费的费率差异较大等地方特点，使得编制造价软件解决全国通用性问题非常困难。

运用软件处理工程造价时，需要把建筑产品依次分解为建设项目、单项工程、单位工程、分部工程和分项工程。编制工程造价时，以单位工程为基本单位，各单位工程的概算文件可自动汇总成单项工程综合概算，各单项工程综合概算可自动汇总为建设项目总概算。

目前的造价软件都建立有数据库，并且都提供了直接输入功能，即只要输入定额号，软件就能够自动检索出子目的名称、单位、单价及人材机消耗量等。这一功能非常适合于有经验的用户或者习惯于手工查套定额本的用户。

计价中工程量计算工作量大，其计算的速度和准确性对造价文件的质量起着重要作用。国内一些专业软件公司先后开发出了图形工程量自动计算软件，从不同的角度和层面解决了工程量计算问题此软件图采用了通用的绘图平台与各地计算规则相对分离的方式，成功地解决了各地计算规则不一致的问题。

建筑结构中普遍采用钢筋混凝土结构，钢筋用量大，且单价高，钢筋计算的准确程度直接影响着造价的准确度，因此钢筋计算越来越受到业内的广泛重视，钢筋计算软件的研制也成为工程造价领域的一个研究热点。

定额是综合测定和定期修编的，但工程项目千差万别，新工艺、新材料不断出现，因此，计价时，遇到定额缺项是常见的现象。为此，需要编制补充定额项目，或以相近的定额项目为蓝本进行换算处理。

手工计价时，调价的处理首先基于准确的工料分析，在工料分析的基础上，通过查询材料的市场价，确定每种材料的价差，最后汇总所有材料的价差值。利用软件处理调价的方法通常是允许用户输入或修改每种材料的市场价，工料分析、汇总价差由软件自动完成。

现行的造价计算，是在"直接费"基础上计算其他各项费用，由于财政、财务、企业等管理制度的变化，各地费用构成不统一，为了适应各地计价的要求，造价软件必须提供自定义取费项的功能，以便处理费用地区性的差异。

9.1.3 工程量计算软件的应用

1. 自动算量的思路

建筑工程量计算大致经历了以下几个过程：手工算量→手工表格算量→计算器表格算量→电脑表格算量→探索电脑图形算量。计算机的迅猛发展，加上各种软件开发工具日趋完善，使得计算机自动算量成为可能。

自动算量的具体思路是：利用计算机容量大、速度快、保存久、易操作、便管理、可视强等特点，模仿人工算量的思路方法及操作习惯，采用一种全新的操作方法电脑鼠标器和键盘，将建筑工程图输入电脑中，由电脑完成自动算量、自动扣减、统计分类、汇总打印等工作。

2. 自动算量的方法

采用轴线图形法即根据工程图纸纵、横轴线的尺寸，在电脑屏幕上以同样的比例定义轴线。然后，使用软件中提供的特殊绘图工具，依据图中的建筑构件尺寸，将建筑图形描绘在计算机中。计算机根据所定义的扣减计算规则，采用三维矩阵图形数学模型，统一进行汇总计算，并打印出计算结果、计算公式、计算位置、计算图形等，方便甲乙双方审核和核对。计算的结果也可直接套价，从而实现工程造价预决算的整体自动计算。

9.1.4 工程造价软件的功能

工程造价软件通过画图方式建立建筑物的计算模型，软件根据内置的计算规则实现自动扣减，在计算过程中工程造价人员能够快速准确地计算和校对，达到算量方法的实用化，算量过程的可视化，算量结果的准确化。

工程造价软件不仅能够完整地计算出工程的钢筋总量，而且能够根据工程要求按照结构类型、楼层、构件的不同，计算出各自的钢筋明细量。

工程造价软件能自动扣除柱子后的墙中心线净长，自动识别有多少门窗在外墙上，有多少门窗在内墙上，自动修改由于一个微小的变化而引起的墙、过梁、装修等工程量的变化，尤其是能自动计算那些比较麻烦的异型构件等等之类的，这些很繁琐而不是很难的工作。

9.1.5 常用的几种工程造价软件

计算机在工程造价软件中的应用，直接体现为计量与计价软件的使用，其中计量软件又分为工程量计算软件和钢筋计算软件。目前，我国建筑行业已开发使用的计价软件有很多品牌，如广联达、斯维尔、鲁班、神机妙算等，这些软件品牌虽不同，但每种软件的内容和操作方法却有很多相同或相似之处。

9.2 图形算量软件

9.2.1 广联达图形算量软件 GCL2013

1. GCL2013 工作原理

（1）算量软件能算的量

算量软件能够计算的工程量包括：土石方工程量，砌体工程量，混凝土及模板工程量，屋面工程量，天棚及其楼地面工程量，墙柱面工程量等。

（2）算量软件的算量思想

软件算量并不是说完全抛弃手工算量的思想。实际上，软件算量是将手工的思路完全内置在软件中，只是将过程利用软件实现，依靠已有的计算扣减规则，利用计算机这个高效的运算工具快速、完整地计算出所有的细部工程量，让计算人员从繁琐的背规则、列式子、按计算器中解脱出来。算量软件计算思路如图 9.1 所示。

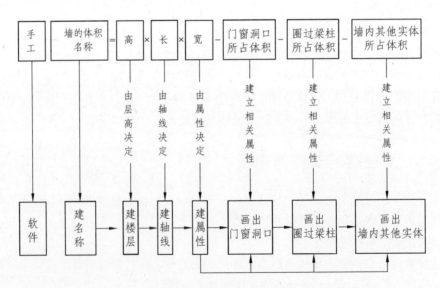

图 9.1　算量软件计算思路

（3）用算量软件算量的顺序

用算量软件算量的顺序如图 9.2 所示。

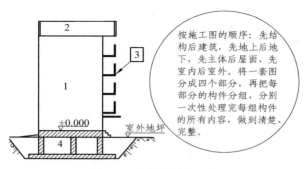

图 9.2　软件算量的顺序

（4）算量软件的算量步骤

算量软件算量的步骤如图 9.3 所示。

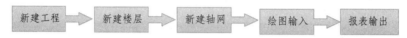

新建工程 → 新建楼层 → 新建轴网 → 绘图输入 → 报表输出

图 9.3　软件算量的步骤

2. 图形算量软件的特点

（1）各种计算全部内容不用记忆规则，软件自动规则扣减。

（2）一图两算，清单规则和定额规则平行扣减，画一次图同时得出两种量。

（3）按图读取构件属性，软件按构件完整信息计算代码工程量。

（4）内置清单规范、形成完善的清单报表。

（5）属性不仅可以做施工方案，而且随时看到不同方案下的方案工程量。

（6）导图：完全导入设计院图纸，不用画图，直接出量，让算量轻松。

（7）软件直接导入清单工程量，同时提供多种方案量的代码，在复核招标方提供的清单量的同时计算投标方提供的清单量和计算投标方自己的施工方案量。

（8）软件具有极大的灵活性，同时提供多种方案量的代码，计算出所需的任意工程量。

（9）软件可以解决手工计算中复杂的工程量，如房间、基础等。

3. GCL2013 快速入门

第一步：界面介绍，如图 9.4、图 9.5 和图 9.6 所示。

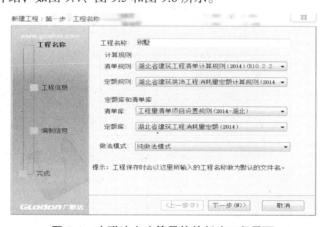

图 9.4　广联达土建算量软件新建工程界面

图 9.5　广联达土建算量软件界面

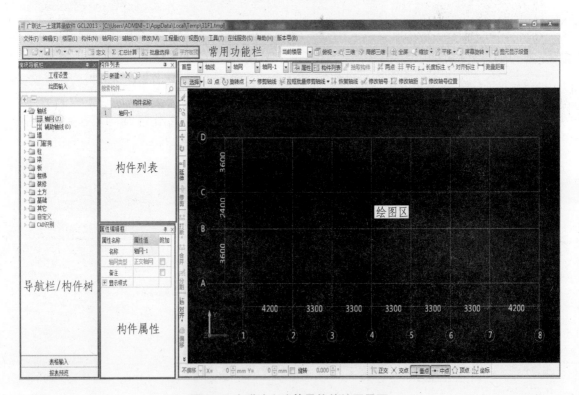

图 9.6　广联达土建算量软件绘图界面

第二步：案例工程展示，如图 9.7 所示。

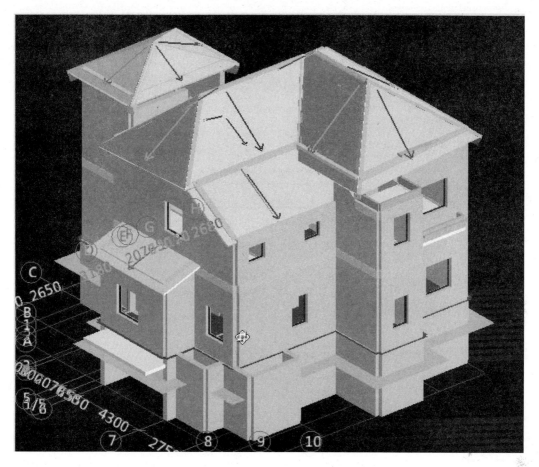

图 9.7 ××别墅工程三维图

图形算量软件的操作流程如图 9.8 所示。

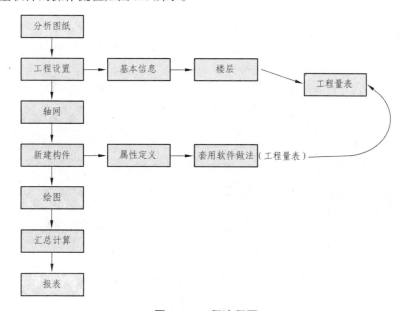

图 9.8 工程流程图

9.2.2　钢筋算量软件

1.　广联达 GGJ2013 工作原理

广联达钢筋算量软件 GGJ2013 工作原理如图 9.9 所示。

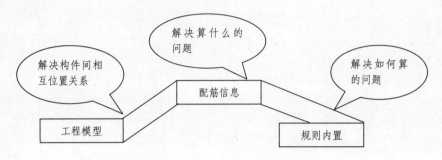

图 9.9　广联达 GGJ 工作原理

软件算量的实质是将钢筋计算转化为配筋信息录入、工程结构模型建立和计算规划调整，如图 9.10 所示。

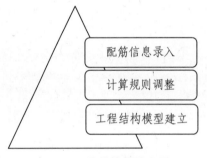

图 9.10　软件算量的实质

2.　钢筋算量软件的特点

（1）建筑工程钢筋的计算影响因素多，具体影响因素如图 9.11 所示。

图 9.11　钢筋计算的影响因素

（2）工程钢筋的计算对算量人员的要求高，具体要求如图 9.12 所示。

图 9.12　钢筋计算对算量人员要求

3. 广联达 GGJ2013 快速入门

广联达 GGJ2013 的操作界面如图 9.13 所示。

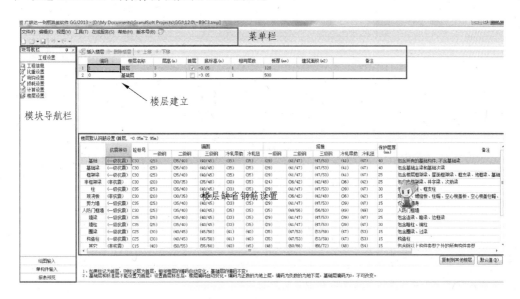

图 9.13　广联达 GGJ2013 操作界面

在进行实际工程的绘制和计算时，软件的基本操作流程如图 9.14 所示。

"绘图输入"部分，通过建模算量是软件主要的算量方式，一般按照：定义构件→画图（→查量）的顺序进行。

对于水平构件（例如梁），绘制完图元，设置了支座和钢筋之后汇总计算成功，即可查量。但是对于竖向构造（例如柱），由于和上下层的构件存在关联，上下层绘制构件与未绘制构件前的结果不同。也就是说，对于竖向构件需要其上下构件绘制完毕，才能通过相关构件之间的扣除，准确计算。

9.2.3　安装算量软件

1. GQI2013 软件的特点

（1）设备个数：一键识别 GQI2013，一键提取图纸中不同类型、不同规格的设备，数以万计的设备数量，几乎可以以"秒"计算。

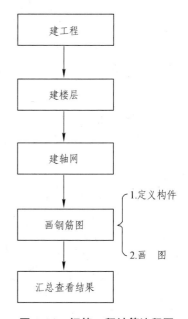

图 9.14　钢筋工程计算流程图

（2）复杂管道：智能算出电气管线、通风管道、喷淋管道、给排水管道，均能"自动识别"。自动判断回路走向、自动提取规格型号、自动计算长度与面积。

（3）规格内置：调整灵活计算规则的全面与否，将直接决定计算结果是否准确。GQI2013 全面内置 6 个专业计算规则。根据工程特点，能灵活调整。

（4）漏项检查：扫除盲角图纸细节有无疏忽，零星构件有无漏算。漏量检查，漏斗式筛选，逐一排查漏量内容，规避手工算量的失误，避免直接经济损失。

（5）多种报表：任意选择 GQI2013 提供清单汇总表、部位汇总表、工程量明细表等多种报表，贯穿招投标全过程。

（6）蓝图算量：GQI2013 提供图片描图和表格输入两种蓝图算量模式。描图算量直观简单，描图即出量。表格输入思路 明确，完全符合手工习惯。

（7）分类提量：方便实用分类查看工程量，按照各种条件出量。无论按名称、按楼层、还是按回路，都可满足各种提量要求。

（8）三维显示生动形象：软件里也能看现场，尖端的三维建模技术，真实的三维实体效果，360°全角动态观看查。

（9）提升软件整体操作效率。

（10）易用性优化：集中套做法界面功能优化，构件图元快速拉伸，直接导出 CADI 文件，增加 GQI2013 备份文件功能，修改项目特征无法导入计价的问题。

2. 操作流程简介

安装算量操作流程如图 9.15 所示。

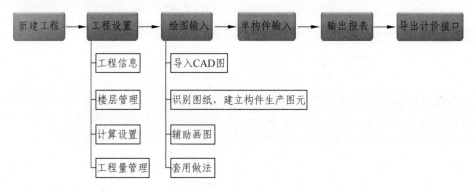

图 9.15　安装算量操作流程图

3. GQI2013 软件快速入门

工程设置界面及相关说明如图 9.16 所示。

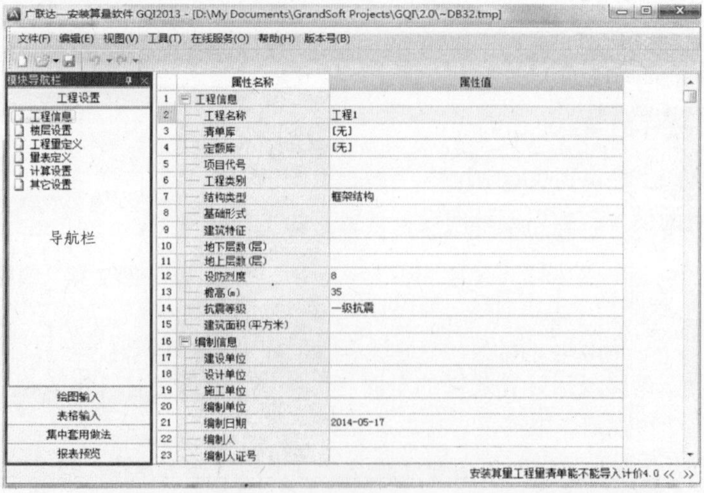

图 9.16　广联达安装算量 GQI2013 工程设置界面

（1）导航栏——用户在软件的各个界面之间切换。

（2）工程设置页面——分"工程信息"、"楼层设置"、"工程量定义"、"量表定义"、"计算设置"和"其他设置"5 个页签。

绘图输入界面如图 9.17 所示。

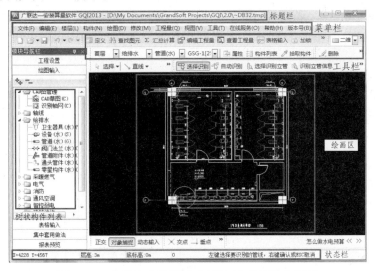

图 9.17　广联达安装算量 GQI2013 绘图输入界面

（1）标题栏：标题栏从左向右分别显示的是 GQI2013 的图标、当前所操作的工程文件的名称（软件缺省的文件名及存储路径）、最小化、最大化、关闭按钮。

（2）菜单栏：在标题栏下方，点击每一个菜单名称将弹出相应的下拉菜单。

（3）工具栏：依次为"系统工具条"、"常用工具条"、"窗口缩放工具条"、"修改工具条"、"捕捉工具条"、"构件工具条"和"绘图工具条"。

（4）构件树状列表：在软件的各个构件类型间切换。

（5）绘图区：绘图区是用户进行绘图的区域。

（6）状态栏：显示各种状态下的绘图信息。

表格输入页面是为了完善无 CAD 电子图纸情况下的计算模式，完全按照造价人员的工作模式设计软件的界面功能显示，使算量更加得心应手。安装算量 GQI2013 表格输入界面如图 9.18 所示。

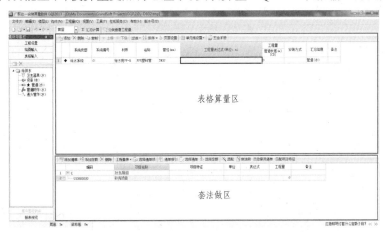

图 9.18　广联达安装算量 GQI2013 表格输入界面

（1）表格算量区——完全按照预算的思路设计软件表格算量区的界面显示，完全符合手工预算的方式，快速汇总工程量；灵活过滤用户想查看的工程量。

（2）套做法区——对表格算量区所列的计算项套做法，方便后续的组价。

在报表预览界面可以预览工程量清单方式算量的报表、各个专业的管道及设备等工程量报表、表格算量方式的报表，如图9.19所示。

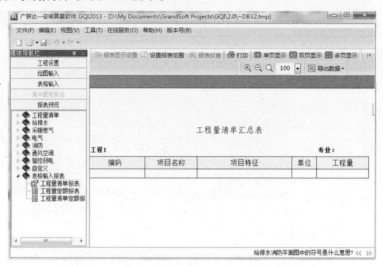

图 9.19 广联达安装算量 GQI2013 报表预览界面

9.3 工程计价软件应用

9.3.1 常用清单计价软件简介

计价软件也称套价软件，这类软件主要用于套价定额。计价软件是造价领域最早投入开发的应用软件之一，经过多年的发展已比较成熟，并得以广泛应用，取得显著的效益。功能也从单一的套价向多方扩展。

在招投标过程和施工结算时，清单计价方法应用越来越多，使得清单计价软件应用越来越广泛，各个公司的清单计价软件也在不断的开发应用和升级。本节主要介绍广联达GBQ4.0计价软件。

9.3.2 广联达 GBQ4.0 的功能特征

GBQ4.0 是广联达推出的融计价、招标管理、投标管理于一体的全新计价软件，旨在帮助工程造价人员解决电子招投标环境下的工程计价、招投标业务问题，使计价更高效、招标更便捷、投标更安全。

GBQ4.0 包含三大模块，即招标管理模块、投标管理模块、清单计价模块。招标管理和投标管理模块是站在整个项目的角度进行招投标工程造价管理。清单计价模块用于编辑单位工程的工程量清单或投标报价。在招标管理和投标管理模块中可以直接进入清单计价模块，GBQ4.0软件使用流程如图 9.20 所示。

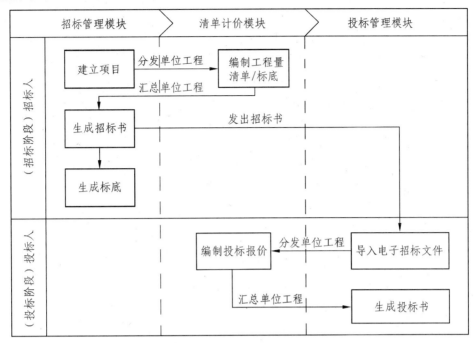

图 9.20 GBQ4.0 软件应用流程图

1. 在算量时当两个构件在某一个部位重叠时图形算量软件如何处理？
2. 在某个工程项目中如果图纸要求与软件中定额项目所用材料不同时怎么办？
3. 在画图算量时不同的单位工程同时在一个文件中全部画出时会出现什么情况？
4. 图形算量软件项目代码的输入依据是什么？重要性有哪些？
5. 在清单计价软件中不同单位工程是否可以在同一个文件中计算？为什么？
6. 在清单计价软件中导入画图算量文件后直接得出的计算结果应做哪些调整？
7. 在清单计价软件中导入画图算量文件时是否可以导入不同单位工程的项目文件？

第10章 工程量清单计价实训案例

案例：某小区 7#住宅楼施工图设计说明。

（1）本工程预算依据湖北省 2013 年预算定额及费用定额，按三类工程取费。

（2）有关项目计算说明。

① 外围回填为 2∶8 灰土。

② 所有模板均执行钢模板定额。

③ 楼梯花岗岩主材价暂按定额计。

④ 防盗门、塑钢门窗、封阳台、内外墙涂料均已计算。

⑤ 原图设计地下室木门改为简易防盗门。

（3）装修标准。

① 室内顶棚为刮腻子找平。

② 卫生间、厨房间、阳台墙面为水泥砂浆毛面，其余为水泥砂浆压光。

③ 外墙为水泥砂浆抹灰刷乳胶漆。

④ 地下室地面为 40 mm 厚细石混凝土地面。

⑤ 楼梯间铺花岗岩，普通钢管栏杆。

⑥ 卫生间、厨房间楼面做找平层、防水层、30 mm 厚找坡层。

⑦ 水箱间为水泥砂浆楼面。

⑧ 其余楼面做 30 mm 厚细石混凝土找平层毛面。

⑨ 地下室刮仿瓷涂料。

⑩ 楼梯间刮乳胶漆，墙裙刷油漆。

（4）图纸（见附图，包括建施图与结施图）。

（5）报表（见附表，其中综合单价分析表略）。

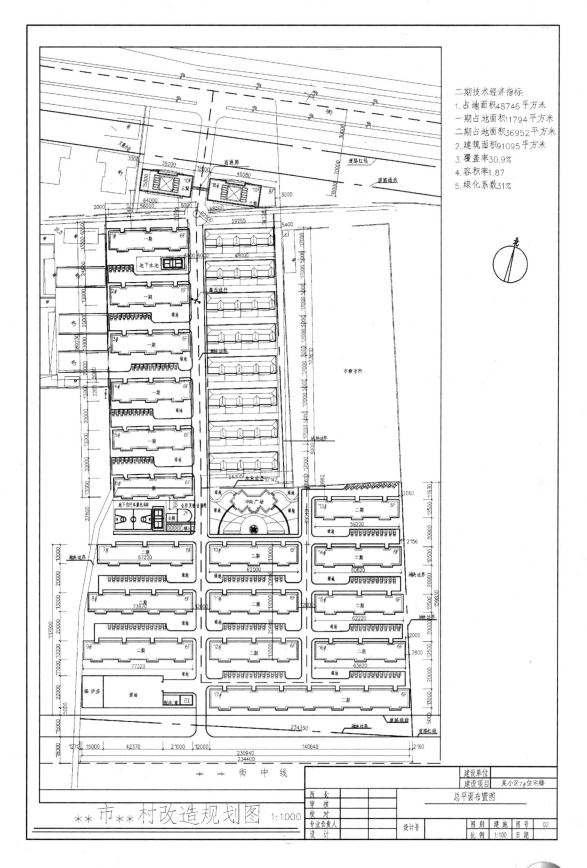

二期技术经济指标:
1. 占地面积48746平方米
一期占地面积11794平方米
二期占地面积36952平方米
2. 建筑面积91095平方米
3. 覆盖率30.9%
4. 容积率1.87
5. 绿化系数31%

市村改造规划图　1:1000

建设单位			
建设项目	某小区7#住宅楼		
所　长		总平面布置图	
审　核			
校　对			
专业负责人			
设　计		设计号	

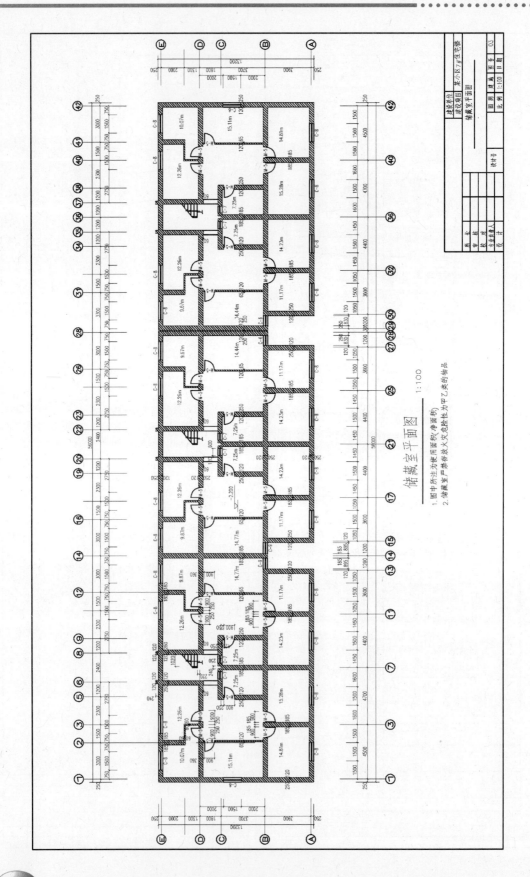

储藏室平面图

1:100

1. 图中所注为使用面积(净面积)
2. 储藏室严禁存放火灾危险性为甲乙类的物品

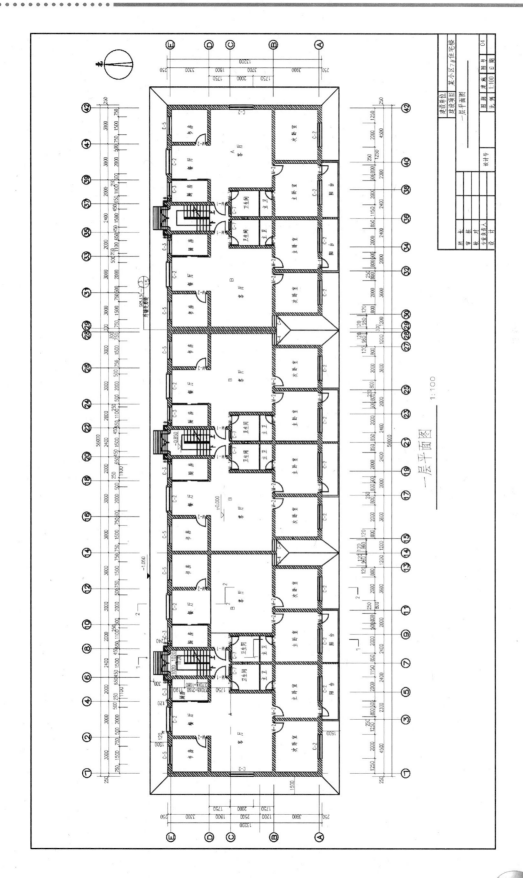

一层平面图   1:100

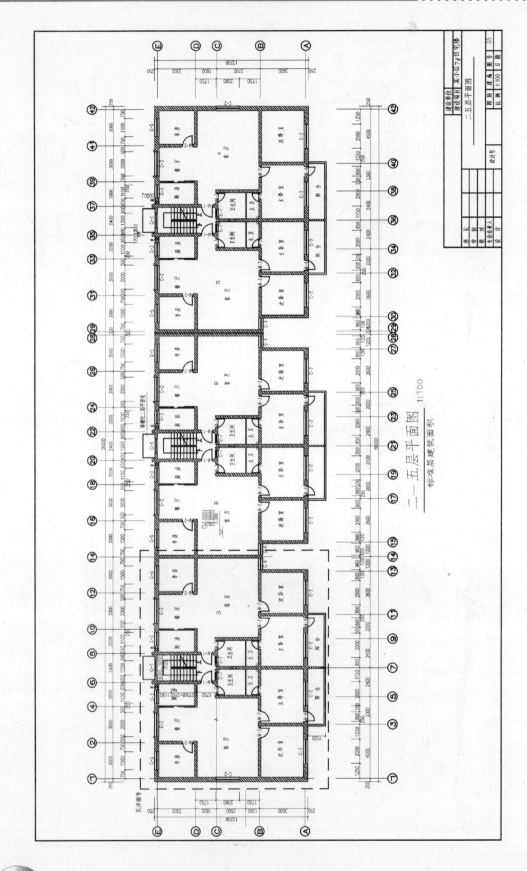

二一五层平面图

1:100

标准层建筑面积

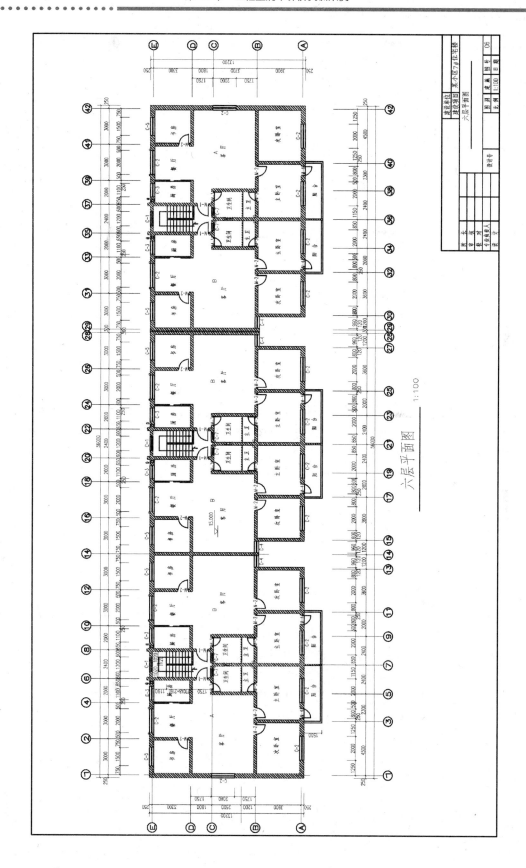

六层平面图　1:100

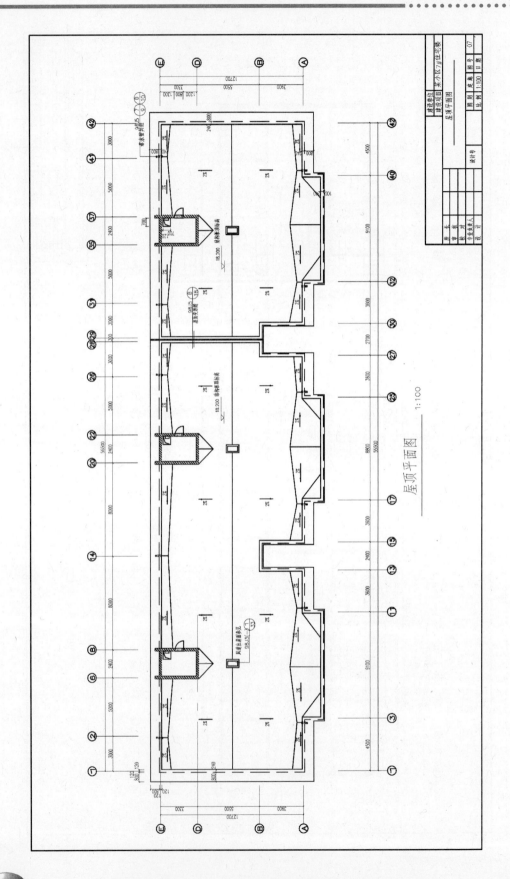

屋顶平面图

1:100

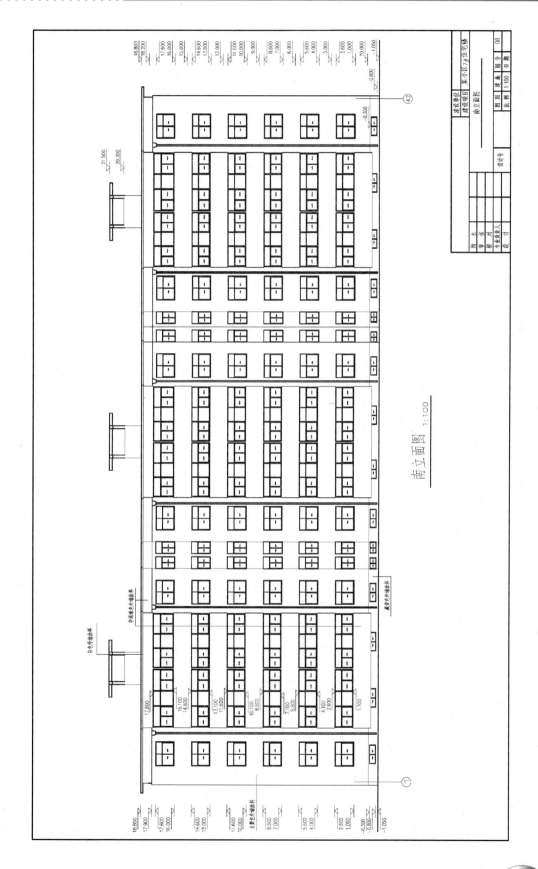

南立面图 1:100

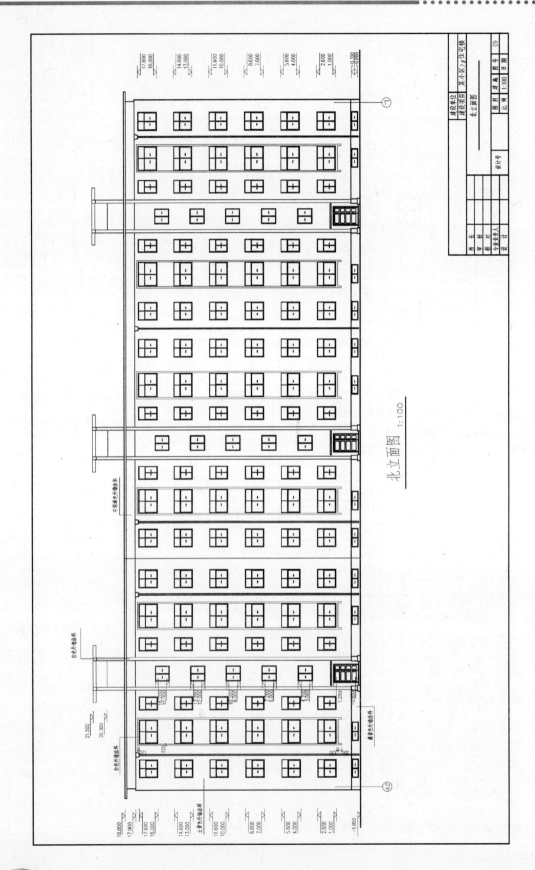

北立面图 1:100

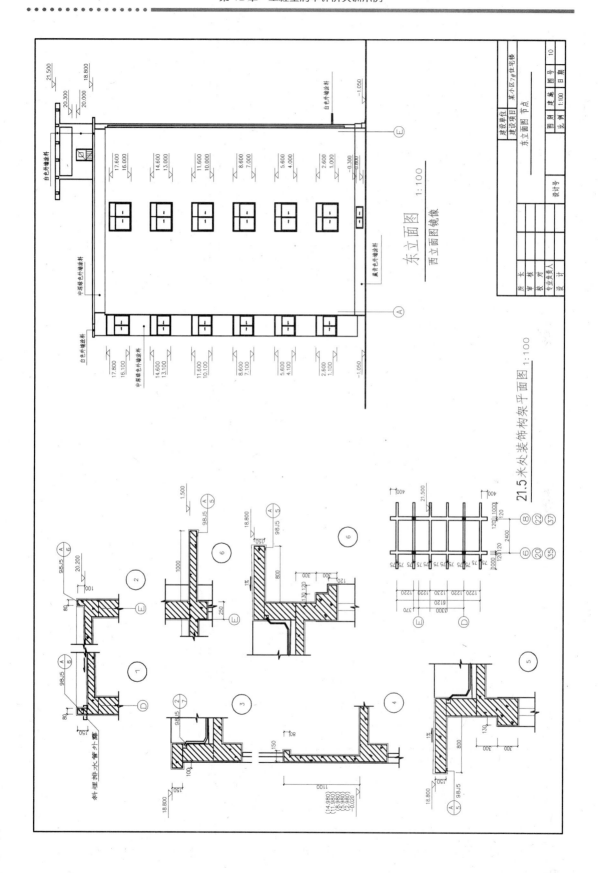

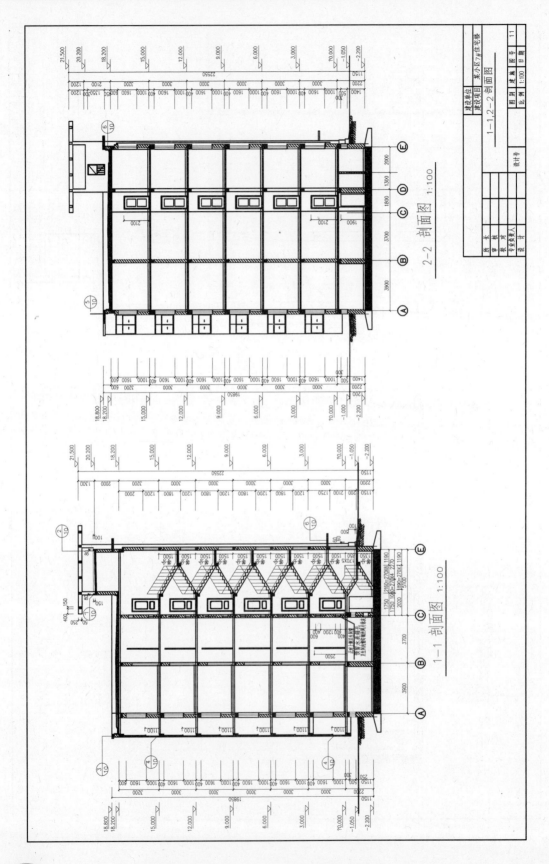

1-1、2-2剖面图

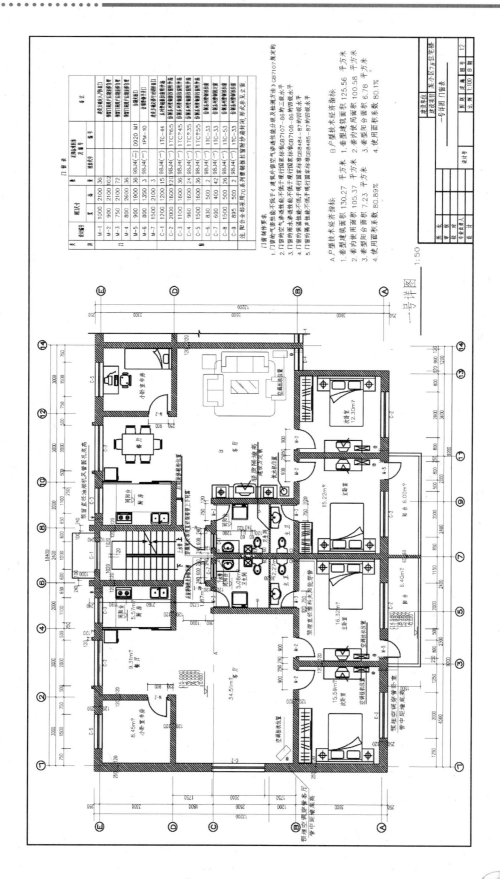

结 构 设 计 总 说 明

一、一般说明

1. 尺寸标明除未用毫米为单位（标高以米为单位）。
2. 本工程结构形式为多层砖混结构，总高度为19.25m。
3. 本工程结构抗震设防烈度为七度，进行抗震设计时本地震基本加速度为0.15g，地震分组为第一组，建筑抗震不调，本类别为Ⅱ类，建筑结构安全等级为二级，建筑结构安全使用年限为50年。
4. 本工程基本风压取值为0.40kPa，基本雪压0.25kPa。
5. 设计图中的结构标准设防B235级钢（fy=210N/mm²），带肋钢筋为B335级钢（fy=330kPa）。
6. 环境类别为正常环境为一类，室内环境湿度、露天及与土壤直接接触者为二b类。

二、设计依据

（一）建设单位提供的本建筑工程勘察报告；
（二）现行下列规范及规程：
1.《建筑结构荷载设计规范》（GB50011-2001）
2.《建筑结构荷载设计规范》（GB50009-2001）
3.《砌体结构设计规范》（GB50003-2001）
4.《建筑地基基础设计规范》（GB50007-2002）
5.《混凝土结构设计规范》（GB50010-2002）
6.《建筑地基处理技术规范》（JGJ 79-2002）

三、地基及基础工程

1. 地基处理采用换填处理，基础采用钢筋混凝土筏片基础，其下满铺2000厚（-2.75~4.75m）37灰土垫层，换土处理为基础垫层，换土处2500，孔隙系数0.95。
2. 基槽挖好后先进行验槽，检验点如布有，压实系数0.94。
3. 本工程基础采用钢筋混凝土筏板，见结构施2图及基础设计等级为丙级。

四、使用荷载标准值

1. 标准层楼面 2.0kPa，阳台 2.5kPa，上人屋面 2.0kPa，楼梯 2.0kPa，厕所和厨房 2.0kPa，非上人屋面 0.5kPa。
2. 使用过程及施工过程中荷载不得超过上述值。
3. 未经技术鉴定或设计许可，不得擅自改变本结构的用途和使用环境。

五、材料

1. 墙体层角120mm，370mm。
2. 砌墙：±0.000以下用Mu10水泥砂浆砌筑，±0.000以上用Mu10混合砂浆砌筑，三~六层墙体承重墙用Mu10和土坯，M7.5混合砂浆砌筑，顶上砌体采用粘土空心砖砌，格士坯心砖用M5.0混合砂浆砌块，粘士空心砖每块重≤10kPa。
3. 混凝土等级 基础垫层C10，其余为C20。
4. 钢筋保护层厚度 基础40，梁30，板20，柱30。
5. 铆杆类 E43 HPB235,E50 HRB335。

六、构造柱与圈梁

1. 墙体构造柱、圈梁设计好平面布置详见结构柱详平面图。
2. 工程结构柱及内构造柱设置见前页以下有要求设置重筋加密区的箍筋取φ6@100，墙筋加密区的箍筋φ8@100。
3. 构造柱于±0.000以下区段，（用于无地下室）
   (a) 构造柱与基础圈梁交接处。
   (b) 构造柱与基础梁及圈梁交接处。
   (c) 楼梯间与隔层及圈梁交接处。
   (d) 楼梯间内构造柱的上下端锚固加强筋长度≥1/6层高，上计层顶或儿墙压顶。
   ≥500mm，构造柱应先砌墙后浇柱，墙体应从基础混凝土底面，若马牙槎应每侧500进计计接搭筋（370或为3φ6），每边伸入墙体内不少于1000或至洞口边计计参见<<03G363>>。
4. 圈梁钢筋应在内入构造柱或在井有可靠锚固，墙应锚固砌成马牙槎伸入构造柱内钢取锚长度≥500mm。
5. 构造柱沿过洞口宽度当洞口宽度大于等于1200时，圈梁截面底不用加宽2φ12钢筋当洞口宽度大于等于1800时下加2φ22或3φ14钢，所加钢筋长度应大于洞口宽大于等于2100时下加3φ22或3φ14钢，所加钢筋长度应大于洞口宽+500（洞口左右各250）。
6. 当洞顶距圈梁或楼面高度小于等于300mm时，过梁则与圈梁采实结构浇浇基要见图，上加钢筋见上条表图。
7. 本工程柱圈梁截面置选用<<03G329(三)>>、<<03G329(六)>>过梁选用图集选用见<<03G329(三)>>、<<03G322-1>>。
8. 图中未注明过梁按图中<<03G322>>。

位置	地坪标高	其它测过梁		
荷载等级	2	3	4	3

七、现浇构件

1. 现浇板的配筋分布范围详见在钢筋布图中注明外其余均为双向306@250。
2. 现浇双向板的板底钢筋进入端边均伸至墙内节下面。
3. 所有板钢筋的搭接长度，钢梁板应超过这些板宽。
   上，有板钢筋锚固不得超过这些数值的1/4。
4. 跨度≥4500mm的板钢筋应加强，其钢梁跨中起挑≥跨度的1/250（L为板跨近边尺寸）。
5. 楼板处开洞小于300mm时，若洞中未标配筋图者，应参照图在施工图下留后置，按上钢筋可以从洞边绕过，不用另加配筋加强。
6. 上下水管开洞不大于300mm水孔，与结构梁主施工钢上须按建筑平面设备处的地方，均须接近建筑物平面上室外须低于室外地面20mm~80mm。
7. 卫生间厨房楼板不设梁有板结构详见前洞图。
8. 厨房卫生间同墙详洞见图三。
9. 当梁梁度大于4200mm且无底外无构造柱时，均坐底本承重下设置梁梁，梁梁柱基详洞见图三。

八、其它

10. 凡混凝土构件与门窗吊顶卫生等各类管支架连接在保证连接可靠的前提拆除下可用膨胀螺栓连接，若连接的可靠性不够，则应设定牢固连接。
11. 阳台栏及大篷须有混凝土向钢墙防的钢筋的切割相合，及。
12. 施工中凡须采用各进混凝土须墙埋设钢筋的正确位置，混凝土须防范进行伴修基件的上部钢筋防止集聚钢，其本钢筋的拆换时，悬挑构件及墙须墙基土系应进行修度注到100%后再用混凝土筑墙后，次梁底浇筑在主梁底浇筑之上。
13. 应按施工规定控制每隔10m设一沉降变形观测点。
14. 当主梁与次梁截面等高时，次梁底筋放于主梁底部之一个。
15. 通长挑梁内须于标高外处240×60厚混凝土楼。
16. 房屋用屋面一级混凝土浇筑。

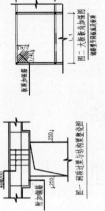

图一 调洞及梁与挑梁浇置图

图二 梁支承楼筋

图三 大梁截面及钢筋图
铆筋弯钩锚长度及锚钩

建设单位	建设项目	某小区7#住宅楼
	图纸名称	结构设计总说明
	比 例	1:100 图号 01 日期
所 长		
审 核		
校 对		图号
专业负责人		设计号
设 计		

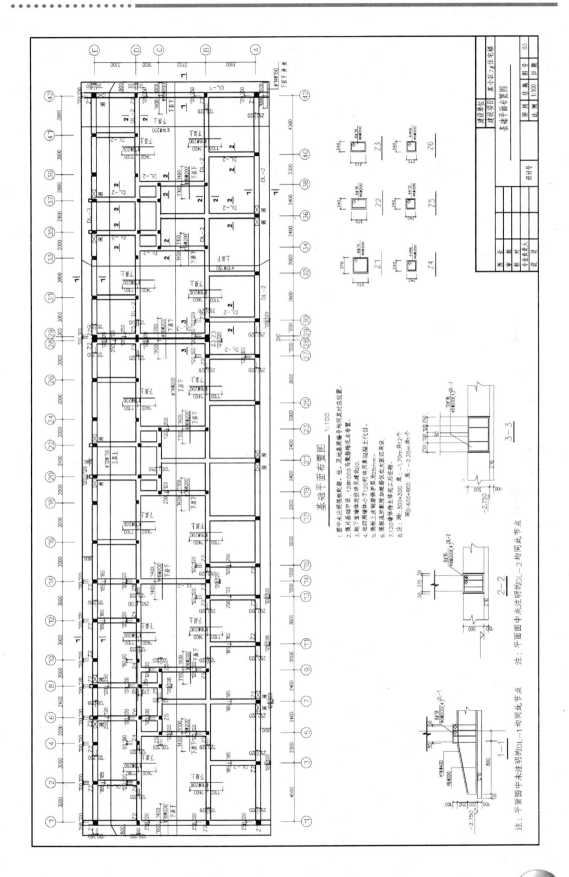

基础平面布置图　1:100

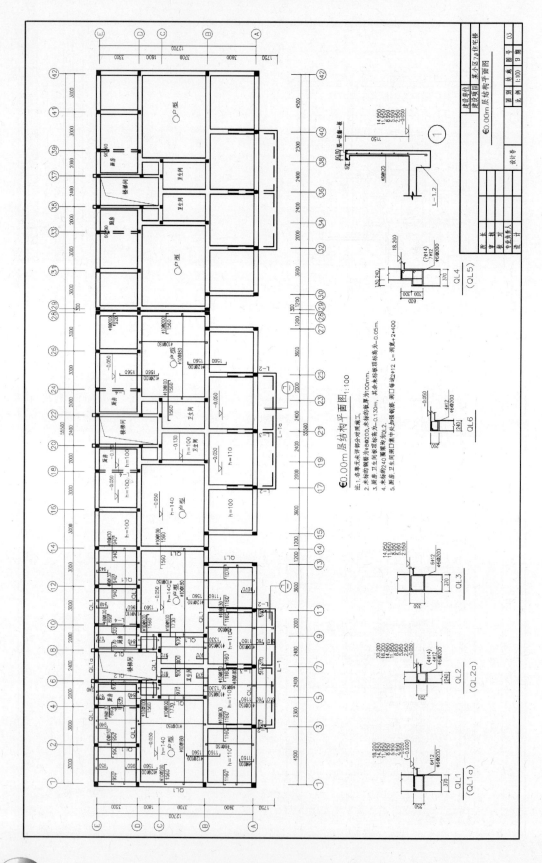

±0.00m 层结构平面图 1:100

注:1.本图示未洋部分对称施工。
2.未标明钢筋为φ8@200,未标明墙厚为100mm。
3.厨房卫生间板现浇标高为-0.130m,其余未标板顶标高为-0.05m。
4.未标明240 圈梁均为Φ0.2。
5.厨房卫生间洞口墙体加强钢筋,测口每边2Φ12 L=洞宽+2×400。

QL1
(QL1a)

QL2
(QL2a)

QL3

QL1a
(QL1a)

QL6

QL4
(QL5)

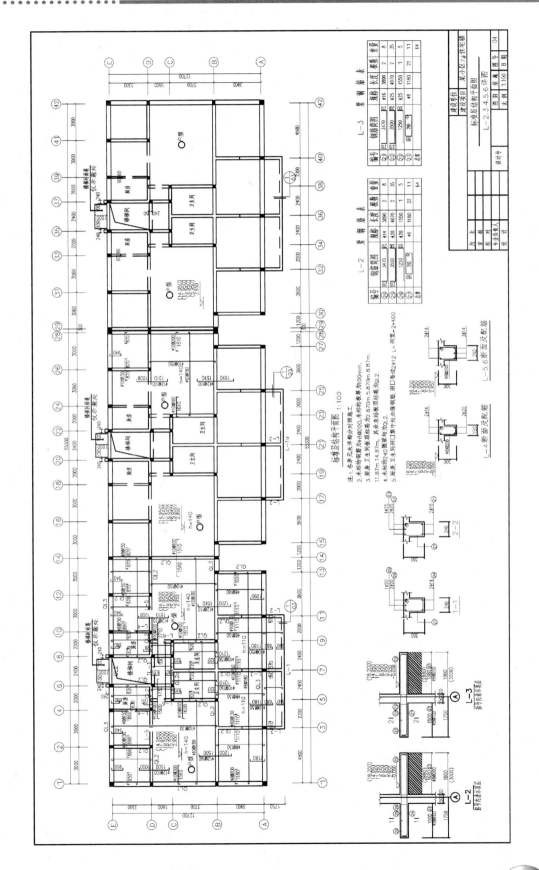

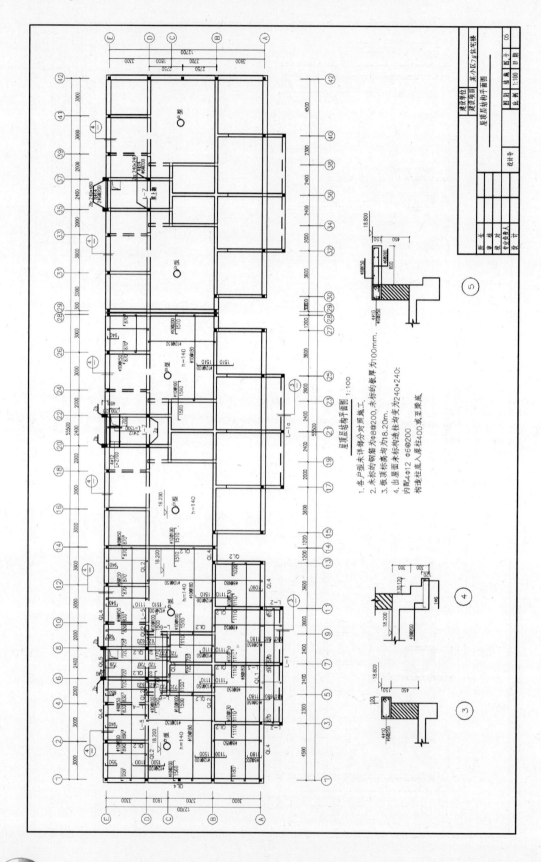

屋顶层结构平面图 1:100

1. 各户型未详部分对照施工。
2. 未标的钢筋均为φ8@200，未标的板厚为100mm。
3. 板顶标高均为18.20m。
4. 出屋面未标构造柱均变为240×240；
   内配4φ12 φ6@200
   构造柱底入房柱400或至梁底。

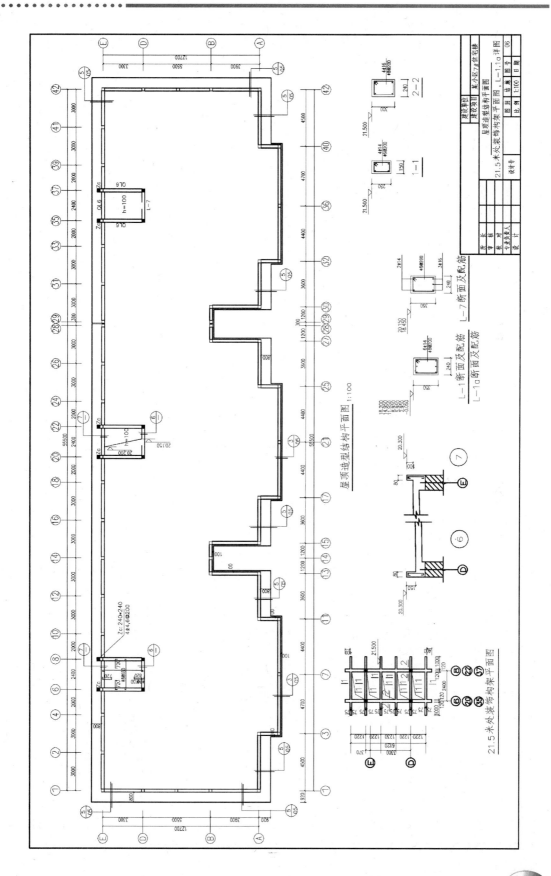

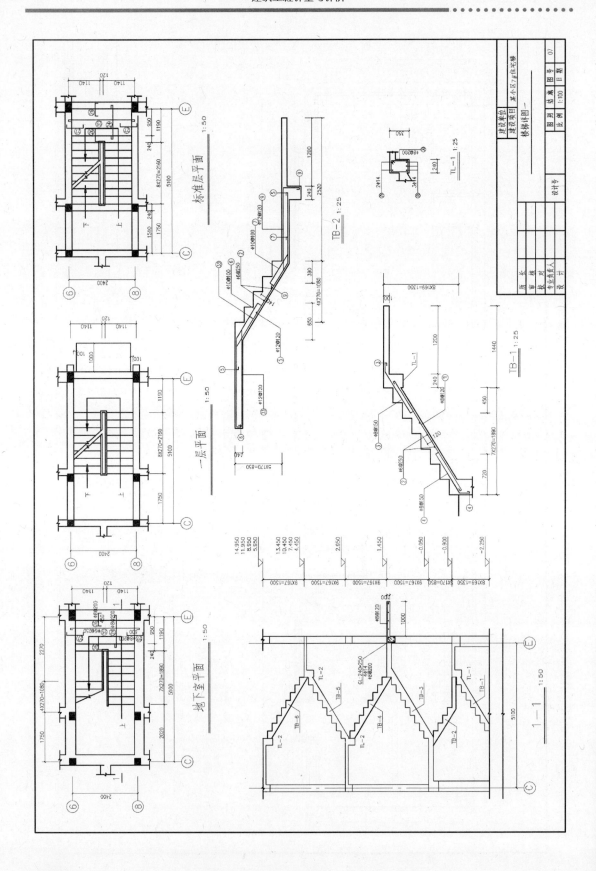

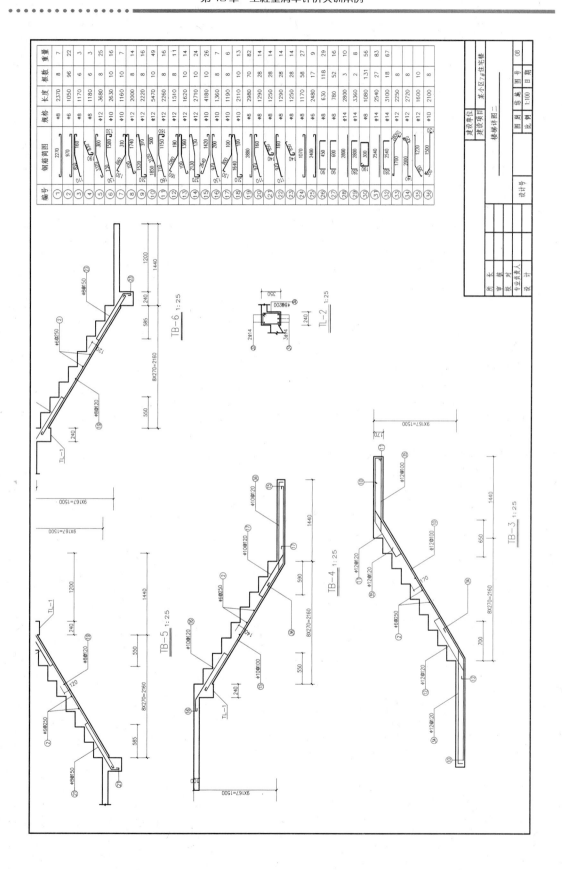

×× 市 某 建 筑 设 计 有 限 公 司

图 纸 目 录

建设单位: 设计号:

建设项目: 7#住宅楼   图 别: **结 施**

日   期: 页 数: 共 1 页 第 1 页

序 号	图 号	图　　　名	图 幅	备 注
1	结施"1"	结构设计总说明	A2	
2	结施"2"	基础平面布置图	A2+1/2	
3	结施"3"	＝0.00m 层结构平面图	A2+1/2	
4	结施"4"	标准层结构平面图　L—4.5.6详图	A2+1/2	
5	结施"5"	屋顶层结构平面图	A2+1/2	
6	结施"6"	水箱顶结构平面图?水箱详图	A2	
7	结施"7"	梁详图	A2+1/2	
8	结施"8"	楼梯详图	A2+1/2	
9				
10				
11				
12				
13				

　　　　__七号住宅楼__　　工程

招标工程量清单

招标人：_____

（单位盖章）

造价咨询人：_____

（单位盖章）

年　　月　　日

封-1

_____七号住宅楼_____工程

招标工程量清单

招标人：_____

（单位盖章）

造价咨询人：_____

（单位资质专用章）

法定代表人
或其授权人：_____

（签字或盖章）

法定代表人
或其授权人：_____

（签字或盖章）

编制人：_____

（造价人员签字盖专用章）

复核人：_____

（造价工程师签字盖专用章）

编制时间：　　　年　月　日　　　　　复核时间：　　　年　月　日

扉-1

总　说　明

工程名称：七号住宅楼　　　　　　　　　　　　　　　　　　　第 1 页　共 1 页

（1）本工程依据湖北省 2013 年定额及费用编制。

（2）工程结构形式为多层砖混结构，总高度为 19.25 m。

（3）本工程结构按七度进行抗震设计，基本地震加速度为 0.15 g，地震分组为第一组，建筑抗震设防类别为丙类。建筑安全等级为二级，建筑场地属三类场地，不液化、不具湿陷性。本工程的合理使用年限为 50 年。

（4）本工程基本风压取值为 0.4 kPa，基本雪压 0.25 kPa。

（5）室内正常环境为一类，室内潮湿。露天及土壤直接接触为二 B 类。

分部分项工程和单价措施项目清单与计价表

工程名称：七号住宅楼　　　　　　　标段：　　　　　　　　　　第1页　共6页

序号	项目编码	项目名称	项目特征描述	计量单位	工程量	综合单价	合价	其中暂估价
	A	房屋建筑与装饰工程						
	A.1	土石方工程						
1	010101001001	平整场地	土壤类别：三类、不液化、不具湿陷性	m²	762.76			
2	010101002001	挖一般土方	土壤类别：三类、不液化、不具湿陷性	m³	456.4			
3	010101004001	挖基坑土方	（1）土壤类别：三类；（2）挖土深度：2.75 m	m³	1158.1			
4	010103001001	回填方	（1）密实度要求：分层碾压密实；（2）填方材料品种：3∶7灰土	m³	349.43			
		分部小计						
	A.4	砌筑工程						
5	010401003001	实心砖墙	（1）砖品种、规格、强度等级：Mu10黏土实心砖；（2）砂浆强度等级、配合比：M10水泥砂浆砌筑；（3）墙体类型：外墙370 mm	m³	86.01			
6	010401003002	实心砖墙	（1）砖品种、规格、强度等级：Mu10黏土实心砖；（2）砂浆强度等级、配合比：M10水泥砂浆砌筑；（3）墙体类型：内墙370 mm	m³	135.89			
7	010401003003	实心砖墙	（1）砖品种、规格、强度等级：Mu10黏土实心砖；（2）砂浆强度等级、配合比：M10混合砂浆砌筑；（3）墙体类型：内墙	m³	9.73			
8	010401003004	实心砖墙	（1）砖品种、规格、强度等级：Mu10黏土实心砖；（2）砂浆强度等级、配合比：M10混合砂浆砌筑；（3）墙体类型：内墙	m³	246.1			
9	010401003005	实心砖墙	（1）砖品种、规格、强度等级：Mu10黏土实心砖；（2）砂浆强度等级、配合比：M10混合砂浆砌筑；（3）墙体类型：内墙	m³	169			
		本页小计						

注：为计取规费等的使用，可在表中增设其中"定额人工费"。

分部分项工程和单价措施项目清单与计价表

工程名称：七号住宅楼　　　　　　　　标段：　　　　　　　　第 2 页　共 6 页

序号	项目编码	项目名称	项目特征描述	计量单位	工程量	金额（元）		
						综合单价	合价	其中暂估价
10	010401003006	实心砖墙	（1）砖品种、规格、强度等级：Mu10 黏土实心砖； （2）砂浆强度等级、配合比：M5 混合砂浆砌筑； （3）墙体类型：内墙	m³	346.07			
11	010401003007	实心砖墙	（1）砖品种、规格、强度等级：Mu10 黏土实心砖； （2）砂浆强度等级、配合比：M5 混合砂浆砌筑； （3）墙体类型：内墙	m³	503.25			
12	010401003008	实心砖墙	（1）砖品种、规格、强度等级：Mu10 黏土实心砖； （2）砂浆强度等级、配合比：M5 混合砂浆砌筑； （3）墙体类型：内墙	m³	26.58			
13	010401005001	空心砖墙	（1）砖品种、规格、强度等级：黏土空心砖、黏土空心砖干容重<10 kPa； （2）砂浆强度等级、配合比：M5.0 混合砂浆； （3）2~6 层零星砌体	m³	2.74			
14	010401005002	空心砖墙	（1）砖品种、规格、强度等级：黏土空心砖、黏土空心砖干容重<10 kPa； （2）砂浆强度等级、配合比：M5.0 混合砂浆； （3）-1 层零星砌体	m³	5.59			
15	010401005003	空心砖墙	（1）砖品种、规格、强度等级：黏土空心砖、黏土空心砖干容重<10 kPa； （2）砂浆强度等级、配合比：M5.0 混合砂浆； （3）2~6 层内墙	m³	25.32			
16	010401011001	砖检查井	（1）砖品种、规格、强度等级：Mu10 黏土实心砖； （2）混凝土强度等级：C10； （3）检查井用砖	m³	7.21			
17	010401012001	零星砌砖	（1）砖品种、规格、强度等级：Mu10 黏土实心砖； （2）砂浆强度等级、配合比：M10 水泥砂浆砌筑	m³	0.5			
		分部小计						
			本页小计					

注：为计取规费等的使用，可在表中增设其中"定额人工费"。

分部分项工程和单价措施项目清单与计价表

工程名称：七号住宅楼　　　　　　　标段：　　　　　　　　第 3 页　共 6 页

序号	项目编码	项目名称	项目特征描述	计量单位	工程量	金额（元）		
						综合单价	合价	其中暂估价
	A.5	混凝土及钢筋混凝土工程						
18	010501001001	垫层	（1）混凝土种类：现浇混凝土；（2）混凝土强度等级：C10	m³	86.7			
19	010501004001	满堂基础	（1）混凝土种类：现浇混凝土；（2）混凝土强度等级：C20	m³	418.75			
20	010502002002	构造柱	（1）混凝土种类：现浇混凝土；（2）混凝土强度等级：C20	m³	168.32			
21	010503002001	矩形梁	（1）混凝土种类：现浇混凝土；（2）混凝土强度等级：C20	m³	33.79			
22	010503004001	圈梁	（1）混凝土种类：现浇混凝土；（2）混凝土强度等级：C20	m³	112.7			
23	010503005001	过梁	（1）混凝土种类：现浇混凝土；（2）混凝土强度等级：C20	m³	60.26			
24	010505003001	平板	（1）混凝土种类：现浇混凝土；（2）混凝土强度等级：C20	m³	581.98			
25	010505006001	栏板	（1）混凝土种类：现浇混凝土；（2）混凝土强度等级：C20	m³	18.49			
26	010505007001	天沟（檐沟）、挑檐板	（1）混凝土种类：现浇混凝土；（2）混凝土强度等级：C20	m³	14.43			
27	010505008001	雨棚、悬挑板、阳台板	（1）混凝土种类：现浇混凝土；（2）混凝土强度等级：C20	m³	5.88			
28	010506001001	直形楼梯	（1）混凝土种类：现浇混凝土；（2）混凝土强度等级：C20	m²	182.06			
29	010507005001	扶手、压顶	（1）混凝土种类：现浇混凝土；（2）混凝土强度等级：C20	m³	2.42			
30	010515001001	现浇构件钢筋	钢筋种类、规格：Φ20、圆钢筋	t	71.229			
31	010515001002	现浇构件钢筋	钢筋种类、规格：Φ20、圆钢筋	t	29.419			
32	010515001003	现浇构件钢筋	钢筋种类、规格：Φ20、螺纹钢筋	t	41.319			
33	010515001004	现浇构件钢筋	钢筋种类、规格：Φ22、螺纹钢筋	t	1.245			
		分部小计						
		本页小计						

注：为计取规费等的使用，可在表中增设其中"定额人工费"。

分部分项工程和单价措施项目清单与计价表

工程名称：七号住宅楼　　　　　　　　标段：　　　　　　　第 4 页　共 6 页

序号	项目编码	项目名称	项目特征描述	计量单位	工程量	综合单价	合价	其中暂估价
						金额（元）		
	A.6	金属结构工程						
34	010606008001	钢梯	（1）钢材品种、规格：25a 槽型、25b 槽型；（2）钢梯形式：爬式	t	0.1			
35	010606009001	钢护栏	钢材品种、规格：25a 槽型、25b 槽型、20A 角钢	t	2.16			
		分部小计						
	A.8	门窗工程						
36	010801001001	木质门	门代号及洞口尺寸：900×1900 夹板门	m²	61.6			
37	010801006001	门锁安装	锁品种：子弹锁	个	36			
38	010802004001	防盗门	（1）门代号及洞口尺寸：1000×2100；（2）门框、扇材质：轻型钢材	m²	75.6			
39	010805001001	电子感应门	（1）门代号及洞口尺寸：1500×2100；（2）门材质：电子楼宇对讲门	樘	3			
40	010807001001	金属（塑钢、断桥）窗	（1）窗代号及洞口尺寸：800×500；（2）框、扇材质：仿制 70 系列塑钢推拉窗	m²	3.24			
41	010807001002	金属（塑钢、断桥）窗	（1）窗代号及洞口尺寸：1200×1200、2000×1600、1100×1600、960×1600、1500×1600、600×400；（2）框、扇材质：仿制 70 系列塑钢推拉窗部分含纱窗	m²	969.6			
		分部小计						
	A.9	屋面及防水工程						
42	010902006001	屋面（廊、阳台）泄（吐）水管	吐水管品种、规格：φ100mm 塑料材质	个	11			
43	010902006002	屋面（廊、阳台）泄（吐）水管	吐水管品种、规格：φ100mm，PVC 材质	个	209			
		分部小计						
		本页小计						

注：为计取规费等的使用，可在表中增设其中"定额人工费"。

分部分项工程和单价措施项目清单与计价表

工程名称：七号住宅楼 　　　　　　标段：　　　　　　第 5 页　共 6 页

序号	项目编码	项目名称	项目特征描述	计量单位	工程量	金额（元）		
						综合单价	合价	其中暂估价
	A.10	保温、隔热、防腐工程						
44	011001005001	保温隔热楼地面	（1）保温隔热部位：楼面；（2）保温隔热材料品种：聚苯乙烯泡沫塑料板	m²	43.19			
		分部小计						
	A.11	楼地面装饰工程						
45	011101001001	水泥砂浆楼地面	找平层厚度、砂浆配合比：3∶7灰土	m²	36.23			
46	011101001002	水泥砂浆屋面	找平层厚度、砂浆配合比：1∶3水泥砂浆找平层厚度20mm	m²	771			
47	011101001003	水泥砂浆楼地面	砂浆配合比：水泥拌和1∶6	m²	57.58			
48	011101003001	细石混凝土楼地面	面层厚度、混凝土强度等级：C20~C15 厚度 30mm	m²	575			
49	011101003002	细石混凝土楼地面	厚度每增减 5mm	m²	575			
50	011101003003	细石混凝土楼地面	水泥砂浆，加浆抹光，随意捣随意抹	m²	476.2			
51	011101003004	细石混凝土楼地面	砂浆配合比：1∶3	m²	498			
		分部小计						
	A.12	墙、柱面装饰与隔断、幕墙工程						
52	011201002001	墙面装饰抹灰	（1）墙体类型：直行墙；（2）面层厚度、砂浆配合比：20mm厚、1∶3水泥砂浆水刷石、（12+12）mm	m²	9334			
53	011201002002	墙面装饰抹灰	（1）墙体类型：直行墙；（2）面层厚度、砂浆配合比：20mm厚、1∶3水泥砂浆水刷石、（15+5）mm	m²	2421			
54	011201002003	墙面装饰抹灰	（1）墙体类型：直行墙；（2）面层厚度、砂浆配合比：20mm厚、1∶3水泥砂浆	m²	2421			
55	011203001001	零星项目一般抹灰	（1）墙体类型：直行墙；（2）面层厚度、砂浆配合比：20mm厚、石灰	m²	329			
		分部小计						
		本页小计						

注：为计取规费等的使用，可在表中增设其中"定额人工费"。

分部分项工程和单价措施项目清单与计价表

工程名称：七号住宅楼　　　　　　　标段：　　　　　　　第 6 页　共 6 页

序号	项目编码	项目名称	项目特征描述	计量单位	工程量	综合单价	合价	其中暂估价
	A.14	油漆、涂料、裱糊工程						
56	011401001001	木门油漆	刮腻子、底漆一遍，调和漆两遍，单层木门	m²	61.6			
57	011405001001	金属面油漆	红丹防锈漆一遍，其他金属面	t	2.26			
58	011405001002	金属面油漆	调和漆两遍，其他金属面	t	2.26			
		分部小计						
	A.17	措施项目						
59	011701001001	综合脚手架	（1）建筑结构形式：砖混结构；（2）檐口高度：檐高 20m 以下	m²	5325.8			
60	011701006001	满堂脚手架	钢管架，基本层~基本一层	m²	852.5			
61	011702001001	基础	基础类型：筏板基础	m²	65.5			
62	011702003001	构造柱	组合钢模板支撑高度 3.6 m	m²	1071			
63	011702006001	矩形梁	支撑高度：3.6 m	m²	479			
64	011702008001	圈梁	直行，钢模板，支撑高度 3.6 m	m²	855			
65	011702008002	圈梁	直行，钢模板，支撑高度 3.6 m	m²	19.6			
66	011702009001	过梁	钢模板，支撑高度 3.6 m	m²	666			
67	011702016001	平板	钢模板，支撑模板高度 3.6 m	m²	4174			
68	011702021001	栏板	木模板	m²	462.2			
69	011702022001	天沟、檐沟	直行木模板	m²	130.2			
70	011702023001	雨棚、悬挑板、阳台板	构件类型：现浇构件、直行木模板	m²	5.88			
71	011702024001	楼梯	类型：直行木模板	m²	182.06			
72	011702028001	扶手	木模板、木支撑	m²	47.5			
73	011703001001	垂直运输	（1）建筑物建筑类型及结构形式：砖混结构；（2）建筑物檐口高度、层数：檐高 20m 以内，6 层	m²	5325.8			
		分部小计						
		分部小计						
		措施项目						
		分部小计						

注：为计取规费等的使用，可在表中增设其中"定额人工费"。

其他项目清单与计价汇总表

工程名称：七号住宅楼　　　　　　　　标段：　　　　　　　第 1 页　共 1 页

序号	项目名称	金额（元）	结算金额（元）	备注
1	暂列金额	100000		
2	暂估价			
2.1	材料暂估价	—		
2.2	专业工程暂估价			
3	计日工			
4	总承包服务费			
5	索赔与现场签证			
合　计				—

计 日 工 表

工程名称：七号住宅楼　　　　　　　　标段：　　　　　　　第 1 页　共 1 页

编号	项目名称	单位	暂定数量	单价	合价
	计日工（房屋建筑工程）				
1	人工				
	技工	工日	170		
	普工	工日	300		
	高级技工	工日	97		
	人工小计				
2	利润				
	总计				

注：此表项目名称、暂定数量由招标人填写，编制招标控制价时，单价由招标人按有关计价规定确定；
　　投标时，单价由投标人自主报价，按暂定数量计算合价计入投标总价中。结算时，按发承包双方
　　确认的实际数量计算合价。

总价措施项目清单与计价表

工程名称：七号住宅楼　　　　　　　　　　标段：　　　　　　　　　　第 1 页　共 1 页

项目编码	项目名称	计算基础	费率（%）	调整费率(%)	调整后金额（元）	备注
2.1	安全文明施工费					
011707001001	安全文明施工费[房屋建筑工程(12层以下或檐高≤40 m)]	建筑工程人工费+建筑工程机械费	13.28			
011707001002	安全文明施工费（装饰工程）	装饰装修工程人工费+装饰装修工程机械费	5.81			
011707001003	安全文明施工费（土石方工程）	土石方工程人工费+土石方工程机械费	3.46			
2.2	夜间施工增加费					
011707002001	夜间施工增加费（房屋建筑工程）	建筑工程人工费+建筑工程机械费	0.15			
011707002002	夜间施工增加费（装饰工程）	装饰装修工程人工费+装饰装修工程机械费	0.15			
011707002003	夜间施工增加费（土石方工程）	土石方工程人工费+土石方工程机械费	0.15			
2.3	二次搬运					
2.4	冬雨季施工增加费					
011707005001	冬雨季施工增加费（房屋建筑工程）	建筑工程人工费+建筑工程机械费	0.37			
011707005002	冬雨季施工增加费（装饰工程）	装饰装修工程人工费+装饰装修工程机械费	0.37			
011707005003	冬雨季施工增加费（土石方工程）	土石方工程人工费+土石方工程机械费	0.37			
2.5	工程定位复测费					
01B997	工程定位复测费（房屋建筑工程）	建筑工程人工费+建筑工程机械费	0.13			
01B998	工程定位复测费（装饰工程）	装饰装修工程人工费+装饰装修工程机械费	0.13			
01B999	工程定位复测费（土石方工程）	土石方工程人工费+土石方工程机械费	0.13			
合计						

编制人（造价人员）：　　　　　　　　　　　　复核人（造价工程师）：

注：（1）"计算基础"中安全文明施工费可为"定额基价"、"定额人工费"或"定额人工费+定额机械费"，其他项目可为"定额人工费"或"定额人工费+定额机械费"。

（2）按施工方案计算的措施费，若无"计算基础"和"费率"的数值，也可只填"金额"数值，但应在备注栏说明施工方案出处或计算方法。

规费、税金项目计价表

工程名称：七号住宅楼　　　　　　　　　标段：　　　　　　　　　第 1 页　共 2 页

序号	项目名称	计算基础	计算费率（%）	金额
1	规费	社会保险费+住房公积金+工程排污费		
1.1	社会保险费	养老保险金+失业保险金+医疗保险金+工伤保险金+生育保险金		
1.1.1	养老保险金	房屋建筑工程+装饰工程+通用安装工程+土石方工程		
1.1.1.1	房屋建筑工程	建筑工程人工费+建筑工程机械费+其他项目建筑工程人工费+其他项目建筑工程机械费	11.68	
1.1.1.2	装饰工程	装饰装修工程人工费+装饰装修工程机械费+其他项目装饰工程人工费+其他项目装饰工程机械费	5.26	
1.1.1.4	土石方工程	土石方工程人工费+土石方工程机械费+其他项目土石方工程人工费+其他项目土石方工程机械费	2.89	
1.1.2	失业保险金	房屋建筑工程+装饰工程+通用安装工程+土石方工程		
1.1.2.1	房屋建筑工程	建筑工程人工费+建筑工程机械费+其他项目建筑工程人工费+其他项目建筑工程机械费	1.17	
1.1.2.2	装饰工程	装饰装修工程人工费+装饰装修工程机械费+其他项目装饰工程人工费+其他项目装饰工程机械费	0.52	
1.1.2.4	土石方工程	土石方工程人工费+土石方工程机械费+其他项目土石方工程人工费+其他项目土石方工程机械费	0.29	
1.1.3	医疗保险金	房屋建筑工程+装饰工程+通用安装工程+土石方工程		
1.1.3.1	房屋建筑工程	建筑工程人工费+建筑工程机械费+其他项目建筑工程人工费+其他项目建筑工程机械费	3.7	
1.1.3.2	装饰工程	装饰装修工程人工费+装饰装修工程机械费+其他项目装饰工程人工费+其他项目装饰工程机械费	1.54	
1.1.3.4	土石方工程	土石方工程人工费+土石方工程机械费+其他项目土石方工程人工费+其他项目土石方工程机械费	0.91	
1.1.4	工伤保险金	房屋建筑工程+装饰工程+通用安装工程+土石方工程		
1.1.4.1	房屋建筑工程	建筑工程人工费+建筑工程机械费+其他项目建筑工程人工费+其他项目建筑工程机械费	1.36	
1.1.4.2	装饰工程	装饰装修工程人工费+装饰装修工程机械费+其他项目装饰工程人工费+其他项目装饰工程机械费	0.61	
1.1.4.4	土石方工程	土石方工程人工费+土石方工程机械费+其他项目土石方工程人工费+其他项目土石方工程机械费	0.34	
1.1.5	生育保险金	房屋建筑工程+装饰工程+通用安装工程+土石方工程		

编制人（造价人员）：　　　　　　　　　　　复核人（造价工程师）：

规费、税金项目计价表

工程名称：七号住宅楼　　　　　　　　标段：　　　　　　　　第 2 页　共 2 页

序号	项目名称	计算基础	计算费率（%）	金额
1.1.5.1	房屋建筑工程	建筑工程人工费+建筑工程机械费+其他项目建筑工程人工费+其他项目建筑工程机械费	0.58	
1.1.5.2	装饰工程	装饰装修工程人工费+装饰装修工程机械费+其他项目装饰工程人工费+其他项目装饰工程机械费	0.25	
1.1.5.4	土石方工程	土石方工程人工费+土石方工程机械费+其他项目土石方工程人工费+其他项目土石方工程机械费	0.14	
1.2	住房公积金	房屋建筑工程+装饰工程+通用安装工程+土石方工程		
1.2.1	房屋建筑工程	建筑工程人工费+建筑工程机械费+其他项目建筑工程人工费+其他项目建筑工程机械费	4.87	
1.2.2	装饰工程	装饰装修工程人工费+装饰装修工程机械费+其他项目装饰工程人工费+其他项目装饰工程机械费	2.06	
1.2.4	土石方工程	土石方工程人工费+土石方工程机械费+其他项目土石方工程人工费+其他项目土石方工程机械费	1.2	
1.3	工程排污费	房屋建筑工程+装饰工程+通用安装工程+土石方工程		
1.3.1	房屋建筑工程	建筑工程人工费+建筑工程机械费+其他项目建筑工程人工费+其他项目建筑工程机械费	1.36	
1.3.2	装饰工程	装饰装修工程人工费+装饰装修工程机械费+其他项目装饰工程人工费+其他项目装饰工程机械费	0.71	
1.3.4	土石方工程	土石方工程人工费+土石方工程机械费+其他项目土石方工程人工费+其他项目土石方工程机械费	0.34	
五	安全技术服务费	分部分项工程费+措施项目合计+其他项目费+规费-分部分项设备费	0.12	
2	税　金	分部分项工程费+措施项目合计+其他项目费+规费+税前包干项目	3.48	
		合计		

编制人（造价人员）：　　　　　　　　　　　复核人（造价工程师）：

_____七号住宅楼_____工程

招标控制价

招标人：_____

（单位盖章）

造价咨询人：_____

（单位盖章）

年　月　日

封-2

_____七号住宅楼_____工程

招标控制价

招标控制价　（小写）：_____5，123，996.13_____

　　　　　　（大写）：_____伍佰壹拾贰万叁仟玖佰玖拾陆元壹角叁分_____

招标人：_____
（单位盖章）

造价咨询人：_____
（单位资质专用章）

法定代表人
或其授权人：_____
（签字或盖章）

法定代表人
或其授权人：_____
（签字或盖章）

编制人：_____
（造价人员签字盖专用章）

复核人：_____
（造价工程师签字盖专用章）

编制时间：　年　月　日

复核时间：　年　月　日

扉-2

总 说 明

工程名称：七号住宅楼 第1页 共1页

（1）本工程依据湖北省 2013 年定额及费用编。

（2）工程结构形式为多层砖混结构，总高度为 19.25 m。

（3）本工程结构按七度进行抗震设计，基本地震加速度为 0.15 g，地震分组为第一组，建筑抗震设防类别为丙类。建筑安全等级为二级，建筑场地属三类场地，不液化、不具湿陷性。本工程的合理使用年限为 50 年。

（4）本工程基本风压取值为 0.4 kPa，基本雪压 0.25 kPa。

（5）室内正常环境为一类，室内潮湿。露天及土壤直接接触为二 B 类。

单位工程招标控制价汇总表

工程名称：七号住宅楼　　　　　　标段：　　　　　　　　第1页　共1页

序号	汇总内容	金额（元）	其中：暂估价（元）
一	分部分项工程费	4316102.28	
1.1	房屋建筑与装饰工程	4316102.28	
1.1	其中：人工费	1405398.52	
1.2	其中：施工机具使用费	153801.47	
二	措施项目合计	170178.2	
2.1	单价措施项目费		
2.1.1	其中：人工费		
2.2.2	其中：施工机具使用费		
2.2	总价措施项目费	170178.2	
三	其他项目费	155570.62	—
3.1	其中：人工费	47026	
3.2	其中：施工机具使用费		
四	规　费	309826.64	—
五	安全技术服务费	5942.01	—
六	税前包干项目		
七	税　金	172318.39	—
八	税后包干项目		
九	含税工程造价	5123996.13	
	招标控制价合计：	5，123，996.13	0

注：本表适用于单位工程招标控制价或投标报价的汇总，如无单位工程划分，单项工程也使用本表汇总。

分部分项工程和单价措施项目清单与计价表

工程名称：七号住宅楼　　　　　　　　标段：　　　　　　　　第 1 页　共 7 页

序号	项目编码	项目名称	项目特征描述	计量单位	工程量	综合单价	合价	其中暂估价
	A	房屋建筑与装饰工程						
	A.1	土石方工程						
1	010101001001	平整场地	土壤类别：三类、不液化不具湿陷性	m²	762.76	2.38	1815.37	
2	010101002001	挖一般土方	土壤类别：三类、不液化不具湿陷性	m³	456.4	265.68	121256.35	
3	010101004001	挖基坑土方	（1）土壤类别：三类；（2）挖土深度：2.75m	m³	1158.1	0.62	718.02	
4	010103001001	回填方	（1）密实度要求：分层碾压密实；（2）填方材料品种：3∶7灰土	m³	349.43	0.81	283.04	
		分部小计					124072.78	
	A.4	砌筑工程						
5	010401003001	实心砖墙	（1）砖品种、规格、强度等级：Mu10黏土实心砖；（2）砂浆强度等级、配合比：M10水泥砂浆砌筑；（3）墙体类型：外墙370mm	m³	86.01	506.53	43566.65	
6	010401003002	实心砖墙	（1）砖品种、规格、强度等级：Mu10黏土实心砖；（2）砂浆强度等级、配合比：M10水泥砂浆砌筑；（3）墙体类型：内墙370mm	m³	135.89	458.55	62312.36	
7	010401003003	实心砖墙	（1）砖品种、规格、强度等级：Mu10黏土实心砖；（2）砂浆强度等级、配合比：M10混合砂浆砌筑；（3）墙体类型：内墙	m³	9.73	552.55	5376.31	
8	010401003004	实心砖墙	（1）砖品种、规格、强度等级：Mu10黏土实心砖；（2）砂浆强度等级、配合比：M10混合砂浆砌筑；（3）墙体类型：内墙	m³	246.1	458.55	112849.16	
9	010401003005	实心砖墙	（1）砖品种、规格、强度等级：Mu10黏土实心砖；（2）砂浆强度等级、配合比：M10混合砂浆砌筑；（3）墙体类型：内墙	m³	169	458.55	77494.95	
		本页小计					425672.21	

注：为计取规费的使用，可在表中增设其中："定额人工费"。

分部分项工程和单价措施项目清单与计价表

工程名称：七号住宅楼　　　　　　　标段：　　　　　　　第 2 页　共 7 页

序号	项目编码	项目名称	项目特征描述	计量单位	工程量	金额（元）		
						综合单价	合价	其中 暂估价
10	010401003006	实心砖墙	（1）砖品种、规格、强度等级：Mu10黏土实心砖； （2）砂浆强度等级、配合比：M5 混合砂浆砌筑； （3）墙体类型：内墙	m³	346.07	377.06	130489.15	
11	010401003007	实心砖墙	（1）砖品种、规格、强度等级：Mu10黏土实心砖； （2）砂浆强度等级、配合比：M5 混合砂浆砌筑； （3）墙体类型：内墙	m³	503.25	377.06	189755.45	
12	010401003008	实心砖墙	（1）砖品种、规格、强度等级：Mu10黏土实心砖； （2）砂浆强度等级、配合比：M5 混合砂浆砌筑； （3）墙体类型：内墙	m³	26.58	377.06	10022.25	
13	010401005001	空心砖墙	（1）砖品种、规格、强度等级：黏土空心砖、黏土空心砖干容重<10kPa； （2）砂浆强度等级、配合比：M5.0 混合砂浆； （3）2~6 层零星砌体	m³	2.74	511.96	1402.77	
14	010401005002	空心砖墙	（1）砖品种、规格、强度等级：黏土空心砖、黏土空心砖干容重<10kPa； （2）砂浆强度等级、配合比：M5.0 混合砂浆； （3）-1 层零星砌体	m³	5.59	511.96	2861.86	
15	010401005003	空心砖墙	（1）砖品种、规格、强度等级：黏土空心砖、黏土空心砖干容重<10kPa； （2）砂浆强度等级、配合比：M5.0 混合砂浆； （3）2~6 层内墙	m³	25.32	511.96	12962.83	
16	010401011001	砖检查井	（1）砖品种、规格、强度等级：Mu10黏土实心砖； （2）混凝土强度等级：C10； （3）检查井用砖	m³	7.21	491.1	3540.83	
17	010401012001	零星砌砖	（1）砖品种、规格、强度等级：Mu10黏土实心砖； （2）砂浆强度等级、配合比：M10 水泥砂浆砌筑	m³	0.5	430.86	215.43	
		分部小计					652850	
			本页小计				351250.57	

注：为计取规费的使用，可在表中增设其中："定额人工费"。

分部分项工程和单价措施项目清单与计价表

工程名称：七号住宅楼　　　　　　　标段：　　　　　　　　　第 3 页　共 7 页

序号	项目编码	项目名称	项目特征描述	计量单位	工程量	金额（元）		
						综合单价	合价	其中暂估价
	A.5	混凝土及钢筋混凝土工程						
18	010501001001	垫层	（1）混凝土种类：现浇混凝土； （2）混凝土强度等级：C10	m³	86.7	395.87	34321.93	
19	010501004001	满堂基础	（1）混凝土种类：现浇混凝土； （2）混凝土强度等级：C20	m³	418.75	411.42	172282.13	
20	010502002002	构造柱	（1）混凝土种类：现浇混凝土； （2）混凝土强度等级：C20	m³	168.32	486.8	81938.18	
21	010503002001	矩形梁	（1）混凝土种类：现浇混凝土； （2）混凝土强度等级：C20	m³	33.79	432.57	14616.54	
22	010503004001	圈梁	（1）混凝土种类：现浇混凝土； （2）混凝土强度等级：C20	m³	112.7	510.46	57528.84	
23	010503005001	过梁	（1）混凝土种类：现浇混凝土； （2）混凝土强度等级：C20	m³	60.26	530.18	31948.65	
24	010505003001	平板	（1）混凝土种类：现浇混凝土； （2）混凝土强度等级：C20	m³	581.98	501.81	292043.38	
25	010505006001	栏板	（1）混凝土种类：现浇混凝土； （2）混凝土强度等级：C20	m³	18.49	512.79	9481.49	
26	010505007001	天沟（檐沟）、挑檐板	（1）混凝土种类：现浇混凝土； （2）混凝土强度等级：C20	m³	14.43	521.16	7520.34	
27	010505008001	雨棚、悬挑板、阳台板	（1）混凝土种类：现浇混凝土； （2）混凝土强度等级：C20	m³	5.88	513.93	3021.91	
28	010506001001	直形楼梯	（1）混凝土种类：现浇混凝土； （2）混凝土强度等级：C20	m²	182.06	133.5	24305.01	
			本页小计				729008.4	

注：为计取规费的使用，可在表中增设其中："定额人工费"。

分部分项工程和单价措施项目清单与计价表

工程名称：七号住宅楼　　　　　　　　标段：　　　　　　　　第 4 页 共 7 页

序号	项目编码	项目名称	项目特征描述	计量单位	工程量	综合单价	合价	其中暂估价
29	010507005001	扶手、压顶	（1）混凝土种类：现浇混凝土； （2）混凝土强度等级：C20	m³	2.42	12.03	29.11	
30	010515001001	现浇构件钢筋	钢筋种类、规格：Φ20、圆钢筋	t	71.229	5213.05	371320.34	
31	010515001002	现浇构件钢筋	钢筋种类、规格：Φ20、圆钢筋	t	29.419	4915.02	144594.97	
32	010515001003	现浇构件钢筋	钢筋种类、规格：Φ20、螺纹钢筋	t	41.319	5187.23	214331.16	
33	010515001004	现浇构件钢筋	钢筋种类、规格：Φ22、螺纹钢筋	t	1.245	5084.36	6330.03	
		分部小计					1465614.01	
	A.6	金属结构工程						
34	010606008001	钢梯	（1）钢材品种、规格：25a 槽型、25b 槽型； （2）钢梯形式：爬式	t	0.1	11869.8	1186.98	
35	010606009001	钢护栏	钢材品种、规格：25a 槽型、25b 槽型、20A 角钢	t	2.16	9583.95	20701.33	
		分部小计					21888.31	
	A.8	门窗工程						
36	010801001001	木质门	门代号及洞口尺寸：900×1900 夹板门	m²	61.6	586.74	36143.18	
37	010801006001	门锁安装	锁品种：子弹锁	个	36	19.67	708.12	
38	010802004001	防盗门	（1）门代号及洞口尺寸：1000×2100； （2）门框、扇材质：轻型钢材	m²	75.6	324.03	24496.67	
39	010805001001	电子感应门	（1）门代号及洞口尺寸：1500×2100； （2）门材质：电子楼宇对讲门	樘	3	3060.99	9182.97	
40	010807001001	金属（塑钢、断桥）窗	（1）窗代号及洞口尺寸：800×500； （2）框、扇材质：仿制 70 系列塑钢推拉窗	m²	3.24	644.81	2089.18	
		本页小计					831114.04	

注：为计取规费的使用，可在表中增设其中："定额人工费"。

分部分项工程和单价措施项目清单与计价表

工程名称：七号住宅楼　　　　　　标段：　　　　　　第 5 页　共 7 页

序号	项目编码	项目名称	项目特征描述	计量单位	工程量	综合单价	合价	其中暂估价
41	010807001002	金属（塑钢、断桥）窗	（1）窗代号及洞口尺寸：1200×1200、2000×1600、1100×1600、960×1600、1500×1600、600×400、1500×500、895×500；（2）框、扇材质：仿制70系列塑钢推拉窗部分含纱窗	m²	969.6	353.89	343131.74	
		分部小计					415751.86	
	A.9	屋面及防水工程						
42	010902006001	屋面（廊、阳台）泄（吐）水管	吐水管品种、规格：φ100mm，塑料材质	个	11	59.86	658.46	
43	010902006002	屋面（廊、阳台）泄（吐）水管	吐水管品种、规格：φ100mm，PVC材质	个	209	60.29	12600.61	
		分部小计					13259.07	
	A.10	保温、隔热、防腐工程						
44	011001005001	保温隔热楼地面	（1）保温隔热部位：楼面；（2）保温隔热材料品种：聚苯乙烯泡沫塑料板	m²	43.19	1873.56	80919.06	
		分部小计					80919.06	
	A.11	楼地面装饰工程						
45	011101001001	水泥砂浆楼地面	找平层厚度、砂浆配合比：3:7灰土	m²	36.23	163.82	5935.2	
46	011101001002	水泥砂浆屋面	找平层厚度、砂浆配合比：1:3水泥砂浆找平层厚度20mm	m²	771	15.4	11873.4	
47	011101001003	水泥砂浆楼地面	砂浆配合比：水泥拌和1:6	m²	57.58	274.36	15797.65	
48	011101003001	细石混凝土楼地面	面层厚度、混凝土强度等级：C20~C15，厚度30mm	m²	575	17.8	10235	
49	011101003002	细石混凝土楼地面	厚度每增减5mm	m²	575	2.92	1679	
50	011101003003	细石混凝土楼地面	水泥砂浆，加浆抹光，可随意捣抹	m²	476.2	17.8	8476.36	
51	011101003004	细石混凝土楼	砂浆配合比：配合比1:3	m²	498	23.03	11468.94	
		本页小计					502775.42	

注：为计取规费的使用，可在表中增设其中："定额人工费"。

分部分项工程和单价措施项目清单与计价表

工程名称：七号住宅楼　　　　　　　标段：　　　　　　　第 6 页　共 7 页

序号	项目编码	项目名称	项目特征描述	计量单位	工程量	综合单价	合价	其中暂估价
		地面						
		分部小计					65465.55	
	A.12	墙、柱面装饰与隔断、幕墙工程						
52	011201002001	墙面装饰抹灰	（1）墙体类型：直行墙；（2）面层厚度、砂浆配合比：20mm 厚、1∶3 水泥砂浆水刷石、（12+12）mm	m²	9334	49.82	465019.88	
53	011201002002	墙面装饰抹灰	（1）墙体类型：直行墙；（2）面层厚度、砂浆配合比：20mm 厚、1∶3 水泥砂浆水刷石、（15+5）mm	m²	2421	49.82	120614.22	
54	011201002003	墙面装饰抹灰	（1）墙体类型：直行墙；（2）面层厚度、砂浆配合比：20mm 厚、1∶3 水泥砂浆	m²	2421	6.32	15300.72	
55	011203001001	零星项目一般抹灰	（1）墙体类型：直行墙；（2）面层厚度、砂浆配合比：20mm 厚、石灰	m²	329	49.1	16153.9	
		分部小计					617088.72	
	A.14	油漆、涂料、裱糊工程						
56	011401001001	木门油漆	刮腻子、底漆一遍调和漆两遍单层木门	m²	61.6	32.05	1974.28	
57	011405001001	金属面油漆	红丹防锈漆一遍其他金属面	t	2.26	189.18	427.55	
58	011405001002	金属面油漆	调和漆两遍其他金属面	t	2.26	316.02	714.21	
		分部小计					3116.04	
	A.17	措施项目						
59	011701001001	综合脚手架	（1）建筑结构形式：砖混结构；（2）檐口高度：檐高 20m 以下	m²	5325.8	28.43	151412.49	
60	011701006001	满堂脚手架	钢管架，基本层~基本一层	m²	852.5	8.7	7416.75	
61	011702001001	基础	基础类型：筏板基础	m²	65.5	52.3	3425.65	
62	011702003001	构造柱	组合钢模板支撑高度 3.6m	m²	1071	67.85	72667.35	
63	011702006001	矩形梁	支撑高度：3.6m	m²	479	77.53	37136.87	
		本页小计					892263.87	

注：为计取规费的使用，可在表中增设其中："定额人工费"。

分部分项工程和单价措施项目清单与计价表

工程名称：七号住宅楼　　　　　　　　　标段：　　　　　　　　第 7 页　共 7 页

序号	项目编码	项目名称	项目特征描述	计量单位	工程量	金额（元）		
						综合单价	合价	其中暂估价
64	011702008001	圈梁	直行，钢模板，支撑高度 3.6m	m²	855	58.71	50197.05	
65	011702008002	圈梁	直行，钢模板，支撑高度 3.6m	m²	19.6	58.71	1150.72	
66	011702009001	过梁	钢模板，支撑高度 3.6m	m²	666	104.42	69543.72	
67	011702016001	平板	钢模板，支撑模板高度 3.6m	m²	4174	61.02	254697.48	
68	011702021001	栏板	木模板	m²	462.2	74.74	34544.83	
69	011702022001	天沟、檐沟	直行木模板	m²	130.2	96.26	12533.05	
70	011702023001	雨棚、悬挑板、阳台板	构件类型：现浇构件、直行木模板	m²	5.88	171.06	1005.83	
71	011702024001	楼梯	类型：直行木模板	m²	182.06	213.84	38931.71	
72	011702028001	扶手	木模板、木支撑	m²	47.5	75.93	3606.68	
73	011703001001	垂直运输	（1）建筑物建筑类型及结构形式：砖混结构；（2）建筑物檐口高度、层数：檐高 20m 以内，6 层	m²	5325.8	22.12	117806.7	
		分部小计					856076.88	
		分部小计					4316102.28	
		措施项目						
		分部小计						
		本页小计					584017.77	
		合计					4316102.28	

注：为计取规费的使用，可在表中增设其中："定额人工费"。

总价措施项目清单与计价表

工程名称：七号住宅楼　　　　　　　　　　标段：　　　　　　　　　　第 1 页　共 1 页

项目编码	项目名称	计算基础	费率（%）	金额（元）	调整费率（%）	调整后金额（元）	备注
2.1	安全文明施工费			160043.4			
011707001001	安全文明施工费[房屋建筑工程（12层以下或檐高≤40m）]	建筑工程人工费+建筑工程机械费	13.28	128078.66			
011707001002	安全文明施工费（装饰工程）	装饰装修工程人工费+装饰装修工程机械费	5.81	28150.84			
011707001003	安全文明施工费（土石方工程）	土石方工程人工费+土石方工程机械费	3.46	3813.9			
2.2	夜间施工增加费			2338.8			
011707002001	夜间施工增加费（房屋建筑工程）	建筑工程人工费+建筑工程机械费	0.15	1446.67			
011707002002	夜间施工增加费（装饰工程）	装饰装修工程人工费+装饰装修工程机械费	0.15	726.79			
011707002003	夜间施工增加费（土石方工程）	土石方工程人工费+土石方工程机械费	0.15	165.34			
2.3	二次搬运						
2.4	冬雨季施工增加费			5769.04			
011707005001	冬雨季施工增加费（房屋建筑工程）	建筑工程人工费+建筑工程机械费	0.37	3568.46			
011707005002	冬雨季施工增加费（装饰工程）	装饰装修工程人工费+装饰装修工程机械费	0.37	1792.74			
011707005003	冬雨季施工增加费（土石方工程）	土石方工程人工费+土石方工程机械费	0.37	407.84			
2.5	工程定位复测费			2026.96			
01B997	工程定位复测费（房屋建筑工程）	建筑工程人工费+建建筑工程机械费	0.13	1253.78			
01B998	工程定位复测费（装饰工程）	装饰装修工程人工费+装饰装修工程机械费	0.13	629.88			
01B999	工程定位复测费（土石方工程）	土石方工程人工费+土石方工程机械费	0.13	143.3			
	合计			170178.2			

编制人（造价人员）：　　　　　　　　　　　复核人（造价工程师）：

注：（1）"计算基础"中安全文明施工费可为"定额基价"、"定额人工费"或"定额人工费+定额机械费"，其他项目可为"定额人工费"或"定额人工费+定额机械费"。

（2）按施工方案计算的措施费，若无"计算基础"和"费率"的数值，也可只填"金额"数值，但应在备注栏说明施工方案出处或计算方法。

其他项目清单与计价汇总表

工程名称：七号住宅楼　　　　　　　　标段：　　　　　　　　第 1 页　共 1 页

序号	项目名称	金额（元）	结算金额（元）	备注
1	暂列金额	100000		明细详见表-12-1
2	暂估价			
2.1	材料暂估价			明细详见表-12-2
2.2	专业工程暂估价			明细详见表-12-3
3	计日工	55570.62		明细详见表-12-4
4	总承包服务费			明细详见表-12-5
5	索赔与现场签证			
	合　计	155570.62		—

注：材料（工程设备）暂估单价进入清单项目综合单价，此处不汇总。

计日工表

工程名称：七号住宅楼　　　　　　　　标段：　　　　　　　　第 1 页　共 1 页

编号	项目名称	单位	暂定数量	单价	合价
	计日工（房屋建筑工程）				
1	人　工				
	技　工	工日	170	92	15640
	普　工	工日	300	60	18000
	高级技工	工日	97	138	13386
	人工小计				47026
2	利　润				8544.62
	总　计				59842.93

注：此表项目名称、暂定数量由招标人填写，编制招标控制价时，单价由招标人按有关计价规定确定；投标时，单价由投标人自主报价，按暂定数量计算合价计入投标总价中。结算时，按发承包双方确认的实际数量计算合价。

规费、税金项目计价表

工程名称：七号住宅楼　　　　　　　　　标段：　　　　　　　　第 1 页　共 2 页

序号	项目名称	计算基础	计算基数	计算费率	金额（元）
1	规费	社会保险费+住房公积金+工程排污费	309826.64		309826.64
1.1	社会保险费	养老保险金+失业保险金+医疗保险金+工伤保险金+生育保险金	231693		231693
1.1.1	养老保险金	房屋建筑工程+装饰工程+通用安装工程+土石方工程	146811.7		146811.7
1.1.1.1	房屋建筑工程	建筑工程人工费+建筑工程机械费+其他项目建筑工程人工费+其他项目建筑工程机械费	1011473.77	11.68	118140.14
1.1.1.2	装饰工程	装饰装修工程人工费+装饰装修工程机械费+其他项目装饰工程人工费+其他项目装饰工程机械费	484523.99	5.26	25485.96
1.1.1.4	土石方工程	土石方工程人工费+土石方工程机械费+其他项目土石方工程人工费+其他项目土石方工程机械费	110228.23	2.89	3185.6
1.1.2	失业保险金	房屋建筑工程+装饰工程+通用安装工程+土石方工程	14673.42		14673.42
1.1.2.1	房屋建筑工程	建筑工程人工费+建筑工程机械费+其他项目建筑工程人工费+其他项目建筑工程机械费	1011473.77	1.17	11834.24
1.1.2.2	装饰工程	装饰装修工程人工费+装饰装修工程机械费+其他项目装饰工程人工费+其他项目装饰工程机械费	484523.99	0.52	2519.52
1.1.2.4	土石方工程	土石方工程人工费+土石方工程机械费+其他项目土石方工程人工费+其他项目土石方工程机械费	110228.23	0.29	319.66
1.1.3	医疗保险金	房屋建筑工程+装饰工程+通用安装工程+土石方工程	45889.28		45889.28
1.1.3.1	房屋建筑工程	建筑工程人工费+建筑工程机械费+其他项目建筑工程人工费+其他项目建筑工程机械费	1011473.77	3.7	37424.53
1.1.3.2	装饰工程	装饰装修工程人工费+装饰装修工程机械费+其他项目装饰工程人工费+其他项目装饰工程机械费	484523.99	1.54	7461.67
1.1.3.4	土石方工程	土石方工程人工费+土石方工程机械费+其他项目土石方工程人工费+其他项目土石方工程机械费	110228.23	0.91	1003.08
1.1.4	工伤保险金	房屋建筑工程+装饰工程+通用安装工程+土石方工程	17086.42		17086.42
1.1.4.1	房屋建筑工程	建筑工程人工费+建筑工程机械费+其他项目建筑工程人工费+其他项目建筑工程机械费	1011473.77	1.36	13756.04
1.1.4.2	装饰工程	装饰装修工程人工费+装饰装修工程机械费+其他项目装饰工程人工费+其他项目装饰工程机械费	484523.99	0.61	2955.6
1.1.4.4	土石方工程	土石方工程人工费+土石方工程机械费+其他项目土石方工程人工费+其他项目土石方工程机械费	110228.23	0.34	374.78
1.1.5	生育保险金	房屋建筑工程+装饰工程+通用安装工程+装工程+土石方工程土石方工程	7232.18		7232.18

编制人（造价人员）：　　　　　　　　　复核人（造价工程师）：

规费、税金项目计价表

工程名称：七号住宅楼　　　　　　　　　　标段：　　　　　　　　　　第 2 页　共 2 页

序号	项目名称	计算基础	计算基数	计算费率（%）	金额（元）
1.1.5.1	房屋建筑工程	建筑工程人工费+建筑工程机械费+其他项目建筑工程人工费+其他项目建筑工程机械费	1011473.77	0.58	5866.55
1.1.5.2	装饰工程	装饰装修工程人工费+装饰装修工程机械费+其他项目装饰工程人工费+其他项目装饰工程机械费	484523.99	0.25	1211.31
1.1.5.4	土石方工程	土石方工程人工费+土石方工程机械费+其他项目土石方工程人工费+其他项目土石方工程机械费	110228.23	0.14	154.32
1.2	住房公积金	房屋建筑工程+装饰工程+通用安装工程+土石方工程	60562.7		60562.7
1.2.1	房屋建筑工程	建筑工程人工费+建筑工程机械费+其他项目建筑工程人工费+其他项目建筑工程机械费	1011473.77	4.87	49258.77
1.2.2	装饰工程	装饰装修工程人工费+装饰装修工程机械费+其他项目装饰工程人工费+其他项目装饰工程机械费	484523.99	2.06	9981.19
1.2.4	土石方工程	土石方工程人工费+土石方工程机械费+其他项目土石方工程人工费+其他项目土石方工程机械费	110228.23	1.2	1322.74
1.3	工程排污费	房屋建筑工程+装饰工程+通用安装工程+土石方工程	17570.94		17570.94
1.3.1	房屋建筑工程	建筑工程人工费+建筑工程机械费+其他项目建筑工程人工费+其他项目建筑工程机械费	1011473.77	1.36	13756.04
1.3.2	装饰工程	装饰装修工程人工费+装饰装修工程机械费+其他项目装饰工程人工费+其他项目装饰工程机械费	484523.99	0.71	3440.12
1.3.4	土石方工程	土石方工程人工费+土石方工程机械费+其他项目土石方工程人工费+其他项目土石方工程机械费	110228.23	0.34	374.78
五	安全技术服务费	分部分项工程费+措施项目合计+其他项目费+规费-分部分项设备费	4951677.74	0.12	5942.01
2	税金	分部分项工程费+措施项目合计+其他项目费+规费+税前包干项目	4951677.74	3.48	172318.39
	合计				488087.04

编制人（造价人员）：　　　　　　　　　　　　复核人（造价工程师）：

分部分项工程和单价措施项目清单综合单价分析表

工程名称：七号住宅楼　　标段：　　　　　　　　　　　　　　　　　　　　第 1 页　共 7 页

序号	项目编码	工程项目名称	单位	数量	综合单价（元）					
					人工费	材料费	机械使用费	管理费	利润	小计
1	010101001001	平整场地	m²	762.76	2.11			0.16	0.1	2.38
	G1-283	平整场地	100m²	8.5248	189.00			14.36	9.37	212.73
2	010101002001	挖一般土方	m³	456.4	235.65		0.38	17.94	11.71	265.68
	G1-153	人工挖基坑　三类土　深度（4m 以内）	100m³	24.2957	4426.80		7.18	336.98	219.93	4990.89
3	010101004001	挖基坑土方	m³	1158.1	0.55			0.04	0.03	0.62
	G1-297	基底钎探	100m²	11.581	55.20			4.20	2.74	62.14
4	010103001001	回填土方	m³	349.43	0.56		0.16	0.05	0.04	0.81
	G1-284	原土夯实　平地	100m²	3.4943	55.80		16.07	5.46	3.56	80.89
5	010401003001	实心砖墙	m³	86.01	129.88	318.79	2.32	31.52	24.02	506.53
	G5-8	干混砂浆砌砖墙　3/2 砖	10m³	9.501	1175.80	2885.92	21.01	285.32	217.46	4585.51
6	010401003002	实心砖墙	m³	135.89	117.58	288.59	2.1	28.53	21.75	458.55
	G5-8	干混砂浆砌砖墙　3/2 砖	10m³	13.589	1175.80	2885.92	21.01	285.32	217.46	4585.51
7	010401003003	实心砖墙	m³	9.73	172.99	304.13	1.94	41.7	31.78	552.55
	G5-5	干混砂浆砌砖墙　1/2 砖	10m³	1.098	1532.96	2695.05	17.19	369.56	281.66	4896.42
8	010401003004	实心砖墙	m³	246.1	117.58	288.59	2.1	28.53	21.75	458.55
	G5-8	干混砂浆砌砖墙　3/2 砖	10m³	24.61	1175.80	2885.92	21.01	285.32	217.46	4585.51
9	010401003005	实心砖墙	m³	169	117.58	288.59	2.1	28.53	21.75	458.55
	G5-8	干混砂浆砌砖墙　3/2 砖	10m³	16.9	1175.80	2885.92	21.01	285.32	217.46	4585.51
10	010401003006	混水砖墙	m³	346.07	121.3	198.53	4.42	29.97	22.84	377.06
	A1-8	混水砖墙　3/2 砖　混合砂浆 M5	10m³	34.607	1213.00	1985.33	44.16	299.71	228.43	3770.63
11	010401003007	混水砖墙	m³	503.25	121.3	198.53	4.42	29.97	22.84	377.06
	A1-8	混水砖墙　3/2 砖　混合砂浆 M5	10m³	50.325	1213.00	1985.33	44.16	299.71	228.43	3770.63

编制人：　　　　　　　　审核人：　　　　　　　　编制日期：

分部分项工程和单价措施项目清单综合单价分析表

工程名称：七号住宅楼　　标段：　　

序号	项目编码	工程项目名称	单位	数量	综合单价（元）					
					人工费	材料费	机械使用费	管理费	利润	小计
12	010401003008	实心砖墙	m³	26.58	121.3	198.53	4.42	29.97	22.84	377.06
	A1-8	混水砖墙 3/2砖 混合砂浆 M5	10m³	2.658	1213.00	1985.33	44.16	299.71	228.43	3770.63
13	010401005001	空心砖墙	m³	2.74	114.85	345.42	2.43	27.96	21.31	511.96
	A1-42	空心砖墙 1/2砖 混合砂浆 M5	10m³	0.274	1148.48	3454.17	24.29	279.59	213.09	5119.62
14	010401005002	空心砖墙	m³	5.59	114.85	345.42	2.43	27.96	21.31	511.96
	A1-42	空心砖墙 1/2砖 混合砂浆 M5	10m³	0.559	1148.48	3454.17	24.29	279.59	213.09	5119.62
15	010401005003	空心砖墙	m³	25.32	114.85	345.42	2.43	27.96	21.31	511.96
	A1-42	空心砖墙 1/2砖 混合砂浆 M5	10m³	2.532	1148.48	3454.17	24.29	279.59	213.09	5119.62
16	010401011001	砖砌检查井 方形	m³	7.21	189.92	170.3	35.98	53.85	41.05	491.1
	A1-35	砖检查井	m³	7.21	189.92	170.30	35.98	53.85	41.05	491.1
17	010401012001	零星砌砖	m³	0.5	178.48	171.9	3.86	43.48	33.14	430.86
	A1-29	零星砌体 水泥砂浆 M5	10m³	0.05	1784.80	1719.03	38.64	434.71	331.32	4308.5
18	010501001001	垫层	m³	86.7	42.85	335.02		10.21	7.79	395.87
	A2-75	基础垫层 C10商品混凝土	10m³	8.67	428.48	3350.23		102.15	77.85	3958.71
19	010501004001	满堂基础	m³	418.75	94.11	268.75	6.36	23.95	18.25	411.42
	A2-7	满堂基础 无梁式 C20现浇混凝土	10m³	41.875	941.08	2687.45	63.62	239.52	182.55	4114.22
20	010502002002	构造柱	m³	168.32	143.82	267.97	10.28	36.74	28	486.8
	A2-20	构造柱 C20现浇混凝土	10m³	16.832	1438.20	2679.66	102.78	367.37	280.00	4868.01
21	010503002001	矩形梁	m³	33.79	104.37	269.75	10.28	27.33	20.83	432.57
	A2-23	单梁、连续梁、悬臂梁 C20现浇混凝土	10m³	3.379	1043.72	2697.51	102.78	273.33	208.32	4325.66
22	010503004001	圈梁	m³	112.7	156.39	273.77	10.28	39.73	30.28	510.46
	A2-25	圈梁 C20现浇混凝土	10m³	11.27	1563.92	2737.67	102.78	397.34	302.84	5104.55

编制人：　　审核人：　　编制日期：

分部分项工程和单价措施项目清单综合单价分析表

工程名称：七号住宅楼　　　　标段：　　　　　　　　　　　　　　　　　　　　　　　　　　　　第 3 页　共 7 页

序号	项目编码	工程项目名称	单位	数量	综合单价（元）					
					人工费	材料费	机械使用费	管理费	利润	小计
23	010503005001	过梁	m³	60.26	168.45	276.37	10.28	42.61	32.47	530.18
	A2-26	过梁 C20现浇混凝土	10m³	6.026	1684.48	2763.66	102.78	426.08	324.75	5301.75
24	010505003001	平板	m³	581.98	135.86	294.27	10.28	34.84	26.55	501.81
	A2-40	平板 C20现浇混凝土	10m³	58.198	1358.64	2942.70	102.78	348.40	265.54	5018.06
25	010505006001	栏板	m³	18.49	141.3	288.13	16.9	37.71	28.75	512.79
	A2-42	栏板 C20现浇混凝土	10m³	1.849	1413.00	2881.27	169.01	377.15	287.45	5127.88
26	010505007001	天沟（檐沟）、挑檐板	m³	14.43	143	294.92	16.31	37.98	28.95	521.16
	A2-43	挑檐天沟 C20现浇混凝土	10m³	1.443	1430.00	2949.22	163.14	379.80	289.47	5211.63
27	010505008001	雨棚、悬挑板、阳台板	m³	5.88	136.02	295.71	17.65	36.63	27.92	513.93
	A2-45	雨棚 C20现浇混凝土	10m³	0.588	1360.16	2957.10	176.52	366.34	279.21	5139.33
28	010506001001	直形楼梯	m³	182.06	44.49	64.76	3.91	11.54	8.8	133.5
	A2-50	整体楼梯 C20现浇混凝土	10m²	18.206	444.88	647.64	39.15	115.39	87.95	1335.01
29	010507005001	扶手、压顶	m²	2.42	4.68	4.93	0.33	1.19	0.91	12.03
	A2-56	扶手 C20现浇混凝土	10m	0.242	46.76	49.26	3.26	11.92	9.09	120.29
30	010515001001	现浇构件钢筋	t	71.229	771.88	4024.43	65.12	199.54	152.08	5213.05
	A2-442	现浇构件圆钢筋（mm以内）φ10	t	71.229	771.88	4024.43	65.12	199.54	152.08	5213.05
31	010515001002	现浇构件钢筋	t	29.419	437.72	4109.13	129.77	135.29	103.11	4915.02
	A2-447	现浇构件圆钢筋（mm以内）φ20	t	29.419	437.72	4109.13	129.77	135.29	103.11	4915.02
32	010515001003	现浇构件钢筋	t	41.319	490.56	4271.18	154.5	153.78	117.21	5187.23
	A2-458	现浇构件螺纹钢筋（mm以内）φ20	t	41.319	490.56	4271.18	154.50	153.78	117.21	5187.23
33	010515001004	现浇构件钢筋	t	1.245	439.24	4268.89	134.99	136.9	104.34	5084.36
	A2-459	现浇构件螺纹钢筋（mm以内）φ22	t	1.245	439.24	4268.89	134.99	136.90	104.34	5084.36
34	010606008001	钢楼梯	t	0.1	1844.8	8900.5	246	498.5	379.9	11869.8
	A4-127	钢楼梯安装 爬式	t	0.1	1844.84	8900.52	246.03	498.46	379.91	11869.76

编制人：　　　　　　　　　　　审核人：　　　　　　　　　　　编制日期：

分部分项工程和单价措施项目清单综合单价分析表

工程名称：七号住宅楼　　标段：　　

序号	项目编码	工程项目名称	单位	数量	综合单价（元）					
					人工费	材料费	机械使用费	管理费	利润	小计
35	010606009001	钢护栏	t	2.16	878.32	7557.29	548.8	340.23	259.31	9583.95
	A4-124	钢护栏安装	t	2.16	878.32	7557.29	548.80	340.23	259.31	9583.95
36	010801001001	木质门	m²	61.6	23.49	556.36	0.02	3.17	3.71	586.74
	A17-7	无纱木门 单扇无亮 框扇安装	100m²	0.616	2348.72	55635.68	1.76	316.61	371.38	58674.15
37	010801006001	门锁安装	个	36	6.81	10.87		0.92	1.08	19.67
	A17-195	门锁安装 弹子锁	10把	3.6	68.12	108.68		9.18	10.76	196.74
38	010802004001	防盗门	m²	75.6	24.2	292.75		3.26	3.82	324.03
	A17-70	钢防盗门 安装	100m²	0.756	2420.06	29274.56		325.98	382.37	32402.97
39	010805001001	电子感应门	樘	3	701.44	2115.46	30	98.53	115.57	3060.99
	A17-126	电子感应门 钢化玻璃	10樘	0.3	7014.40	21154.59	300.00	985.25	1155.68	30609.92
40	010807001001	金属（塑钢、断桥）窗	m²	3.24	66.38	549.67	7.22	9.91	11.63	644.81
	A17-43	隔热断桥铝塑复合门窗安装推拉窗	100m²	0.0324	6638.32	54967.12	721.81	991.41	1162.90	64481.56
41	010807001002	金属（塑钢、断桥）窗	m²	969.6	66.38	258.75	7.22	9.91	11.63	353.89
	A17-37	铝合金窗安装 推拉窗	100m²	9.696	6638.32	25874.87	721.81	991.41	1162.90	35389.31
42	010902006001	屋面（廊、阳台）泄（吐）水管	个	11	25.59	23.53		6.1	4.65	59.86
	A5-81	塑料雨水口方形（接口直径）φ100mm	10个	1.1	255.88	235.26		61.00	46.49	598.63
43	010902006002	屋面（廊、阳台）泄（吐）水管	个	209	17.18	35.89		4.1	3.12	60.29
	A5-78	塑料（PVC）落水管 φ100mm	10m	20.9	171.80	358.91		40.96	31.22	602.89
44	011001005001	保温隔热楼地面	m²	43.19	369.71	1348.53		88.14	67.18	1873.56
	A6-92	楼地面隔热 聚苯乙烯泡沫塑料板	10m³	4.319	3697.12	13485.28		881.39	671.77	18735.56
45	011101001001	水泥砂浆楼地面	m²	36.23	57.3	88.12	1.26	7.89	9.25	163.82
	A13-1	垫层 3:7灰土	10m³	3.623	572.96	881.23	12.63	78.88	92.52	1638.22

编制人：　　审核人：　　编制日期：

分部分项工程和单价措施项目清单综合单价分析表

工程名称：七号住宅楼　　　标段：　　　第 5 页　共 7 页

序号	项目编码	工程项目名称	单位	数量	人工费	材料费	机械使用费	管理费	利润	小计
46	011101001002	水泥砂浆屋面	m²	771	6.35	6.7	0.38	0.91	1.06	15.4
	A13-20	1：3 水泥砂浆找平层　混凝土或硬基层上厚度 20mm	100m²	7.71	635.36	670.49	37.54	90.64	106.32	1540.35
47	011101001003	水泥砂浆楼地面	m²	57.58	86.64	162.36		11.67	13.69	274.36
	A13-15	炉渣垫层　水泥石灰拌合	10m³	5.758	866.40	1623.61		116.70	136.89	2743.6
48	011101003001	细石混凝土楼地面	mm²	575	6.04	9.36	0.49	0.88	1.03	17.8
	A13-26	现浇细石混凝土找平层　厚度 30mm	100m²	5.75	604.00	935.78	48.94	87.95	103.16	1779.83
49	011101003002	细石混凝土楼地面	m²	575	1.05	1.46	0.08	0.15	0.18	2.92
	A13-27	现浇细石混凝土找平层　厚度每增每减 5mm	100m²	5.75	104.76	145.53	8.16	15.21	17.84	291.5
50	011101003003	细石混凝土楼地面	m²	476.2	6.04	9.36	0.49	0.88	1.03	17.8
	A13-26	现浇细石混凝土找平层厚度 30mm	100m²	4.762	604.00	935.78	48.94	87.95	103.16	1779.83
51	011101003004	细石混凝土楼地面	m²	498	6.03	15.01	0.17	0.84	0.98	23.03
	G5-44	干混砂浆找平层　混凝土或硬基层上厚度 20mm	100m²	4.98	602.96	1501.33	17.19	83.53	97.98	2302.99
52	011201002001	墙面装饰抹灰	m²	9334	30.07	10.28	0.52	4.12	4.83	49.82
	A14-81	水刷豆石　砖、混凝土墙面（12+12）mm	100m²	93.34	3006.88	1027.75	51.89	412.02	483.29	4981.83
53	011201002002	墙面装饰抹灰	m²	2421	30.07	10.28	0.52	4.12	4.83	49.82
	A14-81	水刷豆石　砖、混凝土墙面（15+5）mm	100m²	24.21	3006.88	1027.75	51.89	412.02	483.29	4981.83
54	011201002003	墙面装饰抹灰	m²	2421	4.89			0.66	0.77	6.32
	A14-116	装饰抹灰墙面　分格	100m²	24.21	488.64			65.82	77.21	631.67
55	011203001001	零星项目　一般抹灰	m²	329	33.9	4.75	0.41	4.62	5.42	49.1
	A14-19	抹石灰砂浆　零星项目	100m²	3.29	3390.28	475.04	40.85	462.17	542.12	4910.46

编制人：　　　　　审核人：　　　　　编制日期：

分部分项工程和单价措施项目清单综合单价分析表

工程名称：七号住宅楼　　标段：

序号	项目编码	工程项目名称	单位	数量	综合单价（元）					
					人工费	材料费	机械使用费	管理费	利润	小计
56	01140100100 1	木门油漆	m²	61.6	17.31	9.67		2.33	2.73	32.05
	A18-1	刮腻子，底漆一遍，调和漆两遍 单层木门	100m²	0.616	1730.82	967.25		233.14	273.47	3204.68
57	01140500100 1	金属面油漆	t	2.26	88.24	75.11		11.89	13.94	189.18
	A18-251	红丹防锈漆一遍 其他金属面	t	2.26	88.24	75.11		11.89	13.94	189.18
58	01140500100 2	金属面油漆	t	2.26	160.42	108.64		21.61	25.35	316.02
	A18-236	调和漆两遍 其他金属面	t	2.26	160.42	108.64		21.61	25.35	316.02
59	01170100100 1	综合脚手架	m²	5325.8	9.71	14.07	0.4	2.41	1.84	28.43
	A8-1	综合脚手架 建筑面积	100m²	53.258	970.76	1407.12	40.17	241.01	183.69	2842.75
60	01170100600 1	满堂脚手架	m²	852.5	3.46	3.05	0.52	0.95	0.72	8.7
	A8-26	单项脚手架 满堂脚手架 基础 3.6m高	100m²	8.525	346.00	304.53	52.22	94.94	72.36	870.05
61	01170200100 1	基础	m²	65.5	25.54	14.47	1.1	6.35	4.84	52.3
	A7-22	满堂基础 无梁式 组合钢模板 木支撑	100m²	0.655	2553.72	1447.12	109.85	635.00	483.97	5229.66
62	01170200300 1	构造柱	m²	1071	33.79	17.51	1.66	8.45	6.44	67.85
	A7-47	构造柱 胶合板模板	100m²	10.71	3379.24	1750.52	165.97	845.18	644.16	6785.07
63	01170200600 1	矩形梁	m²	479	41.61	13.44	3.52	10.76	8.2	77.53
	A7-54	单梁、连续梁 组合钢模板 钢支撑	100m²	4.79	4161.48	1343.64	352.18	1076.06	820.13	7753.49
64	01170200800 1	圈梁	m²	855	30.27	14.19	1.08	7.47	5.7	58.71
	A7-67	圈梁、压顶 直形 组合钢模板 木支撑	100m²	8.55	3026.84	1419.15	107.86	747.31	569.57	5870.73

编制人：　　　　审核人：　　　　编制日期：

分部分项工程和单价措施项目清单综合单价分析表

工程名称：七号住宅楼　　　　标段：　　　　　　　　　　　　　　　　　　　　　　　　第 7 页　共 7 页

序号	项目编码	工程项目名称	单位	数量	综合单价（元）					小计
					人工费	材料费	机械使用费	管理费	利润	
65	0117020080002	圈梁	m²	19.6	30.27	14.19	1.08	7.47	5.7	58.71
	A7-67	圈梁、压顶　直形　组合钢模板　木支撑	100m²	0.196	3026.84	1419.15	107.86	747.31	569.57	5870.73
66	011702009001	过梁	m²	666	49.17	31.75	2.01	12.2	9.3	104.42
	A7-57	过梁　组合钢模板　木支撑	100m²	6.66	4916.60	3175.20	200.55	1219.93	929.79	10442.07
67	011702016001	平板	m²	4174	30.36	14.28	2.55	7.85	5.98	61.02
	A7-93	平板　组合钢模板　钢支撑	100m²	41.74	3035.68	1428.41	255.27	784.56	597.97	6101.89
68	011702021001	栏板	m²	462.2	25.45	36.89	1.2	6.35	4.84	74.74
	A7-114	栏板、遮阳板　木模板　木支撑	100m²	4.622	2544.88	3689.43	120.41	635.41	484.28	7474.41
69	011702022001	天沟、檐沟	m²	130.2	44.93	30.27	1.54	11.08	8.44	96.26
	A7-117	挑檐天沟　木模板　木支撑	100m²	1.302	4493.16	3027.29	153.58	1107.78	844.31	9626.12
70	011702023001	雨棚、悬挑板、阳台板	m²	5.88	62.37	77.02	3.85	15.79	12.03	171.06
	A7-111	阳台、雨棚　直形　木模板　木支撑	10m²	0.588	623.72	770.21	38.50	157.87	120.33	1710.63
71	011702024001	楼梯	m²	182.06	89.17	81.74	3.85	22.18	16.9	213.84
	A7-109	楼梯　直形　木模板　木支撑	10m²	18.206	891.68	817.38	38.54	221.76	169.02	2138.38
72	011702028001	扶手	m²	47.5	32.06	28.59	1.27	7.95	6.06	75.93
	A7-119	扶手　木模板木支撑	100m²	0.475	3206.40	2858.86	126.95	794.67	605.67	7592.55
73	011703001001	垂直运输	m²	5325.8			15.58	3.71	2.83	22.12
	A9-2	檐高 20m 以内（6 层以内）塔吊施工	100m2	53.258			1557.97	371.42	283.08	2212.47

编制人：　　　　　　　　　　审核人：　　　　　　　　　　编制日期：

单位工程人材机分析表

工程名称：七号住宅楼　　　　　　　　标段：　　　　　　　第 1 页　共 4 页

序号	名称及规格	单位	数量	市场价	合计
一、	人工				
1	普工	工日	8138.703	60.00	488322.16
2	技工	工日	9870.408	92.00	908077.55
3	高级技工	工日	65.209	138.00	8998.80
					1405398.51
二、	材料				
1	水泥 32.5	kg	617673.697	0.46	284129.90
2	蒸压灰砂砖 240×115×53	千块	820.411	270.00	221510.84
3	空心砖 240×115×115	千块	9.550	1110.90	10608.87
4	混凝土实心砖 240×115×53	千块	2.006	230.00	461.40
5	中（粗）砂	m³	1254.142	93.19	116873.52
6	炉（矿）渣	m³	68.624	51.48	3532.75
7	碎石 15	m³	31.194	78.34	2443.71
8	碎石 20	m³	548.214	81.94	44920.66
9	碎石 40	m³	765.360	80.47	61588.53
10	生石灰	kg	13195.458	0.23	3034.96
11	石灰膏	m³	24.578	138.00	3391.82
12	纸筋	kg	25.819	0.53	13.68
13	黏土	m³	42.081	26.72	1124.41
14	滑石粉	kg	2.772	0.46	1.28
15	钢防盗门	m²	72.727	303.00	22036.34
16	普通木门（成品）	m²	59.777	550.00	32877.13
17	铝合金推拉窗	m²	917.629	253.00	232160.24
18	隔热断桥铝塑复合推拉窗	m²	3.066	560.00	1717.13
19	钢化玻璃δ12	m²	25.080	160.00	4012.80
20	镀锌铁丝 8#	kg	13.763	5.70	78.45
21	镀锌铁丝 12#	kg	364.795	5.70	2079.33
22	镀锌铁丝 22#	kg	548.911	5.70	3128.79
23	铁钉	kg	1422.536	6.92	9843.95
24	弹子锁	把	36.360	10.76	391.23
25	地脚	个	4844.743	1.95	9447.25
26	不锈钢门夹	m	10.800	81.95	885.06
27	锯条	根	40.546	0.36	14.60
28	膨胀螺栓	套	9888.203	0.47	4647.46
29	膨胀螺栓 M16×200	套	90.288	2.61	235.65
30	聚苯乙烯泡沫板	m³	44.054	405.94	17883.20
31	棉纱头	kg	8.360	6.00	50.16
32	白布 0.9m	m²	0.068	10.24	0.69
33	豆包布（白布）宽 0.9m	m	0.154	9.22	1.42

编制人：　　　　　　　　　　审核人：　　　　　　　　　　编制日期：

单位工程人材机分析表

工程名称：七号住宅楼　　　　　　　　　标段：　　　　　　　　　第2页　共4页

序号	名称及规格	单位	数量	市场价	合计
34	砂布	张	18.080	0.73	13.20
35	麻刀	kg	2.091	3.80	7.94
36	安全网	m²	80.420	17.80	1431.47
37	草板纸80#	张	1877.730	0.91	1708.73
38	草袋	m²	2444.192	2.15	5255.01
39	电焊条	kg	694.802	6.50	4516.21
40	焊丝	kg	33.890	7.00	237.23
41	埋弧焊剂	kg	24.398	3.00	73.19
42	组合钢模板	kg	4423.127	4.00	17692.51
43	租赁支架	km·天	203.978	40.00	8159.12
44	钢护栏（成品）	t	2.160	7305.00	15778.80
45	钢楼梯爬式（成品）	t	0.100	8700.00	870.00
46	零星卡具	kg	1563.379	5.50	8598.58
47	扣件	千个·天	1623.841	6.00	9743.05
48	支撑钢管及扣件	kg	2974.313	5.50	16358.72
49	扣件螺栓	千个·天	2903.922	3.00	8711.77
50	钢管底座	千个·天	56.606	90.00	5094.51
51	水	m³	3684.279	3.15	11605.48
52	电	度	759.378	0.97	736.60
53	砂纸	张	32.652	0.40	13.06
54	木柴	kg	2317.619	0.40	927.05
55	硬聚氯乙烯塑料雨水口 ϕ100	个	11.110	17.41	193.43
56	施工用二等板枋材 55～100 cm²	m³	0.005	2167.00	9.75
57	模板板枋材	m³	39.875	2167.00	86408.26
58	二等中枋 55～100 cm²	m³	0.227	2898.00	658.72
59	板条 1000×30×8	百根	2.199	186.00	409.03
60	胶合板模板 1830×915×12	m²	231.657	32.06	7426.93
61	竹脚手板	m²	208.225	18.60	3872.99
62	圆钢 ϕ10	t	72.654	3914.00	284366.19
63	圆钢 ϕ20	t	30.743	3863.00	118759.82
64	螺纹钢筋 ϕ20	t	43.178	4016.00	173404.45
65	螺纹钢筋 ϕ22	t	1.301	4016.00	5224.82
66	不锈钢板 δ1.0	m²	2.640	164.74	434.91
67	不锈钢板 δ1.2	m²	2.160	197.68	426.99
68	钢管 ϕ48×3.5	km·天	3236.219	11.50	37216.51
69	PVC塑料落水管 ϕ100×3×4000	m	219.450	24.28	5328.25
70	硬聚氯乙烯塑料三通 ϕ100	个	75.449	15.61	1177.76
71	螺栓	kg	0.359	7.94	2.85
72	熟桐油	kg	2.618	13.96	36.55

编制人：　　　　　　　　　审核人：　　　　　　　　　编制日期：

单位工程人材机分析表

序号	名称及规格	单位	数量	市场价	合计
73	清油	kg	1.078	18.16	19.58
74	防腐油	kg	18.991	2.06	39.12
75	调和漆	kg	27.841	15.95	444.07
76	防锈漆	kg	205.791	14.03	2887.25
77	红丹防锈漆	kg	10.509	14.03	147.44
78	无光调和漆	kg	15.375	15.95	245.24
79	漆片	kg	0.043	27.12	1.17
80	石膏粉	kg	3.105	0.54	1.68
81	催干剂	kg	0.883	7.13	6.30
82	石棉粉	kg	256.894	0.52	133.58
83	石油沥青 10#	kg	11.528	5.00	57.64
84	石油沥青 30#	kg	5038.330	5.10	25695.48
85	石油沥青油毡 350#	m^2	2.662	2.42	6.44
86	嵌缝料	kg	99.800	1.79	178.64
87	密封油膏	kg	356.740	3.74	1334.21
88	软填料	kg	386.704	8.08	3124.57
89	隔离剂	kg	832.810	5.74	4780.33
90	油漆溶剂油	kg	32.936	8.40	276.66
91	酒精	kg	2519.451	5.40	13605.04
92	硬聚氯乙烯塑黏剂	kg	25.916	24.65	638.83
93	玻璃胶 310g	支	21.000	13.90	291.90
94	氧气	m^3	8.588	2.50	21.47
95	二氧化碳气体	kg	19.359	2.30	44.53
96	乙炔气	m^3	3.729	19.58	73.01
97	商品混凝土 C10 碎石 20	m^3	88.001	325.00	28600.16
98	801 胶素水泥浆	m^3	11.755	641.00	7534.96
99	水泥豆石子浆 1：1.25	m^3	164.570	387.27	63733.02
100	干混砌筑砂浆 DM M5	t	267.208	352.00	94057.18
101	干混地面砂浆 DS M15	t	17.101	416.00	7114.14
102	其他材料费	元	304.029	1.00	304.03
103	其他材料费（占材料费）	元	633.239	1.00	633.24
104	回库维修费	元	1791.991	1.00	1791.99
105	小五金费	元	211.923	1.00	211.92
					2196052.47
三、		配比			
1	C20 碎石混凝土坍落度 30~50，石子最大粒径 15mm	m^3	34.784	285.04	9914.80
2	C25 碎石混凝土坍落度 30~50，石子最大粒径 15mm	m^3	0.411	307.53	126.39
3	C30 碎石混凝土坍落度 30~50，石子最大粒径 15mm	m^3	0.252	333.69	84.22

编制人：　　　　　　　　　审核人：　　　　　　　　　编制日期：

单位工程人材机分析表

工程名称：七号住宅楼　　　　　　　　　标段：　　　　　　　　第 4 页　共 4 页

序号	名称及规格	单位	数量	市场价	合计
4	C20 碎石混凝土坍落度 30~50，石子最大粒径 20mm	m³	630.131	275.86	173827.99
5	C10 碎石混凝土坍落度 30~50，石子最大粒径 40mm	m³	0.447	240.99	107.72
6	C20 碎石混凝土坍落度 30~50，石子最大粒径 40mm	m³	849.968	259.90	220906.68
7	水泥砂浆 M10	m³	0.721	235.08	169.49
8	水泥混合砂浆 M5	m³	214.692	223.94	48078.01
9	水泥砂浆 M5.0	m³	0.106	212.01	22.37
10	水泥石灰砂浆 1：3：9	m³	6.580	219.28	1442.86
11	水泥砂浆 1：2	m³	0.967	370.86	358.73
12	水泥砂浆 1：3	m³	178.969	296.69	53098.22
13	水泥浆	m³	2.320	692.87	1607.60
14	石灰纸筋浆	m³	0.691	162.15	112.03
15	石灰麻刀浆	m³	0.173	186.82	32.23
16	石油沥青玛蹄脂	m³	0.011	5355.92	58.92
17	灰土 3：7	m³	36.592	87.25	3192.68
18	水泥石灰炉渣 1：1：8	m³	58.156	160.13	9312.49
					522453.43
四、	机械				
1	其他机械费	元	90.000	1.00	90.00
2	安装综合机械费	台班	18.387	381.91	7022.03
3	单筒快速电动卷扬机（带塔）10kN	台班	3.413	153.71	524.58
4	单筒快速电动卷扬机（带塔）20kN	台班	88.408	190.40	16832.94
5	折旧费	元	29268.598	1.00	29268.60
6	大修理费	元	3424.018	1.00	3424.02
7	经常修理费	元	12396.687	1.00	12396.69
8	安拆及场外运输费	元	1745.314	1.00	1745.31
9	汽油	kg	444.177	9.00	3997.59
10	柴油	kg	820.845	7.70	6320.50
11	电	kW·h	18354.729	0.97	17767.38
12	人工	工日	573.909	92.00	52799.66
13	税费	元	1613.164	1.00	1613.16
	总合计				3884585.34

编制人：　　　　　　　　审核人：　　　　　　　　编制日期：

参考文献

[1] 建设工程工程量清单计价规范[S]. GB50500—2013. 北京：中国计划出版社，2013.
[2] 房屋建筑与装饰工程工程量计算规范[S]. GB50854—2013. 北京：中国计划出版社，2013.
[3] 袁建新. 建筑工程计量与计价[M]. 重庆：重庆大学出版社，2014.
[4] 刘富勤，程瑶. 建筑工程概预算[M]. 2版. 武汉：武汉理工大学出版社，2014.
[5] 陈金洪，郭健. 土木工程估价[M]. 武汉：武汉理工大学出版社，2011.
[6] 郭婧娟. 工程造价管理[M]. 北京：清华大学出版社，北京交通大学出版社，2012.
[7] 姚传勤，褚振文，王波. 土木工程造价（建筑工程方向）[M]. 武汉：武汉大学出版社，2013.
[8] 孙咏梅. 建筑工程造价[M]. 北京：北京大学出版社，2013.